AF301009

Denken und Erkennen im kybernetischen Modell

Herbert Stachowiak

Z w e i t e
verbesserte und ergänzte Auflage
Unveränderter Nachdruck 1975

Springer-Verlag
Wien · New York

Prof. Dr. phil. Herbert Stachowiak
Paderborn — Berlin
o. Professor und Honorarprofessor
Direktor des Instituts für Wissenschafts- und Planungstheorie
des Forschungs- und Entwicklungszentrums für objektivierte Lehr- und
Lernverfahren GmbH.

Mit 10 Abbildungen

ISBN-13: 978-3-7091-8225-3   e-ISBN-13: 978-3-7091-8224-6

DOI: 10.1007/978-3-7091-8224-6

Vorwort zur ersten Auflage

Mit dem Denken überhaupt ist auch die besondere Form des *operatio-nalen* (der Problemlösung dienenden, produktiven) Denkens Gegenstand der empirischen Psychologie. Das Denken wird heute jedoch, besonders in den USA, zunehmend auch unter Heranziehung neuartiger quantifizierender Methoden und moderner Techniken erforscht, die *außerhalb* der Psychologie und keineswegs primär für psychologische Untersuchungszwecke aufgebaut wurden. Es sind dies vor allem die unter den Namen der (angewandten) Kybernetik und der (angewandten) Informationstheorie zusammengefaßten Verfahrensweisen, deren methodische Verallgemeinerungen zur Hauptgruppe der formal-operationalen Wissenschaften (vgl. Abschnitt 11, S. 127 f.) gehören.

Die auf dem Grundgedanken der Rückkopplung beruhende *allgemeine oder formale Kybernetik* als generelle Untersuchungs- und Verfahrensweise der Handlungssteuerung (L. COUFFIGNAL) stellt hiernach eine die Stufe der allgemeinen System- und Modelltheorie erreichende Verallgemeinerung der Regelungstechnik (Theorie der technischen Regelkreissysteme, Ingenieurskybernetik) dar, während in Gestalt der *allgemeinen oder formalen Informationstheorie* ein selbständiges Forschungsgebiet entstanden ist, das auf eine umfassende mathematische Theorie der Information für eine möglichst große Klasse wahrscheinlichkeitstheoretischer Objekte zielt.

Faßt man, wie im vorliegenden Falle, eine die „klassischen" Verfahrensweisen der Psychologie ergänzende „psychokybernetische" und „informationspsychologische" Analyse des operationalen Denkens als *Vorstufe* auf für die Konstruktion von technischen Simulationsmodellen der untersuchten natürlichen Funktionen und Funktionsgesamtheiten, so gewinnt weiterhin die *Technologie der modernen Datenverarbeitungsanlagen* Bedeutung. Denn erst die heute verfügbaren Informationswandler eröffnen den Weg zur Nachbildung nicht nur deduktiv-logischer, sondern auch induktiv-stochastischer Denkprozesse und der im eigentlichen Sinne kreativen Funktionen menschlichen Denkens.

In den beiden ersten Kapiteln (A und B) des Buches ist versucht worden, die vorgenannten Betrachtungsweisen und Methoden zum *Grundentwurf eines theoretisch-funktionalen Modells des operationalen Denkens* zu verbinden sowie die Möglichkeiten der *technischen Realisierung dieses Modells* wenigstens anzuvisieren. Der einleitende Abschnitt des dritten Kapitels (C) stellt den Versuch dar, den zuvor entwickelten Modellgrundriß auf *erfahrungswissenschaftliches* Denken — als Sonderform des operationalen Denkens — anzuwenden. An diesen Abschnitt (11) schließen sich Untersuchungen ergänzender Art an, die sich teils mit in den Erfahrungswissenschaften häufig zur Anwendung gelangenden *Denkmethoden*, teils mit dem Problem der *Verifikation* erfahrungswissenschaftlicher Modelle und Theorien beschäftigen.

Daß die im dritten und letzten Kapitel versuchte Übertragung der kybernetisch-informationstheoretischen Betrachtungsweise auf Probleme des erfahrungswissenschaftlichen Denkens und der Erkenntnispsychologie einen ganz fraglos mit mancherlei Mängeln und Unzulänglichkeiten behafteten *ersten Ansatz* darstellt, braucht wohl um so weniger betont zu werden, als der zugrunde gelegte allgemeine Modellgrundriß selbst noch der Verbesserung, Ergänzung und Ausgestaltung zum eigentlichen Modell und darüber hinaus zur (hinreichend empirisch bestätigten) Theorie bedarf. Dennoch dürfte bereits auf der hier erreichten Stufe der am Aktionskreis „Mensch—Außenwelt" orientierten Systematisierung von Wissensbeständen, die selbst zum erheblichen Teil der Arbeit des „Wiener Kreises" und der ihm nahestehenden, ihn fortsetzenden Forscher zu danken sind, die Tragfähigkeit des kybernetischen Ansatzes, im ganzen wie im einzelnen, deutlich werden. Der Verfasser ist sich vollauf darüber im klaren, daß noch ein langer Weg von dieser ersten Leistung bis hin zu einer systematisch entwickelten „*kybernetischen Erkenntnistheorie*" einschließlich einer sie ergänzenden *kybernetischen Methodenlehre des erfahrungswissenschaftlichen Denkens und Forschens* zurückzulegen ist.

Bei dem Versuch, die Gesamtuntersuchung dem vorgegebenen Rahmen der traditionellen Fächereinteilung näher einzuordnen, dürften sich gewisse Schwierigkeiten ergeben. Zwar ist, wie betont, vom Gegenstande her kaum die Zuständigkeit der Psychologie zu bezweifeln. Unzweifelhaft jedoch verwirklicht sich im Nachdenken über das Denken auch philosophisches Bemühen. Die hier vorgelegte Modellkonzeption und mehr noch die aus ihr gezogenen erkenntnispsychologischen und methodologischen Folgerungen enthalten bei aller Berücksichtigung empirischer Befunde stark gedanklich-konstruktive und wohl auch einige spekulative Elemente. Auch die betont integrative, den Bereich der einzelnen Fachwissenschaft überschreitende Methodik scheint die Untersuchung als überwiegend philosophisch auszuweisen, sofern es nämlich zu den Aufgaben der Philosophie gehört, die Einzelwissenschaften durch Koordination ihrer Verfahrensweisen und durch Bereitstellung interdisziplinär verwendbarer Denkansätze und Methoden zu unterstützen und zu fördern. Vielleicht trägt diese Schrift dazu bei, unter dem interdisziplinären Konzept der angewandten Kybernetik und Informationstheorie dem Nachbarschaftsverhältnis von Philosophie und Psychologie, das einmal ein Verwandtschaftsverhältnis war, neue Bewährungschancen zu geben.

Der Entwicklung und Darstellung vor allem des in den beiden ersten Kapiteln vorgelegten Modellgrundrisses ist selbstverständlich ein ausführliches Studium zahlreicher Einzeluntersuchungen anderer Autoren vorangegangen. Diesen im Fortgang der Abhandlung namentlich genannten Forschern fühlt sich der Verfasser in erster Linie zu großem und bleibendem Dank verpflichtet.

Besonderer Dank gebührt darüber hinaus den Herren Prof. Dr. KARL STEINBUCH, Technische Hochschule Karlsruhe, und Prof. Dr. HELMAR FRANK, Pädagogische Hochschule Berlin, für die kritische Durchsicht des Buchmanuskriptes sowie für zahlreiche wertvolle Hinweise und Anregungen. Der Verfasser fühlt sich fernerhin den Herren Prof. Dr. HANS MÜNZNER, Freie Universität Berlin, und Prof. Dr. HELMUT PACHALE, Freie Universität Berlin, dankbar verpflichtet, die insbesondere den mathematischen Teil des Manuskriptes einer kritischen Prüfung unterzogen und wichtige Ratschläge gegeben haben. Das zuletzt Gesagte gilt vor allem für den Anhang (vgl. S. 224ff.), dessen endgültiger Fassung Gespräche mit Herrn Prof. PACHALE vorangingen. Es sei jedoch an dieser Stelle betont, daß keinen der oben genannten Herren eine auch nur partielle Verantwortlichkeit für das in diesem Buch Vorgetragene trifft. Herrn stud. phil. PETER GÄNG sei für sorgfältige Korrekturarbeiten und die Hilfe bei der Anlage des Namenregisters gedankt.

Nicht zuletzt gilt der besondere Dank des Verfassers dem Springer-Verlag Wien für sein lebhaftes Interesse an der Schrift, für die stets ausgezeichnete Zusammenarbeit und für die hervorragende Ausstattung des Buches.

Weiterführende Forschungen auf einem so jungen Gebiet, wie es eine „Kybernetik des Denkens und Erkennens" darstellt, bedürfen der Diskussion unter Sachverständigen. Der Verfasser bittet daher insbesondere seine Kritiker jeglicher Fachrichtung, ihm (über die Verlagsanschrift) ihre auf wissenschaftlicher oder/und philosophischer Argumentation beruhende Auffassung zu einzelnen der in diesem Buch vorgetragenen Gedanken oder zum Gesamtentwurf des Buches kundzutun. Allen diesen Förderern der gemeinsamen Sache sei im voraus herzlich gedankt.

Berlin, im November 1964

Herbert Stachowiak

Vorwort zur zweiten Auflage

Der hohe jährliche Zuwachs an wissenschaftlicher Information auf dem interdisziplinären Felde der kybernetischen Forschung hätte zweifellos wichtige und ausgedehntere Ergänzungen in allen drei Hauptteilen des Buches gerechtfertigt. Indes ist das Interesse der wissenschaftlich-philosophischen Öffentlichkeit an den in der ersten Auflage dargestellten Überlegungen derart rasch, vermutlich ähnlich der Verlaufsform einer Exponentialfunktion, angestiegen, daß dem Verlag wie dem Autor keine andere Wahl blieb, als dem plötzlichen Erfordernis der Neuauflage ohne Verzug Rechnung zu tragen. Selbstverständlich wurden Druckfehler-Korrekturen und als notwendig oder doch wünschenswert erachtete Textverbesserungen „im Kleinen" berücksichtigt. Auch sind, mehrfachen Anregungen folgend, eine zusammenfassende Bibliographie und ein Sachverzeichnis beigefügt worden.

In diesem Zusammenhang muß ich einer gern übernommenen Dankespflicht gegenüber den zahlreichen und namhaften Rezensenten meines Buches genügen. Besonders Herr Privatdozent Dr. H. Lenk von der Technischen Universität Berlin hat sich der großen Mühe unterzogen, meine Darlegungen einer bis ins einzelne gehenden Analyse zu unterziehen (Göttingische Gelehrte Anzeigen, 219. Jg., 1966, S. 131—151), welcher ich zum Vorteil der Neuauflage (insbesondere des 13. und 15. Abschnitts) wertvolle Verbesserungsvorschläge habe entnehmen können. Darüber hinaus gilt mein besonderer Dank Gelehrten wie Prof. Dr. W. D. Keidel, Erlangen, Prof. Dr. G. Klaus, Berlin, Prof. Dr. A. Rapoport, Ann Arbor, Michigan, und vielen anderen sowohl für kritische Einwände im einzelnen, als auch für die im ganzen positiven und bestätigenden Urteile, die mich in der Überzeugung bestärken konnten, den richtigen Weg eingeschlagen zu haben.

Besonders hat es mich gefreut, daß die von mir erhoffte Diskussion, von der im Vorwort zur ersten Auflage die Rede war, rascher und intensiver, als erwartet, in Gang gekommen ist. Das Buch ist überdies zum Ausgangspunkt weiterführender Untersuchungen anderer Autoren geworden, wobei vor allem das im Hauptteil B, 8. Abschnitt, entwickelte Motivationsmodell aufgegriffen wurde. Ein Versuch, den zunächst nur für operationale Individuen entwickelten Modellgrundriß wenigstens in einem ersten Ansatz auf operationale Gruppen zu erweitern, wird in meiner „Allgemeinen Modelltheorie" nachzulesen sein, die in Kürze als Buch im Springer-Verlag Wien - New York erscheinen wird.

Berlin, im August 1968

Der Verfasser

Vorwort zum Nachdruck der zweiten Auflage

Die im letzten Absatz des Vorwortes zur zweiten Auflage angedeuteten Entwicklungen haben sich bis zur Gegenwart verstärkt fortgesetzt. Wie ich mich aus weit gestreuten wissenschaftlichen Veröffentlichungen, aber auch in zahlreichen Forschungskontakten und persönlichen Gesprächen überzeugen konnte, sind die Grundgedanken des Buches besonders in anthropologisch-gesellschaftswissenschaftlichen Untersuchungen aufgegriffen und z. T. erheblich weitergeführt worden. Das kybernetisch explizierte Mensch-Außenwelt-Verhältnis mitsamt seinen anthropologischen Basisannahmen scheint auch das gegenwärtige Bemühen um eine umfassende Theorie der Kognition, wie sie nicht zuletzt der erziehungswissenschaftliche Forschungsbereich benötigt, mehr und mehr zu beeinflussen.

Die metatheoretischen und anthropologischen Probleme des Buches sind in meiner inzwischen erschienenen „Allgemeinen Modelltheorie" aufgegriffen und vertieft worden. Beide Werke stehen zueinander in einem systematischen Komplementaritätsverhältnis, das gleichzeitig meinen eigenen Lernprozeß in Richtung auf eine neopragmatische Erkenntnistheorie mit ihrem spezifischen Modellkonzept widerspiegelt.

Paderborn, im Dezember 1974

Herbert Stachowiak

Inhaltsverzeichnis

Einleitung

Faßt man den Menschen im Sinne der zeitgenössischen Anthropologie als ein nach eigengedanklichen Entwürfen *handelndes* Wesen auf, so ist der mit dem Wort „*Denken*" bezeichnete Tatbestand keine autonome Funktion, durch die der Mensch eine nach außen abgeschlossene, eigengesetzliche Welt aufbaut. Vielmehr erweist sich Denken als integrierender Bestandteil *aktiven Tätigseins*. Es befähigt den Menschen, die Welt, in der er lebt, durch deren Widerstände hindurch er sein Leben gestalten muß, zielgerichtet zu verändern, wobei die Zielrichtung generell bestimmt ist durch die Grundforderung der optimalen Anpassung der äußeren Umstände an seine vitale Bedarfslage und seine erlebten Bedürfnisse, die er wenigstens innerhalb bestimmter Mindestgrenzen befriedigen muß, um zu überleben und sich, darüber hinaus, eine daseinserfüllte Welt aufzubauen.

Unter den Psychologen hat besonders J. PIAGET diese *operational-funktionale Auffassung des Denkens* und im weiteren Sinne der Intelligenz auf die Grundtatsache gestützt, daß alle Organismen in wechselseitigen Austauschprozessen mit ihrer Umwelt stehen und immer dann, wenn ein Spannungsgefälle zwischen vitalem Bedarf und lebensnotwendiger Bedarfsdeckung eintritt, dieses auszugleichen suchen, also Gleichgewichtszuständen zustreben. Dies gilt bereits für die organische, aber auch für die sensomotorische Anpassung und nicht weniger für die höheren Intelligenzfunktionen bis hin zum reflexiven Denken[1].

Jene Gleichgewichtslagen, soweit es sich jedenfalls um die höheren Organisationsformen der intelligenten Anpassung handelt, vermag das Tier immer nur kurzfristig, unter dem Druck der aktuellen Situation, herzustellen. Dabei bleibt es an seinen unmittelbaren Umgebungsraum gebunden, der selbst Teil einer artspezifischen Eigenwelt ist. Mit dieser korrespondieren bestimmte, ebenfalls arteigentümliche, starre Verhaltensmuster und gewisse Organspezialisierungen. Zwar treten bei den höheren Tieren basale kognitive Funktionen auf wie Unterscheidungsvermögen, Wahrnehmung und „sensorische Abstraktion"; unter geeigneten, etwa experimentell hergestellten Bedingungen beobachtet man auch langfristig verhaltensdeterminierende Lernleistungen, die zumeist mit dem teilweisen Zerfall der Instinktsteuerung verbunden sind.

Spracherwerb aber, nämlich Aufbau von (semantischen) Kommunikationssystemen, sowie Denken als Prozeß der an das Operieren mit Zeichen gebundenen Informationsverarbeitung innerhalb dieser Systeme *und als Voraussagefunktion* eignen nur dem Menschen[2]. Er allein überschreitet die Stufe einer ausschließlich an das Hier und Jetzt seiner

Lebensumstände gebundenen, praktisch-unmittelbaren Intelligenz, vermag sich freizusetzen vom unmittelbaren Bedürfnisdruck und die Motive seines Handelns aufzuschieben und zu staffeln. Im Denken, das man treffend ein *verinnerlichtes Probe- bzw. Ersatzhandeln* genannt hat, *antizipiert er* — bei ständiger Kontrolle und Modifikation der virtuellen Vorwegnahme der Zukunft — *die aktive Veränderung der Wirklichkeit je nach der seine Handlungsrichtung und -intensität bestimmenden Motivdynamik.*

Wie geht dies des näheren vor sich? Es soll nachfolgend versucht werden, mittels neuerer, vor allem in der theoretischen Kybernetik und Informationstheorie entwickelter Begriffsbildungen und Modellvorstellungen den *funktionellen Aufbau des Denkprozesses auf der hier herausgehobenen operationalen Ebene* unter gewissen vereinfachenden Bedingungen zu beschreiben. Von dem in Vorschlag gebrachten Grundriß eines funktionalen Modells des operationalen Denkens aus wird sich dann, wie zu hoffen ist, vielleicht auch ein fruchtbarer Aspekt für die *philosophische Analyse wissenschaftlich-methodischer Verfeinerungen des Denkens* einschließlich der empirisch-rationalen Bewährungskontrolle erfahrungswissenschaftlicher Theorien und Modellbildungen ergeben[3].

Mit „*operationalem Denken*" kann sowohl eine Denk*form* als auch eine Denk*ebene* oder *-stufe* bezeichnet werden. Als Denkform steht es, durch seinen hohen Bewährungsgrad ausgezeichnet, neben anderen Denkformen wie der des magischen, des physiognomisch-affektiven, des kontemplativen usw. Denkens. Von einer Denkebene oder -stufe dagegen ist die Rede, wenn der Gesichtspunkt der *Entwicklung* des individuellen Denkapparats den Vorrang hat. So unterscheidet PIAGET, dessen Terminologie auch hier Anwendung finden soll, die Entwicklungsstufen oder -ebenen des vorbegrifflich-symbolischen Denkens (2. bis 4. Lebensjahr), des anschaulichen Denkens (5. bis 8. Jahr), der konkreten Operationen (9. bis 12. Jahr) und der formalen Operationen (vom 13. Jahr an)[4]. Der Begriff des operationalen Denkens schließt die konkreten ebenso wie die formalen Operationen ein. Entscheidend für die Denkebene, die das voll entwickelte, „normale" Individuum erreicht hat, ist die Fähigkeit der Koordinierung, Strukturierung und Umstrukturierung vorgestellter wirklicher oder rein „imaginärer" Welten, vor allem aber, worauf niemand so eindringlich hingewiesen hat wie PIAGET, die Tatsache, daß die Denkprozesse *auf der operationalen Stufe reversibel variierbar* verlaufen.

Operationales Denken tritt in der Realität selten rein auf; zumeist ist es mit Denkprozessen anderer Formen und Ebenen vermischt. Zu den vereinfachenden Voraussetzungen des hier vorgelegten Modellentwurfs gehört indes wesentlich die Annahme, daß der operationale, zu induktivstochastisch oder deduktiv-logisch erschlossenen Voraussagen und Handlungsantizipationen führende Denkprozeß als *weitgehend isolierbar* betrachtet werden kann.

A. Das kybernetische System „Mensch—Außenwelt"

1. Der Systemteil „Mensch"

Der menschliche Organismus ist ein in (materiell-)energetischer Hinsicht offenes System, also ein solches, das in materiellen und energetischen Austauschprozessen mit seiner physischen Umgebung steht. Diese in ihrer Gesamtheit als Metabolismus bezeichneten Prozesse halten den Organismus in einem langfristig stationären „Fließgleichgewicht" (von Bertalanffy) vermöge der Fähigkeit, der physischen Umgebung „negative Entropie", das ist Ordnung, zu entnehmen und dadurch die energetisch geschlossenen Systemen eigentümliche, mehr oder weniger schnelle Annäherung an den Zustand maximaler (positiver) Entropie, das ist maximaler Unordnung, zu verhindern[5]. Dem hier angedeuteten energetischen Aspekt kann der informationstheoretische zugeordnet werden, demzufolge der Organismus als eine in noch zu beschreibender Weise *informationsaufnehmende, -verarbeitende, -speichernde und -übertragende Funktionengesamtheit* betrachtet wird, für die gewisse Sätze der Informationstheorie gelten[6].

Mit dieser Funktionengesamtheit zuzüglich gewisser motorischer Programme soll hier der Systemteil „*Mensch*" im System „Mensch— Außenwelt" identisch sein. Zu den informationsverarbeitenden Prozessen gehören insbesondere solche, die sich, nach herkömmlicher Redeweise, im „*bewußten Erleben*" des Menschen vollziehen. Eine Unterklasse solcher Prozesse, die durch die operative Zielgerichtetheit der Informationsumwandlungen gekennzeichnet ist, bilden die Vorgänge des *operationalen Denkens*. Der sie (gegebenenfalls) einleitende (motivgesteuerte) Abruf von gespeicherten Informationen mag nach H. Frank (vgl. Abschnitt 9) als „*Gegenwärtigung*" bezeichnet werden.

Für den hier vorgeschlagenen Modellgrundriß wird ein weitgehend „*rational handelnder*" *Mensch* vorausgesetzt, also ein solcher, der versucht, seine durch Informationsverarbeitung im „Gegenwärtigungsbereich" gewonnenen Handlungsantizipationen auf die Form optimaler Problemlösungen zu bringen, so daß der dem Handeln vorangehende Denk- und Entscheidungsprozeß überwiegend auf die Lösung von *Extremalproblemen* zielt. Es wird ferner vorausgesetzt, daß das dem Modell zugrunde gelegte menschliche Individuum *wenigstens durchschnittlich intelligent*[7] ist und *keine psychischen Anomalien* außerhalb gewisser zugestandener Abweichungen vom erwartbaren Normalverhalten aufweist. Der Begriff des „normalen" Verhaltens ist selbstverständlich nur in seiner Relativierung auf die Kultur sinnvoll, welcher der betreffende Mensch angehört; denn er schließt langfristige Angepaßtheit der sich individuell entfaltenden

1*

Persönlichkeit an die Normsysteme der betreffenden Gesellschaft, an ihre Sollensforderungen, Tabuierungen, sozialen Erwartungen, Denkmuster usw. ein[8]. Diese Relativierung soll jedoch in Ansehung der hier untersuchten, ausschließlich auf der operationalen Ebene verlaufenden Denkprozesse weitgehend vernachlässigt werden.

Der Mensch, der im folgenden betrachtet werden soll, hat genügend „Realität angereichert", um motivationsbedingte Konflikte durch qualitative und quantitative Verschiebungen in der Motivstruktur, durch zeitweilige Frustration von Gefühlen, durch Kompromißlösungen u. dgl. ausschalten zu können. Er soll auch die ich-näheren von den ich-ferneren Motiven unterscheiden können und bereits langfristig wirksame Haltungen entwickelt haben. Seine Ich- und Überich-Steuerung seien kräftig ausgeprägt[9].

Erst im Zuge der fortschreitenden Verfeinerung des Modells und seiner Anwendungen mag die eine oder andere dieser Voraussetzungen aufgehoben werden können.

2. Der Systemteil „Außenwelt"

Die Außenwelt eines Organismus werde hier *nicht* als mit seiner (physischen) Umgebung identisch betrachtet. Unter der „Umgebung" eines Organismus soll die Gesamtheit der nicht zum Organismus selbst gehörigen materiell-energetischen Konstellationen und Prozesse verstanden werden, die an dem in Abschnitt 1 erwähnten Metabolismus beteiligt sind. Dagegen wird im vorliegenden Zusammenhang der Begriff „Außenwelt" in der Weise verwendet, daß er die Gesamtheit der gegeneinander abgrenzbaren Empfindungen des Menschen in einem bestimmten Zeitintervall einschließt. Unter „*Empfindungen*" seien dabei *isolierbare, an physikalisch-chemische Reize gebundene Wahrnehmungs- und damit Erlebniselemente* verstanden, die sich, wie für die folgenden Untersuchungen angenommen werden soll, aus dem strukturierten Wahrnehmungsgeschehen innerhalb der einzelnen Sinnesmodalitäten ausgliedern lassen. Die Gesamtheit der perzipierten Empfindungen wird später (Abschnitt 7) als der „*Empfindungsraum*" des betrachteten Menschen schärfer definiert. Hier genügt die Erklärung, daß der Empfindungsraum in informationstheoretischer Ausdrucksweise identisch ist mit der dem Menschen in einem gewissen Zeitintervall dargebotenen *und* von ihm perzipierten *Gesamtheit von Signalen*. Der Empfindungsraum stellt also den „*subjektiven*" *informationstheoretischen Aspekt der Außenwelt* dar.

Die Frage, ob Empfindungen stets „Empfindungen von etwas" sein müssen, d. h. ob sie ein „an sich seiendes, reales Substrat" besitzen müssen, kann als philosophisches Problem in diesem Zusammenhang ausgeklammert werden. Dagegen bedarf es insofern der Ergänzung des „Empfindungsraumes" eines Menschen zu dem, was hier unter der „Außenwelt" desselben verstanden werden soll, als die vom Menschen tatsächlich bewirkten Veränderungen, seine tatsächlichen *Handlungen*, eine (mit in der Regel neuen Empfindungen verbundene, weil neu konstellierte) „*Wirklichkeit*" voraussetzen, wie immer dieselbe des näheren interpretiert wird (etwa im Blick auf die Widerstände, die sie den Aktionen des Menschen entgegensetzt). Diese „Wirklichkeit", die dem Menschen nur wieder durch Perzeptionsprozesse zugänglich wird, kann *als dem jeweiligen Empfindungsraum des Menschen adjungiert* aufgefaßt und als die dem Menschen vorgegebene, jedoch mit ihm in Kommunikation und aktiver Wechselwirkung stehende „*Objektwelt*" gedeutet werden. Letztere stellt sich dann als die (lediglich in der künstlichen Testsituation unter gewissen Umständen konstant gehaltene, im allgemeinen jedoch veränderliche) *umfassende Signalquelle* dar, welcher der Mensch die in längeren Zeitintervallen perzipierten Folgen von Empfindungsräumen entnimmt.

Der so zur „Objektwelt" hin erweiterte jeweilige Empfindungsraum eines Menschen heiße dessen Außenwelt. Zum einen ist also der hier verwendete Begriff der Außenwelt kraft seiner „subjektiven" Komponente in jedem Falle auf den Menschen, und zwar auf den jeweils betrachteten Menschen, zu relativieren; zum anderen schließt dieser Begriff auch eine „objektive" oder „metasubjektive" Komponente ein, nämlich die Voraussetzung einer „*Objektwelt*" als „*Kommunikations- und Aktionspartner*" *des Menschen*.

Eine über das Gesagte hinausgehende philosophische Erörterung der mit dem Außenweltbegriff verbundenen Fragen scheint für die hier. vertretene pragmatisch-instrumentale Auffassung des operationalen Denkens (als einer zum zielgerichteten Handeln notwendigen Gesamtheit von operativen Funktionen) nicht erforderlich: die in Perzeptionsprozessen aufgebauten und im operationalen Denken zu Aktionsplänen erweiterten „internen Außenweltmodelle" (Abschnitt 7) sollen dem handelnden Menschen ja nicht „Wesenszüge" einer „metaphysisch-realen" oder bewußtseinstranszendenten „objektiven Welt" aufzeigen. Sie sollen ihm vielmehr *praktisches Dasein* innerhalb der von ihm selbst, als Gattung, in einer Unsumme zweckgerichtet-motivierter Aktionen aufgebauten Lebensräume ermöglichen[10].

Wenn im Zusammenhang der hier und im folgenden aufgestellten Überlegungen der Name „Außenwelt" verwendet wird, so ist stets die subjektive *und* die im dargelegten Sinne „metasubjektive" Komponente des Außenweltbegriffs zu berücksichtigen.

3. Zum kybernetischen System „Mensch—Außenwelt"

Vermöge seiner Sinnesorgane empfängt der Mensch aus seiner Außenwelt ständig Signale, die er registriert und strukturiert sowie einem mit Wissenserwerb verbundenen Verarbeitungs- und Voraussageprozeß unterwirft. Das Ergebnis dieses Prozesses sind (oder sollen sein) Antizipationen von — im Sinne der je wirkenden Motive — optimalen Handlungen. Die als Ausgangsnachrichten der zentralen Verarbeitungsstellen den Erfolgsorganen eingegebenen Meldungen lösen Aktionen des Menschen aus, durch die dieser seine Außenwelt verändert. Die veränderte Außenwelt wird zur Quelle neuer Signalkonstellationen, mittels deren er die Bewährung der vorangegangenen Handlungsantizipation prüft. Liegt der Bewährungsgrad unterhalb einer gewissen Schwelle oder ist die Zielrichtung des Handelns infolge veränderter Motivstruktur variiert

worden, so tritt der Mensch erneut in das Stadium der Verarbeitung
der empfangenen Signalmannigfaltigkeiten ein, um zu verbesserten oder
neuen Handlungsantizipationen zu gelangen usf.

Der hier kurz beschriebene, in Abb. 1 schematisch dargestellte Prozeß
unterscheidet sich von „geradlinig" verlaufendem Kausalgeschehen
dadurch, daß er eine *Schleifenstruktur* besitzt. Mehr noch: Die Funktionsweise des Systems „Mensch—Außenwelt" ist der Funktionsweise eines
(technisch-)kybernetischen Systems vergleichbar, dessen Glieder in einer
bestimmten, irreversiblen Verlaufsrichtung derart aufeinander regulierend

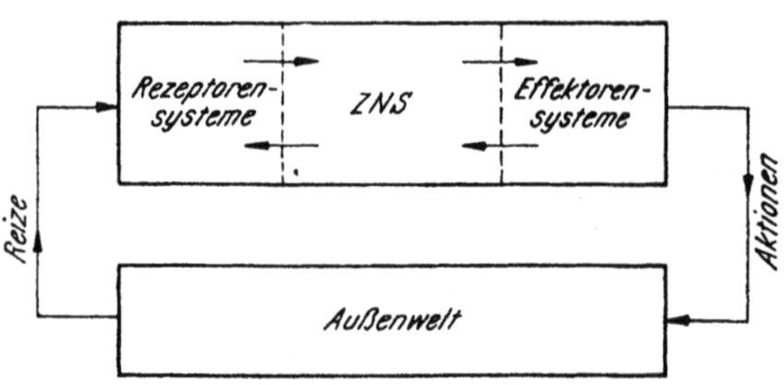

Abb. 1. Zum kybernetischen System „Mensch—Außenwelt"

wirken, daß das betreffende System ohne Steuerung (von außen[11]) die
effektiven mit den angestrebten Funktionen zu möglichst weitgehender
Übereinstimmung bringt. Beide Systeme, das (technisch-)kybernetische
wie das „adaptive" System „Mensch—Außenwelt", sind, wie man weiter
erkennt, in energetischer Hinsicht offen, bezüglich Nachrichtenaufnahme
und -abgabe sowie Steuerung jedoch geschlossen (gleich, ob eine begrenzte
oder unbegrenzte menschliche Außenwelt angenommen wird).

Weitere Vergleiche erfordern die Rekapitulation der wichtigsten
Begriffe und Eigenschaften *technischer Regelkreise.*

4. Technische Regelkreissysteme[12]

Unter *Regelung,* hier speziell: Folgeregelung (feedback servo-
mechanism), wird die Angleichung gewisser Parameter[13] bzw. Variablen,
der sogenannten *Regelgrößen,* an vorgegebene Sollwerte, die auch als
Führungsgrößen bezeichnet werden, verstanden. Die von den *Störgrößen*
abhängige Abweichung der Regel- oder Folgegrößen von den Führungsgrößen heißt *Regelabweichung.*

Technische Regelkreissysteme setzen sich meist aus dem Regler und
der Regelstrecke zusammen. Der *Regler* ist ein Glied des Regelkreises,
das mittels eines Rückkopplungsmechanismus die Regelabweichung in
dem geschlossenen Wirkungskreis auf einen minimal zulässigen Wert
reduzieren soll. *Vorwärtsglieder* und *Rückkopplungsglied* des Regelkreises
sind durch sogenannte *Übertragungsfunktionen* miteinander verknüpft,
wobei die Ausgangsgrößen des $(v-1)$-ten Gliedes Eingangsgrößen des
v-ten ($v = 1, 2, \ldots, n$) Gliedes sind. *Maximale Stabilität des Systems*
sowie *möglichst schnelle und genaue Ausregelung von Störungen* sind die

Hauptforderungen, die an einen gut funktionierenden technischen Regelkreis gestellt werden.

Die in der Praxis auftretenden technischen Regelkreissysteme sind oftmals mehrläufig, d. h. sie weisen innerhalb des Systems noch miteinander verkoppelte *Regelkreise 2., 3. usw. Ordnung* auf, die sich jeweils nur über einen Teil der n Systemglieder erstrecken. Die verschiedenen gleichzeitig zu regelnden Variablen können bei komplizierten Mehrfach-

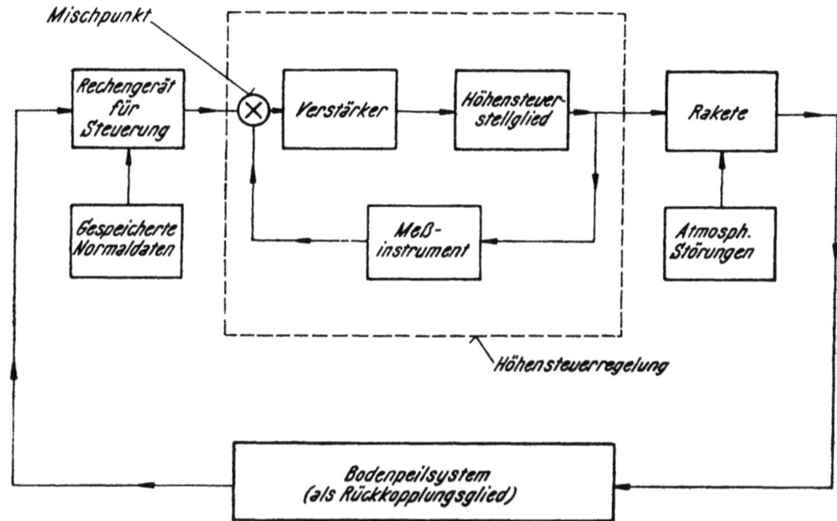

Abb. 2. Steuerungssystem einer Fernrakete mit Höhensteuerung bei abgeschaltetem Antrieb
(nach H. S. Tsien)

regelungssystemen in sehr verwickelter Weise miteinander zusammenhängen, so daß man zur mathematischen Analyse des Systems hochleistungsfähige Rechenmaschinen heranziehen muß.

Moderne Rechengeräte spielen auch bei der Arbeitsweise komplizierter Steuerungs- und Regelsysteme selbst eine wichtige Rolle. Dies mag hier an dem (stark vereinfacht dargestellten) Beispiel der Steuerung bzw. Regelung einer Fernrakete gezeigt werden:

Von Bodenpeilstationen erhält die Rakete in der ersten Phase ihres Fluges fortlaufend Nachrichten über Standort und Geschwindigkeit. Diese Nachrichten gehen zusammen mit den der Rakete bereits vor dem Start eingegebenen Normalflugdaten in ein mitgeführtes Rechengerät ein, das bei Erfülltsein bestimmter Bedingungen die Abschaltung des Raketenantriebes bewirkt. Von diesem Zeitpunkt an wird die Raketensteuerung von einem zweiten, ebenfalls von der Rakete mitgeführten Rechengerät übernommen, das mit den gleichen Normalflugdaten programmiert ist und nun die gefunkten Peildaten sowie die Abweichungen der technischen Daten der Rakete (Gewicht, Trägheit usw.) von den Normalwerten verarbeitet[14]. Innerhalb des über das zweite Rechengerät gehenden Regelkreises kommt dem Peilsystem die Funktion des Rückkopplungsgliedes zu, während das Steuerungsrechengerät der Regler des Systems ist, dessen Aufgabe in der möglichst raschen Reduktion der Regelabweichung auf Werte innerhalb der zulässigen Grenzen besteht. Störgrößen sind einmal die Abweichungen der technischen Daten der Rakete von den Normaldaten, zum anderen diejenigen Größen, die infolge atmosphärischer Anomalien eine Abweichung der effektiven von der normalen Flugbahn verursachen. Die atmosphärischen Daten (Luftdruck, Luftdichte, Windgeschwindigkeit, Temperatur usw.) werden von der Rakete direkt gemessen.

Das in Abb. 2 stark vereinfacht dargestellte Schaltbild[15] soll den zuletzt geschilderten Zusammenhang veranschaulichen. Es sei noch bemerkt, daß der mathematische Formalismus, der das beschriebene Raketensteuerungssystem auf Systeme von Funktionen und Gleichungen abbildet, zwar recht umfangreich ist[16], jedoch keine grundsätzlichen Schwierigkeiten bietet, wie auch die technische Durchführung der Raketenprogramme zeigt.

5. Systemisomorphien

Es wird nun sicher nicht *von vornherein* zu erwarten sein, daß der weitere, über das in Abschnitt 3 Gesagte hinausgehende Vergleich des Systems „Mensch—Außenwelt" mit den Funktionseigentümlichkeiten eines technischen Regelkreissystems ins einzelne gehende *Modellisomorphien* liefern wird. Auch sind selbstverständlich vom wissenschaftstheoretischen Standpunkt aus der Phantasie dessen, der ein Regelkreismodell des Systems „Mensch—Außenwelt" konstruiert, durch die Beobachtungsdaten mehr oder weniger enge Grenzen gesetzt, die eine gewaltsame „Isomorphisierung" ausschließen. Um so erstaunlicher sind die tatsächlich aufweisbaren Strukturähnlichkeiten zwischen beiden Systemen. Dies findet schon darin seinen Ausdruck, daß sich zu den wichtigsten technischkybernetischen Termini ohne wesentliche Schwierigkeiten die jeweils entsprechenden psychologischen Begriffsbildungen angeben lassen.

Was zunächst die *Führungsgrößen* des technischen Systems betrifft, so legen diese einen Vergleich mit der gewissermaßen vorgegebenen („programmierten") jeweiligen zeitabhängigen *Motivstruktur* des betrachteten Menschen nahe. Die Motivdynamik eines Menschen bestimmt die Ziele seines Handelns, d. h. die Art und Weise, in der er, um bestimmte Bedürfnisse zu befriedigen und bestimmte Zwecke zu erreichen, seine Außenwelt zu verändern sucht. In Abschnitt 8 wird näher darauf eingegangen, inwieweit diese Motivdynamik durch quantifizierbare Methoden analysiert, womöglich auf ein sowohl persönlichkeitsspezifisches als auch situationsabhängiges System quantitativ beschreibbarer Beziehungen gebracht werden kann. Gesetzt, dies wäre grundsätzlich möglich, so käme den Effektivwerten derartiger Motivstrukturgrößen die Bedeutung von Eingangsgrößen für dasjenige Untersystem des Systems „Mensch— Außenwelt" zu, das, zunächst in toto betrachtet, Träger der kognitiven Funktionen des menschlichen Organismus ist.

Für dieses „*kognitive Systemglied*" gibt es außer den durch die Motivation bedingten Eingangsgrößen noch eine *zweite* Art von Eingangsgrößen: die aus dem Empfindungsraum und damit aus der Außenwelt des Menschen stammenden Nachrichten, also an visuelle, auditive, taktile, thermische, olfaktorische und gustatorische Signale geknüpfte Empfindungen, aus denen sich strukturierte Wahrnehmungen bilden, die ihrerseits im Menschen „*innere Modelle der Außenwelt*" konstituieren. Auch von diesen Nachrichten soll, vorbehaltlich näherer Untersuchung, angenommen werden, daß sie quantitativ, durch Parameter und Parametersysteme, beschreibbar sind.

Das „kognitive Systemglied" bildet mit dem „motivdynamischen Systemglied" eine *Wechselwirkungsstruktur*, die gleichfalls dem Prinzip des Regelkreismodells genügt. Dies erhellt schon daraus, daß nicht nur die Außenweltperzeption als kognitiver Prozeß von der jeweiligen Motivlage, sondern umgekehrt auch die Motivlage von der jeweiligen stimulierenden Situation, also von der Außenweltperzeption und damit von kognitiven Prozessen, abhängig ist. In der Sprache der Kybernetik: das Regelkreissystem „Mensch—Außenwelt" enthält hier einen *Regelkreis 2. Ordnung*.

Bereits an dieser Stelle sei bemerkt: Alle inneren Regelkreise 2. Ordnung, welche die vitalen Funktionen des Organismus und insbesondere seines nervösen Apparats aufrechterhalten, stellen in der vorläufigen wissenschaftlichen Betrachtung vergröbernde Modelle gewisser hochkomplexer (bisher noch keineswegs vollständig erforschter) Leistungseinheiten dar. Diese Leistungseinheiten sind ihrerseits, kybernetisch betrachtet, zweckfinal miteinander verkoppelte, zumeist hierarchisch geordnete Systeme von Regelkreisen 3., 4., gegebenenfalls noch höherer Ordnung, deren jeder bestimmte Variablen bei störenden Einflüssen in hinreichender Nähe der jeweiligen Sollwerte hält. Innerhalb des ·hier betrachteten Funktionsbereichs, in den das motivationale und sensorisch-perzeptive Geschehen sowie die Prozesse des Denkens fallen, bilden jene Sollwerte ihrerseits ein *flexibles Kopplungssystem, dessen Gesamtfunktion in der optimalen Verwirklichung angeborener bzw. langfristig aufgebauter „Grundprogramme" innerhalb des adaptiven Systems der Motive des Menschen besteht.*

Wenn die Führungsgrößen als die das Verhalten des Menschen basal konditionierenden Motivstrukturgrößen gedeutet werden können, so sind die *Folgegrößen* innerhalb des Regelkreises 1. Ordnung, den das System „Mensch—Außenwelt" bildet, den *Hanalungen* selbst vergleichbar, durch die der Mensch die erstrebten Veränderungen seiner Außenwelt bewirkt. *Regelung* oder *Folgeregelung* bedeutet dann für das System „Mensch—Außenwelt": *Angleichung der Handlungen des Menschen an seine Motivation*, seine Bedürfnisse, Wünsche, Zwecke usw., und zwar ist diese Angleichung genau dann erreicht, wenn der Motivdruck infolge genügender Bedürfnisbefriedigung, Wunscherfüllung, Zielerreichung usw. hinreichend reduziert ist. Dementsprechend drückt sich die *Regelabweichung* durch den Grad aus, in dem die Veränderungen der Außenwelt den Motivdruck *nicht* auf das erträgliche Maß zu verringern vermochten. Den *Störgrößen* würden dann die unvorhersehbaren, von den „Normaldaten" abweichenden *Widerstände* entsprechen, die sich den der Motivdruckverminderung dienenden Handlungsabläufen entgegenstellen. Solche Widerstände können bei einem Menschen, der, wie zunächst vereinfachend angenommen werden sollte, motivationale Konfliktsituationen auszuschalten vermag, nur aus seiner Außenwelt kommen.

Das die Folgeregelung bewirkende Systemglied war als der Regler den übrigen Systemgliedern (der Regelstrecke) gegenübergestellt worden. Dem *Regler* des technisch-kybernetischen Systems entspricht beim System „Mensch—Außenwelt" offenbar der „*Denkapparat*" des Menschen als zentraler und integrierender Teil des kognitiven Systemgliedes. Es ist mithin die Gesamtheit der als „*operationales Denken*" bezeichneten Funktionen, die im Zusammenspiel mit dem extrapyramidal-motorischen und dem vegetativen Regelungssystem des Menschen jene Angleichung der Handlungen an die Motive bei möglichst weitgehender Ausschaltung der sich der Motiverfüllung entgegenstellenden Widerstände bewirkt.

Hierbei gilt es festzuhalten: Ohne *jegliche* Motivation würden die „regelnden", also die operativen Denkprozesse als solche gar nicht zustande kommen; und ohne *zielspezifische* Handlungsmotivation — etwa in affektiven Alarmzuständen — blieben auch die operativen Denkfunktionen, soweit sie nicht überhaupt ausgeschaltet sind, weitgehend ziel- und richtungslos. Desgleichen würde der *völlige* Fortfall von Störungen aus der Außenwelt die operativen Denkfunktionen als solche aufheben. Zur Stabilhaltung des Systems „Mensch—Außenwelt" und damit auch zur Aufrechterhaltung der Vitalfunktionen des Denkapparats bedarf es daher eines Mindestmaßes von ständig einwirkenden und in immer neuen Anpassungsprozessen auszuregelnden Störungen.

Vorbehaltlich der näheren kybernetisch-informationstheoretischen Beschreibung der Funktionsweise dieses Denkapparats (Abschnitt 9) genügt es hier, an folgendes zu erinnern: Denken als Bewußtseinsvorgang besteht in einem Operieren mit virtuellen, also in künstlicher Weise „vorgestellten" Gegenständen, die bedeutungstragende und bedeutungsinvariante Zeichen für etwas von sich selbst Verschiedenes, z. B. für sogenannte „reale" Objekte, sind. Diese virtuellen Gegenstände treten, zumindest bei der Verarbeitung der aus „natürlichen" Außenwelten empfangenen Daten, immer nur im Zusammenhang von Systemen wechselseitig voneinander abhängiger Beziehungen auf. Soll das Denken die Angleichung der Handlungen eines Menschen an die sie finalisierenden Motive „regeln", soll es ihm also die der jeweiligen Motivlage entsprechenden Handlungsanweisungen liefern, so müssen jene signifikanten Systeme von Zeichen und Zeichenrelationen unter Verwendung schon vorhandenen Wissens so *umgeformt, nämlich in neue, noch nicht „bekannte", „ungewohnte" Ordnungszusammenhänge gebracht* werden, daß er in alternativen Fällen Folgerungen und Voraussagen auf mögliche zukünftige, dabei wesentlich durch ihn selbst bewirkte Außenweltkonstellationen gewinnt. Dieser Prozeß des operationalen Denkens findet seinen Abschluß in der Auswahl des für die motivabhängige Außenweltveränderung *optimal geeigneten Plans.* Der in der Mehrzahl der Fälle beim operationalen Denken durch „*rationale Selektion*" (Abschnitt 9) gewonnenen Handlungsantizipation entsprechen, informationstheoretisch, Nachrichten, die kraft einer „Auslösungsoperation", die „Entscheidung zum Handeln" genannt wird, in den motorischen Apparat des Systemteils „Mensch" eingehen. Der motorische Apparat bewirkt dann unmittelbar die *Veränderung der Außenwelt.*

Der *Außenwelt* selbst kommt die Funktion des *Rückkopplungsgliedes* zu, durch das die Schleifenstruktur des Systems geschlossen wird. Tatsächlich bietet die Perzeption der veränderten Außenwelt dem Menschen die Möglichkeit, seine Handlungen nicht nur im Vergleich mit den Handlungsantizipationen, sondern auch in bezug auf die sie „programmierende" Motivstruktur zu prüfen und gegebenenfalls zu korrigieren. Indem nämlich die neuen Ausgangsgrößen des Systemteils „Außenwelt" gleichzeitig Eingangsgrößen des „kognitiven Systemgliedes" sind, leiten sie neue Perzeptions-, Lern-, Denk- und Voraussageprozesse ein, die je nach den Umständen zu neuen Handlungsantizipationen und damit zu neuen Außenweltveränderungen führen. Aber, wie schon erwähnt, auch die Motive und damit die Handlungs*richtung* können in gewissem Umfange der Kontrolle und Korrektur unterzogen werden.

Wenn hier, im Zusammenhang mit der Aufdeckung der zwischen technischen Regelkreissystemen und dem System „Mensch—Außenwelt" bestehenden Isomorphien und Analogien, die Abfolge von Nachrichtenaufnahme, Nachrichtenverarbeitung, Handlung und Handlungskontrolle in *genau einem* „Regeldurchgang" beschrieben wurde, so ist damit allerdings nur der *Typus* des menschlichen Aktionskreises herausgehoben. Im allgemeinen besteht eine Aktion, durch die der Mensch seine Außenwelt zielgerichtet zu verändern sucht, aus einer mehr oder weniger langen Folge von Teilhandlungen, deren jede bereits einer Anzahl von Regeldurchgängen entspricht. Die Gesamtfolge der Teilhandlungen läßt sich nur dann in einem Aktionsplan vollständig vorausbestimmen, wenn die sämtlichen zu erwartenden Reaktionen der Außenwelt einschließlich der hinzutretenden Störungen dem Menschen vor Beginn der ersten Teilhandlung bekannt sind. In allen anderen Fällen — und diesen kommt natürlich der Hauptanteil an der Gesamtheit der menschlichen Aktionen zu — ist die μ-te Teilhandlung vom Erfolg der $(\mu-1)$-ten abhängig $(\mu = 1, 2, \ldots m;\ m$ sei die Länge der Teilhandlungsfolge). Es bedarf dann von Regeldurchgang zu Regeldurchgang je neuer partieller Handlungsantizipationen, um die Folge der Teilhandlungen gegen das durch die Motivation bestimmte Aktionsziel nach einer gewissen „Strategie", die Verhaltensweisen für mögliche Außenweltreaktionen bereit hält, konvergieren zu lassen. Derartige Konvergenzen werden um so sicherer und rascher erfolgen, je größer die in vorangegangenen ähnlichen Aktionen gelernten und „gespeicherten" Bestände an geordnetem und jeweils problemrelevantem Wissen im Menschen sind.

Es ist gegenwärtig noch nicht gelungen, das mit dem Grundmodell des technischen Regelkreises verglichene System „Mensch—Außenwelt" in seinem funktionalen Zusammenhang ähnlich quantitativ analysieren und darstellen zu können, wie es für die vergleichsweise viel einfacheren technisch-kybernetischen Systeme möglich ist. Dafür sind die tatsächlichen Verhältnisse beim Menschen, die von der Psychologie bislang nur durch überwiegend qualitativ-verbale Theorien beschrieben werden konnten, auch unter den in Abschnitt 1 genannten Voraussetzungen zu verwickelt. Indes dürfte es möglich sein, das *System „Mensch—Außenwelt"* durch hinreichende Vereinfachung der Voraussetzungen und Ausgangsbedingungen im kybernetischen Modell nicht nur gedanklich, sondern *auch technisch nachzubilden* und so der exakten quantitativen Untersuchung zugänglich zu machen.

Die vornehmlich der Verhaltens- und Lernforschung dienenden kybernetischen Tropismusgeräte, die nach dem Vorbild der künstlichen „Schildkröte" von W. G. WALTER konstruiert worden sind, sowie die machina labyrinthea C. E. SHANNONs und der Homöostat W. R. ASHBYS weisen in diese Richtung. Weiterentwicklungen derartiger Geräte sind in vollem Gange. Durch Ausdifferenzierung der Variablen- und Parameterstrukturen wird man unter Verwendung neu gewonnener Erfahrungen und mit neuen theoretischen Einsichten voraussichtlich in nicht allzu ferner Zukunft kybernetische Maschinen zur Nachbildung und basalen Erforschung auch hochkomplexer Operations- und Verhaltensmuster herstellen können. Die in der Lernmatrix K. STEINBUCHs verwirklichte Schaltungsstruktur, von der weiter unten des näheren die Rede sein wird, dürfte im Rahmen dieser Bemühungen am ehesten geeignet sein, besonders den *semantischen Aspekt der Informationsverarbeitung in Organismen* zu berücksichtigen und auch verwickelte Lernprozesse, wie sie sowohl beim Perzeptionsgeschehen als auch beim operationalen Denken im engeren Sinne auftreten, im technologischen Modell nachzubilden.

Die Wissenschaftsgeschichte zeigt, daß vereinfachte, die Wirklichkeit stark schematisiert wiedergebende und daher der mathematischen Analyse zugängliche wissenschaftliche Modellkonstruktionen oftmals den notwendigen Ausgangspunkt für eine Folge von dann schrittweise verbesserten gedanklichen und/oder technischen Entwürfen bildeten, die schließlich eine hinreichend adäquate Beschreibung bzw. Nachbildung der Wirklichkeit lieferten. „Hinreichend wirklichkeitsadäquat" soll eine derartige „Abbildung tatsächlichen Geschehens" dann heißen, wenn diese Abbildung zwei — wissenschaftstheoretisch präzisierbare — Forderungen erfüllt: 1. Sie muß zukünftige Ereignisse zutreffend vorauszusagen gestatten oder solche Ereignisse in der je antizipierten Weise herbeiführen, 2. die vorausgesagten oder herbeigeführten Ereignisse müssen „pragmatisch relevant" sein, d. h. direkte Bedeutung für die Daseinsbewältigung des Menschen besitzen.

Im Sinne des zuletzt Gesagten ist auch das in Abb. 4 auf S. 14 dargestellte Grundschema des hier in Vorschlag gebrachten funktionalen Modells des operationalen Denkens aufzufassen. Dieses Grundschema soll in den Abschnitten 7 bis 9 näher erläutert werden[17].

B. Grundriß eines
funktionalen Modells des operationalen Denkens

6. Der externe Beobachter

Für die Beschreibung des Modellgrundrisses des operationalen Denkens ist es notwendig, den schon vorangehend eingenommenen Standpunkt des *externen Beobachters* zu präzisieren[18].

Dem externen, d. h. außerhalb des Systems „Mensch—Außenwelt" stehenden Beobachter sollen die beiden Hauptteile dieses Systems voll zugänglich sein. Diese Forderung ist natürlich nur erfüllbar unter gewissen, noch zu nennenden vereinfachenden Bedingungen, denen das Gesamtsystem und seine Funktionsweise unterworfen werden. Die vom externen Beobachter zur Beschreibung seiner Beobachtungen und der aus ihnen gezogenen Folgerungen verwendete *Metasprache* ist vorläufig die durch Adjunktion wissenschaftlich definierter Ausdrücke, Zeichen und Zeichen-

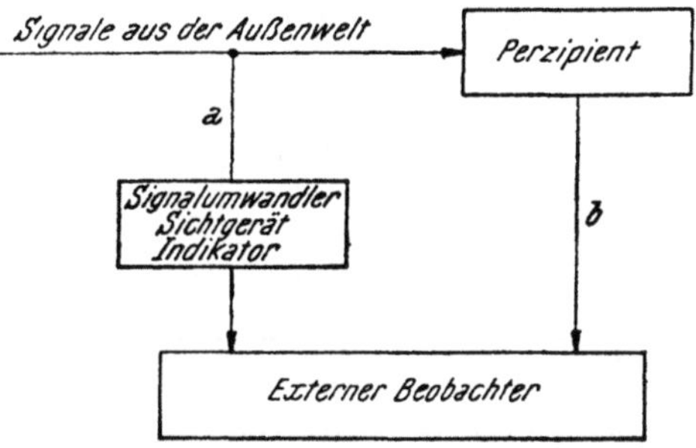

Abb. 3. Zur Arbeitsweise des externen Beobachters
(nach W. Meyer-Eppler)

verknüpfungen erweiterte deutsche Umgangssprache. Diese Metasprache ist zu unterscheiden von den *objektsprachlichen Ausdrucksmitteln, deren sich Versuchspersonen (Vpn.) bei ihren Mitteilungen an den externen Beobachter bedienen.* Im Zuge der Verbesserung und Ausgestaltung des Modellgrundrisses dürfte sich die formale Präzisierung der Metasprache als nötig erweisen.

Gemäß Abb. 3 schaltet sich der externe Beobachter in das System „Mensch—Außenwelt", in dem die Außenwelt als Expedient oder Signalquelle[19] und die Vp. als Perzipient oder signalaufnehmender Systemteil fungieren, jeweils an zwei Stellen ein. Die eine Stelle, *a*, ist der Signalübertragungskanal kurz *vor* dem aufnehmenden Sinnesorgan, die zweite, *b*, die auf die aufgenommenen Signale reagierende Vp. Will der externe Beobachter seine über *a* gewonnenen Ergebnisse auf visuelle Beobachtungen stützen, so benötigt er Signalumwandler, Sichtgeräte und bei chemischen Signalen Indikatoren. Über *b* gewonnene Beobachtungsergebnisse beruhen auf der Registrierung von Antworten, die der Perzipient auf dargebotene oder nicht dargebotene Signale gibt.

In der ersten Untersuchungsphase besteht die Aufgabe des externen Beobachters darin, gewisse Antworten des Perzipienten auf ihm dargebotene Signale zu registrieren und statistisch auszuwerten.

7. Perzeption der Außenwelt

Block 1 von Abb. 4 kennzeichnet die *Perzeption der Außenwelt eines Menschen durch diesen Menschen.* Die aus der Außenwelt des Menschen

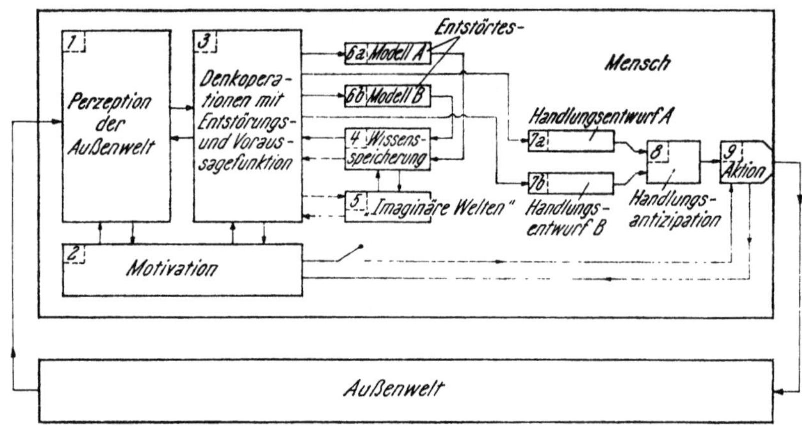

Abb. 4. Grundschema eines funktionalen Modells des operationalen Denkens
(zum Teil in Anlehnung an S. GOLDMAN)

stammenden physikalisch erfaßbaren Signale (z. B. visuelle, auditive) können sämtlich mit gewisser Näherung durch (skalare oder vektorielle) mathematische Funktionen des Typs

$$F(q_1, q_2, q_3, t) \tag{1}$$

beschrieben werden, wo die q_i ($i = 1, 2, 3$) drei voneinander unabhängige Ortskoordinaten und t die Zeitkoordinate darstellen[20].

Nach MEYER-EPPLER[21] läßt sich die von der Vp. perzipierte Signalmannigfaltigkeit als der *Empfindungsraum* der Vp. quantitativ definieren. Dies geschieht durch sogenannte *Signalparameter*. Ist nämlich das Signal durch eine Funktion der Form (1) beschreibbar, so kann jeder nach einer beliebigen mathematischen Vorschrift aus dieser Funktion abgeleitete Zahlenwert als Parameter betrachtet werden. Die Maximalzahl der voneinander *unabhängigen* Parameter, die (1) zugeordnet werden können (endliche Dauer und endliche Bandbreite des Signals vorausgesetzt), ist gleich dem sogenannten *maximalen Strukturgehalt K* des Signals bzw. der Signalfunktion[22]. Bei olfaktorischen und gustatorischen Signalen lassen sich als Signalparameter auch physikalisch-chemische Eigenschaften der den Signaltransport bewirkenden Materie angeben. Diese Eigenschaften sind, abgesehen von der Konzentration als einziger veränderlicher Größe, konstante Struktureigenschaften.

Ein beliebiges, als Empfindung des Menschen in den perzeptiven Systemteil eingehendes *Signal S_ν* (von endlicher Bandbreite und endlicher Dauer bzw. endlicher räumlicher Erstreckung und analysierbarer Struktur) läßt sich mithin durch k voneinander unabhängige Parameter $p_{\nu 1}, p_{\nu 2}, \ldots, p_{\nu k}$ beschreiben. S_ν kann demnach als *Punkt* oder *Vektor*

$$\{p_{\nu 1}, p_{\nu 2}, \ldots, p_{\nu k}\} \tag{2}$$

in einem *k-dimensionalen parametrischen Repräsentationsraum* (MEYER-EPPLER) dargestellt werden.

Für Signale von endlicher Dauer und endlicher Bandbreite sind die Parameter so wählbar, daß der parametrische Repräsentationsraum mit dem *k-dimensionalen Shannonschen (euklidischen) Repräsentationsraum* zusammenfällt. Die in dem SHANNONschen Raum aufgespannten Vektoren charakterisieren die ihnen zugeordneten Signale dann insbesondere bezüglich ihres *Strukturgehaltes* (Dimensionszahl des Vektors) und ihrer *Energie* (Länge bzw. Quadrat der Länge des Vektors).

Nach dem von MEYER-EPPLER vorgeschlagenen Verfahren (zur Analyse der sensorischen Diskriminations- und Differenzierungsleistungen des Perzipienten und zur Bestimmung seines Empfindungsraumes) werden nun in der experimentellen Situation der Vp. Signale dargeboten, auf die sie reagiert oder nicht reagiert. Ist zwischen der Vp. und dem externen Beobachter verabredet worden, daß die Vp. auf ein ihr dargebotenes Signal entweder die Antwort „ja" = „Signal aufgenommen" oder die Antwort „nein" = „Signal nicht aufgenommen" gibt, so kann der externe Beobachter bezüglich eines bestimmten Signals S_ν feststellen, wie oft die Vp. auf dieses Signal reagiert bzw. die Ja-Antwort erteilt. Gleichermaßen läßt sich die Anzahl der Nein-Antworten feststellen. Für alle in der Testsituation dargebotenen, voneinander verschiedenen Signale $S_1, S_2, \ldots, S_n$ werden die relativen Häufigkeiten der Ja- bzw. Nein-Antworten, in Zeichen $r_+ (S_\nu)$ bzw. $r_- (S_\nu)$, ermittelt. Sei dann c eine den Bereich der Ja-Antworten gegen den der Nein-Antworten abgrenzende reelle Zahl mit $0 \leqslant c \leqslant 1$, so werde unter dem *Empfindungsraum*[23] $E = E(n, c)$ des Perzipienten die Gesamtheit derjenigen im parametrischen Repräsentationsraum gelegenen Signalvektoren verstanden, für die $r_+ (S_\nu) > c$ ist. Der Empfindungsraum eines Perzipienten ist also abhängig sowohl von der Art und Menge der (in angemessener zeitlicher Aufeinanderfolge) überhaupt dargebotenen verschiedenen Signale als auch von der Größe c, der die Bedeutung einer die Intensität der Außenweltperzeption beschreibenden Maßzahl zukommt. Entsprechend dem geschilderten Verfahren erhält man bei Beschränkung auf eine bestimmte Sinnesmodalität den jeweiligen *spezifischen (z. B. visuellen, auditiven) Empfindungsraum*.

Ist der (absolute) Empfindungsraum eines Menschen experimentell bestimmt, so besteht der nächste Schritt der quantitativen Analyse des Perzeptionsvorganges in der Registrierung von *Entscheidungen* der Vp. über die erlebte *Identität bzw. Nichtidentität* je zweier aufgenommener Signale. Sofern diese Entscheidungen — sie mögen solche der *1. Stufe* heißen — für alle Paarkombinationen von Signalen aus E vorliegen, gestatten sie eine Einteilung dieser Signale in sogenannte *Valenzklassen*, d. h. in elementfremde Klassen von Signalen, die die Vp. als identisch (sensorisch äquivalent) empfindet. Durch eine Transformation der zunächst beliebig wählbaren Signalparameter auf sogenannte *„valenzgerechte" Parameter* läßt sich dann eine Einteilung des Empfindungsraumes in gegeneinander abgrenzbare, den einzelnen Valenzklassen entsprechende *Unterräume* erreichen (Zellenstruktur). Ersetzt man jeden dieser Unterräume durch ein in ihm enthaltenes Element, so gewinnt man ein *Repräsentantensystem von Signalvektoren* oder *Valenzen*, auf das sich der ursprüngliche Empfindungsraum reduzieren läßt. Statt von Valenzklassen wird in diesem Sinne künftig (auch) von Valenzen die Rede sein.

Entscheidungen 2. Stufe beziehen sich auf *partielle Übereinstimmungen* von Signalen: Sei x ein zwischen dem Perzipienten und dem externen Beobachter vereinbartes Signalmerkmal, so teilt der erstere mit, ob zwei ihm zum Vergleich dargebotene Signale *x-gleich* oder *x-ungleich* sind bzw. ob Unvergleichbarkeit bezüglich x vorliegt. Das *Valenzattribut* x kann von einem oder mehreren Signalparametern abhängen. Die Gesamtheit der Valenzattribute läßt sich in zwei Unterklassen, die der *polaren* und der *nichtpolaren Valenzattribute*, zerlegen. Polare Valenzattribute gestatten *Entscheidungen 3. Stufe*, mit denen der Perzipient feststellt, ob einer Valenz das Merkmal x in *stärkerem* oder *schwächerem Maße* zukommt als einer anderen. *Entscheidungen 4. Stufe* enthalten darüber hinaus entweder die Angabe des *numerischen Betrages der Größenrelation* bezüglich x, die zwischen zwei x-vergleichbaren Valenzen festgestellt worden ist; oder sie geben für das Valenzattribut x einen Zahlenwert an, der auf dem Vergleich der dem betreffenden Merkmal zukommenden Größe oder Intensität mit einer vorgegebenen Skala beruht.

Unter den isoliert dargebotenen Valenzen gibt es auch solche von *nur scheinbar elementarem Charakter*. Diese in sich gefügten Empfindungsbestände sind dadurch gekennzeichnet, daß sie der Perzipient bei mehrfach wiederholter Eingabe bis zu einem gewissen Grade mehr und mehr sensorisch aufzulösen, also schließlich auf Valenzklassen bzw. Valenzen zurückzuführen vermag. Eine notwendige Bedingung für das Vorliegen solcher *„Valenzkomplexe"* (MEYER-EPPLER) ist die physikalisch-chemische Auflösbarkeit bzw. Komponierbarkeit der betreffenden Signale (Signalkonstellationen) durch den Versuchsleiter. Das Gesagte läßt sich sinngemäß auf einzelne Valenzattribute ausdehnen.

Die soeben unter Fortlassung aller Einzelheiten vom Standpunkt des externen Beobachters aus beschriebene Perzeption einer vom Versuchsleiter „hergestellten" Außenwelt durch einen Menschen beruhte auf der gezielten Eingabe von *Signalen*, also von energetischen Zuständen (oder von Materie) als den physischen Elementen des Übertragungsvorganges von einem Systemteil zu einem anderen. Signale als solche vermitteln noch keine Information, zumindest keine von „kognitiver" Relevanz. Dies tun sie erst, sofern sie Träger von *Zeichen* sind.

Die (semantische) *Zeichenfunktion* der aus der Außenwelt kommenden und vom Menschen zum Aufbau von „inneren Bildern" dieser Außenwelt verarbeiteten Signale beruht auf einem als *Vorinformation* im Besitz des Perzipienten befindlichen *Inventar von Zeichen*, die in der Testsituation etwa als Bestandteile einer Umgangssprache, als besondere (semantische) Symbole, Verhaltensreaktionen u. dgl. mit dem Versuchsleiter und dem externen Beobachter vereinbart sind, oder, im Falle natürlicher Außenwelten, vom Perzipienten in komplexeren Lernprozessen aufgebaut wurden.

Grundsätzlich wäre es im Falle der aus der Außenwelt stammenden sogenannten „*deskriptiven Information*" (COUFFIGNAL) denkbar, daß der Perzipient jeder Valenz seines reduzierten Empfindungsraumes genau eines der Zeichen seines (als hinreichend umfangreich, jedoch abgeschlossen zu denkenden) Inventars zuordnet. Erfahrungsgemäß jedoch erlebt der Mensch häufig mehrere sensorisch unterscheidbare Valenzen als *semantisch äquivalent*. Solche „*interpretationsisonymen*" (MEYER-EPPLER) *Valenzen* können vom Perzipienten zu je einer *Valenzinterpretationsklasse* zusammengefaßt werden, die als *elementarer Zeichen- bzw. Bedeutungsträger* fungiert.

In entsprechender Weise kommt es beim Perzipienten auch zur Bildung sogenannter „*Valenzkomplexklassen*" (MEYER-EPPLER) oder genauer: „*Valenzkomplexinterpretationsklassen*", die gleichfalls (zunächst) *elementare* Zeichenträger sind, obwohl sie bereits in die Richtung komplex strukturierter Wahrnehmungen weisen. In dem Maße, in welchem der Perzipient die zu einer Valenzkomplexinterpretationsklasse zusammengefaßten Valenzkomplexe *sensorisch* aufzulösen vermag, tritt für ihn auch der *semantische* Zerfall der betreffenden Komplexklasse ein. Letztere verliert dann ihre Funktion als elementarer Zeichenträger und wird gegebenenfalls zum Träger eines *Aggregates* von Zeichen des Grundinventars.

Es sollen indessen für die folgende Darstellung des Perzeptionsgeschehens sowohl die Valenzinterpretationsklassen als auch die Valenzkomplexinterpretationsklassen als *elementare Zeichenträger* aufgefaßt werden. Statt von „elementaren Zeichenträgern" mag kurz auch von „*Trägerelementen*" die Rede sein.

Das derart über dem Empfindungsraum einer Vp. aufgebaute *System von Trägerelementen*, also von Valenzinterpretations- und Valenzkomplexinterpretationsklassen, läßt sich unter vereinfachenden Bedingungen nach MEYER-EPPLER in folgender hier ebenfalls nur umrißhaft wiedergegebener Weise experimentell bestimmen: Der Perzipient erhält zunächst Gelegenheit, eine gewisse feste Zuordnung von Zeichen des vorgegebenen Inventars zu den Valenzen und Valenzkomplexen eines gewissen Unterraumes U seines reduzierten Empfindungsraumes E zu lernen. Danach werden der Vp. wahllos Valenzen und Valenzkomplexe aus U dargeboten. Der Perzipient teilt seine Entscheidungen über die von ihm getroffenen Zeichenzuordnungen zu den einzelnen Valenzen und Valenzkomplexen dem externen Beobachter mit. Dieser registriert die Entscheidungen, wertet sie statistisch aus und bestimmt die sogenannte

Valenzdissipationsmatrix, die ihrerseits über die Treffer- bzw. Fehlerwahrscheinlichkeiten Auskunft gibt. Darüber hinaus läßt sich das „*Erkennungsvermögen*" des Perzipienten rechnerisch nach der von MEYER-EPPLER angegebenen Formel

$$R = H_{(\mu')} - H_{\mu(\mu')} \text{ [bit/Valenz]} \tag{3}$$

bestimmen, wo $H_{(\mu')}$ die „*Entscheidungsnegentropie*" und $H_{\mu(\mu')}$ die „*Störungsnegentropie*" oder „*Valenzdissipation*" darstellen. Die Entscheidungsnegentropie kann als die beim Perzipienten eingehende, wegen der „*Informationsdissipation*" nur *scheinbare* oder *subjektive Information* gedeutet werden[24].

Selbstverständlich ist der von einem Perzipienten geleistete Aufbau des Systems der Trägerelemente ein nur zum Teil von den dargebotenen Signalmannigfaltigkeiten, also von außersubjektiven Gegebenheiten abhängiger Vorgang. In ihn gehen wesentlich subjektive Faktoren ein, nämlich solche, die von ererbten und (vor allem) erworbenen Eigenschaften des Perzipienten her bestimmt sind[25]. So werden die Systeme von Valenzinterpretationsklassen (bzw. Valenzkomplexinterpretationsklassen) zweier Vpn. schon wegen der im allgemeinen unterschiedlichen Valenzkapazitäten ihrer Sinnesorgane keineswegs die gleiche Struktur aufweisen. Auch können sich diese Systeme je nach der Dauer und Intensität der vorangegangenen Lernprozesse und damit je nach dem Grad der Vertrautheit des Perzipienten mit dem zu klassierenden Bereich von Wahrnehmungsobjekten — vom kompetenten „Experten" bis zum vollständigen „Laien" — außerordentlich stark voneinander unterscheiden. Desgleichen ist die je persönlichkeitsspezifische, zeitabhängige Motivstruktur von Einfluß auf das Perzeptionsgeschehen bereits auf der Stufe der Bildung der Trägerelemente. Von einer „reinen", als solcher streng abgrenzbaren Außenweltperzeption, an der also weder operative (Block 3 von Abb. 4) noch motivationale (Block 2 von Abb. 4) Wirkstrukturen beteiligt sind, kann schon aus diesen Gründen beim Menschen keine Rede sein.

Der Aufbau des für das Perzeptionsgeschehen grundlegenden *Invariantensystems von Trägerelementen* — selbst noch innerhalb des *vorsemantischen* Bereichs physikalischer bzw. physiologischer Zuständlichkeiten verbleibend — dürfte bei dem Versuch einer mathematisch-informationstheoretischen Beschreibung des perzeptiven Geschehens die unerläßliche Voraussetzung für die *Konstituierung der semantischen Sphäre* des Perzipienten darstellen. Um den Übergang in diese Sphäre selbst, deren höhere Flexibilitätsbereiche die operativen (Denk-)Prozesse des Menschen widerspiegeln, vollziehen zu können, bedarf es der *Ablösung* der Zeichen des Grundinventars von den durch sie bezeichneten Trägerelementen und entsprechend der Ablösung der aus den Elementarzeichen gebildeten Zeichen*aggregate* von den durch diese bezeichneten Trägerelementaggregaten.

Vorbehaltlich der Einführung weiterer unterschiedlicher Informationsbegriffe soll im folgenden die *Gesamtheit der Trägerelemente und Träger-*

elementaggregate, wie immer die letzteren des näheren aufgebaut werden, „*materielle Information*" und die *Gesamtheit der zugehörigen Zeichen und aus diesen gebildeten Zeichenaggregate* „*semantische Information*" genannt werden[26]. Für die der Bezeichnung von materieller Information dienenden Zeichen bzw. Zeichenaggregate selbst werde der Name „*semantische Belegungen*" (oder auch kurz: „*Belegungen*") verwendet. Dabei soll der Begriff der semantischen Belegung so weit gefaßt sein, daß er auch einzelne, als „*Minimalzeichen*"[27] für materielle Information fungierende „*Belegungselemente*"[28] umfaßt, während andererseits den Belegungen hinsichtlich des Aggregatumfanges nach oben hin keine Grenze gesetzt sei[29].

Die Außenweltperzeption an der — wie man sagen könnte — „Berührungsschicht" zwischen materieller und semantischer Information folgt nun gewissen empirisch zu ermittelnden Regelmäßigkeiten, die sich auf die *Art und Weise* beziehen, wie Perzipienten die empfangene materielle Information semantisch belegen, also mit Zeichen besetzen. Die hieraus gewonnenen Regeln mögen nach einem Vorschlag von MEYER-EPPLER „*Korrespondenzregeln*" heißen.

Korrespondenzregeln erster Art betreffen die Belegung von Träger*elementen* (Valenzinterpretationsklassen und Valenzkomplexinterpretationsklassen) durch Belegungs*elemente* des vorgegebenen Inventars. Bei dieser sogenannten *Inventarkorrespondenz* sind drei Fälle zu unterscheiden: 1. Träger- und Belegungselement sind umkehrbar eindeutig einander zugeordnet, 2. mehreren Trägerelementen ist genau ein Belegungselement zugeordnet, 3. einem Trägerelement sind mehrere Belegungselemente zugeordnet.

Korrespondenzregeln zweiter Art betreffen *Aggregate* von Träger- bzw. Belegungselementen. Für diese *Aggregatkorrespondenz* sind als wichtige Fälle zu unterscheiden: 1. Einem Aggregat (insbesondere einer begrenzten räumlichen oder einer endlichen zeitlichen Folge) von Trägerelementen wird ein Aggregat von Belegungselementen derart zugeordnet, daß jedem Element des ersten Aggregates umkehrbar eindeutig ein Element des zweiten entspricht. 2. Das Aggregat der Belegungselemente enthält weniger Elemente als dasjenige der Trägerelemente, so daß mindestens *einem* echten (aus wenigstens zwei Elementen bestehenden) Unteraggregat des Trägerelementaggregates genau ein Belegungselement zugeordnet wird. 3. Einem Aggregat von Trägerelementen wird genau ein Belegungselement zugeordnet.

Über die insbesondere aus phonetischen Analysen bisher erschlossenen Korrespondenzregeln selbst soll hier nicht des näheren referiert werden. Es sei nur darauf hingewiesen, daß eine wichtige Klasse von Regelmäßigkeiten der Aggregatkorrespondenz, wie MEYER-EPPLER zeigt, auf der Tatsache beruht, daß der Perzipient geneigt ist, bei der semantischen Belegung von Trägerelementaggregaten deren Elemente nur insoweit zu bezeichnen, als es ihm für eine hinreichende semantische Identifikation des Trägerelementaggregates erforderlich scheint; unbezeichnet bleiben demnach „*alle aus dem Substanz-Kontext*", d. h. aus dem Kontext des

Trägerelementaggregates, *„erschließbaren Merkmale"* (MEYER-EPPLER). Die Zuordnungsentscheidung wird dabei gewöhnlich so getroffen, daß sich der Mensch die unterschiedlichen Umgebungen oder „Rahmen" (frames) vergegenwärtigt, in denen das in Frage stehende Trägerelement erscheint. Der externe Beobachter kann auf Grund der Mitteilungen des Perzipienten über das gemeinsame Auftreten eines bestimmten Trägerelementes mit seinem jeweiligen Rahmen die Verbundwahrscheinlichkeiten und damit die aus diesen aufgebaute Kontingenzmatrix ermitteln[30]. Ersetzt man in der Kontingenzmatrix die verschwindenden Verbundwahrscheinlichkeiten durch die Zahl 0 und die übrigen durch 1, so erhält man die sogenannte Distributionsmatrix, von der sich die vom Perzipienten getroffene Zeichenzuordnung ablesen läßt. — Auf die Beschreibung von Einzelheiten soll hier verzichtet werden.

Die Regeln der Aggregatkorrespondenz finden ihre Ergänzung und Fortsetzung in empirisch erschlossenen, quantitativ beschreibbaren Regelmäßigkeiten, die sich auf die Struktur der aus den Belegungselementen des vorgegebenen Inventars aufgebauten *„Sprachen"* des Perzipienten sowie auf den *Strukturvergleich* mehrerer solcher von ihm benutzten „Sprachen" beziehen. Dabei ist einem Inventar von Belegungselementen, die sämtlich der Bezeichnung von Trägerelementen einer *bestimmten Sinnesmodalität* dienen, auch die jeweils entsprechende *spezifische „Sprache"* bzw. Sprachklasse zugeordnet. Hiermit stimmt die Tatsache überein, daß die sich unter Einschluß der semantischen Sphäre vollziehende Außenweltperzeption eines Menschen im allgemeinen an mehrere „Sprachen" gebunden ist. Unter diesen kommt allerdings den visuellen und auditiven Sprachen eine ausgezeichnete Rolle zu, während sich etwa Geschmacks- und Geruchssprachen wegen der im allgemeinen relativ geringen Differenzierungsmöglichkeiten des gustatorischen bzw. olfaktorischen Rezeptionsapparats des Menschen und der damit zusammenhängenden außerordentlichen Belegungssubjektivität nicht oder nur in großer Unvollkommenheit ausgebildet haben.

Der Begriff *„Sprache"* wird im vorliegenden Zusammenhang in einem sehr weiten Sinn verwendet. Eine Sprache ist danach jedes aus einem Grundbestand von Elementarzeichen nach gewissen Kompositionsregeln aufgebautes (oder zumindest als derart aufgebaut denkbares) System von Zeichen, die *Zeichen für etwas* sind. Dabei können jene Elementarzeichen unmittelbar semantische Belegungen von Trägerelementen oder (zu semantischen Einheiten zusammengefaßten) Trägerelementaggregaten sein, so daß sich das zugehörige Zeichensystem gemäß den Korrespondenzregeln zuzüglich gewisser Regeln der Zeichenverknüpfung konstituiert; unter Umständen läßt es sich erweitern zu einem weitgehend vom Perzeptionsgeschehen abgelösten *„Zeichenraum"* für *flexible und reversible Denkoperationen.* Die Elementarzeichen können aber auch Elemente eines Codierungssystems sein, eines Zeichensystems also, in welches eine gegebene Sprache übertragbar ist. Menschliche *Wortsprachen* etwa sind solche Codierungssysteme für die den einzelnen Sinnesmodalitäten zugeordneten, aus semantischen Belegungen materieller Information aufgebauten *spezifischen Sprachen*, insbesondere soweit diese nicht bereits aus Lauten, Silben, Worten und Wortverknüpfungen, sondern aus wahrnehmbaren Zeichen anderer Art oder auch, in der reinen „Selbstkommunikation", aus *psychischen Vorstellungsgehalten oder Verhaltensdispositionen* (C. Morris) bestehen. Eine Wortsprache wiederum läßt sich in eine Schriftsprache codieren, deren Elementarzeichen entweder Zeichen für die sämtlich in der Wortsprache vorkommenden unterschiedlichen Laute (als den wortsprachlichen Elementarzeichen) oder aber Buchstaben eines Alphabets sind, deren jeder eine Klasse von einander ähnlichen Lauten repräsentiert (so daß die unterschiedlichen Laute auf Grund vorangegangener Lernprozesse aus der Stellung des betreffenden Buchstaben im Wort- oder Satzzusammenhang des geschriebenen Textes erschlossen werden müssen).

Von allen Zeichensystemen, die hier unter den weiten Begriff der Sprache subsumiert sind, nehmen diejenigen der *gesprochenen* und der *geschriebenen Sprachen* hinsichtlich ihrer operativen Plastizität, ihres kombinatorischen Ausdrucksreichtums, eine für das operationale Denken besonders wichtige Stellung ein. Darüber hinaus sind sie im Vergleich zu allen übrigen Zeichensystemen hervorragende Mittel der Nachrichtenkommunikation zwischen Menschen.

Inwieweit die statistische Sprachforschung heute bereits in der Lage ist, die für die Konstruktion von Zeichen und Zeichensystemen geltenden Kontextregeln für *beliebige spezifische Sprachen* und Sprachklassen[31] mit explizit angebbaren Zeicheninventaren empirisch zu ermitteln, soll hier nicht im einzelnen diskutiert werden. Die Wichtigkeit des Forschungsprogrammes steht außer Frage. Bei den gesprochenen oder geschriebenen *natürlichen Sprachen* können die *allgemeinen syntaktischen Regeln*, denen die Bildung der über dem jeweiligen Inventar von Elementarzeichen aufgebauten Konstruktionen folgt, als *Verträglichkeitsbedingungen für Zeichenverknüpfungen* bzw. als *Regeln für die Komposition von Silben aus Lauten und* (für eine umfangreiche Klasse menschlicher Sprachen) *von Wörtern aus Silben sowie von Wortverknüpfungen* exakt analysiert und qualitativ wie quantitativ erschlossen werden. Dieser Aufgabe unterzieht sich vor allem die moderne deskriptive Sprachstatistik[32], der wichtige Beiträge zur Erforschung der Morphologie von Sprachen zu verdanken sind. Außer der Erschließung der (sich mit den in ständiger Entwicklung begriffenen Sprachen selbst wandelnden) Konstruktionsregeln für die von Menschen*gruppen* benutzten Zeichensysteme lassen sich auch die besonderen *persönlichkeitsspezifischen* Konstruktionseigentümlichkeiten ermitteln und quantitativ-statistisch beschreiben.

In den Umkreis dieser informationstheoretisch-sprachstatistischen Untersuchungen fallen insbesondere die zahlenmäßige Ermittlung der (in bit gemessenen) Informationsbeträge von unterschiedlich codierten Nachrichten sowie die quantitative Analyse der den jeweiligen Informationsbetrag mindernden oder erhöhenden Einflüsse. Von großer Bedeutung für die Erforschung der Perzeptionsprozesse ist dabei die Untersuchung der *Störungen* im weitesten Sinne („Rauschen", noise),

die im allgemeinen mit der Übertragung sowohl von materieller als auch
semantischer Information verbunden sind. Für einen möglichst störungs-
freien Empfang von materieller Information ist natürlich der Grad entscheidend, in dem die distinktiven Merkmale der Signale während des
Übertragungsvorganges erhalten bleiben. Soll der Perzipient „*diskursive
Information*" (COUFFIGNAL), insbesondere wort- oder schrift*sprachliche*
Nachrichten empfangen können, soll also Zeichenkommunikation zwischen
ihm und einem zu seiner Außenwelt gehörenden menschlichen (oder auch
maschinellen) Expedienten bestehen, so ist zunächst klar, daß der
(mengentheoretische) Durchschnitt des (aktiven) Zeichenvorrats des
letzteren und des (passiven) Zeichenvorrats des ersteren genügend groß
sein muß. Darüber hinaus gelten gewisse statistische Gesetzmäßigkeiten
für die sprachliche Kommunikation und ihre Störungen. Diese Gesetzmäßigkeiten, die besonders im letzten Jahrzehnt exakt erforscht werden
konnten, betreffen die extrapolatorische Fortsetzungserwartung bei
unvollständig empfangenen Nachrichten, ferner die durch Verwechslung,
Umwertung und Nichtbeachtung von Zeichen bedingten Fehlinterpretationen, Über- und Unterdifferentiation von Zeichenaggregaten und
weitere Typen der Zeichenfehlanpassung, deren nähere Beschreibung
den Rahmen der vorliegenden Darstellung überschreiten würde.

Ist man sich über die *Regelmäßigkeiten der gestörten Nachrichtenübermittlung* sowie der mannigfachen objektiven und subjektiven Beein-
trächtigungen der Interpretation empfangener Nachrichten im klaren,
so lassen sich schließlich auch *Methoden zur Verbesserung der Zeichen-
anpassung* angeben und quantitativ beschreiben. Die Zeichenangepaßtheit des Perzipienten ist selbstverständlich, wie schon betont, primär
das Ergebnis vorangegangener Lernprozesse. Sie läßt sich bei Perzipienten,
die die in Abschnitt 1 angegebenen Bedingungen erfüllen, insbesondere
durch wiederholte Informationsdarbietung über mehrere (etwa den verschiedenen Sinnesmodalitäten entsprechende) „Übertragungskanäle"
erheblich steigern. Für den hier angestrebten Modellentwurf soll indes
weitgehende Zeichenangepaßtheit des Perzipienten angenommen werden.
Dies hat seinerseits die *Abgeschlossenheit des* (als nicht zu umfangreich
gedachten) *Zeicheninventars* zur Voraussetzung.

Bei den oben kurz beschriebenen, grundsätzlich durchführbaren
informationspsychologischen Testverfahren sowie den weiteren, auf ihren
Ergebnissen beruhenden Analysen entstammte die perzipierte materielle
Information einer „*künstlichen*", nämlich *vom Versuchsleiter manipulierten*
„*Wirklichkeit*", welche die vom Perzipienten aufgebauten Empfindungen
und Wahrnehmungen weitgehend bestimmte. Gleiches gilt für die
semantische Information, die der Versuchsleiter als *Nachrichten*expedient
dem Perzipienten darbietet und die der Perzipient auf Grund eines mit
dem Versuchsleiter vereinbarten Zeicheninventars als *Nachrichten*
empfängt. Jene in Abschnitt 2 erwähnte, als umfassende „Signalquelle"
dem Empfindungsraum des Perzipienten adjungierte „metasubjektive
Objektwelt" besitzt in diesem Falle vorgegebene, einem externen Beob-

achter voll und unverzerrt zugängliche Ordnungen, die in der Summe der expedierten Nachrichten ihren erschöpfenden Ausdruck finden sollen.

Legt man dem perzeptiven Geschehen diese die natürlichen Verhältnisse stark vereinfachenden Versuchsbedingungen zugrunde, so ist es nach dem Gesagten möglich und zweckmäßig, in einem streng empirischen Sinne der vom Perzipienten tatsächlich empfangenen *„subjektiven (semantischen) Information"* die vom Expedienten gesendete *„objektive (semantische) Information"* gegenüberzustellen. In der vorliegenden Untersuchung ist der Begriff der subjektiven Information bereits im Zusammenhang mit der Formel für das „Erkennungsvermögen" des Perzipienten als sogenannte „Entscheidungsnegentropie" aufgetreten, nämlich als die empfangsseitige, „scheinbare" Information. Deren Betrag konnte der externe Beobachter vermöge seines Zuganges zu den Hauptteilen des Systems „Mensch—Außenwelt" berechnen.

Die *Beziehungen zwischen subjektiver und objektiver Information*, soweit sie jedenfalls das Perzeptionsgeschehen betreffen, sollen nun allgemein betrachtet werden. Allerdings ist hierbei grundsätzlich zu bemerken, daß sich auch in mathematisch-informationspsychologischer Betrachtungsweise die Perzeptionsprozesse nicht scharf von den Prozessen des operationalen Denkens, also der Informationsverarbeitung zum Zwecke der Gewinnung von Handlungsantizipationen, trennen lassen. Die Übergänge zwischen beiden Ereignisbereichen sind in dem Maße fließend, wie die Ereignisse des einen Bereiches mit denjenigen des anderen funktionell verkoppelt und „vermascht" sind.

Für die folgenden Überlegungen werde wiederum angenommen, daß das Zeicheninventar des Expedienten mit demjenigen des Perzipienten übereinstimmt[33]. Der Versuchsleiter konstruiert aus den Zeichen dieses Inventars eine Nachricht mit bestimmten *„sendeseitigen Zeichenwahrscheinlichkeiten"* und teilt diese Nachricht über einen vereinfachend als „störungsfrei" vorausgesetzten „Übertragungskanal" mittels gewisser Trägerelementaggregate bzw. Folgen solcher Aggregate dem Perzipienten mit. Dieser legt seinerseits auf Grund eigener häufigkeitsstatistischer Erwägungen, die im allgemeinen auf Schätzungen hinauslaufen, den perzipierten Zeichenverknüpfungen gewisse *„empfangsseitige Zeichenwahrscheinlichkeiten"* bei. Schaltet sich der externe Beobachter in das Übertragungssystem unmittelbar vor Empfang der Nachricht durch den Perzipienten sowie dann beim Perzipienten ein, so ist er in der Lage, die den *beiden* Zeichenwahrscheinlichkeitsverteilungen zugehörigen Informationsbeträge, also den Betrag der *objektiven* wie denjenigen der (mittleren) *subjektiven* Information, nach der HARTLEY-SHANNONschen Formel zu bestimmen.

Der erstgenannte Informationsbetrag werde mit H_{obj}, der letztere mit H_{subj} bezeichnet. Es läßt sich mathematisch zeigen und empirisch bestätigen, daß stets

$$H_{\text{subj}} - H_{\text{obj}} > 0 \qquad (4)$$

ist[34]. Die Beziehung (4) gilt für alle Übertragungen von meßbaren Nachrichten, deren objekt- und subjektseitigen Zeichenwahrscheinlichkeiten bekannt sind. Sie besagt, daß die in einem Zeitintervall $[t_0, t_1]$ erfolgende Annäherung der subjektiven Information an die objektive *nur durch Abnahme der ersteren* innerhalb dieser Zeitspanne erreichbar ist. Dies scheint vollständig der umgangssprachlichen Bedeutung des Wortes „Information" — aufgefaßt nämlich als subjektive (semantische) Information — zu entsprechen, da im umgangssprachlichen Sinne unter „Information" der mit der Unwahrscheinlichkeit der Nachricht wachsende Neuigkeitswert derselben für den Empfänger verstanden wird, der Empfänger mithin die Nachricht im allgemeinen um so weniger „subjektiv verzerrt", also um so besser den „sendeseitigen Zeichenwahrscheinlichkeiten" anpaßt, je geringer der Neuigkeitswert (bzw. je kleiner der nicht voraussagbare Teil) der Nachricht für ihn geworden ist. Diesen Sachverhalt verallgemeinernd, könnte man in Übereinstimmung mit der sogenannten *Redundanztheorie des Lernens* von F. VON CUBE etwa sagen: Lernende Anpassung an die objektiven Ordnungen (Wahrscheinlichkeitsverteilungen der semantisch belegten materiellen Information) der Außenwelt bedeutet Abnahme des Betrages an subjektiver Information der empfangenen Nachrichten bis auf jenen Grenzwert, der durch die objektiven Ordnungen der Außenwelt bestimmt ist. Der Abnahme der subjektiven Information entspricht demzufolge ein *Gewinn des Perzipienten an objektiver Ordnung* und damit an Voraussagefähigkeit in bezug auf künftig zu erwartende Außenweltnachrichten.

M. BENSE hat im besonderen Blick auf „ästhetische Konsumationsprozesse" ein Maß derartiger Ordnung eingeführt, in dessen Bestimmung wesentlich der Betrag der objektiven Information eingeht; er nennt es *„ästhetische Information"*. Es sei gestattet, mit Bezug auf die hier untersuchten allgemeinen perzeptiven — und späterhin operativen — Prozesse für dieses Ordnungsmaß den Namen *„kognitive Information"* zu verwenden und sie mit H_{kogn} zu bezeichnen.

Die kognitive Information einer Nachricht läßt sich mit Bezug auf die Begriffsbestimmungen der Informationsästhetik definieren als derjenige Quotient, dessen Zähler die (in der Zeit $[t_0, t_1]$ erfolgende) Abnahme der subjektiven Information des Perzipienten, in Zeichen:

$$H_{\mathrm{subj}}\,(t_0) - H_{\mathrm{subj}}\,(t_1) =_{\mathrm{Def}} R_{\mathrm{subj}}\,(t_0, t_1), \tag{5}$$

und dessen Nenner die objektive Information H_{obj} darstellt, mithin:

$$H_{\mathrm{kogn}} =_{\mathrm{Def}} \frac{R_{\mathrm{subj}}\,(t_0, t_1)}{H_{\mathrm{obj}}} \,[35]. \tag{6}$$

$R_{\mathrm{subj}}\,(t_0, t_1)$ heiße die auf das Zeitintervall $[t_0, t_1]$ bezogene „*subjektive Redundanz*" von H_{subj}; sie stellt offenbar ein *Maß der Abnahme der subjektiven Information* dar[36].

Definitionsgleichung (6) trägt nicht nur dem Umstand Rechnung, daß der Betrag der „kognitiven Information" um so größer wird, je stärker die *subjektive* Information der aus der Außenwelt empfangenen Nachrichten (bis auf den Betrag der objektiven Information) abnimmt, je größer also die subjektive Redundanz ist. Gl. (6) beschreibt vielmehr auch die *Beziehung zwischen kognitiver und objektiver Information*. Diese beiden Informationen verhalten sich umgekehrt proportional zueinander. Überträgt man nach R. GUNZENHÄUSER[37] gewisse Erwägungen der Informationsästhetik in Verbindung mit der „ästhetischen Theorie" G. D. BIRKHOFFs auf allgemeine perzeptive Prozesse, so läßt dieser letztere Zusammenhang die folgende (freilich nach verschiedenen Richtungen der Präzisierung bedürftige) Interpretation zu:

Geringe objektive Information von Außenweltnachrichten kann auf „*geringe Komplexität*" der zugehörigen objektiven Außenweltkonstellationen verweisen, und je „einfacher", je weniger komplex strukturiert und mit je geringerer Wahrnehmungsanstrengung (BIRKHOFF) verbunden der betreffende Objektbereich der Außenwelt ist — man könnte in der Betrachtungsweise der Informationsästhetik auch sagen: je größer die gleichsam stilbildende „*objektive Redundanz*" dieses Bereiches ist —, desto größer ist auch der Betrag an kognitiver Information. Letztere wächst uneingeschränkt, wenn sich H_{obj} dem Wert Null nähert, d. h. wenn eine (künstlich manipulierte) Folge von objektiven Außenwelten bzw. aus diesen herausgehobenen Teilbereichen (bei von Null verschiedener subjektiver Redundanz) dem Zustand maximaler Einfachheit zustrebt. Dieser Zustand wäre dadurch gekennzeichnet, daß *keinerlei* von 1 verschiedene Zeichenwahrscheinlichkeiten der *gesendeten* Nachrichten vorliegen[38].

Durch die Einführung der sowohl von der subjektiven als auch von der objektiven Information einer (gesendeten und empfangenen) Nachricht abhängigen *kognitiven Information* scheint in gewisser Weise die klassische Dichotomie der Subjekt-Objekt-Relation überschritten. Zunächst allerdings nur definitorisch und lediglich in bezug auf eine künstlich manipulierte, als Nachrichtenquelle einem externen Beobachter voll zugängliche objektive Außenwelt. Aber es ist nicht unmöglich, daß diese Definition auch unter Aufhebung der letztgenannten Voraussetzung, also auch für den Fall *natürlicher* Außenwelten, in gewissem Umfange anwendbar und sinnvoll bleibt. Zumindest dürfte sie dazu beitragen, das klassische Problem der Subjekt-Objekt-Beziehung auf eine neue und vielleicht die erkenntnistheoretische Diskussion befruchtende Gestalt zu bringen sowie den Gedanken einer quasi „metasubjektiven" (und dabei quantitativen) Erfassung subjektiver *und* objektiver Ordnungen zu präzisieren.

Nimmt man ein *konstantes* H_{obj} an, so sind es, wie bereits hervorgehoben, *redundanzerhöhende Prozesse*, die zur Steigerung der kognitiven Information und damit zum *objektiven Ordnungsgewinn des Perzipienten* führen. Die quantitative Analyse solcher Prozesse ist eine der gegenwärtigen Hauptaufgaben der Informationspsychologie. Im Bereich des perzeptiven Geschehens scheint es sich bei den Vorgängen, die der Erhöhung der subjektiven Redundanz dienen, überwiegend um solche der sogenannten *informationellen Akkommodation oder Approximation* (H. FRANK, F. VON CUBE) zu handeln. Hierunter sind bestimmte Prozesse der Anpassung der subjektiven Zeichenwahrscheinlichkeiten an die objektiven zu verstehen, Lernprozesse also, die vor allem als „*Wahr-*

scheinlichkeitslernen" in einer Anzahl von Experimenten untersucht worden sind[39]. Redundanzsteigernde Vorgänge dieser Art zeigen deutlich den besonders von PIAGET hervorgehobenen statistisch-irreversiblen Charakter des Aufbaues und der „Speicherung" von Wahrnehmungsstrukturen (im weitesten Sinne) im Unterschied zu den dynamisch-reversiblen Kompositionen des operationalen Denkens. Natürlich leistet allein schon die „*Speicherungsfunktion"* des Gedächtnisses als solche ebenfalls eine Steigerung der subjektiven Redundanz und damit der kognitiven Information.

Redundanzerhöhung bereits auf der Stufe der Perzeptionsprozesse scheint ferner in Gestalt der sogenannten „*Superzeichenbildung"* (VON CUBE, FRANK) stattzufinden. Unter der Bildung eines *Superzeichens* 1. *Stufe*[40] ist die Zeichenbesetzung einer Komposition von sämtlich bereits semantisch belegten sensorischen Elementarinvarianten (Valenzinterpretationsklassen bzw. Valenzkomplexinterpretationsklassen), also eines semantisch belegten Aggregates von Träger*elementen*, zu verstehen, wobei zumeist semantisch äquivalente Trägerelementaggregate zu einer — durch das Superzeichen semantisch belegten — Klasse zusammengefaßt werden. *Superzeichen* 2. *Stufe* entstehen dementsprechend durch Zeichenbesetzung einer Komposition von Superzeichen 1. Stufe usf. Auf diese Weise vermag der Perzipient oberhalb des Systems der Trägerelemente eine mehr oder weniger hierarchisch geordnete semantische Sphäre aufzubauen, die aus Superzeichen der verschiedenen Stufen bis hin zu semantischen Klassen- und Gestaltinvarianten hoher und höchster Allgemeinheit besteht.

Dabei sind die mehr *perzeptuellen* Superzeichenbildungen überwiegend statistisch-irreversibler Art; sie erreichen nur die unteren Stufen der Hierarchie. Eine mittlere Schicht von Hierarchiestufen dürfte durch das Zusammenwirken statistisch-irreversibler *und* dynamisch-reversibler Superzeichenbildungen charakterisierbar sein. Die Superzeichenbildungen der sich darüber aufbauenden höheren Hierarchiestufen weisen wachsende Flexibilität (und Spontaneität) der nun in Gänze reversiblen Gliederungs- und Bezeichnungsprozesse auf. Letztere gehören bereits zum Funktionsbereich des operationalen Denkens; mit ihnen ist daher das perzeptive Geschehen der unteren und der mittleren Schichten des Hierarchiesystems der Superzeichenbildungen überschritten.

Faßt man die Gesamtheit der redundanzsteigernden perzeptiven Prozesse ins Auge, so wird offenbar, daß der Perzipient einem dauernden „inneren" *Zwang zum Aufbau und zur Speicherung von Mustern, „patterns",* *Ordnungsformen*, unterliegt, deren er bedarf, um die auf ihn einflutenden Signalmannigfaltigkeiten in Verbindung mit noch zu besprechenden physiologischen Mechanismen der „Drosselung", „Kanalisierung" und „Kontrastierung" der Informationsströme für operative Zwecke verfügbar zu machen. Besonders durch Superzeichenbildung, also durch den Aufbau und die Zeichenbesetzung „höherer" (sensorischer bzw. semantischer) Invarianten schafft sich der Mensch *interne Modelle der Außenwelt*, d. h. die Außenwelt abbildende Systeme von semantischen Belegungen für Klassen einander hinreichend ähnlicher Signalkonstellationen.

Die empfangenen Signalmannigfaltigkeiten erhalten ja erst durch Vergleich
mit den verschiedenen, bereits gespeicherten „*Perzeptionsmustern*" ihren
operativen Ort in der semantischen Sphäre des Perzipienten; je nach
ihren strukturellen Übereinstimmungen (bzw. Ähnlichkeiten) mit diesen
Mustern ordnen sie sich zu „Gegenständen" und „Ereignissen" (Näheres
s. S. 29 ff.).

Zweierlei ist hier zu ergänzen: Einmal gehen in den Aufbau des
Repertoires von Perzeptionsmustern, da dieser auf Lernprozessen beruht,
stets wesentlich auch persönlichkeitsspezifische Faktoren ein. Zum anderen
ist, mit dem eben Gesagten eng zusammenhängend, das von einem
Perzipienten aufgebaute Repertoire von Perzeptionsmustern nicht als
starres, unveränderliches Invariantensystem aufzufassen, wie auch die
einzelnen Perzeptionsmuster mehr oder weniger starken Veränderungen
unterworfen sind. Auch wenn demnach ein inneres Außenweltmodell
aus perzeptionsmusterbildenden Superzeichen der unteren Hierarchiestufen konstituiert wird — also aus solchen, die auf statistisch-irreversiblen
Prozessen beruhen —, kann es selbst im Zuge neuer Anpassungserforder-
nisse umstrukturiert und korrigiert werden. Dies gilt natürlich mehr
noch für die aus Superzeichen der mittleren und der höheren Hierarchiestufen konstituierten inneren Außenweltmodelle. Je nachdem, ob diese
sich im operationalen Denken — nämlich als semantische Einheiten, an
und mit denen im Denken operiert wird — hinsichtlich der Motivverwirk-
lichung bewähren oder nicht bewähren, werden sie beibehalten, verändert
oder gegebenenfalls durch andere ersetzt.

Bisher ist in diesem Abschnitt die Außenweltperzeption nur unter
dem Aspekt der (angewandten) Informationstheorie erörtert worden.
Betrachtet man die gleichen Vorgänge vom *physiologischen* Standpunkt
aus, so sind im Blick auf die hier vor allem interessierende quantitative
Beschreibung des nervösen perzeptiven Geschehens vier miteinander
zusammenhängende kybernetische Erklärungsansätze bzw. Funktionsprinzipien von hervorragender Bedeutung, die in die neuere Literatur
als *Wahrnehmungsoptimalisierung*, als *Konvergenz-Divergenz-Schaltung*,
als *laterale Inhibition* und als *Reafferenzprinzip* eingegangen sind. Da es
sich bei den hierdurch beschriebenen Vorgängen um solche Prozesse
handelt, die wesentlich von *zentral*nervösen Funktionen her bestimmt
sind, soll auf die genannten Erklärungsansätze erst in Abschnitt 9 näher
eingegangen werden.

Dagegen scheint es zweckmäßig, bereits an dieser Stelle der Frage
nach den Möglichkeiten einer *technologischen Simulation* der vom Menschen
geleisteten Außenweltperzeption nachzugehen. Wie läßt sich insbesondere
der „Mechanismus" der semantischen Belegung materieller Information
bis hin zum Aufbau und zur „Speicherung" von komplexen Wahrnehmungsstrukturen technologisch nachbilden?

KARL STEINBUCH hat in Gestalt der von ihm entwickelten *Lernmatrix*[41] einen Nachrichtenspeicher realisiert, der in guter Näherung
nicht nur den auf dem Prinzip des bedingten Reflexes (PAWLOW) be-

ruhenden Lernprozeß einschließlich einer Anzahl hiermit zusammenhängender Tatsachen, wie abnehmende Lernfähigkeit durch „Vergreisung" des Organismus, Vergessen, Wiedererinnern usw., technologisch simuliert[42]. Die Konstruktionsprinzipien der Lernmatrix können darüber hinaus mit Vorteil, wie STEINBUCH und H. FRANK gezeigt haben[43], unter gewissen, die tatsächlichen Verhältnisse vereinfachenden Bedingungen auch für die Simulation von Perzeptionsleistungen verwendet werden.

Ohne technische Einzelheiten anzuführen, die in den Originalarbeiten leicht nachgelesen werden können, sei hier über die Funktionsweise der Lernmatrix lediglich das Folgende gesagt[44]: Einem matrixartig aufgebauten Schaltsystem werden bestimmte Zuordnungen zwischen eingegebenen Signalkonstellationen und deren semantischen Belegungen derart eingelernt, daß nach Abschluß der Lernphase entweder gewisse Signalkonstellationen die mit ihnen korrespondierenden semantischen Belegungen oder, umgekehrt, gewisse semantische Belegungen die mit diesen korrespondierenden Signalkonstellationen abzurufen vermögen. STEINBUCH nennt die Signalkonstellationen „*Eigenschaften*" und deren semantische Belegungen „*Bedeutungen*".

Entscheidend für die Funktionsweise der Lernmatrix ist ihre Unempfindlichkeit gegenüber *zufälligen* Änderungen (Störungen, Verzerrungen), denen ein eingegebener Eigenschaftssatz unterworfen ist, sofern 1. dieser Eigenschaftssatz hinreichend redundant eingegeben wird und 2. seine Abweichung (HAMMING-Distanz) von dem ursprünglichen, ungestörten Eigenschaftssatz geringer ist als seine Abweichung von den anderen bereits semantisch belegten Eigenschaftssätzen. Bei Benutzung von Lernmatrizen mit nicht umkehrbar eindeutiger Zuordnung zwischen Eigenschaften und Bedeutungen sowie durch sogenannte Schichtung von Lernmatrizen läßt sich eine entsprechende Unempfindlichkeit des Systems auch gegenüber gewissen, nicht zu großen *systematischen* Änderungen des eingegebenen Eigenschaftssatzes erreichen; die semantische Belegung aller in diesem Sinne „interpretationsisonymer" Eigenschaftssätze kann dann als deren Klasseninvariante betrachtet werden.

Unter der Bezeichnung „*Indiz*" verwendet STEINBUCH ähnlich wie schon A. M. UTTLEY ein Wahrscheinlichkeitsmaß dafür, daß eine Eigenschaft e Kennzeichen für eine bestimmte Bedeutung b (und umgekehrt) ist. Jedem Indizwert (und damit auch jedem Grad der Eigenschafts-Bedeutungs-Koinzidenz) entspricht ein bestimmter Reversibilitätsgrad des Lernverhaltens, der bei Zerfall des Indizes in völlige Irreversibilität (Unfähigkeit zum Umlernen) übergehen kann[45].

Obgleich es gerade die *Lern*phase ist, also die Phase des Einlernens der Zuordnungen zwischen Eigenschaften und Bedeutungen, welche die Lernmatrix wesentlich kennzeichnet, soll im vorliegenden Zusammenhang die Frage der technischen Realisierung des Lernprozesses nicht behandelt werden. Es sei hierzu lediglich zweierlei bemerkt: 1. Die Regelmäßigkeiten, denen die Schaltungsstrukturen genügen, ändern sich in Abhängigkeit von den eingegebenen Signalkonstellationen. 2. Die nach Abschluß der Lernphase aufgebaute, aus einem bestimmten System von „Zuordnungsschaltungen" bestehende „*Bedeutungsmatrix*" stellt ein Repertoire von Teilmodellen der aus den eingegebenen Signalkonstellationen aufgebauten Außenwelt dar, derart, daß einem in der „Kannphase" eingegebenen Eigenschaftssatz nur diejenige Bedeutung zugeordnet wird, die ihm nach Maßgabe der eingelernten „Codierung" am ähnlichsten ist. Schon aus dieser Bemerkung wird deutlich, daß das Prinzip der Lernmatrix nach dem oben Ausgeführten ein Charakteristikum auch der *menschlichen Außenweltperzeption* wiedergibt.

Je nachdem nun, ob die der Lernmatrix eingegebenen Signale binär oder nicht binär verschlüsselt sind, spricht man von einer *binären* oder *nichtbinären Lernmatrix*. Bei der letzteren sind die Eingangsgrößen — z. B. Funktionswerte von Parametern und Variablen, welche Signalmerkmale repräsentieren — innerhalb bestimmter Intervalle *stetig veränderlich*. Nichtdigitale Lernmatrizen eignen sich daher besonders zur Simulation menschlicher Perzeptionsprozesse; denn den von einem Menschen perzipierten und seinem internen Außenweltmodell einzuordnenden Objekten und Ereignissen (Signalen und Signalkonstellationen) kommen zumeist gewisse wahrnehmbare Merkmale *in bestimmten Graden* zu, und offenbar ist die Einbeziehung dieser möglichen und tatsächlichen Intensitätsunterschiede in den Aufbau der internen Außenweltmodelle wie in die semantische Identifizierung materieller Information ein weiteres wesentliches Charakteristikum des perzeptiven Geschehens.

Mehrere Lernmatrizen lassen sich zu einem „*geschichteten System*" verkoppeln, so daß eine gewisse Lernmatrix nach dem Übergang von der Lern- zur Kannphase ihre zu den eingegebenen Eigenschaften erlernten Bedeutungen der nächstfolgenden Lernmatrix als Eigenschaften eingibt, zu denen diese wieder die Bedeutungen lernt usf. Hierdurch wird eine gute Wiedergabe der Plastizität erreicht, mit der organische Systeme auch stark gestörte Signale richtig zu identifizieren und bei Ausfall von Systemteilen die Funktion des Gesamtsystems in automatischer Selbstkorrektur aufrechtzuerhalten vermögen. Geschichtete Lernmatrizen eignen sich zur Simulation auch komplexerer perzeptiv-operativer Prozesse. Erwähnt seien vor allem die *Erkennung* von Valenzen des (reduzierten) Empfindungsraumes nach dem oben (S. 17f.) angedeuteten Verfahren sowie die Erkennung der über dem Empfindungsraum aufgebauten Trägerelementaggregate und der sogenannten „Gestalten" der Wahrnehmung durch Einordnung derselben in Systeme von Bedeutungsinvarianten, ferner als noch zu besprechende Leistungen des operationalen Denkens die *Voraussage* von Zeichenabhängigkeiten und die *Übersetzung* von Nachrichten aus einer „spezifischen Sprache" in eine andere.

Es bleibt zu berichten, in welcher Weise das Funktionsprinzip der (nichtbinären) Lernmatrix STEINBUCHs einer „*mathematisierten Theorie der Perzeption*" so zugrunde gelegt werden kann, daß 1. diese Theorie die wesentlichen Charakteristika der menschlichen Außenweltperzeption berücksichtigt und 2. das perzeptive Geschehen beim Menschen einschließlich des Aufbaues von internen Modellen der Außenwelt im technologischen Modell, nämlich eben mittels Lernmatrizen, nachgebildet werden kann.

Um dies näher darzulegen, werden für das Folgende Ergebnisse einer Untersuchung von K. STEINBUCH und H. FRANK herangezogen. Ausgangspunkt der Überlegungen der genannten beiden Autoren ist eine abstrakte, die Bereiche der Biologie und Psychologie überschreitende Fassung der Begriffe „*Organismus*", „*Perzeption*", „*Perzeptor*" usw. So wird unter einem *Organismus* in Übereinstimmung mit einer Definition von A. A. MOLES[46] jedes „genügend komplexe, auch technische oder gesellschaftliche System, das mehrere Freiheitsgrade der Funktion aufweist", verstanden, und der abstrakte Begriff der *Perzeption* (FRANK[47]) beruht auf den folgenden drei, den entsprechenden Eigenschaften der menschlichen Perzeption entnommenen Forderungen (nach FRANK bzw. STEINBUCH und FRANK):

1. Den zur Perzeption angebotenen Außenweltgegebenheiten können objektiv mehr Merkmale zukommen, als die Rezeptoren zu registrieren vermögen (z. B. magnetische Eigenschaften). Gegenüber der Änderung solcher Merkmale sind die von den Rezeptoren an das operative Zentrum (Zentralorgan mit Kurzspeicher) weitergegebenen Meldungen invariant.

2. Die von den Rezeptoren empfangene, in bit/s gemessene „physiologische Information"[48] kann größer sein als diejenige, die das perzipierende System an das operative Zentrum weiterleitet[49].

3. Die vom perzipierenden System an das operative Zentrum abgegebene (physiologische) Information besteht im allgemeinen nicht aus isolierten Einzeldaten, sondern aus „zu Einheiten synthetisierten Objekten" (FRANK), die durch Zuordnung zu gewissen vorgegebenen bzw. erlernten Perzeptionsformen („Bedeutungen") semantisch relevant und damit operativ verfügbar werden.

Vergleicht man diese drei Forderungen mit den Eigenschaften der menschlichen Außenweltperzeption, so darf folgendes ergänzend angemerkt werden:

Zu 1. Handelt es sich um die Perzeption einer *natürlichen* Außenwelt, so ist allerdings die Frage zu stellen, inwieweit die den perzipierten Objekten zukommenden Merkmale vom Menschen erst in die Signalmannigfaltigkeiten seines Empfindungsraumes „hineingelegt" werden. Wo immer dies der Fall ist, dürfte die Merkmalszuordnung wesentlich von dem bereits vorhandenen Wissen des betreffenden Menschen abhängig sein.

Zu 2. Bei der menschlichen Außenweltperzeption ist einzuräumen, daß bereits in der perzeptiven Phase des Wahrnehmungsprozesses auch Information *erzeugt* wird. Allerdings handelt es sich dabei um die oben als Ordnungsmaß eingeführte kognitive Information.

Zu 3. Die Synthese von Außenweltobjekten zu (gestalthaften) „Einheiten" schließt auch bei der menschlichen Perzeption nicht aus, daß diese Einheiten auf Träger*elemente* zurückgeführt werden können, sich also letztlich als Aggregate von Valenzen und Valenzkomplexen bzw. im Übergang zur semantischen Sphäre als solche von Valenzinterpretationsklassen und Valenzkomplexinterpretationsklassen darstellen lassen. Mithin ist im Interesse einer weiterreichenden mathematischen Behandlung der Perzeptionsvorgänge zu fordern, daß jede solche „Einheit" grundsätzlich als Funktion von Signalparametern darstellbar ist. So läßt sich, um ein technisches Beispiel anzuführen (auf das auch STEINBUCH und FRANK hinweisen), die visuelle Wahrnehmung einer komplexen Struktur auf dem Reizfeld des Fernsehbildschirmes als Funktion *elementarer* sensorischer Invarianten (der Bildelemente des Schirmes) beschreiben.

Es gilt nun, den abstrakten Begriff des *Perzeptors* mathematisch so zu definieren, daß er die Forderungen 1 bis 3 erfüllt. Hierbei gehen STEINBUCH und FRANK[50] von der Annahme aus, daß jedes beobachtete Objekt J durch eine *Anzahl* von *Merkmalen* beschrieben werden kann, deren jedes durch eine reelle Zahl r mit $0 < r \leqslant n$ charakterisierbar ist, wobei n eine natürliche Zahl bezeichnet. Jedem Objekt J wird eindeutig eine Merkmalsfunktion $a_J(r)$ zugeordnet, deren Werte die Grade angeben, in denen die einzelnen Merkmale r dem betreffenden Objekt zukommen[51]. Unter einem (abstrakten) Perzeptor wird nun ein mathematischer Operator P_J verstanden, der die Funktion $a_J(r)$ in einen n-dimensionalen Vektor $\{a_1, a_2, \ldots, a_n\}$ abbildet, dessen Komponenten a_ν die Werte von $a_J(r)$ an den diskreten Stellen $r = 1, 2, \ldots, n$ darstellen. P_J wird dabei als aus n *Teiloperatoren*, den (abstrakten) *Rezeptoren* $R_1, R_2, \ldots, R_n$, bestehend aufgefaßt, derart, daß jeder Rezeptor genau einen der obigen Funktionswerte von $a_J(r)$ liefert. Bei den Rezeptoren sind die Eingangs- von den Ausgangsgrößen zu unterscheiden. Ist a_ν für $\nu = 1, 2, \ldots, n$ der Eingabewert des ν-ten Rezeptors R_ν, so werde der — proportional oder in anderer, nichtlinearer Abbildung transformierte — Ausgabewert des gleichen Rezeptors, den dieser in Richtung auf das operative Zentrum abgibt, mit p_ν ($\nu = 1, 2, \ldots, n$) bezeichnet. Der Vektor $\mathfrak{p}_J = \{p_1, p_2, \ldots, p_n\}$, heißt dann (das zu J gehörige) *Perzeptionsereignis*. Letzteres ist invariant gegenüber der Änderung solcher Merkmale, die nicht durch eine der natürlichen Zahlen $1, 2, \ldots, n$ charakterisiert sind.

Überträgt man die an genau einem Objekt J mit der Merkmalsfunktion $a_J(r)$ angestellten Überlegungen auf die Gesamtheit der dem Perzeptor P überhaupt angebotenen Objekte, so wird deutlich, daß P den Funktionenraum der $a_J(r)$ für alle in Frage stehenden J in den n-dimensionalen Vektorraum $\mathfrak{B}$ der Perzeptionsereignisse abbildet. Um sämtliche oben genannten Forderungen zu erfüllen, setzen STEINBUCH und FRANK weiterhin fest, daß *zwei Perzeptionsereignisse* $\mathfrak{p}_1$ *und* $\mathfrak{p}_2$ *genau dann miteinander identisch* sein sollen, wenn sich bei beliebiger Differenz der Beträge $|\mathfrak{p}_1|$ und $|\mathfrak{p}_2|$ die Richtungen von $\mathfrak{p}_1$ und $\mathfrak{p}_2$ nur wenig voneinander unterscheiden. Der von den positiven Koordinatenachsen eingeschlossene Teilraum von $\mathfrak{B}$ (also der punktmengentheoretische Durchschnitt der durch die Koordinatenachsen bestimmten n positiven Halbräume von $\mathfrak{B}$), kurz „erster Quadrant" genannt, wird nämlich derart in endlich viele (n-dimensionale) Sektoren aufgeteilt, daß in jeden Sektor eine Klasse K von *miteinander identischen* Perzeptionsereignissen, d. h. von Vektoren $\mathfrak{p}$, fällt. Dabei mag jede Klasse K_i durch genau einen ihr zugehörigen „mittleren" Vektor g_i repräsentiert werden, so daß in Gestalt des Systems der g_i ein Repräsentantensystem des Systems $\mathfrak{S}$ der K_i entsteht.

Jedem Perzeptor ist ein bestimmtes solches System $\mathfrak{S}$ von Klassen K_i — der sogenannten *Perzeptionsformen* — eigentümlich, und nimmt man (in Übereinstimmung mit dem menschlichen Perzeptionsgeschehen) *Lernfähigkeit* des Perzeptors an, so ist klar, daß das im Perzeptor „gespeicherte" System $\mathfrak{S}$ aus vorangegangenen Lernprozessen aufgebaut worden ist.

Eine Klasse K_i von $\mathfrak{S}$ werde auch ein *inneres Partialmodell* der Außenwelt genannt, $\mathfrak{S}$ selbst heiße das Repertoire dieser Partialmodelle, kurz: das *Partialmodellrepertoire*. Es steht der umfassenden „Signalmatrix" der Objektwelt (vgl. Abschnitt 2) als „*Matrix der dem betreffenden Organismus überhaupt verfügbaren unterschiedlichen ‚Bedeutungen' möglicher, nämlich erwartbarer Außenweltkonstellationen*" gegenüber. Die Gleichsetzung von „*Perzeptionsform*" und „*Bedeutung*" dürfte jedenfalls durchaus der Tatsache gerecht werden, daß bei der Verarbeitung von Signalen durch einen Organismus gewisse singuläre Signalkonstellationen — und zweifellos *nicht* alle — genau dann „Bedeutung" im Sinne der Semiotik wie im alltäglichen Sprachgebrauch für den Organismus gewinnen, wenn sie in *bereits aufgebaute* („bekannte") *Klassen* von miteinander identischen (d. h. nach der obigen Definition: von einander hinreichend ähnlichen) Signalkonstellationen fallen. Die „Bedeutung" einer in das Klassensystem $\mathfrak{S}$ eingeordneten Signalkonstellation ist nichts anderes als eben die betreffende Klasseninvariante — ganz gleich, ob dieser nun das Vehikel eines expliziten Zeichens beigegeben ist oder nicht; denn nicht erst das Zeichen, bereits die Klasseninvariante selbst steht *für* die ihr zugeordnete singuläre Signalkonstellation, repräsentiert sie als „Muster", ist gleichsam ihr „Name" oder auch ihr „Begriff", wie immer man es nennen will, macht mithin die Signalkonstellation zu einem „*kognitiven Objekt*", ja, für den perzipierenden Organismus, zu einem „*Objekt*" überhaupt.

Erst sofern also der Perzeptor über ein solches Partialmodellrepertoire verfügt, vermag er die aus den jeweils vorgegebenen objektiven Außenweltereignissen und den ihnen zukommenden Merkmalen herausgehobenen singulären Perzeptionsereignisse mit den endlich vielen „gespeicherten" Partialmodellen (oder Perzeptionsformen) zu vergleichen, sie den jeweils ähnlichsten Partialmodellen zuzuordnen und (dem Perzipienten) somit semantisch verfügbar zu machen. In dieser Weise aktualisierte Gruppen von Partialmodellen bauen die internen Modelle der Außenwelt auf. Manipulation *dieser* Modelle ist bereits *Denken*, ihre auf Verwirklichung von Motiven gerichtete Manipulation *operationales Denken*. *Lernen* ist die schrittweise verbesserte Anpassung des Partialmodellrepertoirs an die Außenwelt und *Intelligenz* die kombinatorische Flexibilität des Organismus in der zielgerichteten Manipulation — Gruppierung, Auflösung, Umgruppierung — der internen Außenweltmodelle unter Abschätzung der erwartbaren Reaktionen der Außenwelt auf vorgestellte Aktionen des Organismus.

Es bleibt noch zu sagen, durch welche mathematischen Operationen die Einordnung eines Perzeptionsereignisses $\mathfrak{p}$ in das System $\mathfrak{S}$ der Perzeptionsformen oder Partialmodelle ermöglicht wird: Bedenkt man, daß $\mathfrak{S}$ durch das System der $\mathfrak{g}_i$ repräsentiert ist, so genügt es offenbar, für alle i das innere Produkt $\mathfrak{p} \cdot \mathfrak{g}_i$ zu bilden und $\mathfrak{p}$ derjenigen Perzeptionsform zuzuordnen, für die dieses Produkt den größten numerischen Wert liefert.

Trotz der die tatsächlichen Verhältnisse beim Menschen stark vereinfachenden Voraussetzungen der hier nur im Grundsätzlichen referierten, von STEINBUCH und FRANK entwickelten „mathematischen Theorie der Perzeption" dürfte doch mit dieser Theorie die Richtung aufgewiesen sein, in der ein quantifizierender Erklärungsansatz auch für menschliche Perzeptionsprozesse zu suchen ist. Die Theorie STEINBUCHs und FRANKs scheint geeignet, den für die menschliche Außenweltperzeption zentralen Begriff des „internen Modells der Außenwelt" zu präzisieren und damit andererseits auch eine Möglichkeit zu eröffnen, den Aufbau zusammengesetzter sensorischer Invarianten und komplexer Wahrnehmungsstrukturen aus Trägerelementen exakt zu erklären.

Daß bereits mit dem Partialmodellrepertoire eines Perzipienten die semantische Sphäre erreicht ist, wurde schon oben durch die Identifizierung der Begriffe „Perzeptionsform" und „Bedeutung" hervorgehoben. Und in der Tat braucht man nur den inneren Partialmodellen, also den Klasseninvarianten K des Systems $\mathfrak{S}$, gewisse vereinbarte Zeichen eines vorgegebenen Inventars wechselseitig eindeutig zuzuordnen und dieses Zeichensystem als „Bildbereich" von dem Invariantensystem $\mathfrak{S}$ als „Originalbereich" abzulösen und gleichsam zu verselbständigen, um ein aus expliziten Zeichen bestehendes „Modell" zumindest des Systems der Bausteine der semantischen Sphäre des Perzipienten zu erhalten. Könnte man die Gesamtheit des sich im operativen Zentrum des Perzipienten abspielenden Kombinierens und Umkombinierens von Partialmodellen zu inneren Modellen der Außenwelt auf ein System von Verknüpfungen der den Partialmodellen zugeordneten Zeichen abbilden, so würde das genannte „Zeichenmodell" zu einem *funktionalen* und dabei gleichzeitig *isomorphen Abbild der tatsächlichen perzeptuell-gedanklichen Operationen des Menschen.* Entscheidendes für das Verständnis des eigentlichen Perzeptionsgeschehens würde durch diese Verdoppelung der semantischen Sphäre mithin nicht gewonnen.

„Sprachen" sind ja Näherungsformen derartiger die Funktionen des operativen Zentrums (Zentralorgans) abbildender Zeichensysteme. Sie werden erst notwendig, wo Organismen wesentlich auf wechselseitige Kommunikation, also auf Nachrichtenaustausch, angewiesen sind. Wenngleich auch die höchstentwickelten menschlichen Sprachen den im perzeptiv-operativen Geschehen geleisteten Aufbau von internen Außenweltmodellen aus einem Partialmodellrepertoire keineswegs in *eindeutiger* (oder gar wechselseitig eindeutiger) Weise in Zeichenverknüpfungen zu übertragen gestatten — dieser Idealfall dürfte nur bei künstlichen Organismen erreichbar sein —, so kann doch der Mensch, der sich (durch Aktivierung seiner Effektoren) eines sprachlichen Zeichensystems bedient, hierdurch die sich in seinem Innern aufbauenden Kontexte von Partialmodellen „zum Ausdruck" bringen, sie also in Nachrichten für einen Kommunikationspartner umformen, in dessen operativem Zentrum nach dem Empfang dieser Nachrichten entsprechende Kontexte von Partialmodellen ausgelöst werden, dies allerdings stets unter der Voraussetzung, daß die Zeichenzuordnung zu den Partialmodellen hinreichend konventionalisiert ist. Entsprechendes gilt für die wissenschaftliche Beobachtung des perzeptiv-operativen Geschehens eines Menschen: dem externen Beobachter wird dieses Geschehen — und werden insbesondere die Ergebnisse der inneren Verarbeitung von Informationen, die der Perzipient aus der Außenwelt empfangen hat — nur zugänglich, wenn er die Mitteilungen des Perzipienten „versteht", d. h. dessen Zuordnung von Zeichen und Zeichenverknüpfungen zu den jeweiligen elementaren oder zu Außenweltmodellen aggregierten sensorischen Invarianten durch entsprechende eigene Operationen nachvollziehen kann.

Auf die technische Realisierung der STEINBUCH-FRANKschen Perzeptionstheorie näher einzugehen, scheint im vorliegenden Zusammenhang nicht notwendig. Es mag daher die abschließende Feststellung genügen, daß sowohl die sämtlichen beschriebenen Perzeptionsfunktionen auf Grund eines bereits festgelegten Repertoires von Perzeptionsformen (Partialmodellen) als vor allem auch das Einlernen dieser Perzeptionsformen aus vorgegebenen Merkmalsfunktionen $a_J(r)$ im nachrichtentechnischen Modell dargestellt werden können.

Damit dürfte vom kybernetisch-informationspsychologischen Standpunkt aus das Wesentlichste zur Außenweltperzeption im Rahmen einer nur grundsätzlichen Untersuchung gesagt sein. Daß dieser Standpunkt keineswegs von Einseitigkeiten der Betrachtungsweise frei ist, liegt ebenso auf der Hand wie die Tatsache, daß auch hier die *quantitative* Beschreibbarkeit der ja tatsächlich außerordentlich verwickelten Prozesse wie in jedem analogen Falle durch starke gedankliche Vereinfachung der beobachteten Gegebenheiten und vor allem ihrer basalen Strukturen erkauft werden muß.

Schon die Spezialisierung der in der Regel reich gegliederten und dauernden Veränderungen unterworfenen Tatsachenkomplexe, deren Gesamtheit die Außenwelt eines Menschen darstellt, auf endliche Mannigfaltigkeiten von Signalen, die dem Perzipienten in der Testsituation gezielt dargeboten werden, bedeutet eine solche weitgehende Vereinfachung. Sie scheint nur gerechtfertigt, wenn das Experiment wesentliche Züge der ohne den Zwang künstlich hergestellter Situationen gleichsam „natürlich" ablaufenden Prozesse wiedergibt. Denn nur dann sagen die experimentell erschlossenen Regelmäßigkeiten etwas über Eigenschaften der wirklichen Welt aus, wobei zu bedenken ist: daß der Grad der Wirklichkeitsadäquatheit des theoretischen Modells nur immer teilweise und indirekt, nämlich nur auf Grund des Grades der Übereinstimmung einzelner, aus dem theoretischen Modell abgeleiteter Folgerungen mit den korrespondierenden Ereignissen, geprüft werden kann. Auch wenn die Prüfungen sämtlich positiv ausgefallen sind, so ist damit nicht mehr erwiesen, als daß die Theorie *eine* mögliche Beschreibungsweise der beobachtbaren Zusammenhänge bietet, wie sie ja auch immer nur *einen* möglichen Aspekt szientifiziert, unter dem man die in Frage stehenden Gegenstands- und Ereignisfelder betrachten kann.

Ist man sich im Prinzip darüber klar, was eine Theorie zu leisten und welche Ansprüche sie nicht zu erfüllen vermag, so wird man den informationstheoretischen Ansatz auch dann nicht verwerfen, wenn er sich noch nicht ohne weiteres von der experimentellen auf die „natürliche" Situation übertragen läßt. Man wird auch die Tatsache in Kauf nehmen, daß es sich bei den quantitativen Ergebnissen der betreffenden Versuchsreihen im allgemeinen nur um statistische Normwerte handelt, von denen die auf Einzelfälle bezogenen Daten erheblich abweichen können.

Was insbesondere den Aufbau des „Empfindungsraumes" und damit auch der Wahrnehmungen eines Perzipienten aus einzelnen, als isolierbar angenommenen Valenzen, Valenzklassen und Valenzkomplexen sowie zur semantischen Sphäre hin aus Valenzinterpretationsklassen und Valenzkomplexinterpretationsklassen betrifft, so könnte vom Standpunkt der Wahrnehmungspsychologie aus eingewandt werden, daß die Frage nach dem Zusammenhang der Wahrnehmungsstrukturen mit den operativen (Intelligenz- und Denk-) Strukturen noch keineswegs abschließend beantwortet ist, während die hier versuchte informationspsychologische Beschreibung der Außenweltperzeption einem bestimmten Erklärungsmodell des Wahrnehmungsgeschehens den Vorzug gibt. Bekanntlich hat die *gestalttheoretische Schule* die „Empfindungen" als bestensfalls hypothetisch existierende und jedenfalls nicht strukturierende, sondern von übergeordneten „*Gestalten*" her strukturierte „Elemente" betrachtet, derart, daß die zwischen Reizkonstellationen und Wahrnehmungsprozessen bestehenden Beziehungen durch allgemeine autochthone, feldhafte Organisationsgesetze bestimmt seien. Nur durch diese *Gestaltprinzipien* — z. B. das der „Nähe", der „Geschlossenheit" und des „gemeinsamen Schicksals" — läßt sich nach der Auffassung der Gestalttheoretiker die Tatsache der Geordnetheit der erlebten Außenwelt erklären. Dieser Auffassung des Wahrnehmungsgeschehens, der in den wesentlichen Denkansätzen auch die sogenannte *Gestaltkreisschule* folgt, steht die „*atomistische*" gegenüber, die Wahrnehmungen als aus sensorischen Grundelementen aufgebaut betrachtet.

Wenn dem hier skizzierten kybernetisch-informationstheoretischen Modellentwurf bei voller Würdigung der von der gestalttheoretischen Schule geleisteten theoretischen und experimentellen Arbeit diese zweite Auffassung zugrunde gelegt wird, so deshalb, weil sie die erfolgreiche Anwendung quantifizierender und zumal informationstheoretischer Beschreibungsweisen zu begünstigen, ja erst zu ermöglichen scheint. Es darf jedoch festgestellt werden, daß eine experimentelle Untersuchung des Wahrnehmungsgeschehens, welche die Abgrenzung des Empfindungsraumes eines Perzipienten nach dem in Anlehnung an MEYER-EPPLER herangezogenen Verfahren sowie den Aufbau der semantischen Sphäre durch Zeichenbesetzung von Trägerelementen und Trägerelement-Aggregaten zum Ziel hat, die experimentell verifizierten Gestaltgesetze völlig unangetastet läßt. So erkennt auch PIAGET[52] die Möglichkeit einer gestalttheoretischen Beschreibung von Wahrnehmungen an, ohne es sich zu versagen, das *Zustandekommen* dieser feldhaften Strukturen zu erklären, wobei er, wie bereits betont, besonders den statistisch-zufälligen und irreversiblen Charakter des „reinen" Wahrnehmungs-geschehens dem kompositorisch-reversiblen Charakter der „rein" operativen, sich nach bestimmten Gesetzen vollziehenden Prozesse gegen-überstellt. Und in der Tat scheint hiermit ein leistungsfähiges, mit dem vorliegenden Modellentwurf völlig in Einklang befindliches verbal-deskriptives Modell des Zusammenspiels von Wahrnehmen und Denken angedeutet, das insbesondere die sich im Verlauf der Entwicklung eines Menschen ausprägenden relativen Invarianzen, wie sie bestimmten Wahrnehmungsstrukturen eigentümlich sind, als Folge der aus dem operativen in den perzeptiven Bereich hinüberwirkenden koordinierenden und strukturierenden Regulationen zu erklären vermag. Der hier vor-gelegte Modellgrundriß berücksichtigt die den Wahrnehmungsprozeß regulierende und systematisierende Funktion des operativen Zentrums, auf deren Mechanismus weiter unten näher eingegangen werden soll, in Gestalt des zwischen den Blöcken 1 und 3 von Abb. 4 vorgesehenen Regelkreises 2. Ordnung in der Eingaberichtung von Block 3 nach Block 1.

Mit der zuletzt angegebenen Wirkung hängt nun zusammen, daß das von einem Menschen aufgebaute Wahrnehmungsbild der Außenwelt trotz der außerordentlichen Einengung des Informationsangebotes in gewisser Weise stets reicher ist als die Gesamtheit der es von der Außen-welt her konstituierenden Eingangsgrößen und daß bereits der dem Aufbau des Wahrnehmungsbildes zugrunde liegende Empfindungsraum spezifische Zentrierungen aufweist. Diese Zentrierungen ergeben sich jedoch nicht nur aus den vom operativen Zentrum ausgehenden Wirkungen, sondern auch als Folge der für den betreffenden Menschen charakteristi-schen *Motivdynamik* und damit der je besonderen Persönlichkeitsstruktur, die ihrerseits vielschichtigen sozialkulturellen Einflüssen unterworfen ist. Die Wirkungen der Motivation (Abschnitt 8) auf die Außenweltperzeption sind durch den zwischen den Blöcken 1 und 2 von Abb. 4 vorgesehenen Regelkreis 2. Ordnung in der Eingaberichtung von Block 2 nach Block 1 angedeutet.

Daß die informationstheoretische Darstellung der Außenweltperzeption gerade auch hinsichtlich der semantischen Belegungen der materiellen Information die tatsächlichen Verhältnisse stark vereinfacht, ergibt sich schon aus der Zugrundelegung fester, geschlossener und dabei nicht allzu großer Zeicheninventare. Gewöhnlich ist das einem Perzipienten für die Bezeichnung von Signalen und Signalkonstellationen zur Ver-fügung stehende Zeicheninventar nicht als fest vorgegeben und auch nicht als geschlossen zu betrachten. Es ist vielmehr *offen* und unterliegt starken subjektiven Einflüssen und damit Veränderungen. Immerhin sei bemerkt, daß auch die auf Grund offener Zeicheninventare getroffenen semantischen Belegungen und Codierungen empirisch untersucht und statistisch ausgewertet werden können.

Im ganzen ist zu sagen, daß sich eben der menschliche Perzipient von einem physikalischen System, sei es geschlossen oder offen im Sinne der Systemtheorie, wesentlich durch die Abhängigkeit seiner Funktionen von unvorhersehbaren und auch mit statistischen Mitteln oft nur schwer beschreibbaren inneren und äußeren Einflüssen unterscheidet. Man muß sich über diese Binsenwahrheit im klaren sein, um die Chancen einer zutreffenden quantitativ-informationstheoretischen Beschreibung des Systemteils „Mensch" im kybernetischen System „Mensch—Außenwelt" vernünftig abschätzen zu können. Daß solche Chancen in der Tat gegeben sind, ist eine der Grundüberzeugungen, auf denen die Untersuchungen und Überlegungen dieses Buches beruhen.

8. Motivation

Wie bereits in Abschnitt 5 ausgeführt, beruht das vom Menschen aufgebaute jeweilige innere Bild seiner Außenwelt nur zum Teil auf Nachrichten, die aus der Außenwelt stammen. Es wird auch durch Nachrichten konstituiert, die aus dem *motivationalen Untersystem* des Menschen kommen. Diese letztere Nachrichtenquelle ist in Abb. 4 schematisch durch Block 2 dargestellt, der gleichzeitig, in kybernetischer Betrachtung, die „*Führungsgrößen*" des Systems „Mensch—Außenwelt" repräsentiert (Abschnitt 5).

Psychologisch gesehen, beinhaltet also Block 2 von Abb. 4 die Motiv-dynamik des Menschen. Motive umfassen bedürfnisartige Spannungs-zustände, Triebe, Antriebe, Bedürfnisse, Wünsche, Haltungen, Wert-einstellungen, Abwehrmechanismen u. dgl. Sie lassen sich nach Bewußt-heits- und Komplexitätsgraden gruppieren und hierarchisch staffeln sowie, unter genetischem Aspekt, als aus primitiven Trieborganisationen durch Realitätsanreicherung (Aufnahme, Verarbeitung und Speicherung von Außenweltnachrichten über längere Zeitintervalle hinweg) hervorgegangen deuten[53].

Die jeweilige Motivlage eines Menschen bestimmt in Abhängigkeit von der ihm vorgegebenen Außenweltsituation Richtung und Größe der Bedürfnisspannung, die der Mensch durch Bedürfnisbefriedigung zu ver-ringern trachtet. Der hier tätig werdende komplizierte Mechanismus ist seit S. FREUD psychologischerseits untersucht und besonders in Anlehnung an das psychoanalytische Motivations- und Persönlichkeitsmodell inter-pretiert worden (T. M. FRENCH, D. RAPAPORT u. a.).

Mit Hilfe *mathematisch-stochastischer Verfahren* ist man seit einigen Jahren darangegangen, *Motive zu messen und die dynamische Motiv-struktur eines Menschen funktional-quantitativ zu beschreiben.* Diese Untersuchungen zielen darauf, einerseits bestimmte Verhaltensweisen, Einstellungen und Haltungen auf gewisse dynamische Elementarfaktoren zurückzuführen und so aus ihnen zu erklären, andererseits das Verhalten eines Menschen als Reaktion auf eine bestimmte Stimulus-Situation mit möglichst hoher Wahrscheinlichkeit vorauszusagen. Bei den bisher gewonnenen quantifizierenden Motivstrukturtheorien handelt es sich um *Querschnittsmodelle* ohne die zeitliche Dimension der entwicklungspsychologischen Betrachtungsweise. Diese Modelle beruhen auf den folgenden, vor allem von R. B. CATTELL entwickelten Grundgedanken[54].

Obwohl ein Motiv als solches unsichtbar und der direkten Messung unzugänglich ist, kann es doch indirekt als Intensität eines Interesses an einer Handlungsweise oder als *Stärke eines (spezifischen) Aktionsinteresses* erschlossen und quantifiziert werden. Ein bestimmtes Aktionsinteresse wird in einer Reihe von Tests nach den verschiedensten Variablen gemessen, die gewonnenen Meßreihen werden miteinander korreliert, und die auf die errechneten Korrelationskoeffizienten angewandte Faktorenanalyse liefert die voneinander unabhängigen, inhaltlich zu interpretierenden *Motivkomponentenfaktoren*. Aus diesen kann die Stärke des Aktionsinteresses abgelesen werden.

Untersuchungen von CATTELL haben ergeben, daß die Intensität eines Aktionsinteresses aus sechs Motivkomponentenfaktoren bestimmt werden kann, von denen wenigstens drei einen engen Zusammenhang mit dem psychoanalytischen Modell aufzuweisen scheinen. Diese sechs Motivkomponentenfaktoren lassen sich, wie die Analyse weiter ergibt, auf *zwei nur sehr wenig miteinander korrelierende Motivkomponentenfaktoren 2. Ordnung* reduzieren, womit nach CATTELL eine nicht unterschreitbare Auflösungsgrenze erreicht ist. Der eine dieser Faktoren ist interpretierbar als das zu einem einzigen Selbstgefühl integrierte, wesentlich richtunggebende, kontrollierte *Ich* und *Überich* (FREUD), der andere als das diffus-unintegrierte, spontane und unbewußte *Es*, das Impulse physiologischer Herkunft beinhaltet.

Ist man in der Lage, die Intensität einzelner Aktionsinteressen zu messen, so ist damit der Weg zu einer *zweiten Untersuchungsphase* freigegeben, in der nun die *motivdynamische Persönlichkeitsstruktur* eines Menschen analysiert werden kann. Diese Analyse setzt die Messung und Korrelation einer Vielzahl von „Antworten" des betreffenden Menschen auf bestimmte Stimulus-Situationen (nach den verschiedenen Variablen) voraus. Eine solche „Antwort" ist genauer deutbar als das Verlangen des Menschen, gemäß der vorgegebenen Stimulus-Situation eine bestimmte Aktion (bzw. eine bestimmte Gruppe von koordinierten Aktionen) zu vollziehen[55].

Die Faktorenanalyse liefert jetzt, auf der zweiten Stufe der Motivmessung, in der CATTELLschen Terminologie sogenannte *dynamische Strukturfaktoren*. Diese lassen sich in zwei Klassen, die der „*Ergs*" und die der „*Engramme*", einteilen. Ergs repräsentieren die kulturell unspezifischen, wesentlich angeborenen, biologische Ziele setzenden dynamisch-energetischen Muster. Die Engramme dagegen umfassen im weiteren Sinne erlernte Muster sozialkultureller Herkunft von emotionaler und kognitiver Komplexität.

Grundsätzlich kann jedem Menschen eine seine Motivstruktur spezifizierende Verteilung von Ergs und Engrammen zugeordnet werden, die es ermöglicht, seine Verhaltensweisen als Antworten auf bestimmte Stimulus-Situationen zu analysieren und die Stärke seines Aktionsinteresses bezüglich jeder dieser Stimulus-Situationen zahlenmäßig zu bestimmen. Dieser Bestimmung dient die *„dynamische Spezifikationsgleichung"* CATTELLS (vgl. S. 41).

Für die hier angestrebte kybernetisch-informationstheoretische Beschreibung der *Wechselwirkungen zwischen Perzeption, Motivation und operationalem Denken* dürften nun die oben im Umriß dargelegten Gedanken CATTELLS in einer Weise fruchtbar gemacht werden können, die gleichzeitig auch die Möglichkeit der *Nachbildung motivationalen Geschehens im vereinfachenden technischen Modell* eröffnet. Mit den folgenden Ausführungen wird der Versuch unternommen, in Anlehnung an die Perzeptionstheorie von STEINBUCH und FRANK eine hierzu geeignete *„kybernetische Theorie der Motivation"* zu entwickeln.

Hierzu werde zunächst eine Menge $\mathfrak{A} = \{a_1, \ldots, a_n\}$ von Menschen betrachtet und angenommen, daß dem Menschen a_i $(i = 1, 2, \ldots, n)$ die (noch näher zu charakterisierende) Menge A_i von Ergs und Engrammen eindeutig zukommt. Jedes Erg und Engramm möge bezüglich des Grades, in welchem es a_i zukommt, durch eine reelle (nicht notwendig positive, jedoch später vereinfachend als positiv vorausgesetzte) Zahl gekennzeichnet sein, wobei diese Zahlen sämtliche Werte eines geeignet zu normierenden Intervalls annehmen können. Mit A werde dann die geordnete Vereinigungsmenge der sämtlichen A_i bezeichnet; es sei nämlich

$$A = \{E_1, \ldots, E_K, M_1, \ldots, M_L\}, \tag{7}$$

wo die erste Elementenserie die Ergs und die zweite die Engramme darstellt. A kann also aufgefaßt werden als die Menge aller geordneten $(K + L)$-Tupel von reellen Zahlen des festgesetzten Intervalls.

A läßt sich offenbar als *Vektor in einem $(K + L)$-dimensionalen Raum* $R_{(K+L)}^{(\mathfrak{A})}$ auffassen. $R_{(K+L)}^{(\mathfrak{A})}$ werde von den Einheitsvektoren

$$e_1, \ldots, e_K, m_1, \ldots, m_L \tag{8}$$

aufgespannt, die in dieser Reihenfolge das System der bezüglich $\mathfrak{A}$ *überhaupt* angebbaren *Arten* von dynamischen Strukturfaktoren repräsentieren. Der Raum $R_{(K+L)}^{(\mathfrak{A})}$ heiße der auf die Menschenmenge $\mathfrak{A}$ (bzw. auf die Menge der $\mathfrak{A}$ überhaupt zukommenden dynamischen Strukturfaktoren) bezogene *motivationale Spektralraum*.

Einem bestimmten Menschen a_i wird nun stets auch ein bestimmtes Erg-Engramm-Spektrum als (geordnete) Untermenge A_i von A zukommen (A wurde ja aus den A_i als deren Vereinigungsmenge aufgebaut). Es sei $E_{i\gamma_1}$ das erste Erg von A in der Folge (7), das a_i zukommt, $E_{i\gamma_2}$ das zweite a_i zukommende Erg derselben Folge usw. — Entsprechendes gelte für die Engramme —, dann ergibt sich

$$A_i = \{E_{i\gamma_1}, \ldots, E_{i\gamma_k}, M_{i\delta_1}, \ldots, M_{i\delta_l}\} \tag{9}$$

als die spezielle Erg-Engramm-Verteilung von a_i, wo offenbar $k \leqslant K$ und $l \leqslant L$ ist. A_i läßt sich als Vektor in dem Unterraum $R^{(a_i)}_{(k+l)}$ von $R^{(\mathfrak{A})}_{(K+L)}$ darstellen. Entsprechend (8) mögen jetzt die dem System A_i zugeordneten Einheitsvektoren von $R^{(a_i)}_{(k+l)}$ der Reihe nach mit

$$e_{i\gamma_1}, \ldots, e_{i\gamma_k}, \bar{e}_{i\delta_1}, \ldots, \bar{e}_{i\delta_l} \tag{10}$$

bezeichnet werden. Sie charakterisieren eindeutig die dem Menschen a_i zukommenden dynamischen Strukturfaktoren hinsichtlich ihrer Qualität.

Es werde jetzt auf den Menschen a_i eine bestimmte *Stimulus-Situation* B_μ wirksam, die eindeutig durch das $(k + l)$-Tupel von reellen Zahlen

$$B_\mu = \{s_{\mu 1}, \ldots, s_{\mu k}, \sigma_{\mu 1}, \ldots, \sigma_{\mu l}\} \tag{11}$$

charakterisiert ist. Die Elemente von B_μ seien in der angegebenen Reihenfolge den Ergs bzw. Engrammen von A_i gemäß (9) zugeordnet und mögen alle reellen Zahlenwerte des Intervalls $[0, 1]$ annehmen können.

B_μ repräsentiert eine gewisse (semantisch belegte) *Konstellation von Partialmodellen* des vom Perzeptor von a_i aufgebauten Systems $\mathfrak{S}$ (Abschnitt 7). Diese Partialmodellkonstellation stellt den *motivational relevanten* Teil des internen Außenweltmodells von a_i dar, d. h. denjenigen Teilbereich des Außenweltmodells, der wenigstens *einen* dynamischen Strukturfaktor $E_{i\gamma_\varkappa}$ bzw. $M_{i\delta_\lambda}$ aktualisiert, so daß dieser je nach der Größe des zugehörigen *Stimulus-Koeffizienten* $s_{\mu\varkappa}$ bzw. $\sigma_{\mu\lambda}$ ($\varkappa \in \{1, \ldots, k\}$; $\lambda \in \{1, \ldots, l\}$) auf einen bestimmten Betrag „aufgeladen" wird.

Die Systeme A_i, A_j zweier Menschen a_i und a_j werden im allgemeinen auch dann nicht übereinstimmen, wenn $R^{(a_i)}_{(k+l)} = R^{(a_j)}_{(k+l)}$ ist und a_i und a_j das gleiche innere Außenweltmodell — oder einander sehr ähnliche Außenweltmodelle — aufgebaut haben. Denn zum einen werden unterschiedliche Beträge des qualitativ gleichen dynamischen Strukturfaktors zu einer unterschiedlichen „Bewertung" des stimulierenden Teils der Außenwelt und damit zu unterschiedlichen Zahlenbeträgen des zu diesem Teil der Außenwelt gehörigen, den betreffenden dynamischen Strukturfaktor aufladenden Stimulus-Koeffizienten führen, zum anderen dürften die Stimulus-Koeffizienten mit den dynamischen Strukturfaktoren in für jeden Menschen spezifischer Weise — nämlich abhängig von teils physiologisch und konstitutionell vorgegebenen, teils erlernten Faktoren — kreisrelational miteinander (durch Übertragungsfunktionen) verkoppelt sein, ohne daß dieser Funktionskreis notwendig den ganzen „Mechanismus" der Außenweltperzeption einbezieht.

Durch Einwirken der Stimulus-Situation B_μ auf das Erg-Engramm-Spektrum A_i des Menschen a_i wird der *Ladungsvektor*

$$\mathfrak{m}_{\mu i} = \{\Phi_1(s_{\mu 1}, E_{i\gamma_1}), \ldots, \Phi_k(s_{\mu k}, E_{i\gamma_k}), \Psi_1(\sigma_{\mu 1}, M_{i\delta_1}), \ldots, \Psi_l(\sigma_{\mu l}, M_{i\delta_l})\} \quad (12)$$

gebildet, dessen Komponenten $\Phi_\varkappa$, Ψ_λ in jeder der beiden Variablen $s_{\mu\varkappa}$, $E_{i\gamma_\varkappa}$ bzw. $\sigma_{\mu\lambda}$, $M_{i\delta_\lambda}$ *streng monoton wachsend* sein sollen[56].

Durch die für $\Phi_\varkappa$ und Ψ_λ geforderte wachsende Monotonie ist hier lediglich eine *Rahmen*bedingung gegeben, die noch nichts über den „Verknüpfungsmechanismus" selbst aussagt, der den Zusammenhang der $s_{\mu\varkappa}$ und $\sigma_{\mu\lambda}$ mit den $E_{i\gamma_\varkappa}$ und $M_{i\delta_\lambda}$ (bei Zugrundelegung eines bestimmten Maßsystems) des näheren beschreibt. So könnte etwa diese Funktionsvorschrift für alle $\Phi_\varkappa$, Ψ_λ die *gleiche* sein, und legt man die von CATTELL angegebene *dynamische Spezifikationsgleichung* zugrunde, so wäre (im Falle gleicher Funktionsvorschriften) speziell

$$\Phi(s_{\mu\varkappa}, E_{i\gamma_\varkappa}) =_{\text{Def}} s_{\mu\varkappa} E_{i\gamma_\varkappa}, \qquad \Psi(\sigma_{\mu\lambda}, M_{i\delta_\lambda}) =_{\text{Def}} \sigma_{\mu\lambda} M_{i\delta_\lambda}, \quad (13)$$

wonach sich also die Komponenten von $\mathfrak{m}_{\mu i}$ sämtlich *multiplikativ* aus den (a_i zukommenden) Erg- und Engramm-Faktoren und den zu eben diesen gehörigen Stimulus-Koeffizienten zusammensetzten. Es ergäbe sich mithin

$$
\begin{aligned}
\mathfrak{m}_{\mu i} &= \{s_{\mu 1} E_{i\gamma_1}, \ldots, s_{\mu k} E_{i\gamma_k}, \sigma_{\mu 1} M_{i\delta_1}, \ldots, \sigma_{\mu l} M_{i\delta_l}\} \\
&= s_{\mu 1} E_{i\gamma_1} \cdot e_{i\gamma_1} + \ldots + s_{\mu k} E_{i\gamma_k} \cdot e_{i\gamma_k} \\
&\quad + \sigma_{\mu 1} M_{i\delta_1} \cdot \bar{e}_{i\delta_1} + \ldots + \sigma_{\mu l} M_{i\delta_l} \cdot \bar{e}_{i\delta_l}.
\end{aligned}
\quad (14)
$$

Aber auch diese Spezialisierung beschreibt noch *nicht* die *Art der Rückkoppelungsbeziehung* zwischen den Stimulus-Koeffizienten und den zugehörigen Ergs bzw. Engrammen. Diese näher zu bestimmen und auf eine mathematische Form zu bringen, muß künftigen Untersuchungen überlassen bleiben.

$\mathfrak{m}_{\mu i}$, auch *Motivationsereignis* genannt, ist ein im motivationalen Spektralraum $R^{(a_i)}_{(k+l)}$ des Menschen a_i wie auch im motivationalen Spektralraum $R^{(\mathfrak{A})}_{(K+L)}$ der Gruppe $\mathfrak{A}$ darstellbarer $(k+l)$-dimensionaler Vektor, und zwar fällt dieser Vektor gänzlich in den „ersten Quadranten" von $R^{(a_i)}_{(k+l)}$ bzw. $R^{(\mathfrak{A})}_{(K+L)}$, wenn er vom gemeinsamen Ursprung dieser Räume aus abgetragen wird und seine Komponenten, wie hier zunächst angenommen werden soll, nicht negativ sind.

Der Ladungsvektor $\mathfrak{m}_{\mu i}$ beschreibt *noch nicht unmittelbar* die auf das operationale Zentrum von a_i wirkende Motivation. Denn es wird in Übereinstimmung mit der Erfahrung davon ausgegangen, daß ein Mensch im allgemeinen nur eine beschränkte Anzahl von Aktionen (bzw. Gruppen von koordinierten Aktionen) als mögliche optimale „Antworten" auf momentan wirksame Motive verfügbar hat und mithin für ihn auch *nur eine beschränkte Anzahl voneinander verschiedener Motive bzw. Motivklassen* anzunehmen ist, deren jede(s) sich in dem Verlangen des betreffenden Menschen ausdrückt, eine bestimmte unter jenen der Motivdruckverminderung dienenden Aktionen (Aktionsgruppen bzw. -abfolgen) — die es durch operationales Denken zu antizipieren gilt — auszuführen. Dabei kann sich selbstverständlich das Repertoire der aus den dynamischen Strukturfaktoren aufgebauten Motive bzw. Motivklassen als auch dasjenige der „gespeicherten" Subroutinen (Unterprogramme) für Aktionen bzw. Aktionstypen in Lernprozessen verändern und insbesondere erweitern.

Ähnlich wie im Falle der STEINBUCH-FRANKschen Perzeptionstheorie ist mithin die Gesamtheit der Ladungsvektoren des $R^{(a_i)}_{(k+l)}$ auf ein endliches und übersehbares System von „*Motivationsformen*" zu reduzieren, deren jede eine *Klasse von „motivational äquivalenten" Ladungsvektoren* umfaßt. Diesem Klassensystem entspricht eine Einteilung des „ersten Quadranten" des $R^{(a_i)}_{(k+l)}$ in endlich viele Sektoren. Man gelangt in Analogie zur „mathematischen Theorie der Perzeption" zu einem Repräsentantensystem des Klassensystems der Motivationsformen, wenn man jede Klasse durch einen „mittleren" Vektor ersetzt.

Der auf Grund der Aufladung des Erg-Engramm-Spektrums A_i durch eine bestimmte Stimulus-Situation B_μ für a_i entstandene Ladungsvektor wird nun, sobald er sich konfiguriert hat, derjenigen Motivationsform (Systemklasse) zugeordnet, mit deren Repräsentantenvektor er das größte innere Produkt bildet (bzw. einer derjenigen Motivationsformen, für die das innere Produkt den gleichen Maximalwert annimmt). Vermöge dieser Klassenzuordnung löst dann der Ladungsvektor $\mathfrak{m}_{\mu i}$ genau einen nunmehr auf das operative Zentrum wirkenden und zu gerichteten operationalen Denkprozessen führenden *Motivationsvektor* $\mathfrak{n}_{\mu i}$ aus, dessen Länge per definitionem gleich der Länge von $\mathfrak{m}_{\mu i}$ sein soll.

Die „Richtung" von $\mathfrak{n}_{\mu i}$ im $R^{(a_i)}_{(k+l)}$, nämlich die Zugehörigkeit von $\mathfrak{m}_{\mu i}$ zu einer bestimmten Klasse des Repertoiresystems der Motivationsformen von a_i, charakterisiert die *Art der Motivation*. Die Länge von $\mathfrak{n}_{\mu i}$, die gleich der Länge von $\mathfrak{m}_{\mu i}$ ist, quantifiziert die *Intensität der Motivation* bzw. den „*Motivdruck*". Will man sich darüber hinaus über die „*faktorielle Komplexität*" des auf das operationale Zentrum von a_i wirkenden Motivationsvektors, nämlich über die Anzahl der (als elementar aufgefaßten) dynamischen Strukturfaktoren, aus denen er sich zusammensetzt, Klarheit verschaffen, so genügt es, sich die Dimensionszahl von $\mathfrak{n}_{\mu i}$, die gleich derjenigen von $\mathfrak{m}_{\mu i}$ ist, zu vergegenwärtigen. Sie liefert die Anzahl der am Aufbau von $\mathfrak{m}_{\mu i}$ beteiligten und damit auch die Wahl von $\mathfrak{n}_{\mu i}$ beeinflussenden dynamischen Strukturfaktoren aus der Gesamtmenge A der Ergs und Engramme.

Sei nun mit B die geordnete Gesamtmenge der Stimulus-Situationen bezüglich a_i bezeichnet. Für $\mu = 1, 2, \ldots, m$ erhält man gemäß (14) genau m Ladungsvektoren $\mathfrak{m}_{\mu i}$. Die Koeffizienten dieses Vektorsystems

$$\begin{pmatrix} \mathfrak{m}_{1i} \\ \mathfrak{m}_{2i} \\ \cdot \\ \cdot \\ \mathfrak{m}_{mi} \end{pmatrix} \tag{15}$$

lassen sich als Matrix

$$\mathfrak{M}_i(B) = \begin{pmatrix} s_{11} & s_{12} & \cdots s_{1k} & \sigma_{11} & \sigma_{12} & \cdots \sigma_{1l} \\ s_{21} & s_{22} & \cdots s_{2k} & \sigma_{21} & \sigma_{22} & \cdots \sigma_{2l} \\ \cdot & & & & & \\ \cdot & & & & & \\ s_{m1} & s_{m2} & \cdots s_{mk} & \sigma_{m1} & \sigma_{m2} & \cdots \sigma_{ml} \end{pmatrix} \tag{16}$$

aufschreiben, die *Ladungsmatrix* von a_i bezüglich der Menge B von Stimulus-Situationen genannt werde. Die *Spalten* von $\mathfrak{M}_i(B)$ geben dann die „Aufladung" des einzelnen (a_i zukommenden) dynamischen Strukturfaktors, also des Ergs bzw. Engramms, durch die m unterschiedlichen Stimulus-Situationen zu erkennen, während die *Zeilen* von $\mathfrak{M}_i(B)$ eine bestimmte Motivation von a_i auf die (a_i zukommenden) Erg- und Engrammkomponenten zurückzuführen gestatten[57]. (15) und (16) lassen sich ohne weiteres in die entsprechenden Systeme der Motivationsvektoren transformieren.

Könnte man im übrigen die Stimulus-Koeffizienten von B als von A_i *unabhängig* betrachten — was vielleicht im ersten Stadium der technischen Realisierung der vorgelegten Theorie notwendig wäre —, so ließe sich durch Variation von i innerhalb $\mathfrak{A}$ eine vollständig übersehbare *dreidimensionale Ladungsmatrix* $\mathfrak{M}(B)$ aufbauen, die über die beiden oben genannten Abhängigkeiten für alle Menschen der zu untersuchenden Gruppe $\mathfrak{A}$ Auskunft gibt.

Im Blick auf die *Simulation* der hier im Anschluß an das CATTELLsche Motivationsmodell entwickelten, fraglos in mancherlei Hinsicht verbesserungs- und ergänzungsbedürftigen „*mathematischen Theorie der Motivation*" durch ein nachrichtentechnisches Modell sollen die Gedanken des in diesem Abschnitt Ausgeführten in kurzer Zusammenfassung rekapituliert werden:

Mit der durch Block 1 von Abb. 4 schematisch dargestellten und oben unter stark vereinfachenden Voraussetzungen in ihren Grundzügen beschriebenen Perzeption der Außenwelt zu einem gewissen Zeitpunkt wird gleichzeitig mit dem Aufbau eines internen Modells der Außenwelt eine bestimmte Stimulus-Situation auf den Perzipienten a_i wirksam, die zur Aufladung der a_i in je eigentümlicher Verteilung zukommenden dynamischen Strukturfaktoren führt. Kennt man das die motivationale (insbesondere triebmäßige und emotionale) Bedeutung der Situation für a_i spezifizierende Ladungsprofil, d. h. die Serie B_μ der Situationsindizes oder Stimulus-Koeffizienten zu jenem Zeitpunkt sowie die für a_i charakteristische Gesamtstruktur A_i der Erg-Engramm-Faktoren, so gestattet ein mathematischer Formalismus, wie er etwa durch die Operation (14) gegeben ist, einen Ladungsvektor $\mathfrak{m}_{\mu i}$ aufzubauen, der seinerseits einen bestimmten Motivationsvektor $\mathfrak{n}_{\mu i}$ als (vektorielle) Klasseninvariante innerhalb des a_i zur Verfügung stehenden Repertoires von Motiven (Klassen von Ladungsvektoren) auslöst. Der Motivationsvektor $n_{\mu i}$ repräsentiert die motivdynamischen Eingangsgrößen für das operationale Zentrum von a_i (Block 3 von Abb. 4), bestimmt also die generelle Zielrichtung der im operationalen Denken auszuführenden Manipulationen — Kombinationen und Umkombinationen — des internen Außenweltmodells von a_i.

Dabei sind *drei funktionell ineinandergreifende Regelkreise 2. Ordnung* zu unterscheiden:

1. Die Serie B_μ der Situationsindizes führt zur Aufladung des Erg-Engramm-Spektrums A_i von a_i, dieses letztere beeinflußt jedoch durch Signaleingaben in den perzeptuellen Systemteil den Aufbau des internen Außenweltmodells und damit über den motivational relevanten Teilbereich desselben die Situations-Indizes-Serie B_μ. Der hier wirksame Regelungsmechanismus und mehr noch derjenige des oben erwähnten inneren Regelkreises zwischen B_μ und A_i bedürfen noch eingehender Analyse. In näherer mathematischer Formulierung ist wahrscheinlich ein gekoppeltes Gleichungssystem anzusetzen, wie es z. B. D. VARJÚ in anderem Zusammenhang für ein Inhibitionssystem mit Gegenkopplung angegeben hat[58]. Auch die von HERMANN SCHMIDT entwickelten Grundgedanken zu einer Theorie der Funktionen mit rückbezogenen Veränderlichen dürften für eine mathematische Darstellung des Zusammenhanges zwischen Situationsindizes und dynamischen Strukturfaktoren nutzbar gemacht werden können[59].

2. Die Generalrichtung der Manipulation der internen Außenweltmodelle (in Block 3 von Abb. 4) wird durch den Motivationsvektor in einer noch zu untersuchenden Weise bestimmt. Jedoch gelangen auch Meldungen aus dem operativen Zentrum von a_i — z. B. solche über die operativ festgestellte Unmöglichkeit der Verwirklichung eines bestimmten Motivs — in den motivationalen Systemteil (Block 2 von Abb. 4), und zwar letztlich in das (Erg-Engramm-) Spektralsystem A_i. Diese Meldungen können eine Umstrukturierung von A_i zur Folge haben. Nach welchen Mechanismen sich die von der Psychologie untersuchte „Staffelung“ und „Zukunftsbesetzung“ (W. TOMAN) von Motiven in Abhängigkeit von operativen Prozessen vollzieht, bedarf ebenfalls noch eingehender Untersuchungen.

3. Schließlich stehen der perzeptuelle und der operationale Systemteil (Block 1 und Block 3 von Abb. 4) noch in *direkter* kreisstruktureller Verbindung zueinander, da zum einen das perzeptiv aufgebaute interne Außenweltmodell dem operationalen Zentrum zwecks Umgruppierung der Partialmodelle durchgemeldet wird und zum andern fraglos die operationalen Prozesse auf die Außenweltperzeption (Zentrierung und Strukturierung des Wahrnehmungsfeldes vom Denken her) Einfluß nehmen.

Den Informationsfluß zwischen den funktionalen Systemeinheiten der Motivation, der Perzeption und des operationalen Denkens mag Abb. 5 in einer ersten Näherung veranschaulichen.

Wie einseitig quantitativ immer die Überlegungen dieses Abschnittes das motivationale Geschehen beim Menschen zu erfassen versucht haben, so scheinen sie doch die wesentlichen der nach dem gegenwärtigen Stand der Forschung exakt szientifizierbaren Eigenschaften der Motivation zutreffend im Zusammenhang eines geschlossenen theoretischen Modellentwurfs zu beschreiben oder zumindest zu berücksichtigen. Sie dürften daher auch eine Möglichkeit eröffnen, das motivationale Geschehen beim Menschen derart im technologischen Modell nachzubilden, daß jene wesentlichen Merkmale der wechselseitigen perzeptuellen, operativen

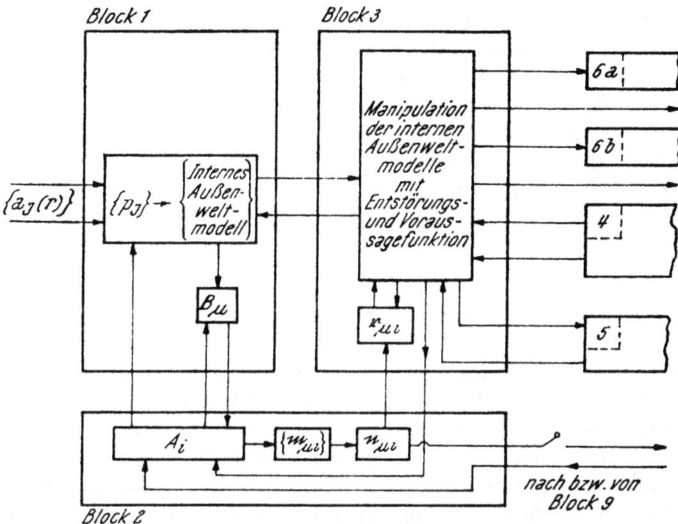

Abb. 5. Teilschema zum Informationsfluß zwischen den Blöcken 1, 2 und 3 von Abb. 4

und motivationalen bzw. motivdynamischen Wirkstrukturen funktionell erhalten bleiben. Das der Lernmatrix STEINBUCHS zugrunde liegende Konstruktionsprinzip wird voraussichtlich auch für ein derartiges technologisches Modell von grundlegender Bedeutung sein. Durch Systeme geschichteter Lernmatrizen kann der abstrakt definierte und technisch realisierbare „*Perzeptor*" STEINBUCHS und FRANKS mit einem ebensolchen „*Motivator*" verkoppelt werden, der solcherart programmiert ist, daß er für einen Organismus im Sinne MOLES *in Lernprozessen* zweierlei *aufbaut*:

1. aus bestimmten Folgen von perzipierten und zu internen Modellen verarbeiteten Außenweltsignalkonstellationen gewisse der *dynamischen Strukturfaktoren* (während gewisse andere konstruktiv, also bauplanmäßig, fest vorgegeben sind),

2. aus bestimmten Mannigfaltigkeiten von Ladungsvektoren das Klassensystem der *Motivationsvektoren*.

In einer neueren Arbeit[60] hat H. FRANK ein „informationspsychologisches Organogramm" dargestellt, welches unter Zugrundelegung der

Schaltstruktur STEINBUCHscher (nichtbinärer) Lernmatrizen die kreisrelationale Abhängigkeit der Perzeptionsvorgänge von gewissen „inneren
Erregungen" des Organismus zu berücksichtigen sucht, wobei offenbar
die Unterscheidung von motivationalen und operationalen Einflüssen
noch nicht getroffen wird. Was sich zwischen „Apperzeption" (FRANK)
und „Realisation" (FRANK) abspielt, war bislang das im Rahmen der
kybernetisch-informationstheoretischen Behandlung psychischer Prozesse
in funktioneller Hinsicht noch kaum gedanklich durchstrukturierte Gebiet.
Hinsichtlich des von FRANK angedeuteten Zusammenhanges zwischen
Perzeption einerseits sowie Motivation und operationalem Denken
andererseits dürfte in Gestalt der in diesem Abschnitt entwickelten
kybernetischen Motivationstheorie eine Möglichkeit, diese Lücke zu
schließen, aufgewiesen sein. Mit der technischen Realisierung des hier
vorgelegten theoretischen Modells sollten sich auch Wege eröffnen,
motivationale Konfliktsituationen in ihren Auswirkungen auf das operationale Denken sowie „*Kurzschlußhandlungen*" in dem Sinne eines durch
bestimmte B_μ—A_i-Kombinationen bedingten „Regeldurchschlages"
(Direktverbindung zwischen den Blöcken 2 und 9 von Abb. 4, vgl. auch
S. 79) technologisch zu simulieren.

Ausgangspunkt der vorangegangenen Überlegungen dieses Abschnittes
war der fruchtbare, wenn auch angesichts der „integrativen" Motivations-
theorien" anderer Psychologen wie G. W. ALLPORT und J. P. GUILFORD
einseitige CATTELLsche Ansatz zu einem nichtgenetischen quantitativen
Erklärungsmodell des motivationalen Geschehens. Es sei abschließend
zu den Ausführungen dieses Abschnittes bemerkt, daß es sich bei dem
von CATTELL konzipierten und zum Teil bereits ausgeführten Erklärungsmodell um ein solches vom sogenannten *molaren* Typ handelt, das also
die Feinstruktur der zwischen der Motivation eines Menschen und seinen
Außenwelt*aktionen* eingeschalteten operativen Prozesse (in Abb. 4 Block 3
bis 7) unberücksichtigt läßt. Leistet dieses Modell jedoch, wie für die
nähere Zukunft erwartet werden darf, in einem gewissen Umfange die
zutreffende Voraussage von menschlichen Verhaltensweisen (einschließlich
der zugehörigen Aktionsintensitäten) innerhalb bestimmter Genauigkeitsgrenzen, so ist es, wenigstens prinzipiell, auch imstande, den *molar-
funktionalen* Zusammenhang zwischen einer vorgegebenen Motivstruktur
und den mit ihr auf Grund einer bestimmten Stimulus-Situation korrespondierenden Handlungen des betreffenden Menschen zu beschreiben.

Gesetzt nun, man verfügte bereits über hinreichend detaillierte und
quantitativ exakt formulierte Hypothesen hinsichtlich des perzeptiven,
motivationalen und operativen Geschehens beim Menschen bzw. über
ein genügend „molekularisiertes" kybernetisches Funktionsmodell dieses
Geschehens, so böte die Kenntnis jenes *molar*-funktionalen Zusammenhanges eine wichtige Möglichkeit, im konkreten Einzelfall die „molekularen
Modellhypothesen" über Verlaufsformen insbesondere der operativen
Prozesse empirisch zu verifizieren.

9. Kybernetisch-informationstheoretische Beschreibung des Denkprozesses

Im letzten Teil von Abschnitt 7 war bereits betont worden, daß die durch den Empfang physikalisch-chemischer Signale ausgelöste Perzeption der Außenwelt von den filternden und selektierenden, zentrierenden und strukturierenden Wirkungen abhängig ist, die von dem dynamisch-operativen Zentrum (Block 3 von Abb. 4) ausgehen. Wird einerseits die in den operativen Bereich der „*Gegenwärtigung*" (FRANK[61]), also in den Kurzspeicher (des „Bewußtseins") einmündende Information im allgemeinen auf weniger als ein Zehnmillionstel des Reizangebotes von etwa 10^9 bit/s reduziert, so weisen andererseits die durch die semantische Belegung von Signalkomplexen im „Bewußtsein" aufgebauten Systeme von Invarianten einen „Strukturreichtum" auf, der in dem Fluß materieller Information nur als in engen Grenzen präformiert erscheint. Jene die empfangene deskriptive und diskursive Information einengenden wie gestaltenden Wirkungen hängen zwar ihrerseits zweifellos vom Nachrichten-angebot aus der Außenwelt des Perzipienten ab; sie sind aber, welche Reduktions- und Strukturierungsmechanismen man immer zugrunde legt, jedenfalls stets abhängig sowohl von *operativen Prozessen* als auch von der *Motivdynamik* des Menschen, unterliegen also persönlichkeits-spezifischen, insbesondere intentional bedingten Faktoren, die ihrerseits Veränderungen unterworfen sind.

Auch wenn demnach angenommen werden darf, daß die Empfindungs-räume zweier der gleichen Testsituation unterworfener und dabei über die gleichen Valenzkapazitäten ihrer Sinnesorgane verfügender Vpn. weitgehend übereinstimmen, so werden mithin doch die von diesen Vpn. über ihren Empfindungsräumen aufgebauten Außenweltmodelle im allgemeinen mehr oder weniger stark voneinander abweichen. Dies gilt erst recht für den Fall, daß man die gezielte Eingabe von Signalen, wie sie für die Testsituation charakteristisch ist, durch eine „natürliche" Außenwelt ersetzt. Die internen Modelle, die ein Mensch von der Außen-welt konstruiert, sind also nicht nur stets in gewisser Weise strukturell „reicher" als die jeweils empfangenen Signalmannigfaltigkeiten[62]; sie sind immer auch in subjektiv-persönlichkeitsspezifischer Weise strukturiert, so daß es schon aus diesem Grunde eine „spiegeltreue Abbildung" der Außenwelt — Phantom einer optimistischen Erkenntnistheorie — nicht geben kann. Wenn dennoch die Erfahrung zeigt, daß sich im Bereich der *systematischen* Wahrnehmung, wie sie etwa als wissenschaftliche Beobachtung im physikalischen Experiment vollzogen wird, hohe Grade der Intersubjektivität von Wahrnehmungserlebnissen auch bei komplexeren Signalkonstellationen erzielen lassen, so hat dies seinen hauptsächlichen Grund in den *methodischen Normierungen*, die jedes systematische Operieren erfordert (Abschnitt 11).

Wie nun hier das Organkombinat des Zentralnervensystems als *operatives Zentrum* arbeitet, wie das Zentralnervensystem in den nervösen Apparat des Rezeptorensystems hineinwirkt und umgekehrt auf die

Wirkungen des letzteren in Verbindung mit motivdynamischen Steuerungsprozessen reagiert, ist trotz intensiver, besonders in den vergangenen zwei bis drei Jahrzehnten stark vorangetriebener Forschungen hinsichtlich der Vorgänge der Nachrichtenverarbeitung auf der „mittleren" Ebene der integrativen Interaktion von Elementarprozessen noch wenig aufgeklärt. Über die *mikrodynamischen* Mechanismen liegen dagegen heute viele gut gesicherte Einzelkenntnisse vor, und auch im Sinne der grob *molaren* Betrachtungsweise vermag man gegenwärtig die Hirnfunktionen in ihrem Zusammenhang mit den verschiedensten rezeptiven Prozessen recht gut zu überblicken[63]. Vermutlich wird von beiden „Fronten" her jener „mittlere" Bereich Schritt für Schritt erforscht werden.

Die sogenannte *Lokalisationstheorie* hat seit über hundert Jahren mit wachsendem Erfolg durch Beobachtungen vor allem an Hirnverletzten sowie an Hand von Tierversuchen weitgehend empirisch gesicherte Beziehungen zwischen nervösen und psychischen Vorgängen einerseits und bestimmten anatomisch lokalisierbaren funktionellen Teilfeldern innerhalb der Gesamtarchitektur des Gehirns andererseits feststellen können. Für alle „*exterozeptiven*", d. h. aus der physischen Umgebung des Menschen von diesem mittels seiner Rezeptoren empfangenen Informationen sind jeweils entsprechende, sich offenbar nur wenig überdeckende operative (informations*verarbeitende*) „Projektionsareale" in der Großhirnrinde aufgewiesen, und auch für die Hauptkategorien der aus dem Körperinnern des Menschen stammenden Meldungen lassen sich innerhalb gewisser Genauigkeitsgrenzen die jeweils zugehörigen Hirnfelder und -zonen lokalisieren. Die Gesamtheit dieser „*inneren*" *Informationen* läßt sich zweckmäßig in drei große Klassen einteilen[64]:

1. die „*propriozeptiven*" *Informationen*, die Meldungen über eigenkinetische Zustandsänderungen, also über innere Gleichgewichts-, Lage- und Spannungsempfindungen beinhalten und der Regelung der Bewegungsabläufe des menschlichen Körpers dienen,

2. die den inneren Organen entstammenden „*enterozeptiven*" *Informationen*, die als körperliche und somato-psychische Befindlichkeit erlebt werden, und

3. die „*motiozeptiven*" *Informationen* als motivdynamische, also wesentlich von den Persönlichkeitscharakteristika her bestimmte „Führungsgrößen" im Sinne des im vorangegangenen Abschnitt entwickelten Motivationsmodells (Abb. 5).

Weitere Einsichten in die funktionelle Organisation des Nervensystems einschließlich des Mechanismus der Entstehung von Aktionspotentialen in den Rezeptoren und der Erregungsübertragung vom peripheren Apparat zu den zentralen Meldestellen sind der *Psychochirurgie* sowie *elektrophysiologischen*, vor allem heute aber *psychopharmakologischen* und *neuropsychologischen Untersuchungsmethoden* zu verdanken. Dabei waren es in den letzten Jahren zunehmend das *Regelkreismodell* und die von ihm ausgehenden kybernetischen Betrachtungsweisen, die sich in wachsendem Umfange als unerläßliche Erklärungshilfsmittel erwiesen

haben[65]. Letzteres gilt etwa für den Regelmechanismus der Ganglien-
kerne im Talamus, dem Ort der Triebsteuerung, wo ein feedback servo-
mechanism für die Angleichung des Verhaltens (Regelgrößen) des Organismus an seine triebmäßigen Eingangswerte (Soll- oder Führungsgrößen)
durch veränderliche Hormonausschüttung sorgt, also die Stabilität des
Systems gegenüber äußeren Störungen (Störgrößen) des Systemgleich-
gewichts gewährleistet[66]. Das von ASHBY eingeführte Prinzip des
sogenannten *multistabilen Systems*, auf das unten ausführlich eingegangen
wird, bietet einen neurokybernetischen Erklärungsansatz besonders für
diese *stabilisierende Funktion des Zentralnervensystems*[67].

Will man sich auf Grund neuerer Vorstellungen einen ungefähren
Überblick über das nervöse Geschehen im Zentralnervensystem ver-
schaffen[68], so ist davon auszugehen, daß das Gehirn des erwachsenen
Menschen der Größenordnung nach rund 10^{10} Neuronen enthält. Jedes
Neuron besteht aus einem *Zellkörper* (in der Großhirnrinde zumeist einer
„Pyramidenzelle"), der mit gewissen Abzweigungen oder Ausläufern
versehen ist. Eine Art dieser Ausläufer bilden die bei sogenannten Stern-
zellen besonders zahlreichen *Dendriten* mit ihren Verästelungen, den
Kollateralen. Daneben besitzen viele Nervenzellen einen oft sehr langen
Fortsatz, der *Neurit* oder *Axon* genannt wird. Unter den Axonen gibt
es solche, deren Fasern *(Achsenzylinder)* von einer *Markscheide* umgeben
sind, welcher ihrerseits die SCHWANNsche *Scheide* aufliegt. Die Mark-
bzw. SCHWANNsche Scheide wird durch regelmäßig angeordnete Ein-
schnürungen, die RANVIERschen *Schnürringe,* unterbrochen.

Jedes von einer Nervenzelle ausgehende Axon hat an seinem Ende
eine große Zahl von wurzelartigen Verzweigungen, deren jede in unmittelbarer Nähe einer anderen Nervenzelle oder eines Dendriten einer
anderen Nervenzelle in einem sogenannten *Endknopf* endet. Ein Endknopf bildet zusammen mit der von ihm durch einen 200 bis 300 Å breiten
Spaltraum getrennten, etwa 80 Å dicken Membran des anderen Neurons
eine als *Synapse* bezeichnete physiologische Funktionseinheit. Da an
jedem Neuron hunderte von Endknöpfen der Axone anderer Neuronen
anliegen können, kann jedem Neuron auch eine dementsprechend große
Anzahl von Synapsen als Verbindungsstellen mit anderen Neuronen
zukommen[69].

Durch die *Zellmembran* wird das Innere der Nervenzelle gegen die
extrazelluläre Flüssigkeit abgeschirmt. Die letztere besitzt, wenn sich
die Nervenzelle in nichterregtem Zustand befindet, einen hohen Anteil
an Natrium- und Chlorionen bei geringer Kaliumionenkonzentration,
während umgekehrt für das Zellinnere ein geringer Anteil an Natrium-
und Chlorionen, dagegen eine hohe Kaliumionenkonzentration charakteristisch ist. Diese ungleiche Ionenverteilung, die durch einen Selektions-
mechanismus der im Ruhezustand überwiegend für Kaliumionen
permeablen Membran aufrechterhalten wird, hat bei der nichterregten
Nervenzelle eine *Potentialdifferenz* der letzteren gegenüber der sie
umgebenden Flüssigkeit von — 60 bis — 80 mV zur Folge.

Erreicht nun ein über das Axon eines anderen Neurons geleiteter, in bezug auf dieses andere Neuron *afferenter Nervenimpuls* den an der Membran der gerade betrachteten Nervenzelle N anliegenden Endknopf, so wird von diesem ein *Überträgerstoff* freigesetzt, der durch den Spaltraum diffundiert und den absoluten Betrag des Neuronenpotentials von N verringert, also zu einer *Depolarisation* führt. Die Kaliumionenpermeabilität der subsynaptischen Membran von N geht für eine gewisse Zeit in Natriumionenpermeabilität über, was einen erhöhten Einwärtsstrom von Natriumionen in das Innere der Zelle (bei gleichzeitigem schwachen Auswärtsstrom von Kaliumionen) bewirkt. Durch das Einfließen der Natriumionen wird die Depolarisation weiter verstärkt und hierdurch wieder die Natriumionenpermeabilität erhöht, ein sich fortsetzender Kreisprozeß, der so lange anhält, bis kein Ionenstrom mehr durch die Membran fließt.

Nach Abschluß dieser Phase hat sich an der Membran von N ein *postsynaptisches Potential* gebildet, das jedoch zunächst noch nicht von N aus weitergeleitet wird. Erst nachdem mehrere Impulse auf N gewirkt haben und die Summe der ihnen zugehörigen postsynaptischen Potentiale einen bestimmten Schwellenwert überschritten hat, wird nun ein *Aktionspotential* über das N-Axon und dessen Endknöpfe in andere, mit N verbundene Nervenzellen geleitet. Die aus derartigen Aktionspotentialen gebildeten, in bezug auf N *efferenten* Impulse lösen als *impulsfrequenzmodulierte Information* entsprechende Erregungsvorgänge in den nachfolgenden Nervenzellen aus. Wirkt kein überschwelliger Reiz mehr auf N, so erhöht sich die Kaliumionenpermeabilität der Membran von N, und das Membranpotential nähert sich wieder dem ursprünglichen Wert, den es im nichterregten Zustand hatte.

Das Gesagte gilt indes nur für die erregenden oder *exzitatorischen* Synapsen. Neben diesen besitzen viele Neuronen auch Synapsen, die — nach einem Funktionsmechanismus, der dem oben beschriebenen gerade entgegengesetzt verläuft — den absoluten Betrag des subsynaptischen Membranpotentials durch Einwirkung eines (präsynaptischen) Aktionspotentials *nicht verringern, sondern erhöhen,* also eine die Erregung *hemmende* Wirkung ausüben. Synapsen dieser zweiten Art werden daher *inhibitorische Synapsen* genannt.

Während die Synapsen als elementare *Informationsverarbeitungs*stellen zu betrachten sind, die insbesondere die Decodierung (und Neucodierung) der vom präsynaptischen Axon kommenden Information leisten, so stellen die Axone die Bauelemente der Informations*übertragung* dar. In den marklosen Axonen werden die Aktionspotentiale so fortgepflanzt, daß der in Richtung auf die subsynaptische Membran fließende Strom den jeweils noch unerregten, unmittelbar benachbarten Teil der Nervenfaser in elektrische Erregung versetzt und ein eng lokalisierter, kreisartiger Rückwärtsstrom über die Außenseite der Faser ein neues Aktionspotential erzeugt, welches seinerseits den nächsten Nachbarabschnitt der Faser erreicht und dort den gleichen Vorgang auslöst. Die Impulsfortpflanzung über „nichtisolierte" Nervenleitungen ist mit erheblichem Energieverlust verbunden und verläuft wesentlich langsamer als in den markhaltigen Nervenfasern, bei denen die Übertragung des Aktionspotentials „saltatorisch", von einem RANVIERschen Schnürring zum unmittelbar benachbarten, erfolgt. Die Einzelheiten dieser Informationsübertragung sind auch in quantitativer Hinsicht recht gut erforscht.

Alle sich im Zentralnervensystem vollziehenden integrativen informationsverarbeitenden Prozesse beruhen nun auf einer großen Zahl von in je spezifischer Weise koordinierten und miteinander in Wechselwirkung stehenden synaptischen Elementarprozessen, wie sie vorangehend (unter wesentlicher Benutzung einer Darstellung von H. MEVES[70]) beschrieben wurden. Dabei wird der von den *peripheren Organen* ausgehende Informationsfluß durch Signale (Reize) *ausgelöst,* die aus der Umgebung des Menschen kommen und eine von der Signalart und -intensität abhängige Erregung je bestimmter, als „*reizspezifische Fühler*"fungierender Rezeptoren bewirken. Der erregungsauslösende Mechanismus ist der prinzipiell gleiche wie bei der oben beschriebenen synaptischen Erregung: ein zur Membran der Sinneszelle diffundierender Erregerstoff führt zur Änderung der Ionenkonzentration und damit des Membranpotentials, so daß bei hinreichender Erregungsintensität ein Aktionsstrom zustande kommt, der als impulsfrequenzmodulierte Information über das Axon der Sinneszelle in die nachgeschalteten Nervenzellen weitergeleitet wird. Entsprechendes gilt für die Erregungsauslösung durch die an den inneren Organen liegenden Rezeptoren (z. B. Nocirezeptoren für enterozeptive Signale).

Wer nun auf der Grundlage der bereits erarbeiteten Kenntnisse der neuronalen Elementarprozesse und ihrer subzellulären physikochemischen Mechanismen die Regelmäßigkeiten zu erkennen sucht, nach denen sich *diese Elementarprozesse zu Funktionskomplexen und überhaupt zum nervösen „Schaltgeschehen" in seiner Gesamtheit koordinieren,* wird sich alsbald in vielerlei Hinsicht vor nicht geringe Schwierigkeiten gestellt sehen. Die Analyse der im Zentralnervensystem ablaufenden Prozesse wird nicht nur durch die außerordentlich große Zahl der Nervenzellen, Synapsen und Übertragungskanäle erschwert, sondern mehr noch durch den Umstand, daß die Impulse über viele verwickelte Rückkopplungsschaltungen verlaufen. Als Verbindungsstellen der aufgespaltenen Neuritenfasern eines *Ganglions,* d. h. eines Komplexes von funktionell zusammengehörigen Nervenzellen, mit anderen Ganglien eröffnen die Synapsen den elektrischen Impulsen mannigfache Parallel- und Schleifenwege mit einer kaum übersehbaren Zahl von Schaltmöglichkeiten. Aber Synapsen sind ja nicht nur Durchgangsstellen für Aktionsströme, sondern elementare Informationsverarbeitungszentren. Ihr Wirkungsgrad bezüglich der Veränderung des jeweiligen postsynaptischen Neuronenpotentials vergrößert bzw. verkleinert sich je nachdem, ob ein vermehrter oder verringerter Impulsstrom den betreffenden Synapsenknopf passiert. Während ferner die von einem Rezeptor expedierte impulsfrequenzmodulierte Information noch als exakt proportional der Stärke des auf ihn wirkenden

Reizes gemessen werden kann, folgt die hochintegrative Informationsverarbeitung im Zentralnervensystem grundsätzlich stochastischen Regelmäßigkeiten, deren Zusammenspiel im Rahmen übergeordneter Funktionsprinzipien von offenbar sehr komplexer Natur ist. Dabei ist die Aktivität auch nur weniger, aus dem Gesamtgeschehen herausgelöster Schaltelemente des Zentralnervensystems nicht durch lineare Operatoren darstellbar, wie es vom Standpunkt der mathematischen Beschreibung aus wünschenswert wäre. Wie W. G. WALTER betont[71], besitzt bereits ein System, das aus nur zwei Nervenzellen A und B besteht, nicht weniger als 7 Verhaltensmodi (drei zuständliche und vier strukturfunktionale), nämlich:

1. *weder A noch B aktiv,*
2. *nur A aktiv,*
3. *nur B aktiv,*
4. *A und B unabhängig voneinander beide aktiv,*
5. *A aktiviert B,*
6. *B aktiviert A,*
7. *A aktiviert B und wird wieder von B aktiviert,*

wobei *genau zwei diskrete Betriebszustände* (sogenannte Alles-oder-Nichts-Kommunikation) angenommen werden, eine Voraussetzung, die den tatsächlichen Verhältnissen bei der Übertragung von Erregungszuständen innerhalb des Systems der synaptischen Verknüpfungen keineswegs entspricht. Bei diesen Überlegungen sind noch nicht die Temperaturabhängigkeit des Schaltsystems, aleatorische Einflüsse und weitere (z. B. pathogene) Komplikationen berücksichtigt.

Nach allem, was man gegenwärtig hierüber weiß, wird also zwar die Grundvorstellung von den sich im Nervensystem des Menschen abspielenden Prozessen nach der Analogie elektrischer Schaltvorgänge den tatsächlichen Verhältnissen nahekommen. Jedoch muß, auch im Blick auf die folgenden Ausführungen, eingeräumt werden, daß es wohl kaum jemals wird gelingen können, das *„vollständige" Schaltbild eines Nervennetzes* im technisch-mathematischen Sinne zu entwerfen bzw. zu rekonstruieren. Unter einem „vollständigen" Schaltbild soll dabei ein Schaltbild verstanden werden, das die möglichen und tatsächlichen Wege der Erregungsübertragung im arbeitenden Nervensystem und damit den von den Aktionsströmen getragenen Informationsfluß einschließlich der informationsverarbeitenden Elementarprozesse im einzelnen zu verfolgen und womöglich aus gegebenen Anfangsbedingungen vorauszusagen gestattet. Die im Sinne eines derartigen „vollständigen" Schaltbildes zu verstehende Funktionsweise des menschlichen Nervensystems und besonders seiner zentralen Verarbeitungs- und Kommandostellen wird wahrscheinlich schon deshalb der direkten Beobachtung unzugänglich bleiben, weil jeder auf das Zusammenspiel der Einzelprozesse — sie seien als hinreichend scharf voneinander abgrenzbar angenommen — bezogene Beobachtungsvorgang unvermeidlich zu Störungen der Systemfunktionen führen würde, es also unmöglich wäre, das Schaltgeschehen in seinem ungestörten Ablauf zu erkennen.

Angesichts dieser Schwierigkeiten scheinen für die über die „klassischen" Methoden und Ergebnisse der Physiologie des Nervensystems hinausführende Forschung nur die folgenden *drei Hauptwege* gangbar zu sein:

I. die Ableitung von *Funktionsprinzipien* für das nervöse Schaltgeschehen aus gewissen Beobachtungen, die selbst entweder relativ isolierte mikrodynamische Prozesse oder aber Verhaltensweisen des gesamten tierischen oder menschlichen Organismus betreffen,

II. die Konstruktion von *Blockschaltbildern* bzw. „Organogrammen" (H. FRANK), welche die allgemeinen Verlaufsformen des nervösen Geschehens, insbesondere den Informationsfluß im Nervensystem, im Einklang mit jenen Funktionsprinzipien wiedergeben, und

III. die Simulation informationeller Wirkstrukturen des Nervensystems durch *technische Modelle*, die, je nach dem abzubildenden Objektbereich und der zugrunde gelegten Modellkonzeption, gewissen der neurophysiologischen Funktionsprinzipien genügen und gegebenenfalls bestimmte Organogramme auf möglichst einfache Weise funktionell realisieren.

Zu jedem dieser gegenwärtig mit wachsendem Erfolg beschrittenen drei Hauptwege soll das für die Zwecke der vorliegenden Untersuchung Wichtigste gesagt werden:

I. Funktionsprinzipien

Außer dem generellen, d. h. für alle nervösen Funktionen geltenden Prinzip der *Rückkopplung*, mit dessen Einführung in die Physiologie durch R. WAGNER[72] die kybernetische Betrachtungsweise erstmals für die Erforschung biologischer Funktionen fruchtbar gemacht wurde, und dem ebenfalls alle nervösen Vorgänge umfassenden Prinzip der *Homöostase*, mit dem W. B. CANNON[73] den Grundsatz der Selbststabilisierung komplexer organismischer Regelungsprozesse insbesondere gegenüber Störungen aus der Außenwelt geprägt hat, sind in den letzten Jahren vier eng miteinander zusammenhängende speziellere Funktionsprinzipien entdeckt worden, die sich überwiegend besonders auf das mit zentralnervösen Funktionen eng zusammenhängende *sensorische Geschehen* beziehen.

1. Das Prinzip der Wahrnehmungsoptimalisierung

Das erste dieser kybernetischen Funktionsprinzipien, dessen Beschreibung hier im wesentlichen Darstellungen von W. D. KEIDEL[74] folgt, kann als das Prinzip der *Wahrnehmungsoptimalisierung* bezeichnet werden. Es erklärt die wohlbekannte Tatsache der „automatischen" Verringerung der Kanalkapazität von Sinnesorganen zugunsten solcher Sinneskanäle, über welche die jeweils *relevante* Außenweltinformation den kortikalen Bereichen des Zentralnervensystems zugeleitet wird.

Wie bereits eingangs dieses Abschnittes erwähnt, erreichen von den 10^9 bit, die als Außenweltinformation sekundlich die Rezeptoren eines im Zustand „bewußten Erlebens" befindlichen Menschen insgesamt erregen können, etwa 10^2 bit/s den Bereich der Gegenwärtigung[75]. Es findet mithin fortwährend eine *rigorose Drosselung der Außenweltinformation* statt, von deren Gesamtheit jeweils nur der *maximal lebenswichtige Teil* die Eingangsgrößen für das operative Zentrum liefert und damit operationale Denkprozesse auslöst. Die Hauptmasse der Außenweltinformation fließt entweder über die „unteren" Bereiche des Zentralorgans bzw. über die sogenannten extrapyramidalen Bahnen zu den Effektoren, um entweder mehr oder weniger „eingefahrene", weitgehend (oder vollständig) „unwillkürliche" motorische Programme — einfache Reflexe oder automatische Bewegungsabläufe — auszulösen, Programme also, die von den regelnden Funktionen des operationalen Denkens weitgehend oder vollständig unbeeinflußt bleiben. Oder aber die „unterbewußt" verarbeiteten sensorischen Informationsströme werden, praktisch gleichzeitig mit der vom Sinnesorgan *direkt* zum Cortex führenden Informationszuleitung, über eine *zweite, unspezifische Bahn* (KEIDEL) geschaltet, die *durch den Hirnstamm* zur Rinde führt. Diese erstmals von J. W. MAGOUN und seinen Mitarbeitern untersuchte unspezifische Bahn, auf der die Sinneskanäle ihre gegenseitige funktionelle Abgrenzung, ihre „Spezifität", verlieren, ist mit dem vegetativen System sowie vor allem mit dem *Zwischenhirn*, dem Ursprungsbereich der Affekte und primären Triebe des Menschen, eng vermascht.

Über die unspezifische Bahn werden Meldungen in das Zentrum geleitet, die dreierlei zu bewirken bzw. auszulösen scheinen:

a) die schon angedeutete *je spezifische Proportionierung der Sinneskanalkapazitäten*,

b) in gewissen Graden der Determination *die im operationalen Denken zu leistende Verarbeitung der in den Gegenwärtigungsbereich („Kurzspeicher") eingegangenen Information*, und

c) die *Speicherung einer Teilmenge der letztgenannten Information im permanenten Gedächtnis* („*Langspeicher*" nach H. FRANK).

Wie nun die über die unspezifische Bahn in den Hirnstamm eingehende Außenweltinformation in den subkortikalen Bereichen verarbeitet wird, ist *im einzelnen* noch wenig erforscht. Vermutlich werden die aus dem Hirnstamm weitergeleiteten Meldungen, welche die Öffnung bzw. Drosselung der einzelnen Sinneskanäle je nach der Lebenswichtigkeit der empfangenen Information auslösen, durch *statistische Mittelungen autound kreuzkorrelativer Art* zustande kommen, wobei, wie man heute weiß, ein Funktionsprinzip zur Wirksamkeit gelangt, das KEIDEL als „*Konvergenz-Divergenz-Schaltung*" bezeichnet. Führt insbesondere eine Folge von stark periodischen Reizen, denen also eine relativ hohe Voraussagewahrscheinlichkeit der zu erwartenden Außenweltsignale zukommt, zur automatischen Drosselung des zugehörigen Sinneskanals, so mag dies auf Meldungen beruhen, die durch *auto*korrelative Verrechnung der Eingangsinformation (unter Speicherung eines zeitabhängigen Außenweltmodells) entstanden sind. Je strenger dabei die Periodizität ist, um so stärker wird der betreffende Sinneskanal geschlossen. Bei „stochastischer

Periodizität" folgt wahrscheinlich die Kanaldrosselung fluktuierend bestimmten autokorrelierten Mittelwerten, durch welche die regellosen Anteile der Eingangsinformation „geglättet" werden. Führt andererseits die Außenweltinformation in Gestalt *mehrerer* unterschiedlicher, sich überlagernder stochastischer Prozesse insbesondere zur Aufladung der dem betreffenden Menschen zukommenden basalen Motivkomponenten und damit zur Konstituierung bestimmter (modellhafter) Motivationsformen ($\mathfrak{n}_{\mu i}$ in Abb. 5, s. Abschnitt 8) einschließlich der ihnen zugehörigen operativen Grundprogramme ($\mathfrak{r}_{\mu i}$ in Abb. 5), so dürften es überwiegend *kreuz*korrelative Mittelungsprozesse sein, durch welche die Eingangsinformation zu dem jeweiligen (motivationalen) Ladungsvektor verrechnet wird[76].

Die über die unspezifische Bahn dem Gegenwärtigungsbereich zugeleitete Information, soweit sie — im Feedback-Prozeß, da selbst von der Außenweltinformation abhängig — die Proportionierung der Sinneskanalkapazitäten reguliert, hat stets die Bevorzugung solcher den Gegenwärtigungsbereich erreichender Eingangsnachrichten zur Folge, die entweder einen vergleichsweise hohen Überraschungswert für den Menschen besitzen, ihm also wesentlich Neues über die Außenwelt mitteilen, oder aber für ihn im Sinne der wirksamen Motive (als den Führungsgrößen des kybernetischen Systems „Mensch—Außenwelt") von maximaler Bedeutung sind. Würde eine solche „vorbewußte" Auswahl der je relevanten Außenweltinformation nicht stattfinden, so wäre es angesichts der quantitativen „*Enge des Bewußtseins*" unmöglich, innerhalb hinreichend kurzer Zeitspannen durch operationales Denken zu Entscheidungen über Handlungsantizipationen zu gelangen, deren Verwirklichung im Handeln die Störgrößen aus der Außenwelt zu kompensieren bzw. überhaupt die Außenwelt so zu verändern vermag, daß der Motivdruck merklich herabgesetzt wird. *Der geordnete und zielgerichtete Ablauf der Denkprozesse hat die selektive Vorordnung des Wahrnehmungsfeldes zur Voraussetzung, und diese Vorordnung besteht wesentlich und primär in der Vernachlässigung unbedeutender Information.*

2. Das Prinzip der Konvergenz-Divergenz-Schaltung

An zweiter Stelle sei das schon erwähnte Prinzip der sogenannten *Konvergenz-Divergenz-Schaltung* hervorgehoben, das von V. B. MOUNTCASTLE einerseits sowie W. D. KEIDEL und seinen Mitarbeitern, insbesondere M. SPRENG, andererseits im Anschluß an Vorarbeiten einer Gruppe englischer Forscher aufgestellt wurde[77].

Nach diesem Schaltungsprinzip sind die Elementarbausteine des nervösen Informationsverarbeitungssystems *nicht*, wie zuvor vielfach angenommen, nach dem Modell linearer Relaisketten miteinander verknüpft, sondern derart, daß zum einen stets ein *System* von Rezeptoren einer *einzigen* efferent nachgeschalteten Nervenzelle Information zuleitet und zum anderen jeder *einzelne* Rezeptor umgekehrt stets Information aus einem *System* von Nervenzellen des ihm afferent vorgeschalteten Ganglions empfängt.

Nimmt man (in Übereinstimmung mit empirischen Befunden) aufeinanderfolgende Schalt*stufen* des jeweiligen *direkt* zum Cortex aufsteigenden Sinneskanals an, so ergibt sich das Doppelmodell *stufenweiser Konvergenz und Divergenz* der Informationsleitungen mit ebenfalls stufenweisen Rückkoppelungen *innerhalb* des betreffenden Kanals. Darüber hinaus werden die jeweils konvergierenden Zusammenschlüsse von Zellsystemen *einer* Schaltstufe zur einzelnen Zelle der nächsthöheren Schaltstufe sowie die Drosselung des Kanals über Rückkoppelungsschleifen gesteuert, die — nach der Darstellung KEIDELS — über die *unspezifische* Bahn (s. zu *1*) in die Informationsleitungen der einzelnen *spezifischen* Bahnen einmünden.

Das Zusammenwirken beider Schaltungssysteme, der Konvergenz- und der Divergenzschaltung, führt nach des näheren noch zu erforschenden Mechanismen[78] zur gegenseitigen Förderung und Hemmung der parallel in gleicher Richtung laufenden Leitungsbündel mit dem Effekt der *örtlichen und zeitlichen Kontraststeigerung im Wahrnehmungsgeschehen*, also der *konturierenden Heraushebung bestimmter Erregungsmuster aus peripheren Erregungsmannigfaltigkeiten*, die ohne Konvergenz-Divergenz-Schaltung der Informationsleitungen räumlich bzw. zeitlich weitgehend ineinander verfließen würden.

Außer der Erklärung derartiger Kontrastbildungen, in denen wohl eine wichtige Vorstufe bzw. Bedingung für alle höheren („bewußten") Abstraktionsleistungen des Menschen erblickt werden darf, macht das Prinzip der Konvergenz-Divergenz-Schaltung auch die Fähigkeit des Zentralorgans begreifbar, aus großen Klassen von Einzelinformationen *statistische Mittelwerte* zu bilden.

3. Das Prinzip der lateralen Inhibition

Ein weiteres Funktionsprinzip, das Prinzip der *lateralen Inhibition*, ist vor allem von W. REICHARDT, G. McGINITIE und D. VARJÚ unter Benutzung experimenteller Einzelbefunde anderer Forscher systematisch erarbeitet worden[79]. Da die grundlegende theoretische Untersuchung REICHARDTs das optische Auflösungsvermögen der Facettenaugen von Limulus polyphemus, einer Gattung des an den Küsten Nordamerikas lebenden Pfeilschwanzkrebses, zum Gegenstand hatte, sind für das Verständnis des Nachfolgenden einige — eng an REICHARDT angelehnte — Bemerkungen zur Anatomie und Physiologie des Limulus-Facettenauges voranzuschicken[80].

Jedes der etwa 1000 Ommatidien (Facetten) des Limulus-Auges enthält einen Kristallkegel, an dessen Spitze sich jeweils 8 bis 20 sogenannte *Retinulazellen* befinden. Diese Sinneszellen besitzen zahlreiche ineinander verzweigte haarförmige Ausläufer, in deren als *Rhabdom* bezeichneten Geflecht eine bipolare Zelle eingelagert ist, die wegen ihrer exzentrischen Stellung zur Ommatidienachse *exzentrische Zelle* genannt wird. Die von der exzentrischen Zelle und von jeder der Retinulazellen ausgehenden Axone sind unmittelbar unterhalb des Ommatidiums durch laterale Verzweigungen miteinander und mit der exzentrischen Zelle verknüpft.

Die Axone der exzentrischen Zellen und der Retinulazellgruppen aller Ommatidien des Facettenauges vereinigen sich unterhalb des Bereiches der lateralen Verknüpfungen zum *optischen Nerv*, auf dessen Querschnitt die räumliche Lichtintensitätsverteilung über zwei des näheren zu beschreibende Transformationen abgebildet wird.

Vor der Darstellung dieses Abbildungsprozesses soll zunächst der im Experiment künstlich hergestellte Fall betrachtet werden, daß *genau ein* Ommatidium Lichtstrahlen empfängt. Eine derart isolierte Reizung bewirkt gemäß der bereits weiter oben angedeuteten allgemeinen Rezeptorenerregung bei Überschreitung eines bestimmten Schwellenwertes den Aufbau eines logarithmisch von der Lichtintensität abhängigen *Membran- oder Generatorpotentials* in der exzentrischen Zelle (wobei die Lichtabsorption im Rhabdom zu erfolgen scheint). Es kommt zu einem das Axon der exzentrischen Zelle durchfließenden *Aktionsstrom, dessen Frequenz* unter stationären Reizbedingungen *direkt proportional zum Membranpotential ist.*

Trifft nun Licht von hinreichender Intensität gleichzeitig auf *mehrere* Ommatidien innerhalb eines zusammenhängenden Bereichs des Facettenauges, so werden zwei Arten von Wechselwirkungen ausgelöst, und jeder dieser Arten entspricht eine der oben erwähnten Transformationen:

a) **Die „dioptische Transformation“.** Nach REICHARDT variieren die Winkel zwischen den optischen Achsen zweier benachbarter Ommatidien innerhalb eines Intervalls von 4° bis 15°, während durch (parallele) Lichtstrahlen noch ein Ommatidium erregt wird, dessen optische Achse mit den einfallenden Strahlen einen Winkel von etwa 20° einschließt. Hieraus folgt, daß sich die zu den einzelnen Ommatidien gehörigen Sehfelder *stark überlappen*, was im allgemeinen zu einer *Veränderung* der den objektiven Lichtintensitätsverteilungen der Außenwelt entsprechenden *Reizintensitätsunterschiede* der Ommatidien führt. Diese Veränderung besteht in einer *Verminderung der Kontraste* im Ommatidienbereich (bzw. in der vereinfachend betrachteten Ommatidien-Schnittebene), die, wie die Rechnung ergibt, bis zur vollständigen *Kontrastauflösung* reichen kann. Ja, ist der Winkel zwischen den optischen Achsen benachbarter Facetten kleiner als 6°, so tritt sogar *Kontrastumkehrung* ein.

Mit der soeben kurz beschriebenen Transformation der räumlichen Helligkeitsverteilung der Außenwelt in eine räumliche Membranpotentialverteilung im Ommatidienbereich braucht an sich noch kein Verlust an optischer Information verbunden zu sein. Dagegen würde die Dekontrastierung der Außenwelt-Helligkeitsverteilungen im bestrahlten Ommatidienfeld das optische Auflösungsvermögen des Tieres und damit seine Fähigkeit, Helligkeitsmuster der Außenwelt zu unterscheiden, stark reduzieren, wenn nicht ein nervöser Kompensationsmechanismus tätig wäre, mit dem der Organismus die Folgeerscheinungen der Sehfeldüberlappung zu korrigieren vermag.

b) **Die „nervös-inhibitorische Transformation"**. Ein solcher Mechanismus ist nachweisbar. Er besteht darin, daß die Aktionsströme in den Axonen der zu den bestrahlten Ommatidien gehörigen exzentrischen Zellen über die oben angedeuteten lateralen Verzweigungen miteinander in Wechselwirkung treten. Innerhalb eines gewissen Ommatidienbereiches, der sich nicht nur über unmittelbar benachbarte Facetten erstreckt, werden dabei gemäß einem von REICHARDT u. a. entwickelten, gut bestätigten mathematischen Formalismus je bestimmte Zellen „*inhibiert*", also in ihrer Erregung gehemmt. Die Inhibition der Erregungsvorgänge im optischen Nerv steht in einem *linearen* Wechselwirkungszusammenhang, solange *nicht* die Summe der auf einen Rezeptor wirkenden Inhibition größer ist als die Erregung des inhibierten Rezeptors; anderenfalls ist sie *nichtlinear*[81]. Ferner zeigt sich, daß die Inhibitionswirkung mit wachsendem Abstand von einem Ommatidium symmetrisch nach allen Seiten monoton abnimmt. Die „nervös-inhibitorische Transformation" der räumlichen Membranpotentialverteilung des bestrahlten Ommatidienfeldes in die räumliche Erregungsverteilung im Querschnitt des optischen Nervs ist, wie sich weiter ergibt, umkehrbar eindeutig, d. h. jeder Membranpotentialverteilung entspricht genau eine Erregungsverteilung im optischen Nerv, und umgekehrt.

Der Haupteffekt dieser zweiten Transformation besteht nun darin, daß das (errechnete) ursprüngliche maximale optische Auflösungsvermögen wieder hergestellt, also die Sehfeldüberlappung der ersten („dioptischen") Transformation korrigiert wird. Und zwar geschieht dies genau dann, wenn der Inhibitionsbereich mit dem Sehfeldüberlappungsbereich räumlich übereinstimmt. Ist der erstere jedoch größer als der letztere, so kommt es zu einer weiteren, *überkompensatorischen Kontrastverschärfung* der objektiv vorgegebenen Helligkeitsmuster, so daß die Lichtintensitätsverteilungen der Außenwelt nicht nur wirklichkeitsgetreu, sondern *verstärkt konturiert* in den optischen Nerv abgebildet werden.

Ein Inhibitionsmechanismus, wie er unter besonders einfachen natürlichen Bedingungen für Limulus weitgehend mathematisch dargestellt werden konnte, dürfte in entsprechender Abwandlung auch in anderen Rezeptorensystemen verwirklicht sein. Er wäre zur *Erklärung von Kontrasterscheinungen auch in den Sinnesorganen des Menschen* geeignet. REICHARDT weist in diesem Zusammenhang[82] auf die MACHschen Bänder[83] und andere bekannte Erscheinungen hin, die vermutlich auf Inhibitionseffekten beruhen.

4. Das Prinzip der Reafferenz

Weiterhin ist hier das von E. VON HOLST und H. MITTELSTAEDT aufgestellte Prinzip der *Reafferenz* anzuführen[84]. Es ist aus Verallgemeinerungen entstanden, zu denen die genannten Autoren auf Grund einer Analyse des Verhaltens der Fliege Eristalis gelangt sind, und soll hier gleich in der verallgemeinerten Fassung kurz beschrieben werden.

Afferente Impulse, die von einem System $\mathfrak{E}$ tätiger Effektoren bzw. dem mit ihm verbundenen Rezeptorensystem $\mathfrak{R}$ eines Organismus in dessen nervöse Zentren gelangen, heißen nach VON HOLST und MITTELSTAEDT *„reafferent"*, *wenn auf sie efferente Impulse wirken*, also solche, die von den zentralen Kommandostellen zu den betreffenden Effektoren geleitet werden. Die durch das Reafferenzprinzip in gewisser Näherung beantwortete Frage betrifft den *Mechanismus der Verarbeitung der reafferenten Informationen im Zentralnervensystem.*

Die zentralnervösen Verarbeitungszentren seien gemäß Abb. 6 als hierarchisch geordnet angenommen, derart, daß in der Hierarchie Z_1, $Z_2, \ldots, Z_n$ das Zentrum $Z_{\nu+1}$ dem Zentrum Z_ν $(\nu = 1, 2, \ldots n-1)$ übergeordnet ist. Es gehe jetzt ein Kommando K von Z_n aus. Dieses Kommando wird über die Zwischenzentren nach Z_1 weitergeleitet und gabelt sich dort *in zwei Impulsströme*, E und E', auf. E geht als *efferente Meldung* in das periphere Effektorensystem $\mathfrak{E}$ ein und bewirkt dessen je spezifische Aktivität. E' dagegen wird als „Efferenzkopie" von E in den Z_1 benachbarten Ganglienkomplex geleitet und verursacht dort eine Zustandsänderung (innerhalb des Systems der neuronalen Membranpotentiale). Wesentlich ist nun, daß die durch propriozeptive Sinnesorgane an Z_1 gegebene *afferente Rückmeldung A* innerhalb von Z_1 mit E' verrechnet und das Resultat dieser Verrechnung als Meldung M zur Korrektur der Efferenz E verwendet wird. Das zuletzt Angedeutete bedarf der näheren Erläuterung:

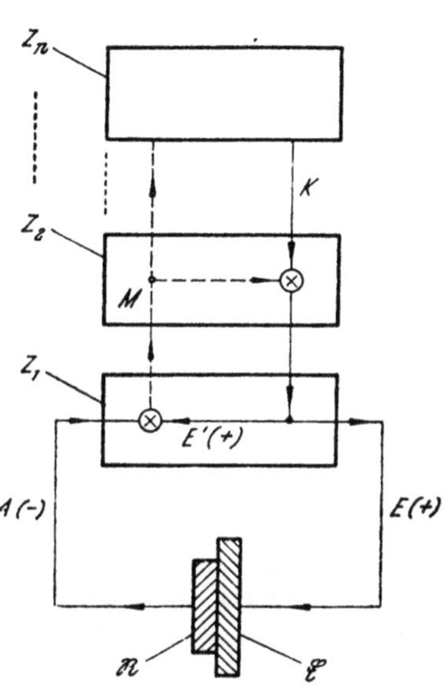

Abb. 6. Zum Reafferenzprinzip (nach E. VON HOLST und H. MITTELSTAEDT)

Versieht man hierzu nach VON HOLST und MITTELSTAEDT zunächst den Efferenzkopie-Impulsstrom E' (ebenso wie E) mit positivem und den afferenten Impulsstrom A mit negativem Vorzeichen, so kompensieren sich unter der Annahme, daß die Effektorenaktivität *nicht* durch Wirkungen aus der Außenwelt des Organismus beeinflußt wird, E' und A in Z_1 zu Null, so daß auch das Kommando E unbeeinflußt bleibt und die Aktivität von $\mathfrak{E}$ nach Art und Intensität nicht geändert wird. Ändert sich jedoch die (zunächst nur efferenzbedingte) Afferenz A *infolge von —* „exafferenten" — *Wirkungen* aus der Außenwelt, so entsteht in Z_1 ein positiver oder negativer Verrechnungsrest M. Dieser von Null verschiedene Rest wird entweder (ganz oder zum Teil) bereits unterhalb von Z_n (nach Abb. 6 z. B. in Z_2) oder über Z_n selbst mit dem von Z_n kommenden Kommando K so verrechnet, daß — gegebenenfalls in einer größeren Anzahl von Regeldurchgängen — M auf sehr kleine Beträge reduziert wird und mithin praktisch keine Meldungen mehr von Z_1 zu den höheren Zentren aufsteigen.

Das kybernetische Prinzip der Reafferenz leistet die Erklärung einer Anzahl *wichtiger Stabilisierungsprozesse innerhalb des Perzeptionsgeschehens*, auf die VON HOLST und MITTELSTAEDT im zweiten Teil ihrer grundlegenden Veröffentlichung näher eingehen. So bleibt z. B. nach der klassischen Reflexlehre unerklärt, warum ein Organismus bei *völlig gleicher* Bildverschiebung auf der Retina *unterschiedlich reagiert*, je nachdem, ob sich bei ruhendem Auge die Umgebung oder bei ruhender Umgebung (gleichsinnig) das Auge bewegt. Dem Reafferenzprinzip zufolge findet diese Frage ohne weiteres dahin ihre Beantwortung, daß bei dem auf Grund eines Kommandos K bewegten Auge (und ruhender Umgebung) mit der durch die Augenrezeptoren empfangenen Information über die retinale Bildverschiebung eine *Exafferenz* (den niederen Zentren) durchgemeldet wird, welche die *Efferenzkopie* zu Null (oder annähernd Null) kompensiert. Da mithin *keine* das Kommando K beeinflussende Meldung M in die höheren Zentren aufsteigt, „erfährt" der Organismus seine Umgebung in Übereinstimmung mit den tatsächlichen Verhältnissen als stillstehend.

Nach dieser dem Reafferenzprinzip folgenden Deutung der visuellen Außenweltperzeption gelangt, wie VON HOLST und MITTELSTAEDT betonen, ein Mensch zur „*richtigen*" visuellen Wahrnehmung (der objektiven Komponente) seiner Außenwelt durch kompensatorische Verrechnung *zweier „falscher" Informationen*, nämlich der Exafferenz, die eine Bewegung der Objektwelt nach der *einen*, und der Efferenzkopie, die eine gleich große Bewegung derselben Objektwelt nach der *anderen, entgegengesetzten* Richtung den zentralnervösen Verrechnungsstellen durchmeldet. *Entsprechendes scheint für alle übrigen perzeptuellen Leistungen des Menschen zu gelten*, wobei häufig mehrere, an sehr unterschiedliche sensomotorische Funktionen gebundene, gleichzeitig wirkende Reafferenz-Rückkopplungsmechanismen in recht verwickelter Weise zusammenarbeiten, um erst im homöostatischen Wechselspiel dem Organismus das „Gesamterlebnis" einer in wesentlichen Zusammenhängen *konstanten Objektwelt* zu vermitteln und damit seine sinnvolle Orientierung in dieser Objektwelt einschließlich ihrer zielgerichteten aktiven Veränderung zu gewährleisten.

Bezüglich des Beitrages, den das Reafferenzprinzip zur Frage der „*Objektivität der Wahrnehmung*" leistet, mögen abschließend VON HOLST und MITTELSTAEDT wörtlich zitiert werden:

„Wir sahen mehrfach, daß die ‚richtige' Meldung lediglich die Resultierende von zwei ‚falschen' Meldungen ist, die — im Experiment jederzeit aufzeigbar — für sich *allein* genommen den gleichen Charakter des ‚Richtigen' besitzen. Für ein niederes Zentrum, in das nur *eine* Afferenz eintritt, sind alle Meldungen in gleicher Weise ‚richtig'. Die Frage, ob eine Wahrnehmung auch ‚objektiv' richtig oder ob sie ‚Schein' sei, kann überhaupt erst auftauchen, wo mehrere verschiedene Afferenzen zusammenkommen. ‚Objektiv richtig' heißt dann nichts anderes als: Koinzidieren verschiedener Meldungen; als ‚Schein' wird eine Meldung bewertet, die zu den anderen nicht paßt. Das niederste Zentrum ist in dieser Hinsicht unbedingt dumm — aber wir sollten bedenken, daß auch das höchste nie klüger sein kann, als seine Afferenzen es zulassen, deren jede einzelne ‚täuschbar' ist!"

Die oben in groben Umrissen beschriebenen vier Funktionsprinzipien gelten wesentlich für das *perzeptuell-sensomotorische* Geschehen des Nervensystems. Mit ihnen in engem funktionellen Kontext stehen drei allgemeine *Schaltprinzipien für überwiegend zentralnervöse Prozesse der höheren informationsverarbeitenden Zentren.* Wenngleich zum Teil weniger empirisch gesichert als jene Funktionsprinzipien, dürften diese Schaltprinzipien doch wichtige Erklärungsansätze für die Arbeitsweise des nervösen Zentralorgans bieten.

5. Das Prinzip der hierarchischen Ordnung der Schaltmuster

Bereits bei der Besprechung der sensorischen Optimalisierungsfunktion des Zentralnervensystems (Funktionsprinzipien *1* und *2*) wurde deutlich, daß die (quantitative) *„Enge des Bewußtseins"* eine „vorbewußte" *rigorose Auswahl* der für die operationalen (Denk-)Prozesse der höchsten Zentren relevanten Außenweltinformation aus der Gesamtheit der von den Rezeptoren empfangenen Signalmannigfaltigkeiten verlangt. Die mit der Bewußtseinsenge zusammenhängende, ja, durch sie wesentlich mitbedingte *„Unverträglichkeit zusammenhangloser Bewußtseinsinhalte"* (Rohracher) ist nun nicht nur durch den oben erörterten Mechanismus der motiv- und speziell aufgabengesteuerten Proportionierung (Drosselung) der Sinneskanalkapazitäten zu erklären, sondern bedarf noch eines funktionalen Erklärungsprinzips, das die sich im operativen Zentrum abspielenden jeweiligen *Schalt-Kontextbildungen von „zusammengehörigen" elementaren neuronalen Informationsverarbeitungsprozessen* verständlich macht. Es sind immer nur bestimmte Gangliensysteme im operativen Zentrum, die in Abhängigkeit von den in den Gegenwärtigungsbereich hineinwirkenden motivationalen Programmen durch die Außenweltsignalkonstellationen bzw. durch „primär-auslösende" Vorstellungsinhalte (d. h. durch Abruf von Informationen aus dem Speichersystem) in Erregung versetzt werden. Das dem gesamten Erregungsverlauf entsprechende zentralnervöse Schaltgeschehen wird also fraglos in der sich *nach bestimmten Regelmäßigkeiten zeitlich ändernden Aktivierung gewisser Schaltmuster* bestehen.

Wenn im folgenden für diese Schaltmuster der Name *„dynamische Strukturmuster"* verwendet wird, so deshalb, weil zum einen der Terminus *„Muster" (pattern)* allgemein die Summe der Bedingungen bezeichnet, die das Chaos des rein Zufälligen dahin einschränken, daß bestimmte (zeitliche) Geschehensfolgen bzw. bestimmte (räumliche) Konfigurationen bevorzugt werden. Einschränkende Bedingungen der genannten Art zeichnen im vorliegenden Falle *gewisse synaptische Zusammenschlüsse von Neuronen* aus, bestimmen also jeweils *Klassen von Schaltwegkombinationen,* innerhalb derer allein die Verarbeitung der in das Denkzentrum einkommenden Nachrichten erfolgen kann. Zum anderen ist von

„*dynamischen*" Mustern die Rede, insofern jene einschränkenden Bedingungen selbst Veränderungen unterworfen sind. Letztere sind abhängig vor allem von adaptiven Änderungen des Synapsensystems und, im weiteren Sinne, überhaupt von den zentralnervösen Anpassungsvorgängen zwischen den Regelkreisen 2. Ordnung, welche die perzeptuellen, motivationalen und operationalen Funktionsgesamtheiten wechselseitig miteinander verbinden. Diese Anpassungsdynamik ist dabei kybernetisch als Zusammenspiel vieler untergeordneter Regelkreise (3., 4. usw. Ordnung) zu verstehen. Es sei auch hier wieder betont: Ohne die Anwendung des Regelkreismodells bei der Deutung der sich in ständiger aktiver Veränderung befindlichen Erregungskonstellationen besonders in den zentralen Bereichen des Nervensystems wären die mannigfaltigen Prozesse der homöostatischen Regulation des nervösen Gesamtapparates kaum zu verstehen. Unerklärt bliebe insbesondere die Fähigkeit des als „Regler" (Abschnitt 5) arbeitenden Zentralnervensystems, sich unter Bildung perzeptueller und motivationaler Invarianten (oder Quasiinvarianten) langfristig an wechselnde Informationseingaben anpassen zu können[85].

Man wird nun wohl kaum fehlgehen, wenn man für die Funktionsgesamtheit des Zentralnervensystems eine *hierarchische Ordnung der dynamischen Muster* annimmt, nämlich eine Koordination von Mustern einer bestimmten Stufe durch (übergeordnete) Muster der nächsthöheren Stufe. Ist diese Modellkonzeption richtig, so scheint die Hierarchie der dynamischen Muster einen gewissen — noch keineswegs geklärten — Zusammenhang besonders mit den (semantischen) *Symbol*funktionen des Zentralnervensystems aufzuweisen. So hat schon frühzeitig F. S. ROTHSCHILD[86] die These aufgestellt und zu begründen versucht, daß die Regeln, durch die Erregungsstrukturen des Zentralnervensystems bestimmt werden, den Syntaxregeln einer Sprache vergleichbar sind, ja, daß in gewissem Umfange aus den Syntaxregeln auf jene Strukturregeln geschlossen werden dürfe. Menschliche Sprache ist nach ROTHSCHILD eine psychophysische Funktion, die zwar im Zuge der Herausdifferenzierung aus Organen und vitalen Funktionen den höchsten Grad der *Ablösung* von den Lebensvorgängen erreicht, deren Struktur jedoch nichtsdestoweniger ihr Korrelat bereits in bestimmten anatomischen Anordnungen des Zentralnervensystems habe. (ROTHSCHILDS Behauptung allerdings, durch das System der Faserkreuzungen des ZNS sei ein Grundmuster für beliebige Denkvorgänge derart gegeben, daß gewissen festen funktionellen Verbindungen im Gehirn ein sprachlicher Zwang zur Subjekt-Prädikat-Objekt-Struktur des Satzes entspringt — oder wenigstens entspricht —, dürfte mit bekannten Forschungsergebnissen der Anthropo-, Sozio- und Metalinguistik kaum zu vereinbaren sein. Diesen Zusammenhängen kann hier nicht im einzelnen nachgegangen werden.)

Sind jene Überlegungen wenigstens im Prinzip richtig, so ist der Schluß naheliegend, daß in der artspezifischen, anatomisch bedingten Konfiguration des gesamten Reizleitungssystems des menschlichen Gehirns ein weitgehend unveränderliches, biologisch fixiertes allgemeines Strukturmuster wirksam ist. Es wäre dies gleichsam ein *Muster nullter*

Stufe zu nennen, durch das also, zusammen mit anderen basalen Bestimmungsstücken des Zentralnervensystems, z. B. den Arten und der zahlenmäßigen Verteilung der Bauelemente (Neuron bzw. Dendrit, Axon, Synapse), die *Primärbedingungen für das überhaupt mögliche Schaltgeschehen* im Zentralorgan festgelegt sind. Dieses Strukturmuster läge mithin *im Bauplan des Zentralnervensystems*.

Mag die Grundvorstellung von einer Hierarchie der sich dem vorgegebenen Bedingungsgefüge jenes (annähernd starren) Musters nullter Stufe einordnenden dynamischen Muster den wirklichen Verhältnissen weitgehend entsprechen, so muß andererseits zugegeben werden, daß über die Bildungs- und Umformungsgesetze, über Koordination und Stabilisierung der dynamischen Strukturen im Zentralnervensystem, noch nichts Sicheres bekannt ist. Es dürfte plausibel sein, daß die Muster der basalen Koordinationsstufen stets auch die ich-näheren, die der Persönlichkeit tiefer eingelagerten und *langfristiger wirksamen* sind. Daher mögen dem „Bauplan"-Muster der nullten Stufe als *dynamische Muster der ersten Stufe* solche folgen, die teils den erlernten, relativ invarianten Schemata der Wahrnehmung auf der kognitiven Seite, teils den Grundtrieben und -affekten sowie den (zumeist mit ungelösten Konflikten zusammenhängenden) Einstellungen und Haltungen, also langfristig-generalisierten Motiven, auf der motivationalen Seite entsprechen bzw. erworbene und nur schwer abzubauende Gewohnheitsmuster darstellen.

Auf diese Weise ließe sich ein Hierarchiemodell mit *fortschreitender Musterflexibilität der einzelnen Stufen* aufbauen bis hin zu den als äußerst flexibel zu betrachtenden dynamischen Mustern, die den konkreten und noch mehr den formalen (Denk-)Operationen im Sinne PIAGETs entsprechen. Charakteristisch für diese Operationen ist ja deren Entferntsein von der relativen Unveränderlichkeit und Starre sowohl der Wahrnehmungs- als auch der Einstellungs- und Gewohnheitsschemata im weitesten Sinne (in denen auch sogenannte Mentalitäten, Stereotypen u. dgl. ihren Ort haben dürften). Denn die genannten Operationen bestehen in der ständigen Konstituierung und Neukonstituierung von Zusammenhängen (neurophysiologisch: Reaktionsbahnen, Schaltkontexten), gleichsam in einem fortwährenden Ein- und Wieder-Ausschalten von kognitiven Teilstrukturen, sowie in einem (reversiblen) Kombinieren und Umkombinieren dieser Teilstrukturen innerhalb des durch die Muster der vorangegangenen Stufen bzw. durch die ihnen zugeordneten jeweiligen „Subprogramme" eingeschränkten kombinatorischen Freiheitsspielraumes. Der für produktiv-schöpferisches Denken notwendige Abbau von Gewohnheitsmustern durch „*temporäre Regression*" (E. KRIS) scheint verbunden zu sein mit der Erweiterung und Dynamisierung des effektiven kombinatorischen Freiheitsspielraumes von Musterbildungen auf den letzten und höchsten operativen Stufen der Musterhierarchie.

In der Gesamtheit jener oben genannten kognitiven Teilstrukturen, die den *kombinierenden Schaltkontextbildungen* zugrunde liegen, dürften auch die neurophysiologischen Korrelate der *Partialmodelle* der Außenweltperzeption (Abschnitt 7) ihren funktionellen Ort haben, derart, daß jedem Partialmodell (des in Lernprozessen aufgebauten) Repertoires genau ein (mehr oder weniger) elementarer und (vergleichsweise) invarianter Schaltkontext als kognitive Schaltstruktur entspricht (und umgekehrt).

Nach den hier entwickelten Vorstellungen bilden die dynamischen Muster aller Stufen ein geschlossenes funktionelles System, dessen komplexe Dynamik ihre Besonderheit darin hat, daß Koordination und Freiheit der Schaltmusterfunktionen nicht einander ausschließende, sondern komplementäre Momente darstellen. Das koordinierende Moment ist wahrscheinlich jeweils genau so stark im Spiele, als es die Anpassungsbedingungen des Organismus verlangen. Zwischen völliger Regellosigkeit und völliger Determiniertheit der Schaltbahnen — zwei tatsächlich nicht eintretende, also nur gedachte Grenzzustände — muß sich ein je bestmögliches Verhältnis von Koordination und Freiheit auf der Grundlage von Regelkreisprozessen einstellen, damit der Organismus auf alle Arten und Grade der Außenweltveränderung und der motivationalen Zielbestimmung im Sinne optimaler Problemlösung reagieren kann.

6. Das Prinzip der Schaltmusterökonomie

Dabei wird, worauf besonders STEINBUCH hinweist, das seit langem als fundamental für natürliche Prozesse jeglicher Art erkannte „*Ökonomieprinzip*" auch dem nervösen Geschehen zugrunde gelegt werden müssen. Dieses Prinzip ist hier zu spezialisieren auf das Prinzip möglichst geringen Schaltungsaufwandes und möglichst geringer Schaltungsänderungen bei gleichzeitig höchster Anpassungsleistung des Zentralnervensystems[87]. Ändert sich etwa die Außenwelt in einer vom Perzipienten gut vorhersehbaren Weise, wiederholen sich also Geschehensfolgen bzw. Konstellationen mit hoher Wahrscheinlichkeit, so werden sich in stärkerem Maße koordinierende Muster von relativ geringer Flexibilität herausbilden. Verändert sich dagegen die Informationseingabe aus der Außenwelt wahllos-sprunghaft, so daß Voraussagen schwierig oder unmöglich sind, so bietet hohe Beweglichkeit der Schaltmusterbildungen die einzige Möglichkeit für zielgerichtete (motivationsabhängige) und sich dabei hinreichend rasch stabilisierende Denkprozesse. Das Denken eines mit untergeordneten Registraturaufgaben betrauten Verwaltungsangestellten etwa, dessen Tätigkeit sich auf die Bearbeitung wiederholter sehr ähnlicher Vorgänge beschränkt, folgt wahrscheinlich wesentlich stärker ausgeprägten und weit weniger flexiblen Koordinationsmustern als etwa das eines Unternehmers, der ständig auf Grund unvollständiger Information planen bzw. Entscheidungen treffen und sich den wechselnden wirtschaftlichen Verhältnissen anpassen muß.

7. Das Prinzip der Multistabilität des Schaltmuster-Hierarchiesystems

Die Spitze der Musterhierarchie: das Gefüge der Grundbedingungen für alle folgenden Musterbildungen mit zunehmender Flexibilität, ist nach der hier vertretenen Auffassung durch den biologisch vorgegebenen Bauplan des Zentralnervensystems sowie durch langfristig wirksame kognitive bzw. ich-nahe motivationale Strukturen bestimmt. Letztere sind jedoch nicht ein für allemal feststehend, sondern ihrerseits abhängig von der Dynamik der Musterbildungen der nachfolgenden Stufen. Ebenso wie sich etwa die irreversiblen „Gewohnheitsmuster" im Zuge von Lern- und Anpassungsprozessen herausgebildet haben, so unterliegen sie andererseits — in zumeist langen Zeitintervallen vollzogenen — Transformationen, wobei auch hier der kausal-finale Regelkreis das adäquate funktionale Grundmodell liefert.

Alle diese Prozesse sind dem *Prinzip der Selbststabilisierung gegenüber Störungen des optimalen Systemverhaltens* unterworfen. Die Stabilität des Schaltungsgeschehens bei zielgerichteter Auswahl von Reaktionsbahnen auf den einzelnen Hierarchiestufen sowie im beweglichen Zusammenwirken der dynamischen Strukturmuster verschiedener Hierarchiestufen gemäß motivationalen Rahmenprogrammen ist eine unerläßliche Grundbedingung für das Funktionieren des zentralnervösen Anpassungsmechanismus[88].

Über die Art und Weise dieses homöostatischen Geschehens liegen so gut wie keine empirischen Befunde vor. Dagegen hat W. R. Ashby mit seinem als „*Homöostat*" bezeichneten Vier-Variablen-System[89] im technischen Modell die zentralnervösen Selbststabilisierungsprozesse unter stark vereinfachenden Bedingungen nachzubilden versucht. Da es sich bei diesem Modell und seinen ebenfalls auf Ashby zurückgehenden Verbesserungen um den zur Zeit zweifellos wichtigsten Erklärungsansatz für die in Frage stehenden Prozesse handelt, sollen die mathematischen Grundlagen des homöostatischen Mechanismus nach Ashby im folgenden beschrieben werden[90]:

Hierzu werde ausgegangen von einem autonomen System[91] von n Differentialgleichungen 1. Ordnung

$$\frac{dy_\nu}{dt} = F_\nu(y_1, y_2, \ldots, y_\nu, \ldots, y_n, c); \quad \nu = 1, 2, \ldots, n, \tag{17}$$

wo c einen Parameter bezeichnet, der die Gln. (17) zueinander in Beziehung setzt. Statt der Zeitfunktion $y_\nu = y_\nu(t)$ sollen jedoch die von verschiedenen Anfangspunkten ausgehenden, gerichteten Ortskurven des Punktes $P = (y_1, y_2, \ldots, y_n)$ betrachtet werden. Sie verlaufen sämtlich in einem n-dimensionalen Phasenraum. Das „Richtungsfeld" der Ortskurven im Phasenraum beschreibt dann (durch geometrische Eigenschaften) das (physikalisch-dynamische) Verhalten des durch die Gln. (17) dargestellten physischen Systems in eindeutig charakterisierender Weise.

Wird angenommen, daß der Parameter c genau m voneinander verschiedene diskrete Werte annehmen kann, so gibt es mithin m voneinander verschiedene Kurvenverläufe des Systems. Unter diesen mögen solche, bei denen alle Kurven auf einen bestimmten Punkt P_0 des Phasenraumes — P_0 kennzeichnet das stabile Gleichgewicht des Systems — konvergieren, *stabil*, die übrigen *instabil* genannt werden.

Ergibt sich nun aus einem der diskreten Parameterwerte ein instabiler Kurvenverlauf, so soll das System fähig sein, sich selbsttätig zu stabilisieren. Um die einem solchen selbststabilisierenden System zuzuschreibenden Eigenschaften zu verdeutlichen, werde weiter angenommen, daß in dem n-dimensionalen Phasenraum ein (ebenfalls n-dimensionaler) Unterraum durch eine $(n-1)$-dimensionale Fläche, die sogenannte *Phasengrenze*, abgegrenzt ist. Es sei ferner vorausgesetzt, daß immer dann, wenn mit zunehmendem t eine im Innern des Unterraumes verlaufende divergierende Ortskurve die Phasengrenze erreicht, der Parameter c sprunghaft auf einen anderen zulässigen Wert „umschaltet", so daß sich der Kurvenverlauf, d. h. also auch das Systemverhalten, ebenfalls sprunghaft ändert. Führt diese Änderung zum Konvergieren aller Kurven auf einen bestimmten Punkt des Unterraumes, so stabilisiert sich offenbar das System. Andernfalls wird der Kontakt einer divergierenden Ortskurve mit der Phasengrenze ein erneutes Umschalten des Parameters c auf einen anderen Wert und damit eine Neukonfiguration des „*Feldes der Verhaltenslinien*" (kurz: des *Feldes*) zur Folge haben. Das Springen von c innerhalb des diskreten Parameterbereichs kann dabei völlig aleatorisch erfolgen. — Ein durch die Gln. (17) beschriebenes dynamisches System, das sich in der geschilderten Weise nach endlich vielen Schritten selbsttätig stabilisiert, also nach einer letzten Schaltung das (stabile) *Endfeld* erreicht, heißt *ultrastabil*.

Aus der sogenannten *Stabilitätswahrscheinlichkeit* — ihre nähere mathematische Bestimmung ist für das Verständnis des Folgenden nicht wesentlich — läßt sich nun die mittlere Anzahl N der zur Erreichung des Endfeldes notwendigen Schaltungen errechnen. Ohne auf Einzelheiten einzugehen, sei bemerkt, daß N mit zunehmender Variablenzahl n selbst außerordentlich wächst und das Endfeld mithin erst nach langer Zeit erreicht werden kann[92]. Die sich aus der Stabilitätswahrscheinlichkeit und einer hohen Variablenzahl ergebende lange Stabilisierungszeit entspricht jedoch nicht annähernd der an tatsächlichen Denkprozessen zu beobachtenden Funktionsweise des Zentralnervensystems. ASHBY hat daher die Stabilisierungswahrscheinlichkeit seines Modellsystems in der Weise zu erhöhen versucht, daß er letzteres als *multistabiles Koordinationssystem von hierarchisch geordneten ultrastabilen Untersystemen* auffaßte.

Dieser Konzeption liegt die Annahme zugrunde, daß auf das Gesamtsystem wirkende Störungen immer nur eine von Fall zu Fall wechselnde *Unterklasse* aus der Gesamtheit aller Systemvariablen beeinflussen. Es würde mithin, um die Stabilisierung des Gesamtsystems zu erreichen, genügen, daß die aus solchen Unterklassen von Variablen gebildeten Untersysteme selbststabilisierend ihren Endfeldern entgegenstreben.

Für die fluktuierende Bildung der Untersysteme je nach den von der Störung beeinflußten Variablen — ASHBY spricht vom *Dispersionsverhalten* des Gesamtsystems — sorgt innerhalb der Hierarchie der dynamischen (Schalt-)Muster das übergeordnete System der nächsten Stufe, indem es die betreffenden Variablen zueinander in Beziehung setzt.

Desgleichen leistet dieses übergeordnete System die Koordination der Untersysteme gemäß den wechselnden Informationseingaben aus der Außenwelt.

Die koordinierenden Muster sind einerseits selbst der Koordination durch Muster der folgenden Stufe unterworfen, andererseits abhängig von Lern- und Anpassungsprozessen (mit Feedback-Charakter!); jede Störung führt zu einer Änderung der Systemparameter im Sinne möglichst rasch erreichter und dabei möglichst ökonomischer Stabilisierung des Gesamtsystems, d. h. also zu einer verbesserten Anpassung dieses Systems an die wechselnden Ereignisse und Anforderungen aus der Außenwelt des Organismus. Das multistabile Gesamtsystem besitzt, im Gegensatz etwa zur „klassischen" Maschine, deren Charakteristikum in der „linearen" Ursache-Wirkungs-Verkettung liegt, die auf der (durch Anpassungsprozesse bedingten) Umformung der Muster der verschiedenen Stufen beruhende Eigenschaft, daß es auf zwei gleiche, aber in zeitlichem Abstand einkommende Störungen in unterschiedlicher Weise zu reagieren vermag. Die Muster sind in der Tat „*dynamisch*"; sie können sich — stets im Einklang mit dem Ökonomieprinzip — ändern, ja, sie können völlig zerfallen und sich neu konfigurieren.

Auf weitere Funktionsprinzipien des zentralnervösen Geschehens soll im vorliegenden Zusammenhang nicht eingegangen werden. Insbesondere wird auf eine Erörterung der heute bestehenden neurophysiologischen „Gedächtnishypothesen" einschließlich der „Vakuolentheorie" S. T. Boks[93] verzichtet, da sich auf diesem Gebiet der Forschung einheitliche Auffassungen noch nicht herausgebildet zu haben scheinen.

II. Blockschaltbilder

Daß es auch in fernerer Zukunft kaum gelingen dürfte, ein „vollständiges Schaltbild" des Nervennetzes beim Menschen zu entwerfen, ist bereits oben (S. 52f.) betont worden. Jedoch können strukturfunktionale Geschehenskomplexe, deren Einzelprozesse sich der direkten Beobachtung entziehen, durch mehr oder weniger hypothetische gedankliche oder anschauliche Modelle approximiert werden[94].

Eine wichtige Art solcher Modelle bilden die sogenannten *Blockschaltbilder* bzw. *Organogramme*[95], mittels derer die Schaltvorgänge unter Abgrenzung gewisser, in ihren Substrukturen nicht (oder noch nicht) durchschaubarer Funktionskomplexe sowie der Informationsfluß zwischen diesen Funktionskomplexen dargestellt werden können[96]. Die schrittweise Verfeinerung von theoretischen Modellen der genannten Art ist die zweite der genannten Verfahrensweisen zur Untersuchung nervenphysiologischer Vorgänge und informationspsychologischer Sachverhalte.

Beispiele für Schaltbilder und Organogramme finden sich bei STEINBUCH (Schema zum Informationsfluß im Menschen[97]), FRANK (Organogramm für den Informationsfluß im Menschen[98]), KEIDEL (Blockschema zur Konvergenz-Divergenz-Schaltung [für Ohr und Auge][99]), HASSEN-

STEIN (Blockschaltbild des Zusammenwirkens zweier Sehelemente im Zentralnervensystem von Chlorophanus[100]) u. a.

Lassen beobachtbare Reiz-Reaktions-Zusammenhänge (bei einfachen Organismen) oder andere Beobachtungsbefunde eine *mathematische* Behandlung der informationsübertragenden und -verarbeitenden neurologischen Prozesse zu, so kann unter entsprechend günstigen Umständen das anschaulich-graphische Modell durch eine *mathematisch formulierte, exakte Voraussagen ermöglichende Theorie* ergänzt und präzisiert werden. Statt von einer mathematisch formulierten Theorie der in Frage stehenden Prozesse mag auch von einem *mathematischen Funktionsmodell* die Rede sein. Ein solches mathematisches Funktionsmodell haben beispielsweise REICHARDT und VARJÚ hinsichtlich der Bewegungswahrnehmung des Rüsselkäfers Chlorophanus entwickelt[101].

III. Technische Modelle

Oft läßt sich ein hinreichend mathematisch präzisiertes theoretisches Modell, also etwa ein in ein mathematisches Funktionsmodell abgebildetes Schaltbild, durch ein *technisches Funktionsmodell* realisieren. Technische Modelle zur Nachbildung neurophysiologischer Vorgänge, insbesondere sogenannte *Neuronenmodelle*, sind während der letzten Jahre in wachsender Zahl teils theoretisch entworfen, teils praktisch konstruiert worden.

Unbeschadet der unterschiedlichen Modellkonzeptionen und der zwischen ihnen und den Modellen selbst bestehenden Übergänge lassen sich die bereits entwickelten technischen Neuronenmodelle — mit F. JENIK[102] — nach zwei Arten unterscheiden, je nachdem nämlich, ob sie mehr die *inneren Eigenschaften* der darzustellenden Systeme in möglichst detaillierter und wirklichkeitsgetreuer Weise zu berücksichtigen suchen oder aber darauf zielen, die betreffenden Systeme bzw. Systemfunktionen in ihrem *Gesamtverhalten* wiederzugeben, also den „molaren" Zusammenhang zwischen den Eingangs- und Ausgangsgrößen eines komplexen Netzwerkes ohne Rücksicht auf die wirklichkeitsadäquate Darstellung der Detailmechanismen nachzubilden.

Ein wichtiges technisches Modell der ersten Art, das die Informationsverarbeitung der einzelnen Nervenzelle simuliert, ist z. B. — in Erweiterung eines grundlegenden, auf A. L. HODGKIN und A. F. HUXLEY zurückgehenden *mathematischen Axonmodells*[103] — von K. KÜPFMÜLLER und F. JENIK[104] entwickelt worden. Andererseits haben W. S. McCULLOCH und W. H. PITTS[105] schon frühzeitig ein erstes mathematisch-logisches Funktionsmodell für Schaltnetzwerke entworfen, von dem ausgehend *technische Modelle komplexer Neuronenschaltungen* realisiert werden können. Ein Neuronenmodell dieser zweiten Art haben z. B. B. G. FARLEY und W. A. CLARK mit Hilfe eines Digitalrechengerätes verwirklicht[106].

Die bisherigen Ausführungen dieses Abschnittes hatten Prozesse der sich im Nervensystem und besonders in dessen zentralen Bereichen abspielenden physiologischen Informationsverarbeitung zum Gegenstande. Der kybernetisch-neurophysiologische Aspekt bedarf jedoch der Ergänzung nach der *semantisch-informationstheoretischen* Seite, nämlich hinsichtlich der quantitativen Analyse der mit der Informationsübertragung und -verarbeitung im Zentralnervensystem verbundenen *stochastischen Zeichenabhängigkeiten.* Das Zentralnervensystem erscheint unter diesem Gesichtswinkel als Kommunikationssystem und der Denkprozeß als Kommunikationsprozeß, für dessen Untersuchung Begriffe, wie „*Alphabet*", „*Nachrichtenauswahl*", „*Codierung*", „*Redundanz*", „*Rauschen*" bzw. „*Dissipation*" usw., Bedeutung gewinnen.

Um vom Standpunkt der *Informationstheorie* aus Näheres über die sich im Zentralnervensystem vollziehenden Prozesse des operationalen Denkens aussagen zu können, sind die folgenden begriffsklärenden Vorbemerkungen notwendig:

1. Das *Informationsverarbeitungszentrum im engeren Sinne* ist im hier vorliegenden Falle mit dem *Gegenwärtigungsbereich* (Funktionsbereich der „Bewußtseinsprozesse") identisch, der vorwiegend als der Rindenbereich des Großhirns lokalisierbar ist.

2. *Informationsquellen für den Gegenwärtigungsbereich* sind

a) die (subjektive Komponente der) *Außenwelt* des Menschen (Abschnitt 2) als Gesamtheit der von den (peripheren und inneren) Rezeptorensystemen empfangenen und perzeptuell transformierten, in bezug auf den Gegenwärtigungsbereich afferenten Information.

b) Das „*Gedächtnis*" als (funktionell zu verstehender) Bereich des gespeicherten Wissens, aufteilbar in ein *Kurz-* und *Langgedächtnis.*

c) Das *Steuerungssystem der Motive*, dessen zentraler Ort, zumindest hinsichtlich der primären Triebe (und Affekte) vorwiegend im Zwischenhirn zu suchen ist.

3. Zu dem bezüglich des Gegenwärtigungsbereiches *afferenten Informationsübertragungssystem* gehören:

a₁) Die den einzelnen Sinnesmodalitäten zugeordneten „*exterozeptiven Übertragungskanäle*, die als konvergent-divergent-geschaltete „spezifische Bahnen" von den peripheren Rezeptorensystemen zu den Projektionsrindenarealen führen und über die „unspezifische Bahn" zwecks Wahrnehmungsoptimalisierung gesteuert werden.

a₂) Die „*propriozeptiven Übertragungskanäle*, die, mit den exterozeptiven Kanälen eng vermascht, im Reafferenz-Feedback mit den zentralen Informationsverarbeitungsstellen in Verbindung stehen. Dabei wird (nach dem Ökonomieprinzip) der Gegenwärtigungsbereich als oberster Zentralbereich innerhalb der Hierarchie der zentralnervösen Verarbeitungszentren (Abb. 6) von der aufsteigenden Reafferenz nur insoweit „angesprochen", als nicht bereits ein niederes Zentrum die Verrechnung der reafferenten Information mit der Efferenzkopie zu leisten vermag.

a₃) Die „*enterozeptiven Übertragungskanäle*", die von den „inneren" Rezeptorensystemen über die Formatio reticularis zum Großhirn und gegebenenfalls in den Gegenwärtigungsbereich (Cortex) führen.

b) Der „*memoriale Übertragungskanal*", über welchen das gespeicherte Wissen mit dem Gegenwärtigungsbereich in Verbindung steht.

c) Der „*motiozeptive Übertragungskanal*", der vom motivationalen Steuerungszentrum des Zentralnervensystems zum Großhirn „aufsteigt" und die Rahmenprogramme für die operationalen (Denk-) Funktionen dem Gegenwärtigungsbereich zuleitet.

Wie das „Gedächtnis" und das motivationale Zentrum selbst, so sind auch der memoriale und der motiozeptive Übertragungskanal nicht als anatomische, sondern als *funktionelle Systemeinheiten* aufzufassen.

4. Mit dem bezüglich des Gegenwärtigungsbereiches *afferenten* Informationsübertragungssystem steht das *efferente* — oder motorische — *Informationsübertragungssystem* in einem kreisrelationalen Zusammenhang, der von den Rahmen- oder Superprogrammen des motivationalen Zentrums gesteuert wird. Die afferenten und efferenten Informationsleitungen verlaufen über die aus Abb. 4 (S. 14) ersichtlichen *inneren* Regelkreise des Systems „Mensch—Außenwelt", welche das operative Zentrum mit den Funktionseinheiten der Außenweltperzeption, der Motivation und der Aktion zu einem dynamischen Rückkopplungssystem verbinden.

Auf der Grundlage dieser — zweifellos noch sehr groben und das nervöse Informationsleitungs- und Informationsverarbeitungssystem beim Menschen stark vereinfachenden — Vorstellungen dürfte es möglich sein, die sich im Gegenwärtigungsbereich abspielenden Prozesse des *operationalen Denkens* in ihren motivgesteuert-regelnden Funktionen näherungsweise *informationstheoretisch* zu charakterisieren. Hierzu sei zunächst erinnert an den in Abschnitt 7 dargelegten Aufbau des Empfindungsraumes nach Valenzklassen (bzw. Valenzen), Valenzattributen und Valenzkomplexen. Aus der empfangenen „materiellen Information" entstand mittels der durch den Perzipienten geleisteten „semantischen Belegungen" die „semantische Information", die selbst als aus „Belegungselementen" zusammengesetzt betrachtet wurde. Diese Codierung erforderte in jedem Falle vorgegebene, im Besitz des Perzipienten befindliche Zeicheninventare („Alphabete").

Weiterhin war festgestellt worden, daß die zwischen materieller und semantischer Information bestehenden Beziehungen gewissen Korrespondenzregeln genügen, unter denen die Regeln der sogenannten Aggregatkorrespondenz bereits zu den allgemeinen Konstruktionsregeln für im engeren Sinne *sprachliche* semantische Belegungen überleiteten, zu Regeln also, wie sie der tatsächlichen Verwendung gesprochener oder geschriebener Sprachen zugrunde liegen und vorzugsweise mit den Methoden der modernen Sprachstatistik erschlossen werden können.

Über dem (experimentell abgrenzbaren) absoluten Empfindungsraum baut der Perzipient seinen aus gegliederten Empfindungskomplexen zusammengesetzten *Wahrnehmungsraum* auf. Die je spezifische Zentrierung und Strukturierung des Wahrnehmungsraumes war als abhängig erkannt worden einerseits von den diskreten, endlich vielen kognitiven Mustern des operativen Zentrums[107], andererseits von der Motivation des Menschen; beide Faktorenkomplexe sind dabei durch Rückkopplungs-relationen mit der Außenweltinformation verknüpft (vgl. Abschnitte 7 und 8). Die gemäß diesem Wechselwirkungsgeschehen „gegenwärtigten" Teilstrukturen der Außenwelt stellen sich dem Menschen in modellhaft-typisierter Gestalt dar, nämlich jeweils als die aus Partialmodellen der Außenweltperzeption gebildeten *internen Modelle der Außenwelt*, mit und an denen die eigentlichen Denkoperationen ausgeführt werden.

Zum Zwecke der *semantischen Belegung* jener vom Perzipienten aus der Gesamtheit der empfangenen Außenweltsignale selektierten materiellen Information stehen ihm spezielle Bezeichnungssysteme zur Verfügung: die den einzelnen Sinnesmodalitäten mit je bestimmten Inventaren von Belegungselementen zugeordneten „*spezifischen Sprachen*". Die Codierung der materiellen Information erfolgt gemäß den zugrunde liegenden *spezifischen Empfindungsräumen* primär jeweils in einer solchen spezifischen Sprache. Bereits auf dieser Primärstufe der „Bezeichnung", also der einleitenden Phase des Überganges von der materiellen zur semantischen Information, muß der Perzipient *Übersetzungen zwischen den verschiedenen spezifischen Sprachen* — vor allem zwischen der visuellen und der auditiven — herstellen, um die aus Empfindungen der unterschiedlichen Sinnesmodalitäten aufgebauten *spezifischen Reizmuster* über dem „*absoluten*" Wahrnehmungsraum einheitlich semantisch belegen zu können. Diese Übersetzungen sind schon wegen der im allgemeinen voneinander abweichenden Umfänge der (spezifischen) Inventare von Belegungs-elementen fast stets mit einem Informationsverlust bereits in der primären perzeptiven Phase verbunden, der durch Redundanzerhöhung nur zum Teil kompensiert werden kann. In welch hohem Maß es dennoch dem Menschen tatsächlich gelingt, die den einzelnen Sinnesmodalitäten ent-sprechenden semantisch selektierten „Informationsströme" durch ständige Übersetzungen von einer spezifischen Sprache in eine andere zu koordi-nieren, läßt die Tatsache erkennen, daß er (wofür ja kein logischer Zwang besteht) die Außenwelt *als eine und dieselbe* erlebt und als eine „Wirklich-keit", deren „Dinge" innerhalb langer Zeitspannen ihre Identität zu bewahren (oder höchstens stetigen Veränderungen zu unterliegen) scheinen.

Da die *visuelle* Information beim normalen Menschen quantitativ weit überwiegt[108], dürfte auch die für die semantische Belegung *optischer* Strukturelemente bzw. Teilstrukturen der Außenwelt zur Verfügung stehende *visuelle Sprache* durchschnittlich viel häufiger zur Bezeichnung materieller Information herangezogen werden als andere spezifische Sprachen. Leider befindet sich die informationstheoretische Unter-suchung der visuellen Sprache(n), verglichen mit der schon weit voran-getriebenen Analyse auditiver Bezeichnungssysteme, noch in ersten Anfängen. Dies hat zweifellos seinen Grund in der vergleichsweise einfacheren, statistisch leichter erfaßbaren Struktur der bestehenden auditiven, insbesondere der lautsprachlichen Bezeichnungssysteme sowohl hinsichtlich der syntaktischen Konstruktionsregeln als auch der im engeren Sinne semantischen Beziehungen.

Die visuelle Sprache eines Menschen besteht ja in der natürlichen Situation nicht in erster Linie aus explizit gegebenen *Zeichen (bzw. Zeichenaggregaten) für* Signale, Signalkonstellationen und Signalfolgen, also aus diskursiver semantischer Vorinformation, sondern überwiegend aus gespeicherten *bildhaften* Struktur*invarianten*, die der Mensch als Klasseneigenschaften bedeutungsgleicher optischer Reizmuster erlebt. Der Aufbau dieser *„inneren Bilder"* — psychischer Repräsentationen von „Dingen" und „Ereignissen" — hängt eng zusammen mit der Bildung der gegeneinander mehr oder weniger scharf abgrenzbaren *„Begriffe"*, die schon auf relativ niedriger Abstraktionsstufe aus Denkprozessen entstehen. Begriffe als „innere Vorstellungsinhalte" gehen bekanntlich aus dem *Vergleich von Ähnlichkeitsbeziehungen* hervor, einer letztlich auf dem Diskriminationsvermögen des Menschen beruhenden Fähigkeit, die seiner offenbar angeborenen Neigung zur zweckbestimmten Katalogisierung, zur intentional sinnvollen Einteilung und Gruppierung von Außenweltgegebenheiten entspringt. Was insbesondere gemeinhin als die von „Individualbegriffen" ausgehende begriffliche Abstraktion der „höheren Stufen" bezeichnet wird, kann in diesem Sinne als das fortschreitende Unberücksichtigtlassen von Ähnlichkeitsbeziehungen angesehen werden[109].

Für die folgenden informationstheoretischen Überlegungen soll nun vereinfachend angenommen werden, daß *alle* von einem Perzipienten aus dem Informationsangebot der Außenwelt aufgebauten Teilstrukturen (Partialmodellkombinationen, vgl. Abschnitt 7) ebenso wie die *sämtlichen* durch Abruf aus den Speicherzentren „ins Bewußtsein gehobenen Vorstellungsinhalte" durch *explizite Zeichen semantisch belegt sind.* Eine über das afferente Informationsübertragungssystem *in den Gegenwärtigungsbereich* (Block 3 von Abb. 4) eingehende Nachricht kann dann in jedem Falle als zeitabhängige Folge von Zeichen, Zeichenverknüpfungen oder Superzeichen betrachtet werden.

In den von der Informationstheorie untersuchten Fällen beruht die Informationsübertragung auf *sende- und empfangsseitigen Auswahlvorgängen.*

Liegt den über einen bestimmten Übertragungskanal in den Gegenwärtigungsbereich eingehenden Nachrichten sendeseitig ein Zeicheninventar von m Symbolen (Nachrichtenelementen) zugrunde, so ist zunächst unter der Voraussetzung, daß *nicht* durch Zeichenabhängigkeiten gewisse Symbolkombinationen ausgeschlossen werden, die Anzahl der überhaupt möglichen Nachrichten der Länge U gleich m^U, so daß in diesem Falle die Nachrichtenzahl exponentiell mit der Nachrichtenlänge zunimmt. Im allgemeinen bestehen jedoch zwischen den Zeichen einer Nachricht *Wahrscheinlichkeitsbindungen*, die die Zahl der auf Grund des vorgegebenen Zeicheninventars überhaupt möglichen Nachrichten stark einschränken. Diese Wahrscheinlichkeitsbindungen sind quantifizierbar als die *relativen Häufigkeiten für das Auftreten der verschiedenen Zeichen, Zeichenpaare usw. des Alphabets innerhalb der betreffenden Nachricht bzw. Nachrichtenfolge.*

Erreichen wiederholt Nachrichten bzw. Nachrichtenfolgen mit bestimmten Häufigkeitsverteilungen des Zeichenvorkommens den Gegenwärtigungsbereich, so können die zwischen den Zeichen der Nachricht bzw. Nachrichtenfolge bestehenden *Abhängigkeiten* von dem *informationsverarbeitenden* Untersystem des Gegenwärtigungsbereichs *geschätzt* werden. Was die aus der *Außenwelt* kommende, semantisch belegte Information betrifft, so werden jene Schätzungen um so besser sein, d. h. eine um so bessere Übereinstimmung der empfangenen mit den gesendeten Zeichenwahrscheinlichkeiten ergeben,

1. je zuverlässiger die den einzelnen Sinnesmodalitäten zugeordneten „*Übertragungskanäle*" im Zusammenwirken mit dem „unspezifischen Kanal" (S. 54f.) bezüglich der wesentlich motivgesteuerten Wahrnehmungsoptimalisierung arbeiten und

2. (bei gleichzeitigem Empfang von Nachrichten *mehrerer* „sensibler Übertragungskanäle"): je besser der Übersetzungsmechanismus innerhalb des Systems der zugehörigen *spezifischen* Sprachen funktioniert.

Bei den Übersetzungen kommt es auf *optimale „semantische Kohärenz"* bei kleinstmöglichem Informationsverlust im Sinne des in Abschnitt 7 Ausgeführten an.

Die Zuverlässigkeit des gesamten *Übertragungssystems* ist natürlich vor allem abhängig von dem *Informationsverlust*, der durch den *Übertragungsvorgang* verursacht wird, sowie von derjenigen „Information", die das Übertragungssystem selbst erzeugt und die sich als „*störungsbedingte Information*" der in das Übertragungssystem eingehenden Quelleninformation superponiert. Der *übertragungs*bedingte Informationsverlust läßt sich durch redundanzerhöhende Maßnahmen, wie sie schon bei der Beschreibung des Perzeptionsgeschehens erwähnt wurden, zum Teil ausgleichen. Auf die bereits weit entwickelte mathematische Theorie der Redundanzerscheinungen und ihre Übertragung auf informationspsychologische Sachverhalte soll jedoch im vorliegenden Rahmen nicht näher eingegangen werden.

Die störungsbedingte Information, also diejenige, die empfangen wird, ohne gesendet worden zu sein, kann ihre Ursache in *systematischen Fehlern* des Übertragungssystems haben — etwa in einem fehlerhaften Arbeiten gewisser Transformationsmechanismen (z. B. einer stark überkompensierenden inhibitorischen Transformation) —, sie kann aber auch auf *zufälligen, aleatorischen Fehlern („Rauschen")* beruhen. Gemäß den in Abschnitt 1 getroffenen Voraussetzungen sollen die systematischen Fehler hier unberücksichtigt bleiben; ihre Elimination ist zum wesentlichen Teil identisch mit der Beseitigung gewisser pathologischer Funktionen des Nervensystems.

Dagegen kann die im zweiten Falle zu leistende *Entstörung* der nach erfolgter Außenweltperzeption in das operative Informationsverarbeitungszentrum eingehenden exterozeptiven, propriozeptiven und enterozeptiven Informationen als eine wesentliche *Vorleistung* — wenn nicht Grundfunktion — des operationalen Denkens angesehen werden; dies mag in gewissem Umfange auch für die übrigen Eingangsnachrichten des

Gegenwärtigungsbereichs gelten. Denn die *primäre* Aufgabe des als Regler im System „Mensch—Außenwelt" (Abschnitt 5) fungierenden Informationsverarbeitungszentrums ist ja die möglichst *korrekte Identifikation der eingehenden Meldungen.* Sie muß der eigentlichen Nachrichtenverarbeitung vorangehen.

Für die Beantwortung der Frage nach der *Funktionsweise des Entstörungsmechanismus* bietet sich erneut der mathematische Apparat der Informationstheorie an. Ist die Anwendung der Theorie technischer Entstörungs- (sogenannter „Filterungs"-) Anlagen auf die entsprechenden natürlichen Prozesse erlaubt, so scheint die vom Zentralnervensystem geleistete *Trennung von Information und Rauschen* vorzugsweise durch *Korrelationsanalysen* zu erfolgen, derart, daß die eingehenden Nachrichten bzw. Nachrichtenfolgen gemäß den in ihnen auftretenden Zeichenabhängigkeiten (Wahrscheinlichkeitsbindungen) statistisch mit denjenigen Nachrichten kovariiert, auf Kohärenzen hin analysiert werden, die das nach Bits quantifizierbare Speichersystem des operativen Zentrums als schon vorhandenes *Wissen von Zeichenwahrscheinlichkeiten* beinhaltet. Die Korrelationen dürften teils als *Autokorrelationen,* teils als sogenannte *Kurzzeit-Kreuzkorrelationen* aufzufassen sein[110], und zwar überwiegend als solche *nichtlinearen* Typs, wie entsprechend auch die Superposition von Signal und Rauschen, von Signal und signaltransformierenden störenden Einflüssen, im allgemeinen nicht linear ist[111].

Die Entstörung der in das operative Informationsverarbeitungszentrum eingehenden Nachrichten ist auf das engste verkoppelt mit der für das operationale Denken charakteristischen *Voraussagefunktion.* Die in Frage stehenden Voraussagen betreffen wiederum Zeichenwahrscheinlichkeiten, also zwischen den Belegungselementen bestehende Abhängigkeitsbeziehungen, nur daß es sich jetzt um *künftige,* noch nicht vom Gegenwärtigungsbereich empfangene Nachrichten handelt.

Zwei Hauptarten von außenweltbezogenen Voraussagen sind dabei zu unterscheiden. Sie beziehen sich auf Nachrichten, die

1. aus der vom Menschen unbeeinflußten, lediglich *passiv perzipierten* Außenwelt erwartet werden,

2. der vom Menschen — *eigenaktiv* — *veränderten* Außenwelt entstammen.

Es soll zunächst von den Voraussagen der ersten Art die Rede sein. Die aus vorangegangener Analyse bereits empfangener Nachrichten ermittelten Zeichenwahrscheinlichkeiten (relativen Häufigkeiten für das Vorkommen der einzelnen Zeichen bzw. Zeichenkombinationen innerhalb der Nachricht) bestimmen nach S. GOLDMAN[112] einen gewissen *maximalen Spielraum der zwischen den Zeichen bestehenden Abhängigkeitsbeziehungen* (intersymbol influence), außerhalb dessen Zeichenbeeinflussungen nicht mehr konstatierbar sind bzw. vernachlässigt werden können. Die Voraussagen von Zeichenabhängigkeiten künftiger Nachrichten bewegen sich immer *nur innerhalb dieses Spielraumes, der sogenannten Reichweite der Zeichenabhängigkeiten,* und zwar ist, abgesehen von dem Grad der Nachrichtenentstörung, die Voraussage im allgemeinen um so unsicherer, je größer die Differenz zwischen dem Zeitpunkt der Prognose und demjenigen künftigen Zeitpunkt ist, für den das Eintreffen der prognostizierten Nachricht vorausgesagt wird.

Mit zunehmender Wahrscheinlichkeit für Zeichenabhängigkeiten künftiger Nachrichten vermindert sich die subjektive, d. h. hier dem Gegenwärtigungsbereich zugeführte Information der Nachricht bis hin zu dem Grenzfall periodisch-invarianter Zeichenrelationen, bei dem die *Voraussagewahrscheinlichkeit* der Zeichenabhängigkeiten gleich 1 und mithin der Informationsgehalt der vorausgesagten und empfangenen Nachricht gleich 0 ist[113]. In allen anderen Fällen mit Voraussagewahrscheinlichkeiten < 1 vermag das operative Zentrum die zwischen den Zeichen bestehenden Wahrscheinlichkeitsbindungen immer nur — innerhalb der oben genannten maximalen Reichweite der Zeichenabhängigkeiten — *durch Mittelungsprozesse statistisch zu schätzen,* so daß den Voraussagen künftiger Nachrichten durch das Informationsverarbeitungszentrum eine dementsprechende Unsicherheit anhaftet. *Wiederholt* gesendete und empfangene Nachrichten gleicher oder sehr ähnlicher Zeichenwahrscheinlichkeitsbindungen gestatten dann die Prüfung und Korrektur der Voraussagen. Gleichzeitig erfolgt eine Vermehrung des bereits gespeicherten Wissens, das im vorliegenden Falle ein Wissen von Zeichenwahrscheinlichkeiten ist.

Die Frage nach der formalen Natur der informationsverarbeitenden Prozesse, die zu Voraussagen der ersten Art führen, läßt sich unter dem Gesichtswinkel der mathematisch-informationstheoretischen Analyse ähnlich wie im Falle des Entstörungsmechanismus beantworten. Auto- und Kreuzkorrelationen dürften auch der prognostizierenden Tätigkeit des Nachrichtenverarbeitungszentrums zugrunde liegen. Allerdings handelt es sich jetzt um *Korrelationen von bereits in gewissem Umfange* entstörten *Nachrichten mit dem gespeicherten Wissen* entsprechend dem in Abb. 4 schematisch dargestellten Informationsfluß über die Blöcke 6 und 4.

Gegenüber den Voraussagen der ersten Art kommt denen der *zweiten Art* natürlich eine für die menschliche Daseinsbewältigung wesentlich größere Bedeutung zu. *Operationales Denken beruht geradezu auf solchen Voraussagen, mit denen das Informationsverarbeitungszentrum die Wirkungen von zielgerichteten Eigenaktionen des menschlichen Organismus auf seine Außenwelt vorwegnimmt.*

Eine Theorie der Voraussagen zweiter Art muß dabei wesentlich eine *Theorie der zielgerichteten Manipulation von internen Modellen der Außenwelt* sein. Um eine solche Theorie exakt — und das bedeutet hier stets: unter stark die Wirklichkeit vereinfachenden Voraussetzungen — aufbauen zu können, bedarf es einer Reihe schwieriger Vorleistungen, zu denen die hier vorgelegte Untersuchung einen ersten Beitrag liefern soll. Zu diesen Vorleistungen gehören eine Theorie der Perzeption mit einem scharf abgrenzbaren Außenweltbegriff, eine ebenfalls mathematische Theorie der Motivation und eine quantitative Theorie der zentralnervösen Nachrichtenentstörung sowie der Voraussageprozesse erster Art, wobei die Koordination der verschiedenen theoretischen Entwürfe (bzw. der ihnen zugeordneten technischen Modelle) noch ein besonderes, übergeordnetes Problem darstellt.

Im Sinne einer derart aufgebauten Theorie der Voraussagen zweiter Art liegt jedenfalls die entscheidende Leistung des operativen Zentrums darin, *bei gegebener afferenter Eingangsinformation das auf Grund des motivationalen Programms jeweils bestmögliche, d. h. den Motivdruck maximal reduzierende Außenweltmodell zu entwerfen* u n d *das zur Realisierung dieses Modells notwendige motorische Programm zu antizipieren.* Zur Gewinnung der Handlungsantizipationen steht dem Menschen dabei ein im allgemeinen gut abgrenzbares (natürlich durch Lernen erweiterungs- und verbesserungsfähiges) *Repertoire von Elementaraktionen* zur Verfügung, aus denen er die motorischen Programme kombinatorisch zusammensetzt. Die Funktion des Gegenwärtigungszentrums besteht also nicht nur in dem Entwurf des im Sinne der Motivation jeweils schlechthin optimalen Außenweltmodells; sie schließt vielmehr immer auch die *Prüfung der Realisierbarkeit dieses Außenweltmodells* nach Maßgabe der zur Verfügung stehenden effektiven Mittel der Zielerreichung ein.

Sowohl hinsichtlich des Entwurfs optimaler Außenweltmodelle als auch im Blick auf die Verwirklichung derselben im Handeln wird es oft notwendig sein, *Voraussagen in Alternativfällen* zu treffen. Das Blockschema von Abb. 4 deutet diese Alternativfälle durch die Verlaufsrichtungen der Nachrichtenverarbeitung über die Blöcke 6a und 6b zu den Blöcken 7a und 7b an. Zumeist wird es sich um mehr als zwei Möglichkeiten von Voraussagen zu erwartender Nachrichten aus der vom Menschen im Sinne bestmöglicher Problemlösung veränderten Außenwelt handeln. Ja, im methodischen Denken wird nicht selten eine Mannigfaltigkeit von Voraussagen zweiter Art systematisch „permutiert“ — ein „Möglichkeitsraum realisierbarer äquifinaler (VON BERTALANFFY) Außenweltmodelle“ systematisch ausgeschöpft —, bevor der Mensch durch eine Entscheidungsleistung, die wegen des ihr zugrunde liegenden Optimalisierungsprinzips als „*rationale Selektion*“ bezeichnet werden kann, das gemäß seiner Zielsetzung *bestmögliche Außenweltmodell* ausgewählt sowie das *optimale Programm der Realisation* desselben als *d i e Handlungsantizipation* (s. Block 8 von Abb. 4) entworfen hat, der nun die *Aktion* (Block 9 von Abb. 4) folgt.

Die Optimalisierungsfunktion des operativen Zentrums wird oft dadurch erschwert, daß mehrere Voraussagen zweiter Art „*gleichwertig*“ nebeneinander stehen und es mithin einer nicht rational begründbaren, also gefühlsmäßig-intuitiven oder einer sogenannten „blinden“ Entscheidung bedarf, um aus der momentanen Konfliktsituation zu einer definitiven Handlungsantizipation zu gelangen. Sind die mehreren Voraussagen zweiter Art zugeordneten Aktionsprogramme auf Grund rationaler Überprüfung als tatsächlich einander äquivalent erkannt — „äquivalent“ im Sinne bestmöglicher Motivbefriedigung, insbesondere optimaler Aufgabenlösung —, so genügt es natürlich, ein beliebiges dieser Aktionsprogramme als Handlungsantizipation der Aktion zugrundezulegen. Es dürfte jedoch im Bezirk alltäglicher menschlicher Daseinsbewältigung zumeist schwierig, wenn nicht unmöglich sein, diese „operative Äquivalenz" exakt zu erweisen. In der Mehrzahl der in Frage stehenden Fälle und vorzugsweise dann, wenn die Dringlichkeit der Handlung eine rasche Entscheidung erzwingt, bleibt nur der Weg oft vager Schätzungen.

Die planmäßige Optimalisierungs- und Entscheidungsleistung des operativen Zentrums hängt wesentlich ab von dem *Sicherheits-* oder besser: *Wahrscheinlichkeitsgrad der Voraussagen* bereits der *ersten Art*. So setzt auch jede brauchbare *Strategie*, d. h. jede Folge von Entscheidungsbestimmungen, die vorschreibt, was in vorgegebenen Außenweltsituationen zu tun ist, um die gemäß den jeweiligen Zielsetzungen vorentworfenen Außenweltmodelle zu realisieren, entsprechende Kenntnisse derjenigen zu erwartenden Änderungen der Außenweltzustände voraus, die sich bereits *ohne* eigenes Einwirken auf die Außenwelt vollziehen.

Bezüglich des *Wahrscheinlichkeitsgrades der Voraussagen erster Art* sind *zwei Grenzfälle* zu unterscheiden: derjenige der *vollkommenen Voraussagesicherheit* und derjenige der *vollkommenen Voraussageunsicherheit*.

Vollkommene Voraussagesicherheit hat *vollständige* Versorgung des operativen Zentrums mit der problemrelevanten (semantisch belegten) Außenweltinformation zur notwendigen Voraussetzung. Im bestmöglichen aller Fälle enthält der Bereich des gespeicherten Wissens, nötigenfalls erweitert durch externe („außerhumane") Dokumentationsspeicher[114], ein den problemrelevanten Teil der Außenwelt in seinen möglichen Änderungen vollständig und exakt beschreibendes *mathematisch-funktionales Voraussagemodell* mit einer hinreichend großen, jedoch endlichen Zahl von Variablen, die innerhalb der Zeitspanne t_0 (Gegenwart) bis t_1 (zukünftiger Zeitpunkt) in ihren wechselseitigen Zusammenhängen vollständig übersehbar sind[115].

Vollkommene Voraussageunsicherheit andererseits wird immer dann vorliegen, wenn der Gegenwärtigungsbereich *keinerlei* problemrelevante Außenweltinformation empfangen hat oder aber der (subjektive) Informationsbetrag der Gesamtheit der Eingangsnachrichten des Gegenwärtigungsbereichs so gering ist, daß auch unter Heranziehung des gespeicherten Wissens Schlüsse auf künftige Außenweltnachrichten unmöglich sind. Entsprechendes gilt für den Empfang *negativer Information* (etwa bei bewußt falschen Angaben eines menschlichen Kommunikationspartners).

Zwischen den beiden genannten Grenzfällen der vollständigen Voraussagesicherheit und der vollständigen Voraussageunsicherheit gibt es alle Grade der Wahrscheinlichkeit für das Eintreffen einer Voraussage erster Art. Eine quantitative Theorie der Voraussage- (oder Hypothesen-) Wahrscheinlichkeit ist jedoch, wenn man sich nicht auf relativ sehr einfache, eng abgegrenzte Gegenstands- und Ereignisbereiche beschränken, sondern die Voraussagefunktion des Gegenwärtigungsbereichs mit einiger Allgemeinheit untersuchen will, ein schwieriges Unterfangen, wobei das Hauptproblem wohl mehr in der (mathematischen) *Formulierung* als in der Lösung der zu bearbeitenden Probleme liegt[116]. Die an SHANNON orientierte Informationstheorie analysiert für Vorhersagezwecke lediglich die *(syntaktischen) Zeichenabhängigkeiten von Nachrichten*, soweit diese sich, wenigstens näherungsweise, durch *mathematische Funktionen* darstellen lassen. Immerhin liefert sie, wie bereits oben angedeutet, eine Anzahl von Sätzen, die auch für die Voraussagefunktionen des operationalen Denkens von Bedeutung sein können.

Im allgemeinen Fall wird natürlich die Voraussagewahrscheinlichkeit von einem mehr oder weniger komplexen Gefüge von Umständen, Bedingungen und Faktoren abhängen, vor allem von der Natur und dem Schwierigkeitsgrad des zu lösenden Problems, von dem Vollständigkeitsgrad der problemrelevanten Eingangsinformation und von der perzeptiv-operativen Leistungsfähigkeit des Menschen, insbesondere von seinem Wissen und seiner Intelligenz[117] (einschließlich der ihm zur Verfügung stehenden Dokumentationsspeicher und der von ASHBY als „Intelligenz-verstärker" bezeichneten technischen Informationsverarbeitungsanlagen). In der alltäglichen Daseinsbewältigung vermag der Mensch außerhalb seines gewohnheitsmäßigen, nach festen oder nur wenig beweglichen Aktionsmustern ablaufenden Verhaltens nur in einer Minderzahl von Fällen den problemrelevanten Teil des sich in heterogenen, oft überschneidenden Lebensbereichen abspielenden Geschehens exakt zu isolieren und durch funktionale Modelle mit übersehbarer Variablenstruktur abzubilden, aus denen sich Voraussagen erster Art ableiten lassen. In allen komplizierten Situationen wird er daher auch hinsichtlich seiner Voraussagen *zweiter Art* nicht alle Alternativfälle von Aktionsprogrammen überblicken und in eine eindeutige Präferenzordnung bringen können. Die Gewinnung der unter den jeweils gegebenen Umständen und Bedingungen *optimalen* Handlungsantizipation durch ausschließlich oder überwiegend rationale Denkoperationen bleibt mithin für weite Operationsbereiche des menschlichen Denkens eine ideale Forderung.

Aus dem zuletzt Gesagten erhellt, daß für das operationale Denken innerhalb des heute noch weiten Raumes der vorwissenschaftlichen, in nur geringem Umfange rational methodisierten Daseinsbewältigung die *kybernetisch-adaptive Funktion des Wirkungskreises „Mensch—Außenwelt"* und damit vor allem die unmittelbare *Kontrollfunktion des Denkens* von entscheidender Bedeutung ist. Wie schon früher hervorgehoben, bieten die aus der eigenaktiv veränderten Außenwelt tatsächlich empfangenen Nachrichten dem Menschen die Möglichkeit der *Handlungskontrolle und damit der Bewertung und gegebenenfalls der Korrektur der vorangegangenen Handlungsantizipation.* Diese Korrektur wird dabei außer von den als Wissen gespeicherten Nachrichten, zu denen sowohl logische Verknüpfungsschemata als vor allem auch die Kenntnis allgemeiner Eigenschaften der wirklichen Welt gehören, immer auch wesentlich von der für den einzelnen Menschen charakteristischen Dynamik seiner Motivation abhängig sein. Denn die relative Invarianz etwa der zumeist klar übersehbaren *ökonomischen* Motive gilt ja nicht für die menschliche Daseinsbewältigung überhaupt.

Es sei noch bemerkt, daß die *Handlungskontrolle unter Umständen in Gänze aufgehoben* sein kann, dann nämlich, wenn infolge affektiv übersteigerten Motivdruckes das operationale Denken ganz oder weitgehend ausgeschaltet wird und es, wie besonders in der späteren „genitalen Phase" (FREUD) des Menschen, zu alarmähnlichen, oft aggressiven „Kurzschlußhandlungen" kommt (vgl. in Abb. 4 die Direktverbindung zwischen den Blöcken 2 und 9). In diesen Fällen des „*motivationalen Überlastungsausgleiches*" bei extremer Instabilität der regelnden Sollwert- oder Führungsgrößen bis hin zur Grenze des spontanen Ich-Verlustes (der in pathologischen Fällen sogar periodisch entarten kann)[118] ist der Mensch außerstande, zur rationalen Selektion der Alternativvoraussagen zum Zwecke zielgerichteter Handlungsantizipationen zu gelangen. Die Aktion erfolgt dann als ebenso planlose wie unkontrollierte Aktivität „*direkt aus der Motivdynamik heraus*", und diese Aktivität selbst — nicht (oder nur zum geringen Teil) die Perzeption und Verarbeitung der aus der veränderten Außenwelt stammenden Information — führt in Richtung auf eine „Entladung" der Motivspannung zur Veränderung des Erg-Engramm-Profils (Abschnitt 8), so daß sich das Regelungsgeschehen während dieser Phase gänzlich (oder weit überwiegend) innerhalb eines vollständig im Menschen verlaufenden, von äußeren Störgrößen unabhängigen Regelkreises 2. Ordnung abspielt.

In dem vorliegenden Modellgrundriß ist von dem als gespeichertes Wissen im Besitz des Menschen befindlichen Bestand an semantischer Information eine *besondere Klasse von inneren („memorialen") Nachrichten* unterschieden, die *nicht* der unmittelbaren Verarbeitung von Außenweltdaten dienen. Zu diesen Nachrichten, deren Gesamtheit in Anlehnung an S. GOLDMAN[119] als die *in realitätsentfremdeten, verinnerlichten Prozessen aufgebauten* „*imaginären Welten*" bezeichnet werden soll, gehören zum einen gefühlsbestimmte Assoziationen von Wahrnehmungsinhalten in der Nähe des autistischen (E. BLEULER) und emotionalen (H. MAIER) Denkens sowie oft von Trugwahrnehmungen durchsetzte Phantasievorstellungen und sogenannte Tagträume. Nichtoperationale Denkprozesse der genannten Art können informationstheoretisch als „*Rauschen*" innerhalb des operativen Zentrums interpretiert werden, „Rauschen" weniger im Sinne völlig aleatorischer Zufallsprozesse, als vielmehr in demjenigen fluktuierender Kontextbildungen von Wahrnehmungs- und Erinnerungsfragmenten. Die mit diesen Kontextbildungen korrespondierenden dynamischen Schaltmuster des Zentralnervensystems sind ihrerseits von im allgemeinen zielunspezifischen und unkontrollierten, den „unteren" Schichten der Persönlichkeit entstammenden Motiven abhängig.

Werden diese Motive jedoch einer zielorientierten Kontrollinstanz untergeordnet, so kann jenes „Rauschen" als „*schöpferische Intuition*" produktiv in den Dienst des operationalen Denkens gestellt werden. So besteht ja auch umgekehrt die für kreative Leistungen des Informationsverarbeitungszentrums wichtige, „absichtlich" herbeigeführte *temporäre Regression* (nach E. KRIS) eben darin, daß die Motivsteuerung der operationalen Denkprozesse bis auf denjenigen allgemeinen Rahmen abgebaut — „gelockert" — wird, der als Minimalprogrammierung der Denkoperationen erforderlich scheint. Unter einer solchen wenigstens *generell zielorientierten Kontrolle* kann der Mensch innerhalb seiner „imaginären Welten" Nachrichtenbestände aufbauen, die *teils wechselnde Entwürfe möglicher künftiger realer Welten darstellen, teils formale Instrumentarien zur Ordnung und systematischen Verfügbarmachung methodisch erarbeiteten allgemeinen Wissens von der einen wirklichen Welt bereithalten.*

Die letztgenannte Leistung ist von besonderer Wichtigkeit für die *erfahrungswissenschaftliche Sonderform des operationalen Denkens*, von der im dritten Kapitel die Rede sein wird. Denn die durch Abstraktionsprozesse aus den als erfahrungsbezogenes Wissen gespeicherten Informationen oder aber auch durch formales Operieren im „Raum des widerspruchsfrei Denkmöglichen" gewonnenen „*metatheoretischen*" *Nachrichtenbestände der* „*imaginären Welten*" (vor allem solche der Logik und der Mathematik) bestimmen weitgehend die systematische Gestalt des theoretischen Wissens von der wirklichen Welt sowie das strenge Operieren innerhalb der erfahrungswissenschaftlichen Gedanken- und Satzsysteme. Jener operationalwissenschaftliche Teilbereich der „imaginären Welten" (vgl. Block 5 in Abb. 4) sei als der Speicherbereich der „*rein imaginären Welten*" bezeichnet. Er steht über den Bereich des gespeicherten *erfahrungsbezogenen* Wissens (Block 4 von Abb. 4) mit dem Gegenwärtigungszentrum in Verbindung.

Darüber hinaus besteht noch eine kreisrelationale Direktverbindung zwischen den „rein imaginären Welten" und dem Gegenwärtigungsbereich (zwischen Block 5 und Block 3 von Abb. 4 bzw. Abb. 5), da sich in dem letzteren auch formalstrukturelle Operationen vollziehen, die nicht den Aufbau von optimalen Außenweltmodellen, sondern die Erweiterung und Korrektur der zu den „rein imaginären Welten" gehörenden formaloperationalen Wissensbestände zum Ziel haben.

Systematisierte Nachrichtenbestände der „imaginären Welten" können bei Überschreiten einer gewissen Stufe der Abgelöstheit des Denkens vom perzipierbaren Außenweltgeschehen hohe Grade der Autonomie, der „Weltentrückheit", erreichen. Auf die hiermit verbundene Gefahr „der Entartung geistiger Funktionen" hat bereits STEINBUCH hingewiesen[120].

10. „Denkmaschinen"

Das Thema der „*Denkmaschinen*", wie die modernen hochleistungsfähigen Datenverarbeitungs- und insbesondere Rechenanlagen oft genannt werden, ist von einer Reihe von Autoren nach den verschiedensten Richtungen diskutiert worden, wobei vor allem auch wertende Gesichtspunkte, kulturprognostische (teils optimistisch-utopische, teils pessimistische) Erwartungen und Spekulationen ihren Ausdruck gefunden haben. Dieser sich oft in unkontrollierbare Meinungsäußerungen verlierenden Diskussion soll hier keine neue Variante hinzugefügt werden. Vielmehr zielen die Ausführungen des vorliegenden Abschnittes auf eine

Beantwortung der Frage, inwieweit sich, wenigstens in bestimmten seiner Funktionsweisen, operationales Denken im Sinne des vorangehend entwickelten Modellgrundrisses technologisch simulieren läßt. Daß eine solche Frage überhaupt sinnvoll gestellt werden kann, beruht auf den weitgehenden Analogien, wenn nicht zum Teil Übereinstimmungen, die zwischen gewissen Prozessen des operationalen Denkens einerseits und der Arbeitsweise bestimmter Arten von Informationsverarbeitungsmaschinen andererseits bestehen. Um hierauf näher eingehen zu können, bedarf es einiger einleitender technologischer Bemerkungen, die der mit dem Gegenstand vertraute Leser übergehen mag.

Die heute verfügbaren *elektronischen Rechenautomaten* lassen sich, unbeschadet der in ihnen verwirklichten recht unterschiedlichen Konstruktionsgesichtspunkte, in zwei Grundtypen einteilen: den Typ der *Analogierechenmaschine* und den der *Digitalrechenmaschine*. Die Analogierechenmaschine hat ihren Namen daher, daß sie eine Analogie zu einem physikalischen oder technischen Problem herstellt, dergestalt, daß die aus kontinuierlich-variablen Meßgrößen bestehenden Eingangswerte nach einem entsprechend bestimmten physikalischen Gesetzen angelegten Funktionsschema rechnerisch verarbeitet werden. Demgegenüber müssen die der Digitalrechenmaschine eingegebenen Nachrichten numerisch codiert sein. Hieraus ergibt sich der im allgemeinen erhebliche Programmierungsaufwand bei Digitalanlagen; denn die jeweilige Problemstellung muß stets erst in die „Sprache“ der Maschine übertragen werden, damit die Problemlösung durch Verarbeitung der Eingangsnachrichten nach arithmetisch-logischen Gesetzen erfolgen kann. Im Gegensatz zum Analogiegerät kann die Genauigkeit der Digital- oder Ziffernrechenmaschine durch Erhöhung der Stellenzahl der Maschine praktisch beliebig vergrößert werden. Dort also, *wo große Genauigkeit und Universalität der Anwendbarkeit verlangt werden, ist das Digitalgerät dem Analogiegerät überlegen, während andererseits die Analogiemaschine einem Ökonomieprinzip genügt: sie ist* unter Beschränkung auf einen bestimmten Aufgabenbereich *immer nur so kompliziert aufgebaut, wie es die Kompliziertheit der jeweiligen Klasse der zu lösenden Probleme erfordert*.

Zwischen beiden Grundtypen von Rechenautomaten gibt es zahlreiche Mischformen und Kombinationen. Da für die Zwecke des Vergleiches der maschinellen Informationsverarbeitung mit menschlichen Denkoperationen der *Universaltypus der Digitalrechenmaschine* der zunächst wichtigere ist, seien im folgenden seine *Hauptfunktionseinheiten* kurz gekennzeichnet[121].

1. Eingabeeinheit

Die *Eingabeeinheit* ist eines der beiden sogenannten *Randorgane* des Rechenautomaten, durch die dieser mit seiner „Außenwelt“ in Verbindung steht. Die Außenwelt der Rechenmaschine ist die Gesamtheit der von ihr in einem den eigentlichen Operationen vorangehenden Zeitintervall empfangenen Eingangsinformation, die entweder von Menschen oder von Maschinen erzeugt wird. Die aus der Außenwelt stammende Information kann in unterschiedlicher Weise eingegeben werden. Wird sie von Menschen erzeugt, so erfolgt die Eingabe durch Betätigung etwa einer Tastatur. Findet Kommunikation von Maschine zu Maschine statt, so werden z. B. physikalische Werte digitalisiert eingegeben (Analog-Digitalumwandler), oder der Rechenautomat empfängt die Eingangsinformation über Magnetbänder, Lochstreifen u. dgl. Viele Datenverarbeitungsmaschinen erreichen beim Abtasten von Lochstreifen außerordentlich hohe Geschwindigkeiten, nämlich 500 und mehr Zeichen je Sekunde. Diese Zeichen sind zumeist binär verschlüsselt, was der in gewisser Weise elementarsten Kommunikationsform, der Ja-Nein-Kommunikation, entspricht. In vielen Rechenmaschinen werden die Eingangsgrößen im Dezimalsystem dargestellt, um das Hin- und Rückwandeln zum Dualsystem zu vermeiden.

Die Funktion der Eingabeeinheit besteht darin, die Eingangsinformation an die im engeren Sinne operativen Einheiten weiterzuleiten.

2. Rechenwerk

Das *Rechenwerk* als das „operative Zentrum" der Informationsverarbeitungsanlage leistet die arithmetisch-logischen Operationen innerhalb der vier Spezies sowie die weiteren auf ihnen beruhenden Verknüpfungen. Die Rückführung „höherer" Rechnungsarten auf elementare, nämlich auf Addition und Subtraktion, erfolgt mittels des *Operationensteuerungssystems*, dessen Flexibilität (= Fähigkeit, die Operationen in Sequenzen von Mikrobefehlen aufzulösen) wesentlich mitentscheidend ist für die Leistungsfähigkeit der Gesamtanlage. Gewisse im Zuge einer Operation zu registrierende Teilergebnisse werden in den *Registern* festgehalten, die hinsichtlich ihrer (in Bits gemessenen) „Speicherkapazität" eine Mittelstellung zwischen den einzelnen Schaltelementen und den eigentlichen Speichern einnehmen. Die Arbeitsweise des Rechenwerks beruht auf dem Verknüpfen von Schaltelementen nach bestimmten Mustern. Die Schaltelemente, heute zumeist Transistoren, sind nach Möglichkeit so entwickelt, daß bei maximaler Betriebssicherheit und Lebensdauer ihr Raum- und Energiebedarf, ihre Funktionszeit sowie nicht zuletzt auch ihre Herstellungskosten minimalisiert sind.

Bei den Schaltmustern handelt es sich um oft auftretende und daher normierte Kombinationen von Schaltungen. Aus den letzteren lassen sich die *logischen Grundschaltungen*, wie Disvalenz (= Ungleichheit) und Äquivalenz (= Gleichheit zweier Bits), ausgliedern. Die übrigen Schaltmuster entsprechen den unterschiedlichen logischen und mathematischen Operationen einschließlich der Bildung von Komplementen u. dgl., wie sie das Programm verlangt. Die Grundverknüpfungen der logistischen (Relais-) Rechenmaschinen sind gewöhnlich die Konjunktion, die Negation und die Äquivalenz, deren Wahrheitstafeln in entsprechende Schaltkombinationen codiert werden.

3. Speicherwerk

Im *Speicherwerk*, oft auch als das „Gedächtnis" der Maschine bezeichnet, werden Informationen *aufbewahrt*, jedoch *nicht verarbeitet*. Bei

neuesten Rechenanlagen besteht das Speicherwerk zumeist aus einer
Hierarchie von (zwei, drei oder mehr) Speichern, die sich nach *Kapazität*
(= Maximalzahl der zu speichernden Bits) und *Zugriffszeit* (= Zeit zum
Ansteuern einer Speicherzelle) voneinander unterscheiden. Größere
Speicherkapazität bedeutet längere Zugriffszeit, und umgekehrt. Man
richtet daher das Hierarchiesystem so ein, daß derjenige Speicher, der
die kürzeste Zugriffszeit (und dementsprechend die kleinste Kapazität)
besitzt, am engsten an das Rechenwerk angeschlossen ist. Mit diesem
Schnellspeicher kommuniziert unmittelbar der Speicher der nächst-
größeren Zugriffszeit usw. bis hin zu dem (10^7 und mehr Bits aufnehmenden) *Massenspeicher* mit vergleichsweise konstanten und relativ
selten abzurufenden Informationen. Mehr noch als bei den anderen
Einheiten der modernen Digitalrechenmaschinen sind in den Speicher-
werken die mannigfachsten Konstruktionsgesichtspunkte verwirklicht.

4. Leitwerk

Funktion des *Leitwerkes* ist die Regulation des Zusammenspiels aller
Teilaggregate des Digitalgerätes auf Grund des eingegebenen Programmes.
Das Leitwerk löst diejenigen Befehle aus, durch welche die Reihenfolge
der Operationen des Rechen- und Speicherwerks festgelegt ist (während
das Operationensteuerungssystem die arithmetisch-logischen Operationen
im einzelnen steuert). Das den Funktionen des Leitwerks zugrunde
liegende *Programm* ist bei Universalrechengeräten veränderlich (d. h.
der Maschine nicht fest als Konstruktionseigenschaft eingegeben) und in
gespeicherte Subprogramme für Routineoperationen auflösbar.

Wichtige Entwicklungen sind gegenwärtig auf dem Gebiet der *automatischen Programmierung* im Gange. Ziel dieser Arbeiten ist ein Universaltypus von Informationsverarbeitungsmaschinen, bei dem das Gerät auf
Grund eines ihm vorgegebenen *Superprogrammes* die zur (nicht bereits
nach einzelnen Bearbeitungsschritten spezifizierten) Problemlösung nötige
Subprogrammierung selbst besorgt.

5. Ausgabeeinheit

Die *Ausgabeeinheit* als zweites Randorgan schließlich erledigt die
Auslieferung der nach den vorangegangenen Operationen erzielten
Ergebnisse. Als Mittel zur Fixierung dieser Ergebnisse werden z. B.
Lochkarten, elektrische Schreibmaschinen, Magnetbänder u. dgl. ver-
wendet[122].

An das Ausgabewerk einer Digital- oder auch Analogrechenmaschine
bzw. eines gemischten (aus Maschinen beider Typen kombinierten)
Informationsverarbeitungssystems kann eine (nicht datenverarbeitende,
sondern) *energieumwandelnde* „*Produktionsmaschine*" angeschlossen
werden, die durch Ausgangsgrößen des Rechengerätes gesteuert wird.
Ist die Produktionsmaschine (bzw. ein System solcher Maschinen) gleichzeitig Nachrichtenexpedient für das Rechengerät, womöglich neben

weiteren, „Störgrößen" aussendenden Informationsquellen, und wird die Arbeitsweise der Produktionsmaschine nach einem bestimmten (nicht notwendig starren) Sollwertprogramm durch die Rechenmaschine gesteuert, so liegt ein Rückkopplungsmechanismus oder Regelkreissystem vor, wie es in Abschnitt 4 beschrieben wurde. Auch die gegenwärtige Entwicklung der industriellen „Automation" beruht auf dem fortschreitend verstärkten Einsatz solcher sich nach dem Rückkopplungsprinzip selbst steuernder Kombinate von Informationsverarbeitungs- und Energieumwandlungsanlagen bzw. Materialmaschinen.

Wenn bisher von *Rechen*automaten die Rede war, so ist mit diesem Namen die Hauptfunktion der gegenwärtig gebräuchlichen Informationsverarbeitungsanlagen bezeichnet. Tatsächlich sind es in erster Linie *mathematische Operationen*, die den modernen Rechenmaschinen in bereits großem und sich fortwährend vergrößerndem Umfang übertragen werden. Von Automaten werden nach abbrechenden oder nichtabbrechenden Algorithmen *Funktionswerte berechnet* (bzw. approximiert), *gewöhnliche und partielle Differentialgleichungen gelöst, Integrationen ausgeführt, Probleme der Zahlentheorie bearbeitet, Matrizen für Gleichungssysteme ausgewertet u. dgl. m.* Datenverarbeitungsmaschinen werden vor allem jedoch für den weiten Aufgabenkreis *statistischer Analysen und Berechnungen* eingesetzt, wie sie nicht nur in den *mathematisch-naturwissenschaftlichen Disziplinen* (einschließlich der Astronomie und der Meteorologie), in der *Medizin*, der *Psychologie*, in den *Sozial- und Wirtschaftswissenschaften*, in der (quantitativen) *Sprach- und Literaturwissenschaft* usw., sondern auch in der Praxis der *Industrie* (vor allem der Luftfahrtindustrie und Raumforschung), der *Wirtschaft* (Markt- und Betriebsanalysen, Operations Research), der *Politik* und der *Verteidigung* auftreten. Einen weiteren vielverzweigten praktischen Anwendungsbereich für die automatische Datenverarbeitung bietet das *Verkehrs-, Versicherungs-, Finanz- und Verwaltungswesen*. Besonders erwähnt seien ferner Entwicklungen von speziellen elektronischen Speicher- und Suchanlagen auf dem Gebiet der *automatischen Dokumentation* sowie Forschungsarbeiten auf dem Felde der *automatischen Sprachübersetzung* und der Übersetzung maschinell geschriebener Stenogramme in druckfertige Texte.
Eine Sonderstellung innerhalb der Grundlagenforschung nimmt die *Schaltalgebra* ein, die auf dem Gedanken beruht, axiomatisch vorgegebene Umformungsregeln für logische Verknüpfungen durch Schaltungen im elektrischen Leitungssystem einer Rechenmaschine technisch zu verwirklichen[123]. Außer zur mathematischen Logik weist die Schaltalgebra auch enge Verbindungen zu dem Forschungsgebiet der sogenannten Turing-„Maschinen"[124]. auf. Das sind lediglich in Gedanken existierende Rechenmaschinen, die der Bearbeitung *mathematisch-logischer* und *erkenntnistheoretischer Fragen* vor allem auf dem Gebiet des Programmierens dienen. Die algorithmischen Operationen der Turing-„Maschinen" lassen sich, wenn man deren Speicherkapazität hinreichend begrenzt, durch Rechenautomaten realisieren.

Seit einigen Jahren werden Automaten auch zur *Komposition* (und Vertonung) von *Musikstücken* verwendet[125], und endlich ist auf den Einsatz von Automaten zur *Erforschung des lernenden Verhaltens von Organismen* sowie *kognitiv-operativer Leistungen des Menschen*, insbesondere von Formen des *operationalen Denkens*, hinzuweisen.

Bei den von Informationsverarbeitungsmaschinen geleisteten Operationen sind zweckmäßig die beiden Hauptklassen der *deterministischen* und der *stochastischen Operationen* zu unterscheiden. Durch die Wahl der Bezeichnungen „*deterministisch*" und „*stochastisch*" mag die Nähe jener maschinellen Operationen zu denen der Mathematik oder jedenfalls zu der besonderen Form des mathematisierbaren, durch strenge Definitionen und diskursives Vorgehen gekennzeichneten Denkens angedeutet werden. In der Tat erweist sich, daß diese Form des operationalen Denkens diejenige ist, die am ehesten den modernen Informationsverarbeitungsanlagen zugeschrieben werden kann.

Das Attribut „*deterministisch*" soll hier, unabhängig von seiner philosophischen Verwendung, solche nachrichtenverarbeitenden Prozesse bezeichnen, die, von bestimmten Eingangsnachrichten ausgelöst und an gewisse Operationsmuster gebunden, auf Grund detaillierter Programmierung so *eindeutig* verlaufen, daß sie auch zu notwendig eindeutigen (wenngleich im Regelfall vor Abschluß der Operationenfolge noch unbekannten) Ausgangsnachrichten führen. Derartige deterministische Operationen der Maschine entsprechen ersichtlich dem von Prämissen ausgehenden und strengen Umformungsregeln genügenden *deduktiven Denken* des Menschen, zumal die *maschinelle* Verknüpfung der Informationseinheiten Gesetzen der deduktiven Logik folgt, die auch für menschliches operationales Denken gelten. Letzteres kann also bezüglich solcher Aufgaben, deren Bearbeitung in eine Folge von einzelnen, exakt definierten Operationsschritten (Elementaraufgaben) auflösbar ist, weitgehend durch Rechenautomaten entlastet werden.

Wo immer eine solche Auflösung von Problembearbeitungen in eindeutige schaltungstechnische Operationsprogramme möglich ist, erweist die Maschine ihre oft um viele Größenordnungen höhere Leistungsfähigkeit gegenüber dem menschlichen Denken. Rechenautomaten arbeiten praktisch fehlerlos (bei Maschinen mit automatischer Fehlerüberwachung dürfte je ein Fehler auf durchschnittlich 10^{15} Schaltungen zu veranschlagen sein). Sie können durch ein dem „Hauptprogramm" angegliedertes „Korrekturprogramm" in die Lage versetzt werden, auch *Programmierungs*fehler automatisch zu korrigieren. Rechenautomaten erreichen ferner Operationsgeschwindigkeiten (z. B. 10^5 und mehr Elementaroperationen je Sekunde), die menschliches Leistungsvermögen bezüglich der oben charakterisierten deterministischen Denkoperationen weit überschreiten.

Nach dem Gesagten ist es nicht leicht, rationale Argumente dafür beizubringen, daß zwar dem folgernden und schließenden *Menschen*, nicht aber der aus Prämissen eindeutige Konklusionen produzierenden

Maschine die Fähigkeit des „logischen Denkens" zugesprochen werden darf. Für den Pragmatiker ist indes die Frage, „ob Maschinen denken können", von keinem oder nur geringem Interesse. Wesentlich sind ihm die „*intelligenzverstärkende*" *Funktion* der Maschine und der schon von P. BERTEAUX hervorgehobene Gesichtspunkt der *Kooperation des Menschen mit dem Automaten* unter dem Leitgedanken, immer mehr bislang vom Menschen geleistete Denkoperationen der Maschine zu übertragen. Bezüglich des *deduktiven* Denkens scheinen der Verwirklichung dieses Programmes keinerlei Grenzen gesetzt; vielmehr werden fraglos künftig Automaten in schnell zunehmendem Umfange Aufgaben bewältigen, die von Menschen zwar gestellt, nicht aber ohne maschinelle Hilfsmittel gelöst werden können.

Utopisch allerdings ist das bereits logisch Unmögliche: eine „*Deduktions-*" oder „*Beweismaschine*", die — auch nur für das System der formalisierten Zahlentheorie — auf Grund programmierter Axiome und Ableitungsregeln die Gesamtheit der aus den Axiomen ableitbaren Sätze automatisch deduziert (bzw., was auf dasselbe hinausliefe, von *jeder* in der Sprache des betreffenden axiomatisch-deduktiven Systems formulierbaren Aussage entscheiden kann, ob sie wahr oder falsch ist). Die in dieser Hinsicht dem deduktiven Denken des Menschen wie den deterministischen Operationen der Maschine grundsätzlich gesteckte Grenze hat K. GÖDEL ein für allemal durch unwiderlegbare, später von anderen Logikern verallgemeinerte Beweise bestimmt[126]. Diese Beweise berühren allerdings nicht die von manchen Forschern optimistisch beurteilte, jedoch gegenwärtig noch nicht entschiedene Frage, inwieweit Rechenautomaten künftig *einzelne .neue* Sätze einer axiomatisch-deduktiven Disziplin *zu gewinnen und nachträglich zu beweisen* vermögen.

Von den „deterministischen" waren die „*stochastischen*" Operationen unterschieden worden. Von letzteren ist die Rede, wenn die Eingangsnachrichten nach *Wahrscheinlichkeitsgesetzen* verarbeitet werden und daher *nicht notwendig eindeutige* Ausgangsnachrichten als Operationsergebnisse nach sich ziehen. Nachrichtenverarbeitende Prozesse dieser Art dürfen als in gewissem Umfange dem *induktiven Denken* des Menschen analog betrachtet werden. Die Analogie scheint besonders dann gegeben, wenn der Automat aus der Eingangsinformation lediglich *implicite* in den empfangenen Nachrichten enthaltene Operationsregeln synthetisiert und selbsttätig speichert — wenn er also aus den empfangenen Nachrichten *Schaltmuster abstrahiert*, nach denen sich die künftige Informationsverarbeitung vollzieht.

„Stochastisch-induktiv" arbeitende Automaten (wie z. B. Komponiermaschinen, denen die Operationsregeln nicht nach der Art eines Algorithmus fest einprogrammiert sind) analysieren zunächst die eingehenden Nachrichten (z. B. Melodien einer bestimmten Art) statistisch. Das Ergebnis der Analyse sind Nachrichten, die allgemeine Regelmäßigkeiten (z. B. über Taktmaß, Rhythmus, Notenfolgen usw.) beinhalten. Durch diese Regelmäßigkeiten ist für die nun vom Automaten zu leistenden Operationen (z. B. den Aufbau neuer Melodien) eine Anzahl von Bedingungen gegeben, die indes der Maschine einen Freiheitsspielraum in Gestalt von *Zufallsoperationen* (z. B. durch aleatorische Erzeugung von Zufallsnoten) belassen. Die nacheinander zufällig erzeugten Elemente bzw. Elementgruppen werden vom Automaten auf das Erfülltsein jener vorher synthetisierten Bedingungen hin „geprüft", und nur diejenigen Elemente bzw. Elementgruppen, die die Bedingungen erfüllen, also mit den vormalig abstrahierten und gespeicherten operativen Schaltmustern verträglich sind, gehen in die resultierende Ordnung (Komposition) ein[125].

Wenigstens in einer ersten Näherung dürfte dieses maschinelle Verfahren die wesentlich auf Schaltmusterkontexten im kortikalen Bereich des menschlichen Zentralnervensystems beruhenden *stochastisch-induktiven* Prozesse des operationalen Denkens wiedergeben. Was Maschinen bezüglich dieser Denkprozesse grundsätzlich zu leisten vermögen, kommt in die Nähe dessen, was dem Wissenschaftslogiker als *„statistische Induktion"* oder *„induktive Korrelation"* (J. M. KEYNES), als *„Induktion durch Ausschaltung"* u. dgl. bekannt ist. Dabei darf natürlich nicht verkannt werden, daß die Einbeziehung von Zufallsoperationen nur eine schwache Simulation der *intuitiv assoziierenden* und *analogisierenden* Komponente des induktiven Denkens im weiteren Sinne darstellt. Intuitives Denken kann indes informationstheoretisch als eine Art *„vorbewußten Schätzens"* der zwischen den Zeichen einer Nachricht oder Nachrichtenfolge bestehenden Abhängigkeiten (Wahrscheinlichkeitsverteilungen) aufgefaßt werden. Gelingt es, diesen zunächst noch vagen Begriff des „vorbewußten Schätzens" durch Zurückführung auf technisch-quantitative Begriffe zu präzisieren, mit deren Hilfe die (assoziativen und analogisierenden) stochastischen Schaltmusterbildungen in den Übergangszonen des Bereiches der Gegenwärtigung zu dem der *gespeicherten* Nachrichten hinreichend exakt zu beschreiben, so dürfte die Konstruktion von *„intuitiv denkenden" Automaten, die nicht nur auf der Grundlage rein aleatorischer Zufallsoperationen (Zufallsgenerator) arbeiten,* kein unlösbares Problem darstellen. Die Hauptschwierigkeit bei der Simulation induktiver Denkprozesse im weiteren Sinne wird wahrscheinlich die Nachbildung des sich beim Menschen *dynamisch ändernden Wechselspiels von „bewußten" und „vorbewußten" Schätzungen* der Zeichenabhängigkeiten bieten.

Gegenüber der Varietät, der Beweglichkeit und wechselseitigen Abhängigkeit der hochintegrativen Schaltprozesse im Zentralnervensystem, das ja ganz auf die Funktionsbreite eines *Universalzweckorgans* angelegt ist, müssen auch die gegenwärtig kompliziertesten technischen Informationsverarbeitungsanlagen, und zwar auch solche des sogenannten Universaltypus, immer noch als außerordentlich einfach und verhältnismäßig einseitig zweckgebunden und starr erscheinen. Daher und wegen der gegenwärtig noch sehr geringen exakten Kenntnisse dessen, was sich im *„Unterbewußten"* des Menschen abspielt, ist sowohl die genaue Analyse als auch die technische Simulation der das operationale Denken oft auslösenden und es jedenfalls unterstützenden und begleitenden *intuitiven* Funktionen der „vorbewußten Speicherbereiche" des Zentralnervensystems sowie der *Lernleistungen* desselben mehr Programm als bereits in Angriff genommene Forschung. Ausnahmen bilden in gewisser Weise lediglich die quantitative Lernpsychologie (C. L. HULL u. a.) einerseits und die hiervon weitgehend unabhängig entwickelten Nachbildungen einfacher, jedoch wichtiger Lernprozesse durch technische Informationsverarbeitungsanlagen (K. STEINBUCH u. a.) andererseits[127].

In der Fähigkeit „lernender" Automaten, auf Grund geeigneter Superprogramme früher „gewonnene Erfahrungen" zu verallgemeinern, diese Verallgemeinerungen zu speichern und sie als notwendige Bedingungen für spätere zielgerichtete Operationen zu verwenden, darf, vom Standpunkt

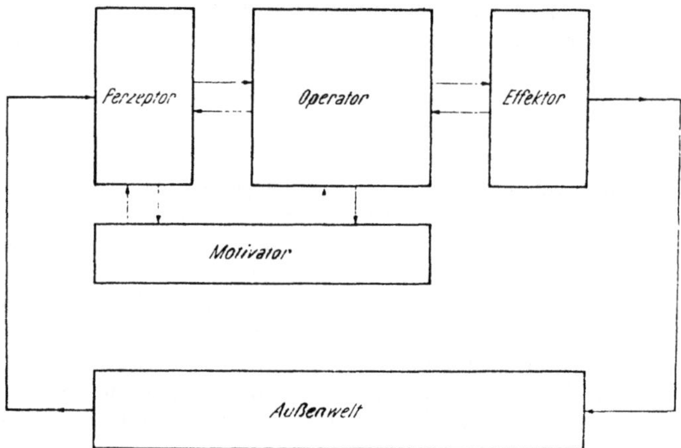

Abb. 7. Grundschema der Schaltstruktur „Kybiak"

der Simulation psychischer Prozesse aus, eine der bislang wesentlichsten Leistungen technologischer Informationsverarbeitungsanlagen betrachtet werden. Bei derart „*lernenden" Automaten,* einer konsequenten Weiterentwicklung der programmgesteuerten Informationsverarbeitungsmaschinen, kommt den langfristig wirkenden und konstanten Grund- oder Primärbefehlen des Superprogrammes eine Rolle zu, die offenbar derjenigen der *basalen Motivation des Denkens und Verhaltens von Menschen* entspricht. Wie nämlich anhaltend wirkende Motive in Abhängigkeit von wechselnden Außenweltsituationen die Denkoperationen des Menschen basal programmieren, so bestimmen jene Grund- oder Primärbefehle die Zielrichtung der automativen Operationen und insbesondere diejenige der nach bestimmten Selektionsgesichtspunkten *schließenden* Prozesse.

Die Lernfähigkeit von Automaten kann — über den Vergleich zwischen dem Superprogramm der Maschine und der Motivation des Menschen hinaus — für die technische Nachbildung motivational gesteuerter Denkprozesse durch eine Schaltstruktur nutzbar gemacht werden, die das Zusammenspiel *perzeptueller, motivationaler und operativer* Funktionen simuliert. Abb. 7 zeigt den Grundplan eines technisch-homöostatischen Automatensystems, welches die im Vorangegangenen entwickelten, in den Abb. 4 und 5 veranschaulichten Überlegungen in gewisser Näherung technisch verwirklicht. Hiernach kommuniziert ein aus den Funktionseinheiten *Perzeptor, Motivator, Operator* und *Effektor* bestehender *„Organismus"* (im Sinne MOLES') mittels STEINBUCHscher Lernmatrizen mit seiner *Außenwelt* derart, daß die Zielrichtung der operativen Prozesse (Operatorfunktionen) durch ein seinerseits *adaptives Führungsgrößensystem* (Befehle vom Motivator) bestimmt wird[128].

Auf dem Gebiet der Simulation *wissenschaftlicher*, vor allem *heuristischer und verifizierender Denkoperationen* gewinnt die Fähigkeit von Automaten, *Problemlösungen zu „lernen"*, besondere Bedeutung. Als Beispiel seien Untersuchungen von H. L. GELERNTER und N. ROCHESTER[129] angeführt. Wie diese Autoren gezeigt haben, vermag eine zur Simulation der Lösung geometrischer Probleme benutzte Rechenmaschine z. B. auf Grund ihr eingegebener geometrischer Axiome (Postulate) und gewisser Operationsanweisungen (einfache) Lehrsätze zu *beweisen*; Entsprechendes gilt nach Untersuchungen von H. A. SIMON[130] für nicht zu komplizierte Theoreme der mathematischen Logik. Bei den Beweisen kann die Maschine auf bereits bewiesene und für spätere Problembearbeitungen von ihr gespeicherte Sätze zurückgreifen, ohne jedesmal die Postulate abrufen zu müssen. Allgemeiner gesagt: Sie vermag brauchbare und bewährte problemlösende Operationen festzuhalten und sich auf diese Weise einen „Erfahrungsschatz" aufzubauen, welcher ihr künftige Problemlösungen erleichtert. Dies gilt nicht nur für heuristisch-beweistechnische Operationen. A. L. SAMUEL ist es z. B. gelungen, einen Rechenautomaten so zu programmieren, daß dieser im Dame-Spiel einen menschlichen Partner mit hoher Wahrscheinlichkeit besiegt. Der Automat kann dabei „Erfahrungen" über die Erfolgschancen der unterschiedlichen Züge[131] gewinnen und damit seine anfängliche Spielstärke über diejenige des Menschen hinaus durch Lernen verbessern[132].

Ein wichtiges Forschungsgebiet, auf das hier wenigstens hingewiesen werden soll, hat sich aus der Untersuchung der Simulationsmöglichkeiten der für menschliches Denken grundlegenden *begriffsbildenden Prozesse* ergeben. C. I. HOVLAND[133] konnte in seinem Laboratorium an der Yale-Universität maschinelle Verfahren zur Unterscheidung und Registrierung von Merkmalsklassen und deren Verallgemeinerungen (durch Fortlassen von Merkmalen) entwickeln, die den begriffsbildenden und klassifikatorischen Prozessen des menschlichen Denkens sehr nahe zu kommen scheinen. Dabei sind besonders drei Typen von Begriffen untersucht worden: der *konjunktive*, bei dem eine Summe von Merkmalen gegeben ist, die bei einem auf Klassenzugehörigkeit zu prüfenden Begriff sämtlich erfüllt sein müssen, damit dieser in die betreffende Klasse fällt; der *disjunktive*, bei dem das Erfülltsein eines einzigen von mehreren gegebenen Merkmalen die Subsumierbarkeit liefert; und der *relationale*, bei dem die Subsumierbarkeit von dem Erfülltsein einer (oder mehrerer) Relation(en) abhängt (im Gegensatz zum Vergleich mit voneinander

Tabelle 1. *Zum Vergleich Mensch—Maschine*

Allgemein	Mensch	Maschine
1. Bauelemente des Informationsverarbeitungssystems	Nervenzellen, Synapsen, Axone, Dendriten des Nervensystems	Transistoren (bzw. Dioden, Elektronenröhren usw.), Leitungsdrähte der Digitalanlage
2. Eingangsinformation (aus der Außenwelt)	Sinnlich perzipierte Eingangsinformation als Ausgangsmaterial der Informationsverarbeitung	Numerisch codierte Eingangsinformation (bei Analoggeräten physikalische Meßwerte) als Ausgangsmaterial der Datenverarbeitung
3. Informationsverarbeitung im operativen Zentrum	Schaltvorgänge im Zentralnervensystem mit Entstörungs- und Voraussagefunktion (insbesondere induktiv und deduktiv schließende Operationen), im allgemeinen verbunden mit Wissensvermehrung	Schaltvorgänge als Öffnen und Schließen bestimmter Impulstransportwege im Rechen-, Speicher- und Leitwerk, deterministische oder/und stochastische Operationen, gegebenenfalls verbunden mit „lernender" Informationsspeicherung
4. „Zwänge", denen die Operationen unterliegen (Operationsmuster)	Hierarchisch geordnete dynamische Strukturmuster des (multistabilen) Zentralnervensystems, im Bereich der logischen Operationen Umformungs- oder Schlußregeln (bzw. -gewohnheiten)	Konstruktionseigenschaften der Maschine sowie Operationsprogramme der verschiedenen Arten und Stufen (mit lernender Selbstorganisation, Fähigkeit des Aufbaus von Selektionskriterien u. dgl.)
5. Ausgangsnachrichten der operativen Systemeinheit (= Eingangsnachrichten für das Effektorensystem)	Folgerungen oder Voraussagen (bei logischen Schlüssen: Konklusionen) und Handlungsantizipationen, denen Aktionen folgen	Zumeist numerisch codierte Ausgangsinformation (bei Analoggeräten physikalische Meßwerte), gegebenenfalls mit expliziten Voraussagen (predictor) bzw. mit Auslösung motorischer Programme

logisch unabhängigen Merkmalen). Auf Einzelheiten dieser Untersuchungen und ihrer Ergebnisse kann im vorliegenden Zusammenhang nicht eingegangen werden. Es mag der Hinweis genügen, daß es, wie HOVLAND gezeigt hat, möglich ist, das menschliche *Lernen von Begriffen*, die *Verallgemeinerung von Begriffen* und die *Subsumtion von Begriffen unter verallgemeinerte Begriffe* maschinell zu simulieren.

Abschließend[134] seien einige Analogien zwischen Mensch und Maschine besonders hervorgehoben und ohne weiteren Kommentar schematisch zusammengestellt (Tabelle 1).

Über die in Tabelle 1 angeführten Entsprechungen hinaus ließen sich weitere Analogien aufzeigen, die den informationellen Aspekt des Mensch—Maschine-Vergleichs berücksichtigen. Erweitert man den „klassischen" Typus der (technischen) Informationsverarbeitungsanlage zu demjenigen der in Abb. 7 schematisch dargestellten adaptiven Schaltstruktur, so wird nach den vorangegangenen Ausführungen die Zuordnung der Funktionseinheiten dieses technischen Systems — der Blöcke *Perzeptor*, *Motivator* und *Operator* von Abb. 7 — zu den aus dem Informationsverarbeitungssystem „Mensch" ausgliederbaren Funktionsgesamtheiten — den Blöcken 1, 2 und 3 bis 8 von Abb. 4 — unmittelbar deutlich.

C. Methodisch-wissenschaftliches Denken

Eine ausführliche Darstellung der mit dem oben entwickelten Grundentwurf eines Modells des operationalen Denkens zusammenhängenden und sich zum Teil aus diesem Modellentwurf ergebenden erkenntnis- und wissenschaftstheoretischen Fragen muß späteren Untersuchungen vorbehalten bleiben. Die Erörterungen der nächstfolgenden Abschnitte sind trotz der kritischen Verwendung zahlreicher Ergebnisse der Forschungen des Wiener Kreises und ihm nahestehender bzw. seine analytische Denkrichtung fortsetzender Philosophen von durchaus vorläufiger Art. Indes ist zu hoffen, daß wenigstens die Möglichkeiten einer in der Betrachtungsweise und Begriffswelt der Informationstheorie und Kybernetik neu zu fassenden Theorie des wissenschaftlichen Denkens sichtbar werden.

Die Wichtigkeit eines Neuansatzes zur vertieften Analyse der allgemeinen Verlaufsformen, besonderen Gestalten, Funktionen und Bedingungen des methodisch-wissenschaftlichen Denkens dürfte sich schon aus dem entscheidenden Anteil ergeben, der diesem Denken in unmittelbarer oder zumeist mittelbarer Weise an der Daseinsbewältigung des modernen Menschen zukommt. Als eine Sonderform des operationalen Denkens findet das methodisch-wissenschaftliche Denken seinen überzeugendsten Ausdruck in dem Aufbau und vor allem in der praktischen Anwendung leistungsfähiger erfahrungswissenschaftlicher Theorien, die hinreichend verläßliche Schlüsse auf künftige Ereignisse gestatten.

11. Wissenschaftstheoretische Folgerungen aus dem Modellentwurf

Während im Vorangegangenen der Ausdruck „*Wissen*" stets nur auf den (sich ständig ändernden) Vorrat von in geordneter Form „*gespeicherten Nachrichten*" bezogen war, die sich *im Besitz eines bestimmten Menschen* befinden und insofern *subjektiv* sind, seien im folgenden unter „Wissen" weitgehend *intersubjektiv anerkannte* Bestände von Nachrichten verstanden. Für die letzteren soll gelten:

1. Sie sind (im Regelfall) von einer Gruppe miteinander in Kommunikation stehender Menschen durch in gewissem Umfange normierte Denk- und Verhaltensweisen erarbeitet, d. h. (unbeschadet des zumeist großen Anteils an konzeptioneller Intuition) auf methodischem Wege zustande gekommen,

2. sie sind nach getrennten, sich allerdings oft überschneidenden Gegenstandsbereichen eingeteilt,

3. sie liegen in Gestalt von expliziten, in bereichsspezifischen Wissenschaftssprachen formulierten Aussagen vor oder lassen sich auf die Gestalt solcher Aussagen bringen („diskursive" Information),

4. sie unterscheiden sich grundsätzlich durch ihre Verifizierbarkeit von solchen Nachrichten, die etwas nur Geglaubtes oder Gemeintes zum Inhalt haben;

5. die Bestände von Nachrichten, denen die Eigenschaften 1 bis 4 zukommen, sind prinzipiell erweiterungsfähig in dem Sinne, daß sie Folgerungen oder Voraussagen von (noch nicht vorliegenden) verifizierbaren Nachrichten ermöglichen.

Eine geordnete Gesamtheit von Nachrichten (hier in synonymer Verwendung des Wortes auch: Informationen) der durch die Eigenschaften 1 bis 5 eingeschränkten Art wird als *Wissenschaft* im engeren Sinne, ein in sich hinreichend kohärentes, systematisiertes Teilgebiet einer Wissenschaft (im engeren Sinne) als *Disziplin* dieser Wissenschaft bezeichnet. Die verifizierten Nachrichten einer wissenschaftlichen Disziplin heißen *Sätze* (gegebenenfalls Satzfunktionen) derselben, die in den Sätzen (oder Satzfunktionen) vorkommenden (explizit oder implizit) definierten Ausdrücke *Begriffe* der Disziplin. Handelt es sich insbesondere um bereichsspezifische Sätze und Begriffe einer *erfahrungswissenschaftlichen* Disziplin, so ist es üblich, von *empirischen Sätzen* bzw. *empirischen Begriffen* zu sprechen und diese den *logischen* Sätzen bzw. Begriffen gegenüberzustellen.

Zwei Klassen von empirischen Sätzen lassen sich unterscheiden: die der *Beobachtungssätze* und die der *hypothetischen Sätze*. Ein Beobachtungssatz ist in erster Näherung bestimmbar als eine Nachricht über singuläre, an eng begrenzte raum-zeitliche Wahrnehmungsstrukturen gebundene Beobachtungsdaten; Aussagen solcher Art enthalten mithin keine Variablen. Dagegen überschreiten die hypothetischen Sätze jede unmittelbar, immer nur hier und jetzt perzipierte Konstellation von Außenweltgegebenheiten. Hypothetische Sätze sind entweder verifizierbare Aussagen über endliche Klassen bzw. Folgen von beobachtbaren Ereignissen oder verifizierbare Aussagen über unendliche Klassen bzw. Folgen von Ereignissen. Hypothetische Sätze der zweiten Art werden wegen des in ihnen zum Ausdruck kommenden Allgemeinheitsanspruches häufig auch *hypothetische All-Sätze* genannt.

Ein System von (aufeinander bezogenen) hypothetischen Sätzen wird als *erfahrungswissenschaftliche Theorie* bezeichnet, wenn es gelungen ist, aus der Gesamtheit der hypothetischen Sätze eine Unterklasse von Grundsätzen oder genauer von *basalen hypothetischen (All-) Sätzen* auszusondern, aus denen die übrigen Sätze der Theorie mit Hilfe explizit angebbarer Schlußverfahren abgeleitet werden können. Ein derartiger Begründungszusammenhang heißt *axiomatisch-deduktiv*. Eine axiomatisch-deduktive erfahrungswissenschaftliche Theorie *muß* wie jedes axiomatisch-deduktiv aufgebaute Satzsystem die formal-logische Forderung der *Widerspruchsfreiheit* und sollte, womöglich, diejenige der *Vollständigkeit* erfüllen, genauer: Von zwei einander widersprechenden, in der Sprache der Theorie formulierten (hypothetischen) Aussagen darf *höchstens* eine aus dem System der basalen hypothetischen All-Aussagen abgeleitet werden können (sog. *klassische Widerspruchsfreiheit*), und von zwei einander widersprechenden, in der Sprache der Theorie formulierten Aussagen sollte *mindestens* eine abgeleitet werden können (sog. *klassische Vollständigkeit*). Zumeist wird darüber hinaus auch noch die *Unabhängigkeit* der basalen hypothetischen (All-)Sätze verlangt, d. h. das Erfülltsein der Forderung, daß keiner dieser Sätze aus den übrigen abgeleitet werden kann.

Eine wichtige Eigenschaft erfahrungswissenschaftlicher Theorien ist ihre *Verifizierbarkeit*. Über heute zur Verfügung stehende Methoden der Verifikation wird in Abschnitt 15 Näheres ausgeführt werden. Hier mag die Feststellung genügen, daß keine durch raum-zeitliche Spezialisierung gewonnene Folgerung aus einem hypothetischen Satz der Theorie einem Beobachtungsdatum widersprechen darf, die Theorie also, wie es K. POPPER[135] als erster methodologisch präzisiert hat, allen eigens zu ihrer Widerlegung angestellten Falsifikationsversuchen standhalten oder aber abgeändert, nötigenfalls aufgegeben werden muß.

Erfahrungswissenschaftliche Theorien sind das *Ergebnis methodisch-wissenschaftlichen Denkens*, also einer Gesamtheit von Funktionen und Leistungen des Menschen, die eine *Sonderform seines allgemeinen operationalen Denkens* darstellen. Der Aufbau dieser Theorien ist ein zumeist hochkomplexer Prozeß, dem man keineswegs durch die lapidare und unzutreffende Behauptung gerecht wird, daß unser theoretisches Wissen von der Welt durch induktive Verallgemeinerung von Beobachtungs-daten zustande komme. Die wichtige Rolle der Beobachtung und ins-besondere des (qualitativen und quantitativ-messenden) Experiments steht außer Frage. Aber jedes systematische Beobachten und Experi-mentieren setzt bereits eine wenn auch noch so unvollkommene (oft allerdings schon weitgehend durchgeklärte) theoretische Konzeption voraus, die dann ihrerseits durch die empirischen Tatsachenbefunde korrigiert wird, so daß nun auf Grund verbesserter theoretischer Vor-stellungen und daraus sich ergebender abgewandelter Untersuchungs-methoden *(in einem nach dem Rückmeldungsprinzip verlaufenden Iterationsprozeß)* neue Beobachtungen und Experimente angestellt werden können usf.

Auch ist zu beachten, daß eine einigermaßen reichhaltige erfahrungs-wissenschaftliche Theorie das Werk vieler Forscher ist, die sie vorbereitet und (oft durch den lehrreichen Irrtum) mitbestimmt und mitgestaltet haben. Schließlich lassen sich die am Aufbau und an der Verbesserung von Theorien beteiligten Denkprozesse keineswegs vollständig in die beiden Klassen der deduktiven und der induktiven (bzw. allgemeiner der reduktiven) Schlußverfahren einteilen. *Intuition, Phantasie*, nicht selten *einfaches „Herumprobieren"*, *spontanes Umzentrieren* der Frage-stellung sind ebenso wichtige und häufig zur Anwendung gelangende Verfahrensweisen der Problemlösung auch und gerade im Bereich des methodisch-wissenschaftlichen Denkens.

Trotz der Mannigfaltigkeit der zu erfahrungswissenschaftlichen Theorien führenden heuristisch-methodischen Wege und der am Zustande-kommen der Theorien beteiligten Denkprozesse lassen sich aus den gegenwärtig bekannten Szientifikationsverfahren[136] die *generellen Verlaufs-formen erfahrungswissenschaftlichen Denkens* abstrahieren. Es ist die nächste Aufgabe dieses Buches, zumindest in großen Zügen diese Verlaufs-formen zu beschreiben und darzulegen, *wie sie sich in den zuvor entwickelten allgemeinen Modellgrundriß des operationalen Denkens einfügen.* Insbesondere gilt es, wenigstens anzudeuten, *worin die Spezialisierungen bestehen, durch die sich operationales Denken als erfahrungswissenschaftliches Denken ausweist.* Dabei soll versucht werden, in der Reihenfolge der Entwicklung des Modellgrundrisses vorzugehen.

1. Der Erfahrungswissenschaftler

Offenbar erfüllt der Erfahrungswissenschaftler während der *hier allein in Frage stehenden* Zeitspannen seiner fachlichen Produktivität sämtliche der in Abschnitt 1 getroffenen Voraussetzungen. Unter „Erfahrungswissenschaftler" sei dabei jeder an Forschungsaufgaben aus den Bereichen der Naturwissenschaften und der anthropologischen Wissenschaften (vgl. hierzu 8., *II* und *III*, S. 128 f.) direkt Beteiligte verstanden, dessen Tätigkeit eine im Fachstudium erworbene Qualifikation erfordert. Letztere schließt in basaler Weise die Anerkennung bestimmter, für den Begriff „Erfahrungswissenschaft" konstitutiver Wertsetzungen durch den betreffenden Menschen ein. Zu dieser wertbezogenen Grundhaltung gehört nicht nur die den Wissenschaftler überhaupt kennzeichnende ständige Bereitschaft, der Forderung nach *größtmöglicher Objektivität* zu genügen, insbesondere also die eigenen Leistungsbeiträge zu einer wissenschaftlichen Aufgabe der vollen Kritik der Fachkollegen auszusetzen, sondern auch die Entscheidung für den *Primat von Erfahrung und Logik als der obersten Kontrollinstanzen, denen die Ergebnisse des eigenen Denkens und Forschens zu unterwerfen sind.*

Die kulturelle Relativität des „Normalverhaltens" des Erfahrungswissenschaftlers (vgl. Abschnitt 1) kommt im modernen *natur*wissenschaftlichen Denken nicht oder in zu vernachlässigender Weise zur Wirksamkeit. Besonders bei Vertretern der überwiegend quantifizierenden („exakten") Naturwissenschaften bleiben der sozialhistorische Standort und die von diesem wesentlich abhängigen wertideologischen und philosophischen Überzeugungen wissenschaftlich weitgehend irrelevant. Zwar neigen viele Naturwissenschaftler zu metaphysischen Sinninterpretationen der Ergebnisse ihres Forschens vor dem Bezugshintergrund eines sogenannten Natur- oder gar Weltbildes. Aber dies spielt sich in einer mehr oder weniger privaten, die wissenschaftliche Arbeit selbst kaum berührenden Erlebnissphäre ab.

Weniger einfach liegen die Verhältnisse im Bereich der im weiteren Sinne *anthropologischen* (Erfahrungs-) *Wissenschaften* (vgl. zu 8.). Zumal der Soziologe muß sich auf dem Felde seiner wissenschaftlichen Produktivität *oberhalb jener für alle Erfahrungswissenschaft konstitutiven Basis von Wertsetzungen jeglicher werthaft-intentionaler „Überzeugungen" und Vorurteile enthalten, wenn er wissenschaftliche Forschung betreiben will.* Ist er nicht willens oder nicht fähig, diese Askese zu üben, so können seine wissenschaftlichen Bemühungen leicht zur rechtfertigungsideologischen Tatsachenmanipulation abgleiten; in solchen Fällen ist es für den Wahrheitswert seiner „Erkenntnisse" ohne Belang, ob er sein Denken in den Dienst eigener, privater Wertüberzeugungen stellt oder ob er etwa eine öffentliche, opportunistisch akzeptierte Ideologie zu legitimieren sucht. Gleichzeitig einer Wertidee in absolutem Glauben verhaftet zu sein *und* diese Wertidee auf ihre sozialhistorischen, soziologischen und psychologischen Entstehungsbedingungen und Verursachungen hin kritisch zu analysieren, dürfte — wenn überhaupt — nur wenigen Forschern gelingen, und jedenfalls nur eine disharmonische, in sich gespaltene Persönlichkeit wird gleichzeitig der frommen (oder auch unfrommen) Lüge *und* der wissenschaftlichen Wahrheit dienen können. Gelingt es dem Soziologen nicht, in seinem wissenschaftlichen Denken und Forschen von gefühlsmäßigem oder vitalem Engagement Distanz zu gewinnen, so wird er — spätestens bei der Zusammenfassung der Ergebnisse seiner Einzeluntersuchungen zu einheitlichen theoretischen Konzeptionen und Modellen — die Wirklichkeit verfehlen, und zwar in eben dem Maße, in welchem er die Einzelbefunde nach der kausalen oder finalen Seite hin zu einem weitgreifenden Erklärungszusammenhang „ergänzt". In extremen Fällen entstehen dann gar gleichnishaft-„kühne", ideologisch gesättigte Begriffsdichtungen. Obgleich mit ausgewähltem Tatsachenmaterial bestückt, offenbart sich in ihnen bei näherem Zusehen mehr der nötigende Charakter des wertideologischen Appells als die nüchterne Objektivität wissenschaftlicher, rein sachbezogener, erfahrungsverankerter Forschung.

Der wissenssoziologischen Selbstanalyse der Soziologie sowie vor allem modernen ideologiekritischen und wissenschaftstheoretischen Forschungen, nicht zuletzt aber auch der praktischen Notwendigkeit, zur Bewältigung sozialökonomischer Probleme leistungsfähige, d. h. hinreichend verläßlich prognostizierende „*Theorien der mittleren Reichweite*" (R. Merton) aufzustellen, ist es zu verdanken, daß in unserer Zeit eine ständig wachsende Zahl von Soziologen und Sozialwissenschaftlern den Weg der empirisch kontrollierten Beschreibung der komplexen sozialen Zusammenhänge beschreitet. Die selbstkritische Aufhellung des eigenen sozialhistorischen Standortes verbindet sich dabei mit der Klärung und Bereinigung der Methoden: der suggestive Zwang vager Analogieschlüsse weicht zunehmend der exakten Beobachtung, der statistischen Tatsachenbeschreibung und der mathematischen Modellkonstruktion. Überblickt man die Entwicklung im ganzen, so wird festgestellt werden dürfen, daß sich seit der für die Sozialforschung programmatischen Forderung M. Webers nach Trennung der *Wert*urteile von den *Sach*urteilen das soziologisch-sozialwissenschaftliche Denken erst zögernd, dann aber mit wachsendem Methodenbewußtsein mehr und mehr von außerwissenschaftlichen Vorstellungen befreit hat, ein Prozeß, der in den letzten zehn bis zwanzig Jahren seinen (nicht zufälligen) Ausdruck in der zunehmenden Bedeutung der exakt-quantitativen Methoden auch im Bereich der sozial- und wirtschaftswissenschaftlichen Forschung findet.

Zu den in Abschnitt 1 getroffenen Voraussetzungen gehörte weiterhin, daß der operational denkende Mensch als Teil des kybernetischen Systems „Mensch—Außenwelt" infolge vorangegangener ausgedehnter Lernprozesse in der Lage sein soll, *motivationale Konflikte zum Ausgleich zu bringen und langfristige Haltungen zu entwickeln.* Auch diese Voraussetzung wird vom Erfahrungswissenschaftler, wie noch des näheren auszuführen ist, in hohem Grade erfüllt (vgl. zu 5.). Seine Motive, soweit sie jedenfalls als Antriebskräfte fachlicher Tätigkeit in den Bereich der Untersuchungen dieses Abschnittes fallen, sind gegenüber der das operationale Denken im allgemeinen steuernden, komplexen und oft rasch veränderlichen „Motivdynamik" durch ihre *relative Invarianz* gekennzeichnet. Da sie sich stets im Einklang mit jenen basalen Wertsetzungen halten müssen, sind sie in erheblich stärkerem Maße der gedanklichen Reflektion und Kontrolle unterworfen, als dies in dem oben (Kapitel A und B) behandelten allgemeinen Fall des operationalen Denkens angenommen werden durfte.

2. Die Außenwelt des Erfahrungswissenschaftlers

Man überzeugt sich nun weiter leicht, daß auch die hinsichtlich des Begriffs der *Außenwelt* in Abschnitt 2 allgemein getroffenen Bestimmungen für den Spezialfall des erfahrungswissenschaftlichen Denkens voll gültig bleiben. Der Außenweltbegriff ist zunächst dahin zu spezialisieren, daß sich der *Empfindungsraum des Erfahrungswissenschaftlers* auf die Gesamtheit solcher Wahrnehmungselemente und -elementkomplexe reduziert, die, in je zeitlich-räumlicher Abgrenzung, für das jeweils zu lösende Problem als (materielle) Eingangsinformation für ihn relevant sind. Jedes Problem muß dabei hinreichend isoliert und methodisch vorbereitet sein (Näheres s. zu 4.).

Die dem so eingeschränkten und präzisierten Empfindungsraum adjungierte, im wissenschaftlichen Experiment oder/und im wissenschaftlich organisierten finalen Handeln überhaupt (etwa im technischen Werk) veränderte „*Wirklichkeit*" wird zumeist entweder im Sinne des erkenntnistheoretischen Realismus (und zwar in einer seiner nicht-„naiven", d. h. sogenannten „kritischen" Versionen) als die dem subjektiven Wahrnehmen und Denken objektiv vorgegebene „*reale Welt*" aufgefaßt. Versteht sich erfahrungswissenschaftliches Denken (philosophierend) als Gesamtheit der auf die Entdeckung von Eigenschaften einer „bewußtseinstranszendenten" Wirklichkeit zielenden perzeptiv-operativen Funktionen, so wird jener „realen Welt" ein „*metaphysisch-absolutes*" *Dasein* zugesprochen.

Oder die Wirklichkeit, wie sie manche Erfahrungswissenschaftler bereits im reflektionsfreien Erleben vorzufinden glauben, wird als zwar *objektiv* gegebene, aber „*phänomenale Welt*" begriffen, hinter welcher sich die Welt des „An-sich-Seienden" als prinzipiell Unerkennbares „verbirgt". „*Subjektiv phänomenal*" wiederum erscheint die Wirklichkeit dem sensualistisch orientierten Forscher, der allein seiner perzeptiv-operativen Tätigkeit, seinen Sinneswahrnehmungen und ihrer Verarbeitung im Bewußtsein, Realität zuerkennt.

Der *positivistisch* eingestellte Erfahrungswissenschaftler schließlich sucht den Einseitigkeiten und mannigfachen Ungereimtheiten der unterschiedlichen philosophischen Wirklichkeitsbegriffe einschließlich der subjektiv-sensualistischen dadurch zu entgehen, daß er die Frage nach dem Dasein und Sosein einer wie immer verstandenen Wirklichkeit als von ihm so genanntes *„metaphysisches Scheinproblem"* überhaupt ausklammert. Die Vorstellung einer außerhalb des eigenen Bewußtseins existierenden „realen Welt", aufgefaßt als gleichsam umfassende Matrix aller möglichen erfahrungswissenschaftlichen Außenwelten (im Sinne von Abschnitt 2) erscheint ihm bestenfalls als *heuristisch fruchtbare Fiktion*[137].

Ist es nun zwar in der Tat unmöglich, in apodiktischer Bündigkeit oder auch nur mit Wahrscheinlichkeitsgründen etwas Schlüssiges (also nicht nur in unmittelbarer Erlebnisevidenz Begründetes) über die „Existenz" einer dem Denken gegenüberstehenden Welt der gedachten Gegenstände auszusagen, so zeigt sich doch andererseits, daß — erkenntnispsychologisch betrachtet — *alles erfahrungswissenschaftliche Denken von der Grundannahme einer Objektwelt außerhalb des eigenen Bewußtseins ausgeht.* Die Begriffe „Erfahrung" und „Erfahrungswissenschaft" verlören ihren Sinn, würde nicht die Gesamtheit der erfahrungswissenschaftlichen Denkoperationen durch den „vernünftigen Glauben" konditioniert sein (das soll heißen: diesen Glauben zur realen Voraussetzung und damit notwendigen Bedingung haben), *daß dem Ich ein Ich-Fremdes gegeben ist*, dessen Eigenschaften in Grenzen erkennbar sind. Mag es sich bei dem begrifflichen Auseinanderhalten von Subjekt und Objekt tatsächlich, wie manche Philosophen mit gutem Grund behaupten, um die „künstliche Zerlegung" eines „Total-Wirklichen" handeln, dessen Einheit nicht „ungestraft" zerstört werden dürfe, so ist doch jedenfalls die *wichtige heuristische Funktion dieser Dualisierung und Dichotomisierung aus ihrer faktischen Bewährung abzuleiten.* Daß in einigen Bereichen der Forschung unter dem Zwang gewisser neuerer wissenschaftlicher Befunde ein die Subjekt-Objekt-Beziehung *übergreifendes* Wissen an die Stelle des „reinen" Objekt-Wissens getreten ist, ja, daß vielleicht vom informationstheoretisch-kybernetischen Denkansatz her eine ebenso „metasubjektive" wie „metaobjektive" Weise der Betrachtung von Wechselwirkungssystemen erhofft werden darf, ändert nichts an der basalen erkenntnispsychologischen und damit auch wissenschaftstheoretischen Bedeutung jener dualisierenden und dichotomisierenden „Grundkonditionierung" des erfahrungswissenschaftlichen Denkens (s. auch zu 6.).

3. Der Erfahrungswissenschaftler und seine Außenwelt als kybernetisches System

Der methodisch operierende Erfahrungswissenschaftler und seine jeweilige, auf problemrelevante Informationsdaten reduzierte Außenwelt bilden ein *kybernetisches System*, wie es für den allgemeinen Fall des operationalen Denkens in Abschnitt 3 kurz beschrieben wurde. Für den Sonderfall des *erfahrungswissenschaftlichen* Denkens gilt zunächst wiederum die (noch des näheren zu besprechende) Spezialisierung der gewöhnlichen Motivdynamik auf gewisse relativ langfristig wirksame, quasiinvariante

Motive. In Abhängigkeit von dem bereits vorhandenen Wissen sowie von der jeweiligen Eingangsinformation und ihrer perzeptiv-operativen Verarbeitung im Denken bestimmen diese Motive die allgemeine Handlungsrichtung des Forschers. Die durch „rationale Selektion" (vgl. S. 11 sowie S. 76f.) aus einer Anzahl von operativ erschlossenen Folgerungen bzw. Voraussagen gewonnene Handlungsantizipation hat ihrerseits bestimmte Handlungen des Erfahrungswissenschaftlers zur Folge. Diese bestehen entweder in der *experimentellen Manipulation der Wirklichkeit*, wobei es für die gegenwärtige Betrachtung keinen Unterschied schafft, ob das Experiment von nur *einem* Wissenschaftler oder (wie es in dem komplizierten gegenwärtigen Forschungsbetrieb zumeist der Fall ist) von einer *Gruppe* von Fachleuten durchgeführt wird, deren Einzelfunktionen als zu einer Art „*Gruppengehirn*" operativ zusammengefaßt betrachtet werden können. Oder aber die Aktion besteht in der je zielgerichtet antizipierten *praktisch-technischen Nutzbarmachung* des im methodischen Denken erworbenen, final organisierten Wissens.

Sowohl im Experiment als auch in der praktischen Anwendung — beides tritt oft in enger Verbindung miteinander auf — wird die veränderte Außenwelt zur Quelle neuer Nachrichten, durch deren methodische Verarbeitung die vorangegangene Handlungsantizipation geprüft und kontrolliert werden kann, was in jedem der hier in Frage stehenden Fälle mit einer *Wissensvermehrung* verbunden ist. Jene der Kontrolle unterworfene Handlungsantizipation ist dabei um so „richtiger" (zum Begriff des „richtigen" Denkens vgl. Abschnitt 15), je besser die ihr folgende Handlung die Motive durch möglichst vollständige Lösung des gestellten Problems zu deaktivieren vermochte.

Diese Deaktivierung führt indes entweder nie oder für nur· kurze Zeitintervalle zur völligen Aufhebung des zwischen dem motivationalen Bedürfnis und seiner Befriedigung bestehenden Spannungsgefälles. Zumal bei Forschern, die überwiegend die Freude am Suchen, Finden und Entdecken leitet, verbleibt stets ein *Antriebsüberschuß*, der das wissenschaftliche Denken in Bewegung hält und es in den Dienst immer neuer Aufgaben stellt.

Erweisen sich einerseits die „Führungsgrößen" des vom Erfahrungswissenschaftler und seiner Außenwelt gebildeten kybernetischen Systems — nämlich die quasiinvarianten Motive des Wissenschaftlers — als verhältnismäßig konstante „Sollwerte" (zur Terminologie vgl. Abschnitt 4), so wird andererseits das Regelkreisgeschehen durch „Störgrößen" beeinflußt, die hier zwar nicht von der oft unmittelbar bedrohlichen Gewalt unerwarteter und ungünstiger Ereignisse des alltäglichen menschlichen Daseins sind, deren „Ausregelung" im erfahrungswissenschaftlichen Denken jedoch häufig auf erhebliche und große Denkanstrengungen herausfordernde Schwierigkeiten stößt. Solche „Störgrößen" können sich vor allem überall dort bemerkbar machen, wo es trotz sorgfältiger Perzeption und bestmöglicher Verarbeitung der aus der Außenwelt stammenden Nachrichten in einer längeren Reihe von aufeinander folgenden Fällen nicht gelungen ist, gewisse für die Problemlösung wichtige, vielleicht prinzipiell unvorhersehbare Faktoren theoretisch zu berücksichtigen, so daß in ebenso vielen Fällen die wissenschaftliche Erwartung unbestätigt bleibt, d. h. Voraussagen nicht eintreffen oder gar Voraussageunfähigkeit konstatiert werden muß. In derartigen Fällen kann eine plötzliche Disharmonisierung der Regelungsfunktionen eintreten (*,,kognitive Frustration"*). Gelingt es z. B. dem betreffenden Wissenschaftler in derartigen Fällen nicht, die Stärke der hinter seinen zu hohen erkenntnismäßigen Ansprüchen stehenden Motive zu verringern, seine motivationalen Erwartungen zeitlich aufzuschieben oder die Motivstruktur insgesamt zu verändern, so kann es leicht zu Störungen der Normalbefindlichkeit kommen, die sich in Angstzuständen, in Affektgeladenheit, Aggressivität und nicht zuletzt auch in der nihilistischen Einschätzung der eigenen oder überhaupt der menschlichen Erkenntnismöglichkeiten äußern. Es braucht nicht besonders hervorgehoben zu werden, daß Fälle dieser Art bei den in der Tagesarbeit stehenden Erfahrungswissenschaftlern die seltene Ausnahme bilden.

4. Die erfahrungswissenschaftliche Außenweltperzeption

Wie im allgemeinen Fall des operationalen Denkens liefern die aus dem Empfindungsraum eines Erfahrungswissenschaftlers a stammenden, an isolierbare visuelle, auditive usw. Signale gebundenen Einheiten der semantischen Information das Rohmaterial der strukturierten Wahrnehmungen, durch die a seine Außenwelt erfährt (vgl. hierzu und zum Folgenden Abschnitt 7). Der Empfindungsraum E von a ist jedoch auf einen Unterraum E' von nachrichtentragenden Signalen dadurch eingeschränkt, daß a auf Grund methodischer Voraussetzungen nach Maßgabe des jeweils zu lösenden Problems die (Komplementärmenge der) ihm nicht problemrelevant scheinenden (aktuellen und potentiellen) Empfindungen und damit auch die sich aus diesen aufbauenden Wahrnehmungen eliminiert oder, soweit nicht von vornherein eliminierbar, zwar zunächst perzipiert, aber für die weiteren Operationen der Informationsverarbeitung vernachlässigt. Beide oft miteinander verbundenen Arten der Einschränkung des erfahrungswissenschaftlichen Empfindungsraumes laufen im Effekt darauf hinaus, daß sich der Erfahrungswissenschaftler eine in gewissem Umfange ,,künstliche" Außenwelt konstituiert, daß er sich also in bestimmter Weise zum ,,Erschaffer" der zu verarbeitenden Daten der Objektwelt macht.

Was ist hier genauer unter *Problemrelevanz* zu verstehen? Wie bereits zu Beginn dieses Abschnittes ausgeführt, zielt alles erfahrungswissenschaftliche Denken auf die Erweiterung und damit *Verallgemeinerung* bereits erarbeiteter singulärer Informationsbestände (über Tatsachen der Objektwelt) zu hypothetischen Sätzen und darüber hinaus zu prognostizierenden erfahrungswissenschaftlichen Theorien. Verallgemeinerndes Denken besteht jedoch auf seiner ersten heuristisch-methodischen Stufe in der Vernachlässigung aller solcher Umstände, Eigenschaften u. dgl., die im Blick auf das im *hypothetischen Vorentwurf* anvisierte Ziel — für den hypothetischen Satz oder die prognostizierende Theorie — nicht von Belang sind. Dabei ist der Begriff des „belanglosen Informationsdatums" gradueller Abstufungen fähig und bedürftig: je größer die der hypothetischen Erwartung zugesprochene subjektiv-induktive Wahrscheinlichkeit ist, desto begrenzter und differenzierter ist in der Regel die aus dem gesamten Informationsangebot selektierte Nachrichtenmenge, und umgekehrt. In diesem Sachverhalt drückt sich unter anderem die Tatsache aus, daß im ersten Anfangsstadium des Aufbaues einer erfahrungswissenschaftlichen Disziplin im allgemeinen eine Unterscheidung der belanglosen von den belangvollen Daten noch nicht oder nur vage getroffen werden kann, da das Material der Erfahrung mangels spezifizierbarer Zielvorstellungen noch keine Systematisierung zuläßt — außer vielleicht einer rein klassifikatorischen. Erst später, wenn sich gewisse hypothetische Erwartungen herausgebildet und bestimmte Untersuchungsverfahren Gestalt gewonnen haben, wird durch methodische Selektion von Informationen die Außenweltperzeption auf den Empfang problemrelevanter, im obigen Sinne belangvoller Daten beschränkt. — Entsprechendes gilt für die *umgekehrte Denkrichtung der empirischen Verifikation* eines durch Verallgemeinerung gewonnenen hypothetischen Satzes bzw. Satzsystems: problemrelevant sind jetzt solche methodisch selektierten Nachrichten, die für die Bewährungskontrolle jenes Satzes (bzw. Satzsystems) insofern wesentlich sind, als sie (und nur sie) für den gezielten Versuch seiner Falsifikation benötigt werden.

Grundprozeß der erfahrungswissenschaftlichen Außenweltperzeption ist die *Beobachtung*. Sie beruht auf der (motivational und operational bedingten) methodischen Selektion von Teilen (Teilaggregaten, Teilstrukturen) aus dem gesamten Signalangebot der Außenwelt. Beobachtungen stellen die unmittelbare, direkte Kommunikation des Erfahrungswissenschaftlers mit seiner Außenwelt her und liefern gleichzeitig die empirische Basis der zum Aufbau einer erfahrungswissenschaftlichen Theorie führenden sowie der die Überprüfung der Theorie leistenden Perzeptions- und Denkprozesse.

Wie im allgemeinen Fall des operationalen Denkens (nicht nur die Denkprozesse von den perzipierten Außenweltdaten, sondern auch umgekehrt) die perzeptiven Prozesse weitgehend von den vom operativen Zentrum ausgehenden selektierenden und strukturierenden Wirkungen abhängen, so sind, wie bereits angedeutet, im allgemeinen auch (und zwar hier in besonders starkem Maße) die Selektionsprinzipien der erfahrungswissenschaftlichen Außenweltperzeption bereits *operativ* vorfixiert. An die Stelle praktisch uneingeschränkter Perzeptivität und quasi beliebiger Zentrierung des Wahrnehmungsfeldes treten jetzt straffe methodische Normierungen, die das perzeptive Geschehen in ganz bestimmte Aufmerksamkeitsbahnen lenken, auf ganz bestimmte Informationskanäle konzentrieren. Die zumeist „unbewußt" abgerufenen, die Perzeptionsprozesse bestimmenden „vorwissenschaftlichen" Ordnungen des allgemeinen operationalen Denkens werden innerhalb jener Aufmerksamkeitsbahnen der erfahrungswissenschaftlichen Außenweltperzeption zu je bereichsspezifischen, explizit präzisierten *Beobachtungsmethoden*. Entsprechend den in Abschnitt 9 entwickelten Vorstellungen vom Schaltmustergeschehen im Zentralnervensystem könnte man sagen: der Freiheitsspielraum der die Außenweltperzeption bestimmenden dynamischen Musterbildungen wird in einer für bestimmte erfahrungswissenschaftliche Problemklassen spezifischen Weise je durch Konditionierung mit zusätzlichen oder neuen Operationsbedingungen eingeengt (vgl. zu 7.).

Weitgehende methodische Einschränkungen des Informationsangebotes aus der Außenwelt werden im *quantitativen Experiment* erreicht. Die apparative Anordnung reduziert die Außenwelt des Experimentators für die Zeit seiner Beobachtungen auf wenige scharf abgrenzbare Signalklassen, die als Variablen gemessen werden. Die Meßwerte bilden die zur weiteren Verarbeitung in das operative Zentrum geleiteten semantischen Belegungen der problemrelevanten Außenweltinformation, wobei die operativen Prozesse in vielen Fällen an Datenverarbeitungsanlagen der im Abschnitt 10 besprochenen Typen delegiert werden können.

Mehr noch als im allgemeinen Fall des operationalen Denkens treten bei der erfahrungswissenschaftlichen Außenweltperzeption als spezifische Empfindungsräume (vgl. S. 15) der visuelle und der auditive hervor, entsprechend nämlich der besonderen Leistungsfähigkeit, insbesondere dem Unterscheidungsvermögen, der zugehörigen Sinnesorgane. Da die Beobachtungen grundsätzlich intersubjektiv nachprüfbar und daher auch stets reproduzierbar sein müssen, wird gefordert, daß die eingeschränkten Empfindungsräume der am gleichen Problem arbeitenden Erfahrungswissenschaftler b, c, ... mit dem Empfindungsraum E' von a übereinstimmen. Daß diese Forderung weitgehend erfüllbar ist, beruht ebenfalls auf den Normierungen der Beobachtungs-, Experimental- oder Testmethoden.

Von den erfahrungswissenschaftlichen Perzipienten a, b, c, ... sind in der Beobachtungssituation fortlaufend (die auf S. 15f. beschriebenen) Diskriminationen 1. bis 4. Stufe zu leisten. Für die im *messenden* Experiment vollzogene Perzeption von Informationsdaten aus der isolierten Außenwelt sind die Entscheidungen der 3. und mehr noch diejenigen der 4. Stufe wesentliche Grundoperationen. Entscheidungen der 4. Stufe haben zur Voraussetzung, daß sich der Perzipient im Besitz normierter numerischer Bewertungsschemata befindet.

Die von den Perzipienten a, b, c, ... verwendeten, der Bezeichnung der Valenzklassen, Valenzen und Valenzattribute (vgl. S. 16) sowie der aus diesen aufgebauten Komplexe der materiellen Information dienenden Zeicheninventare spezialisieren sich in der methodisch-erfahrungswissenschaftlichen Außenweltperzeption auf Inventare von Belegungselementen, die durch definitorische Zuordnung zu den Elementen und Elementkomplexen der materiellen Information eindeutig festgelegt und weitgehend konventionalisiert sind. Zumeist wird hier auf bereits im vorwissenschaftlichen Bereich verwendete Zeichen und Zeichenverknüpfungen, insbesondere auf Worte der von den betreffenden

Erfahrungswissenschaftlern verwendeten natürlichen Sprachen zurückgegriffen, wobei sich im allgemeinen die definitorische Präzisierung dieser Zeichen und Zeichenverknüpfungen als notwendig oder doch wünschenswert erweist. Die Zeicheninventare sind *offen* (vgl. S. 22 und S. 36f.) lediglich in dem Sinne, daß neue Zeichen allein auf Grund neuer eindeutiger definitorischer Zuordnungen eingeführt werden. Vom Perzipienten werden (außer hinreichender Valenzkapazität der Sinnesorgane) hohe Zeichenangepaßtheit und ein hohes Wiedererkennungsvermögen gemäß Formel (3) (S. 18) verlangt.

Die Korrespondenzregeln, insbesondere diejenigen der Aggregatkorrespondenz (S. 19f.), beschreiben jetzt die Normierungen, die für semantische Belegungen der elementaren und vor allem der zusammengesetzten, aus Signalfolgen und Signalkomplexen bestehenden materiellen Information gelten. An die Stelle der die Aggregatkorrespondenzregeln fortsetzenden Konstruktionsregeln für semantische Belegungen mittels gesprochener und geschriebener Sprachen treten syntaktisch-semantische Regeln der verwendeten *Wissenschaftssprache.* Diese kann eine Umgangssprache zuzüglich definierter Fachausdrücke, abkürzender Symbole bzw. adjungierter Symbolsysteme oder auch eine bereits geeignet formalisierte Sprache sein. Wissenschaftssprachen, auch wenn sie in nichtformalisierter Gestalt vorliegen, unterscheiden sich von Umgangssprachen einmal durch die größere Präzision und Vollständigkeit ihrer Ausdrucksmittel, zum anderen durch die meist um Größenordnungen geringere Redundanz der semantischen Belegungen und damit auch der durch diese fachkommunikativ vermittelten Information. Mit zunehmendem Formalisierungsgrad nimmt die (verbliebene) Redundanz weiterhin ab, um bei Verwendung *vollformalisierter Wissenschaftssprachen* (vgl. Abschnitt 14), die *nur* die für die wissenschaftlichen Mitteilungen benötigten Ausdrucksmittel enthalten, gänzlich zu verschwinden. Die unter Umständen psychologisch erwünschte, aber logisch irrelevante, ja störende und verundeutlichende „Färbung und Tönung der Gedanken" durch redundanzerhöhende „Zusatzbelegungen" ist in diesen kalkülisierten Sprachen vollständig der eindeutigen, widerspruchsfreien und sich dabei eines Minimums von Zeichen bedienenden Codierung gewichen.

Wie die *Beobachtung* der Grundprozeß der erfahrungswissenschaftlichen Außenweltperzeption ist, so stellt der (mit der jeweiligen Beobachtung korrespondierende) *Beobachtungssatz* die *Basiseinheit des erfahrungswissenschaftlichen Schließens im engeren Sinne* (vgl. Abschnitt 12) dar. Der Erfahrungswissenschaftler wird letztlich in seinen dem Aufbau der Theorie wie ihrer Verifikation dienenden schließenden Denkoperationen stets auf Beobachtungssätze zurückgreifen müssen. Er ist daher aufs höchste daran interessiert, daß die Beobachtungssätze die jeweils problemrelevanten Informationen und Informationssequenzen, die insgesamt das beobachtete Ereignis bilden, *eindeutig* und *vollständig* (womöglich redundanzfrei) bezeichnen.

Ein korrekt formulierter Beobachtungssatz enthält außer den Gegenstands- und Ereignisangaben Mitteilungen über die Zeit des

Nachrichtenempfanges (Zeitangaben) sowie im allgemeinen auch über den Ort der Nachrichtenquelle innerhalb eines konventionalisierten räumlichen Bezugssystems (Ortsangaben).

5. Zur Motivation erfahrungswissenschaftlichen Denkens

In Verallgemeinerung ungezählter Beobachtungen darf behauptet werden, daß alle vielzelligen Organismen durch den *Dauerbefehl zum Überlebenmüssen* „programmiert" sind, und zwar primär zum Überlebenmüssen der *Art*, sekundär, nämlich soweit mit dem Primärbefehl vereinbar, zum Überlebenmüssen des *Individuums*[138]. Dieser Dauerbefehl bestimmt ebenso die auf Sofortbefriedigung drängende elementare Trieborganisation der höheren Tiere (vor allem den Fortpflanzungs-, Nahrungs-, Flucht- und Aggressionstrieb), wie er darüber hinaus dem *Menschen* die Indienstnahme der physischen Welt für die Zwecke seiner Daseinsbewältigung zur ständigen Aufgabe macht. Daß diese Aufgabe lösbar ist, beruht auf der Fähigkeit des Menschen zum einsichtigen Lernen, wodurch er in die Lage versetzt wird, „*zukünftige Außenweltsituationen vorauszusehen und zum eigenen Vorteil zu beeinflussen, Probleme zu ,lösen‘, bevor sie ihn bewältigen*" (STEINBUCH). In dem Dauerbefehl zum Überlebenmüssen liegt schließlich auch der Primärimpuls zum Aufbau menschlicher Kultur, jenes umfassenden technischen, institutionellen und normativen Instrumentariums, das erst die Vergesellschaftung des Menschen und damit sein Dasein in der Welt ermöglicht.

Betrachtet man dieses Dasein in seiner faktischen geschichtlichen Evolution, so wird deutlich, daß *erfahrungswissenschaftliches Denken* ein Spätprodukt menschlicher Kulturentwicklung ist. Zur Entfaltung gelangte es erst in der zweiten Hälfte des zweiten Jahrtausends unserer Zeitrechnung. Es setzte ein mit dem Beginn der expansiven Entwicklung der abendländischen Gesellschaftsgebilde im 15. und 16. Jahrhundert, um seit der sogenannten ersten industriellen Revolution erst allmählich, dann aber in rasch wachsendem Umfange die Funktion eines Instruments der *rationalen Planung technisch-ökonomischen Handelns* innerhalb der modernen Großgesellschaften zu übernehmen. Unverkennbar ist es auch hier letztlich die *Notwendigkeit des Überlebenmüssens*, die den Menschen im Zuge vor allem der rapiden Bevölkerungszunahme zwang, sein operationales Denken den immer komplexer und unübersichtlicher gewordenen Daseinsbedingungen anzupassen, es methodisch schrittweise zu verfeinern und vor allem: es der *empirisch-rationalen Bewährungskontrolle* zu unterwerfen. Von einem *Zwang* darf hier in der Tat gesprochen werden. Denn das erfahrungswissenschaftliche Denken, von der Forderung nach größtmöglicher Sachlichkeit getragen, nahm seinen Weg auch gegen unreflektiert überlieferte Gewohnheiten; es vermochte sich unaufhaltsam gegen den offenen oder verborgenen Widerstand derer durchzusetzen, die sich durch die profane Vernunft der vor nichts haltmachenden analysierenden Wissenschaft belästigt und bedroht fühlten.

Jahrhunderte lang überwogen indes bei den Forschenden selbst religiöse Antriebe oder idealisierende Vorstellungen vom „*Wissen um*

seiner selbst willen", vom *„reinen Erkenntniswert der Wissenschaft"* u. dgl.
Diese Motive haben erst in der Zeit des hochkomplizierten, in viele Einzelfunktionen aufgelösten Forschungsbetriebes entscheidend an Kraft ver-
loren. Immer mehr Menschen erkennen gegenwärtig, daß Erfahrungswissenschaft als solche weder einen absoluten, d. h. von der gesellschaftlichen Wirklichkeit unabhängigen Wert noch einen solchen Unwert
darstellt: daß vielmehr alles darauf ankommt, *zu welchem Zweck und
Ziel man sie verwendet,* zur Verwirklichung welcher ethischer und politischer
Wertüberzeugungen man sie im praktischen sozialen Handeln heranzieht.
Von dieser Einsicht her scheint sich während der letzten Jahrzehnte
eine tiefgreifende, der *„Funktionarisierung"* (A. WEBER) des modernen
Daseins entsprechende, in die Richtung fortschreitender *Pragmatisierung*
weisende Wandlung auch in der Motivation erfahrungswissenschaftlichen
Denkens und Forschens angebahnt zu haben[139].

Dies schließt nun andererseits keineswegs aus, daß im unmittelbaren
Suchen- und Entdeckenwollen, im *„Streben nach Erkenntnis und Wahrheit"*
auch heute noch tiefliegende, persönlichkeitsintegrierende Motive erfahrungswissenschaftlichen Forschens angetroffen werden. Unverkennbar
jedoch verliert die gegenwärtig auf breitester Grundlage berufs- und
erwerbsmäßig betriebene Wissenschaft zunehmend den Nimbus des
Besonderen, und mit der riesenhaft anwachsenden Zahl der wissenschaftlichen Spezialisten verlagern sich die Beweggründe, die den einzelnen
seine Arbeit verrichten lassen, immer mehr nach der Seite überwiegend
nüchtern-alltäglicher und nicht selten materieller Interessen. Auch
altruistisch-soziale Motive wie die selbstgestellte Aufgabe des *„Dienstes
an den Mitmenschen"* — an der Gruppe, der man sich zugehörig fühlt,
an der Gesellschaft, der man angehört, an der Menschheit überhaupt —,
scheinen mehr und mehr *zugunsten eines nüchternen Interessenstreites*
zurückzutreten. Mit dem letzteren verbindet sich bei vielen Wissen-
schaftlern der Hang zu persönlicher Unabhängigkeit sowie das Streben
nach Beliebtheit, Geltung und Anerkennung, wobei dem oft rivalisierenden
Ehrgeiz, wie er auf allen Stufen der Statushierarchie innerhalb der Hoch-
schulen und der anderen wissenschaftlichen Institutionen angetroffen
wird, fraglos eine im großen und ganzen leistungssteigernde Funktion
zugesprochen werden muß.

Motive der soeben besprochenen Art — sie seien im vorliegenden
Zusammenhang *Motive 1. Ordnung* genannt — entspringen der Ich- und
Überich-Motorik des Erfahrungswissenschaftlers. Sie sind im allgemeinen
und überwiegend abhängig von dem sozialkulturellen Stratum, in das er
bei allem Bemühtsein um geistige Eigenständigkeit schicksalhaft ein-
gebettet ist, insbesondere von den Wertvorstellungen seiner beruflichen
Gruppe, seiner Gesellschaft und seiner Zeit. Diese Abhängigkeit findet
nicht zuletzt ihren Ausdruck darin, daß alle derartigen individuellen
Motive 1. Ordnung das Filter jener basalen Wertsetzungen (S. 95)
passiert haben müssen, für welche sich ein Mensch zumindest in Ansehung
seiner beruflichen Funktion entschieden haben muß, um per definitionem
als *Erfahrungswissenschaftler* gelten zu können. Hierdurch wird die

Vielfalt der überhaupt anzutreffenden Motive auf diejenige enge Unterklasse von (weitgehend invariant bleibenden) Motiven eingeschränkt, welche die Gesellschaft — die das System ihrer eigenen Wertungen einschließlich der den beruflichen Rollen zugeordneten „Rufgestalten" setzende Instanz — dem Erfahrungswissenschaftler zubilligt. Ob dieser der Rollenerwartung genügt, kann natürlich nicht aus seinen unsichtbaren Motiven, sondern nur aus seinem sichtbaren Verhalten abgelesen werden. Aber man geht von der halb intuitiven, halb empirisch erhärteten Erwartung aus, daß nur ein Mensch, der seine Motive in Einklang mit bestimmten Grundwertungen zu halten vermag, in seinem motivational gesteuerten Denken (und Handeln) den Forderungen gerecht werden kann, die sich aus eben diesen Grundwertungen ergeben.

Von den bislang besprochenen, dem Persönlichkeitskern des Erfahrungswissenschaftlers eingelagerten Motiven 1. Ordnung (ihre mögliche psychoanalytische Rückführung auf Es-Motive des FREUDschen Persönlichkeitsmodells soll hier unerörtert bleiben) ist eine zweite, mehr „periphere" Motivschicht zu unterscheiden: diejenige der im *engeren* Sinne *operationalen Motive* oder der *Motive 2. Ordnung.* Hierunter sollen solche „*Mittelmotive*" verstanden werden, vermöge derer die Denkoperationen derart *zweckrational finalisiert werden,* daß sie jene basalen Ich- und Überich-Motive *möglichst weitgehend* zu befriedigen vermögen.

Motive 2. Ordnung sind mithin Aufforderungen an die erfahrungswissenschaftlichen Denkoperationen, mit einem bestimmten Aufwand an Denkarbeit den motivdruckreduzierenden operationalen Effekt *zu maximalisieren.* In ihnen äußert sich eine (bereits besprochene) Grundeigenschaft schon des allgemeinen operationalen Denkens, die auf dem Prinzip der *Denkökonomie* eines „rational handelnden", also ein Maximum an Nutzen, Gewinn, Befriedigung usw. anstrebenden Menschen beruht. Mehr noch als dem allgemeinen operationalen Denken geht es ja dem erfahrungswissenschaftlichen Denken in jedem Falle um einen mit gegebenen Mitteln und unter gegebenen Umständen erreichbaren *höchstmöglichen Gesamtertrag,* d. h. konkreter gesprochen, um den mit nicht zu aufwendigen methodischen Operationen erzielbaren Aufbau einer *möglichst aussagenreichen Theorie von möglichst hoher prognostischer Leistungsfähigkeit.* Und jeder Erfahrungswissenschaftler weiß, daß er seine *Motive 1. Ordnung* um so besser wird befriedigen können, je größer sein eigener Anteil an der Erarbeitung jener Wissensbestände ist — gleich, ob dieser Anteil nun das persönliche Erkenntnisstreben zu befriedigen hilft, das Selbstwertgefühl und die soziale Anerkennung zu steigern vermag oder ob er die Verbesserung des materiellen Status nach sich zieht.

Entscheidungslogisch betrachtet, stellen Motive 1. Ordnung *inhaltliche,* Motive 2. Ordnung dagegen *formale* „Führungsgrößen" innerhalb des kybernetischen Systems dar, das der Erfahrungswissenschaftler mit seiner Außenwelt bildet. Bei den Motiven 1. Ordnung handelt es sich um hier als irreduzibel angenommene (höchstens auf basale Faktoren rückführbare) Grundfinalisierungen des Handelns und, zuvor, des dieses Handeln ermöglichenden operationalen Denkens. Nach ihrer „Richtigkeit" oder „Falschheit" fragen hieße: sich im Besitz eines normativen Bewertungskriteriums wissen, das indes selbst natürlich motivational bedingt wäre, also nicht als „absolut richtig" erwiesen werden könnte.

Den „Mechanismus der Vergeistigung" *primitiver* Motive zu Motiven 1. Ordnung und die Wege der Sublimierung libidonöser Ich-Triebe im Sinne des FREUDschen Persönlichkeitsmodells genetisch zu verfolgen, liegt als rein psychologische Aufgabe außerhalb dieser Betrachtungen. Der oben erwähnte, auch von K. STEINBUCH hervorgehobene Dauerbefehl des Überlebenmüssens mag auch für die Motivation erfahrungswissenschaftlichen Denkens von basaler Bedeutung sein; wie und inwieweit jedoch dieser Dauerbefehl im einzelnen in die motivationale Steuerung des Ich hineinwirkt, kann hier nicht erörtert werden.

Motive 2. Ordnung dagegen lassen sich ohne weiteres aus einem „formalen" Ökonomieprinzip erklären, wonach jeder Organismus darauf zielt, in allen Situationen seinen vitalen Bedarf bzw. seine im Zuge der Realitätsanreicherung ausgebildeten Grundbedürfnisse mit dem *geringstmöglichen Energieaufwand* zu decken bzw. zu befriedigen.

Motive 2. Ordnung (bzw. deren Konstituenten) fallen wegen ihres formalen Charakters offenbar nicht unter die Ergs (primäre und sekundäre Triebe) und Engramme (Gefühle, Komplexe usw.) der CATTELLschen Spezifikationsgleichung (vgl. S. 41). In diese gehen vielmehr *nur die Konstituenten der Motive 1. Ordnung* ein. Dabei vereinfachen sich jetzt die dem allgemeinen Fall des operationalen Denkens zugrunde gelegten Verhältnisse dahin, daß die im (CATTELLschen) „Persönlichkeitsprofil" (Erg-Engramm-Spektrum) auftretenden dynamischen Strukturfaktoren, zumeist Engramme, zu einer von Außenweltstimuli nur relativ wenig abhängigen und *verhältnismäßig langfristigen*, d. h. innerhalb längerer Zeitintervalle weitgehend unveränderlichen Wirkung gelangen.

Die vergleichsweise geringe Zahl der markant hervortretenden Antriebskräfte erfahrungswissenschaftlichen Denkens entspricht der *Einengung* der dem operational denkenden Menschen im allgemeinen gestellten mannigfachen Aufgaben der Daseinsbewältigung auf bestimmte, im einzelnen wie in der Gesamtheit verhältnismäßig klar übersehbare *Aufgabenklassen des Erfahrungswissenschaftlers*, wie hoch immer die zur Problemlösung erforderlichen Denkanstrengungen und kombinatorischen Leistungen desselben sein mögen. Mit der geringen Zahl der Motive 1. Ordnung hängt zum anderen die Langfristigkeit ihrer das Denken und Verhalten des Erfahrungswissenschaftlers bestimmenden Wirkungen zusammen. An die Stelle einer oft bewegten, wechselnden „Motivmelodie", eines auf breiter Skala spielenden Auf und Ab von Aktivierung und Deaktivierung der Triebe, Antriebe, Interessen, Strebungen usw. treten beim Erfahrungswissenschaftler lang anhaltende „*Motivakkorde*", die eine relativ leichte und rasche Ausregelung von „Störgrößen" innerhalb der unten näher charakterisierten Grenzen gestatten. Diese „Akkorde" werden um so „harmonischer" sein, je besser es dem wissenschaftlich Arbeitenden gelingt, *motivationale Konflikte durch Denken und Planen zu lösen*, die Motive, wo dies nötig ist, inhaltlich scharf gegeneinander abzugrenzen, sie hierarchisch zu staffeln und sie zu „rationalisieren", d. h. sie nötigenfalls (durch Lernprozesse nach dem Regelkreismodell; vgl. die Verbindungen von Block 2 mit den Blöcken 1 und 3 in Abb. 4) so zu verändern, *daß sie durch „rationales Verhalten"* (vgl. S. 3) *realisierbar werden.*

Für die Motive 1. Ordnung des erfahrungswissenschaftlichen (wie überhaupt des wissenschaftlichen) Denkens ist weiterhin eine *hohe „Zukunftsbesetzung"* (W. Toman) kennzeichnend, nämlich die Tatsache, daß diese Motive auch dann nicht wesentlich an Kraft einbüßen, wenn ihre Befriedigung über lange Zeiten hinweg aufgeschoben, also eine mehr oder weniger große Zahl von Submotiven und durch diese ausgelösten Denkoperationen zwischen Zielsetzung und Zielerreichung eingeschaltet werden muß. Vergleichsweise selten kommt es daher bei Motiven 1. Ordnung zu einer plötzlichen, starken und vollständigen Spannungsreduktion, wie sie für die Befriedigung mancher kurzfristig und intensiv zielzentrierter Motive des alltäglichen Lebens charakteristisch ist. Beim Wissenschaftler besteht vielmehr zwischen dem Motivdruck und dem durch diesen hervorgerufenen (hier einmal hypothetisch angenommenen) „Gegendruck", der von der Gesamtheit der zur Verminderung des Motivdruckes intendierten Operationen erzeugt wird, ein zumeist etwa *gleichbleibendes Spannungsgefälle.* Dieses aber bewirkt die für den produktiven Wissenschaftler charakteristische langfristige Dynamisierung der perzeptiven und operativen Prozesse, die über lange Zeiten hinweg gleichbleibende schöpferische Beweglichkeit der immer neue Kontexte der inneren Außenweltmodelle schaffenden Denkoperationen und damit die fortschreitende Vermehrung der Wissensbestände einschließlich ihrer ständigen Prüfung auf Übereinstimmung mit der Realität. In kybernetischer Redeweise (vgl. Abschnitt 4): Die Differenz zwischen der Summe der Führungsgrößen und der Summe der Regelgrößen (beide Arten von Größen hier als quantifizierbare Intensitäten aufgefaßt), also der *Betrag der Regelabweichung,* schwankt nur geringfügig um einen gewissen positiven Wert. Die etwa konstant gehaltene positive Regelabweichung induziert als solche letztlich die sich im Lern-Feedback vollziehende *Speicherung prognostizierender Informationen* (Block 4 von Abb. 4).

Abschließend sei noch kurz der allerdings weitgehend hypothetische oder doch wenigstens äußerst seltene Fall diskutiert, daß die Motive 1. und 2. Ordnung auf *je genau ein Motiv* reduziert sind und der von diesen beiden allein wirksamen Motiven erzeugte Motivdruck (die Sollwert-Intensität) über ein gewisses Zeitintervall $[t_0, t_1]$ konstant ist. Das Motiv 1. Ordnung programmiere die Gesamtheit der perzeptiv-operativen Prozesse des Erfahrungswissenschaftlers (oder einer Arbeitsgruppe von Erfahrungswissenschaftlern) auf die Lösung *einer bestimmten wissenschaftlichen Aufgabe,* das Motiv 2. Ordnung beinhalte den Befehl der reinen „*Ertragsmaximierung*", wobei angenommen werden soll, es ließe sich ein (statistisches) Leistungsmaß des „erfahrungswissenschaftlichen Denkertrages" definieren.

Der so „final programmierte" Erfahrungswissenschaftler wäre mit dem für die Bewältigung seiner spezifischen Aufgaben notwendigen, aber auch hinreichenden *Minimum an „Motivation"* ausgerüstet und von allen nicht ausschließlich pragmatisch-sachdienlichen Motiven seiner Arbeit „befreit". Er würde in gewisser Entsprechung zu der wirtschaftswissenschaftlichen Konstruktion des „homo oeconomicus" ein reiner *„homo rationalis"* sein, eine Art von wissenschaftlichem Denkroboter, der in beliebiger, nur von seiner perzeptiv-operativen Leistungsfähigkeit (und insbesondere von seinem Vorrat an Wissen) abhängiger Weise auf Problemlösungen „ansetzbar" ist.

Für eine bestimmte Art von Problemen (vgl. Abschnitt 10) ließe sich dieser Erfahrungswissenschaftler durch eine entsprechend programmierte „lernende Maschine" ersetzen.

6. „Kognitive Konditionierungen" des erfahrungswissenschaftlichen Denkens

Zu den Motiven des erfahrungswissenschaftlichen Denkens treten nun gewisse *notwendige Grundbedingungen* hinzu, denen die Denkoperationen unterworfen sind. Diese Grundbedingungen mögen insgesamt als *„kognitive Konditionierungen"* bezeichnet werden.

Eine erste Klasse von kognitiven Konditionierungen, die bereits das perzeptuelle Geschehen in allen seinen wissenschaftlich-methodischen Formen bestimmen, bilden die seit KANT philosophischerseits eingehend studierten allgemeinen *„Ordnungsformen" der Zeit und des Raumes.* Würden nicht alle perzeptiven und die mit diesen im Wirkungszusammenhang stehenden operativen Prozesse jene „Ordnungsschemata" zur generellen Bezugsgrundlage haben — wobei der Grad ihrer subjektiven Reflektiertheit von durchaus zweitrangiger Bedeutung ist —, so wären schon „einfache" perzeptiv-operative Leistungen wie das Unterscheiden und Vergleichen, das Einteilen und Ordnen von Signalen, Signalfolgen und Signalkomplexen aus der Außenwelt des Erfahrungswissenschaftlers undenkbar.

In der Tat sind alle Beobachtungen an das sie erst ermöglichende *Erlebnis der Zeitlichkeit,* des Abfolgecharakters erlebbaren Geschehens überhaupt, gebunden, ganz gleich, durch welche methodischen Normierungen das psychische Zeiterleben in den einzelnen Erfahrungswissenschaften zur konventionalisierten Zeitmessung metrisiert wird. Und ebenso setzt jede Erfahrung das *Erlebnis der Räumlichkeit* der beobachtbaren „Dinge" und „Ereignisse" voraus, wie immer man dieses Erlebnis intersubjektiv normiert und — etwa mittels des metrischen Raumes der klassischen Mechanik — für Zwecke der quantitativen Beobachtung verfügbar macht. Beide Ordnungsschemata werden, wie die Psychologie zeigt, aus langfristigen Lernprozessen und Gewohnheitsbildungen aufgebaut (die Frage, ob es „Zeit an sich" und „Raum an sich" im ontologischen Sinne gibt, soll im hier vorliegenden Zusammenhang ebensowenig interessieren wie etwa die von KANT behauptete Apriorität von Raum und Zeit als Formen der sogenannten „reinen

Anschauung" im Sinne der „transzendentalen Ästhetik"). Beide sind *von gleicher Allgemeinheit*[140] und beide treten, obgleich der begrifflichen Sonderung fähig und für erfahrungswissenschaftliche Zwecke auch bedürftig, im psychischen Erleben nie anders als in enger Verbindung miteinander auf.

Auch begriffslogisch bedingen sie einander. Denn einerseits ist jeder (nicht dimensionslose) Raum teilbar, so daß man entweder Gleichzeitigkeit der Raumteile oder deren zeitliche Aufeinanderfolge annehmen muß, um den Begriff „Raum" denken zu können. Andererseits läßt sich der Begriff „Zeit" nur aus dem Folgecharakter von Ereignissen heraus begreifen. Ereignisse aber sind stets an perzipierte Informationen gebunden, die ihrerseits materielle bzw. energetische, also nur unter Zugrundelegung auch eines räumlichen Bezugssystems denkbare Träger voraussetzen. Auch für den Fall, daß diese Informationen aus der inneren Organisation des sie empfangenden Menschen stammen, stellen sie im Rahmen dieses Modellgrundrisses semantische Belegungen von (materiell-) energetischen Signalen dar, die nur als raumzeitliche Gebilde aufgefaßt werden können. Zudem kann „Zeit" als abstrakter Begriff gar nicht anders gedacht werden als in der Entsprechung zum eindimensionalen Raumkontinuum, wie auch die *Zeitmessung* auf der Beobachtung von Bewegungsvorgängen (also nicht nur zeitlicher, sondern auch räumlicher Gebilde) beruht.

Liefern das Zeit- und das Raumerlebnis die psychische Grundlage für die in welcher Weise immer objektivierten und den Zwecken der exakten intersubjektiven Beobachtung angepaßten Ordnungsschemata der Zeit und des Raumes, ohne welche erfahrungswissenschaftliches, an die Perzeption von Außenweltnachrichten gebundenes Denken gar nicht vollziehbar wäre, so treten nunmehr in einer zweiten Klasse von Konditionierungen der jetzt behandelten Ebene solche hinzu, die als die *Grundpostulate* (bereits) *der Außenweltperzeption* bezeichnet werden sollen.

Hierzu gehört zunächst der „*vernünftige Glaube*" des Erfahrungswissenschaftlers (wie des operational denkenden Menschen überhaupt) *an die prinzipielle Abtrennbarkeit des „objektiven" Geschehens vom (subjektiven) Denken*, der „Glaube" also an die vom individuellen Erleben unabhängige *Existenz* einer realen Welt, die dem eigenen *Ich* „entgegensteht", ihm „gegenständlich" gegeben ist. Diese möglicherweise ebenso durch die Anatomie des cerebralen Reizleitungssystems bedingte wie höchstwahrscheinlich weit überwiegend durch langfristige Lernprozesse entstandene Grundüberzeugung, die in der Erkenntnistheorie als sogenannte *Subjekt-Objekt-Relation* ihren Ausdruck gefunden hat, ist auch durch den berühmten quantenmechanischen Befund kaum ernsthaft erschüttert worden, wonach es unmöglich ist, bestimmte physische Systeme mit beliebiger Genauigkeit zu beobachten, ohne daß der Beobachtungsvorgang störend in das Geschehen eingreift. Denn kein Mensch und mithin auch kein Atomphysiker und kein Naturphilosoph oder Erkenntnistheoretiker vermag sich dem Zwang der durchgängigen und direkten Abhängigkeit seiner Bewußtseinsfunktionen von sinnlich

perzipierten Empfindungen zu entziehen, und nur extremer erkenntnis-
kritischer Skeptizismus bzw. philosophischer Subjektivismus kann sich
bereit finden, das vom Perzipienten unabhängige Dasein der Signalquelle,
der die perzipierten Informationen entstammen, zu leugnen, so etwa,
als sei die semantische Belegung von Signalen identisch mit deren
„Erzeugung" aus Gegebenheiten des erkennenden Subjekts. Die ganz
andere Frage allerdings, ob die in der Ich-Welt-Aufspaltung des subjektiven Erlebens liegende Denk-Konditionierung des Erfahrungswissenschaftlers Ausdruck einer Subjekt-Objekt-Dichotomie der sogenannten
„Welt an sich" ist, soll hier unerörtert bleiben. *In erster Näherung allerdings* beantwortet sie sich aus der vorgelegten Modellkonzeption. Ein
externer Beobachter (vgl. Abschnitt 6), der die *Wechselwirkungsdynamik*
des Systems „Mensch—Außenwelt" als kreisrelationales *Regelungsgeschehen* (im Sinne der vorangegangenen Kapitel A und B) zu betrachten gelernt hat, wird schwerlich den Weg zur klassischen „Erkenntnisrelation" zurückfinden.

Eine weitere sehr allgemeine Konditionierung der am Aufbau empirischen Wissens beteiligten Denkprozesse findet ihren Ausdruck in dem
„vernünftigen Glauben" des Erfahrungswissenschaftlers, daß der Gesamtheit der semantisch belegten Signale, die mehrere Perzipienten aus ihren
Außenwelten empfangen, *eine und dieselbe Objektwelt* zugrunde liegt, so
sehr auch im einzelnen die „Kanalbreiten der Informationsströme", die
„Valenzkapazitäten der Sinnesorgane", das „Wiedererkennungsvermögen" usw. voneinander abweichen und obwohl die verwendeten
Zeichensysteme, Korrespondenzregeln (vgl. S. 19f.) usw. sich voneinander
unterscheiden können.

Damit ist natürlich noch nicht gesagt, daß diese Objektwelt hinsichtlich
ihrer Eigenschaften intersubjektiv gleich oder auch nur sehr ähnlich
erfahren wird. Jeder Perzipient kommuniziert in jedem Augenblick mit
nur einer ganz bestimmten subjektiven Außenwelt (vgl. Abschnitt 2),
und auch im günstigsten Falle, wenn nämlich zwei Erfahrungswissenschaftler gleiche oder doch (nach Arten, Frequenzen, Intensitäten usw.)
sehr ähnliche Signalmannigfaltigkeiten empfangen haben und angenommen
werden darf, daß beide auf Grund eindeutiger methodischer Normierungen
diese Signalmannigfaltigkeiten in völlig gleicher oder doch sehr ähnlicher
Weise semantisch belegen und als internes Außenweltmodell dem
Informationsverarbeitungszentrum durchmelden, so können doch die im
engeren Sinne *operativen* (Denk-) Prozesse und mithin deren *Ergebnisse*,
also auch die *Beurteilungen der Signalquelleneigenschaften*, mehr oder
weniger stark voneinander abweichen. In allen Erfahrungswissenschaftlern
ist jedoch trotz dieser möglichen und faktischen Verschiedenheit die
(indes kaum reflektierte, weil eben „selbstverständliche") Überzeugung
lebendig, daß ihnen *genau eine* der denkmöglichen Welten als *die* erfahrbare
Wirklichkeit (man könnte sagen: als gleichsam höchst öffentliches
Ereignis) vorgegeben ist. Diese Überzeugung kann wahrscheinlich nicht
für sich bestehen ohne den aus einer Unsumme von Alltagserfahrungen
verallgemeinerten und erhärteten Glauben an die „*Quasibeständigkeit*"[141]

gewisser Komplexe von Signalen, die auf Grund der selektiven synthetisierenden Funktionen des operativen Zentrums als sogenannte „*Dinge*" der Objektwelt aus derselben begrifflich abgegrenzt und durch Zeichenbelegung in die semantische Sphäre abgebildet werden.

Mit dem „vernünftigen Glauben" des Erfahrungswissenschaftlers an die *Existenz* und die *Eindeutigkeit* der seinem Denken gegenüberstehenden Objektwelt verbindet sich schließlich eine dritte Grundüberzeugung, von der anzunehmen ist, daß ihr eine bestimmte Konditionierung aller den methodisch-wissenschaftlichen Denkoperationen supponierten Schaltmusterbildungen im Zentralnervensystem entspricht: die intersubjektive Überzeugung von der *immanenten Geordnetheit* wenn nicht aller, so doch vieler für die menschliche Daseinsbewältigung wesentlicher Teile der Wirklichkeit. Auch diese notwendige Grundbedingung des Denkens ist als Ergebnis langfristiger Lern-, Anpassungs- und Gewöhnungsprozesse verstehbar, wie umgekehrt alles Erkennen und alles Lernen eine gewisse Geordnetheit des Feldes der perzipierten Außenweltinvarianten vorauszusetzen scheint. Man kann natürlich von einer bestimmten philosophischen Wirklichkeitskonzeption aus (etwa der des subjektiven Idealismus) mit der Existenz der objektiven Welt auch die Geordnetheit dieser Welt leugnen oder überhaupt philosophische Enthaltsamkeit üben gegenüber dem Problem des Verhältnisses des Denkens zum Gedachten (wie im Falle der hier angestellten Überlegungen, die *einzig* menschliche Denkprozesse zum Gegenstand haben, also die philosophische Frage nach der „Bewußtseinstranszendenz der Wirklichkeit" völlig ausklammern). Jedoch wird nicht nur kein Erfahrungswissenschaftler, sondern auch kein Philosoph bestreiten wollen, daß er sich, unabhängig von seinem philosophischen Standpunkt, in der Praxis seiner Daseinsbewältigung so verhält, als *gäbe* es in der einen (von ihm nur in Grenzen beeinflußbaren) Objektwelt *Geordnetheit und Regelmäßigkeit* — nicht stets und überall vielleicht, aber doch so häufig und in so weiten Bereichen, daß diese dem Menschen vorgegebene Objektwelt im Rahmen nicht zu hoch gespannter Erwartungen sinnvoll-zielgerichtet manipulierbar wird. Denn niemand wird leugnen können, daß er sich fortwährend mit Vorteil solcher Regelmäßigkeiten, die in für ihn ganz offensichtlicher Weise nicht nur in seinem eigenen Bewußtsein auftreten, bedient, indem er aus ihnen *mittels* seiner denkoperativen Funktionen Voraussagen erschließt und Verhaltensanweisungen gewinnt.

Der „vernünftige Glaube" an die Existenz objektiver Ordnungsstrukturen innerhalb der einen wirklichen Objektwelt stellt die (wie bereits gesagt, kaum reflektierte) *Grundbedingung* dar, *unter der allein diese Ordnungsstrukturen selbst wissenschaftlich erforscht werden können.* Damit jedoch die Forschungsarbeit geleistet werden kann, bedarf es weiterer die Denkoperationen bzw. die ihnen zugeordneten Schaltmusterkontexte des Zentralnervensystems einschränkender Bedingungen, Konditionierungen, die nunmehr der *semantischen Ebene* angehören. Sie mögen daher als *semantische Konditionierungen* oder auch als *semantische Grundpostulate* bezeichnet werden.

Es seien hier deren zwei auf der primären Stufe unterschieden: das der *Eindeutigkeit* und das der *Ökonomie der semantischen Belegungen*. Schon früher (Abschnitt 7) war festgestellt worden, daß die Signale aus der Außenwelt eines Menschen für diesen erst dann „*kognitive Relevanz*" (vgl. S. 16) gewonnen haben, wenn sie Träger von Zeichen sind. Die „Bezeichnung" dieser Signale (bzw. Signalfolgen, Signalkomplexe) setzt, wie oben dargelegt, als Vorinformation im Besitz des Perzipienten befindliche Grundinventare von Zeichen voraus, welche die Elemente der semantischen Belegungen der „materiellen Information" liefern und den Empfindungsraum des Menschen auf ein Valenzinterpretations-Klassensystem abzubilden gestatten. Eine Valenzinterpretationsklasse war dabei (nach MEYER-EPPLER) definiert als die „Bezeichnung" einer Klasse von interpretationsisonymen, d. h. von dem betreffenden Menschen als sensorisch äquivalent erlebten Valenzen (zum Begriff der Valenz vgl. S. 16).

Das Postulat der *Eindeutigkeit der semantischen Belegungen* besagt nun, daß die vom Perzipienten aus seiner Außenwelt empfangenen Signale (Signalsequenzen, -komplexe) so codiert, mit Zeichen belegt oder kurz „bezeichnet" werden müssen, daß gleichen Signalen immer auch gleiche „Zeichen" als Bedeutungsträger zugeordnet werden. Zwar kann es vorkommen, daß mehrere Zeichen einer und derselben Signalkonstellation zugeordnet werden; in diesem Falle muß jedoch die Bedeutungsgleichheit der Zeichen feststehen. Werden umgekehrt mehrere Signale in ein und dasselbe Belegungselement codiert, so darf es sich bei diesen Signalen nur um sensorisch äquivalent erlebte handeln.

Entsprechendes gilt für die Bezeichnung von Signal*merkmalen*, den sogenannten Valenzattributen, seien diese nun polar oder nicht polar (vgl. S. 16). Und schließlich müssen auch die semantischen Belegungen, die sich auf die Größenrelation eines bei zwei Signalen auftretenden numerisch quantifizierbaren Merkmals beziehen, in dem Sinne übereinstimmen, daß bei gleichen (unmittelbar sensorisch konstatierten) Größenrelationen der materiellen Information immer auch gleiche Größenrelationen der semantischen Information auftreten.

Völlige Eindeutigkeit der semantischen Belegung aller aus der Außenwelt eines Erfahrungswissenschaftlers empfangenen problemrelevanten materiellen Information bleibt natürlich eine ideale Forderung. Ihr praktisch beliebig nahezukommen, gelingt nur innerhalb solcher erfahrungswissenschaftlicher Disziplinen, in denen das gesamte Informationsangebot auf deutlich übersehbare Teilstrukturen bzw. Strukturelemente eingeschränkt, also die Wirklichkeit in *hochgradig modellhaft idealisierter* Weise auf anschauliche oder/und gedankliche Schemata des tatsächlich viel komplexeren Geschehens abgebildet wird.

Das Postulat der Eindeutigkeit der semantischen Belegungen stellt nicht nur eine unerläßliche Grundkonditionierung der im engeren Sinne *perzeptiven*, sondern auch aller — mit diesen im Regelkreisgeschehen verbunden — *operativen* Prozesse dar. Dies wird bereits deutlich, wenn man sich den Vorgang der (präzisierenden) *Explikation vorwissen-*

schaftlicher Begriffe zum Zwecke ihrer Verwendung für erfahrungswissenschaftliche Denkoperationen vergegenwärtigt. Der Übergang vom vorwissenschaftlichen *Explikandum* zum erfahrungswissenschaftlichen *Explikat*, wie nach R. Carnap der explizierte „*Realbegriff*" genannt werden soll, besteht in der explizit-definitorischen Angabe aller derjenigen *bereits semantisch präzisierten* Merkmale und Eigenschaften, die den wissenschaftlichen Bedeutungsinhalt (und damit auch Geltungsumfang) des Explikats ausmachen sollen. Jeder hierbei verwendete Merkmals- bzw. Eigenschaftsbegriff muß selbst also durch Angabe der ihn semantisch präzisierenden Merkmals- und Eigenschaftsbegriffe expliziert sein. Es entsteht mithin ein Explikationsregreß, der offenbar erst mit dem Aufweis der semantischen Belegungen solcher Valenzen, Valenzattribute und Valenzkomplexe der materiellen Information endet, die (in stets reproduzierbarer Weise) den auf *unmittelbaren* Wahrnehmungen und Empfindungen beruhenden Merkmals- und Eigenschaftsinhalt der für die in Frage stehende Explikation benötigten erfahrungswissenschaftlichen Grundbegriffe konstituieren. Sind nun die für den Explikationsprozeß basalen (weil in alle seine Einzelschritte eingehenden) semantischen Belegungen jener Valenzen, Valenzattribute und Valenzkomplexe nicht in eindeutiger Zuordnung gegeben, so ist offenbar auch die Bedeutung des explizierten Begriffs nicht eindeutig. In dem Maße jedoch, in welchem Inhalt und Umfang des Explikats Schwankungen unterworfen sind, werden auch die schließenden und insbesondere prognostizierenden Operationen, in die das Explikat eingeht, mit einem Unsicherheitsfaktor belastet, der die Wahrscheinlichkeit der erschlossenen semantischen Einheit des hypothetischen Satzes bzw. der Prognose entsprechend vermindert. — Man macht sich leicht klar, daß die soeben angestellte Überlegung für alle drei (der von Carnap unterschiedenen) Klassen erfahrungswissenschaftlicher „Realbegriffe" gilt: für die *klassifikatorischen* ebenso wie für die *komparativen* und *quantitativen Begriffe*, die sämtlich die Forderung nach (hinreichender) semantischer Eindeutigkeit erfüllen müssen, um wissenschaftlich brauchbar zu sein.

Das Postulat der semantischen Eindeutigkeit wird, weiterhin, im Bereich des erfahrungswissenschaftlichen — wie auch des formallogischen — *Schließens* zur Forderung nach durchgängiger *Bedeutungsinvarianz der Denkgebilde überhaupt* einschließlich ihrer symbolischen Repräsentationen auf allen höheren „semantischen Stufen"[142]. In dieser verallgemeinerten Gestalt gewinnt das erste semantische Grundpostulat eine für alle methodischen Denkprozesse fundamentale Qualität. Die Eindeutigkeitskonditionierung des Denkens bewahrt dieses vor inneren Widersprüchen. Sie stellt den erkenntnispsychologischen Springpunkt dar nicht nur für das erkenntnislogisch wie erkenntnispsychologisch basale *Identitätsaxiom* der klassischen Logik, sondern auch für die (aus diesem ableitbaren) logischen Axiome der *Widerspruchsfreiheit* und des *ausgeschlossenen Dritten*[143] (vgl. Abschnitt 13).

Ist mit dem Gesagten die Eindeutigkeit der Zeichenzuordnung zur perzipierten Außenweltinformation und darüber hinaus die Bedeutungsinvarianz der Denkgebilde überhaupt als unerläßliche Grundkonditionierung aller perzeptiv-operativen Funktionen des erfahrungswissenschaftlichen Denkens erkannt, so ergibt die weitere empirische Analyse dieser Funktionen: daß alles erfahrungswissenschaftliche Denken danach trachtet, mit einer *möglichst kleinen Zahl von Bezeichnungen* auszukommen. Hierin drückt sich das Grundpostulat der *Ökonomie der semantischen Belegungen* aus. Es steht ebenfalls im Dienste der Vermehrung solcher Informationen, die für den Gewinn der im Sinne der Zielerreichung optimalen Handlungsantizipationen relevant sind. Informationstheoretisch betrachtet, findet das Ökonomiepostulat in der Forderung nach Verwendung sogenannter *Optimalcodes* bei der Transformation einer Klasse von Außenweltinformationen in eine Klasse von wissenschaftlichen Informationen seinen Ausdruck. Letztere enthalten einen um so größeren Informations*betrag* (bzw. sind um so weniger redundant), je mehr sich die Codierung der Außenweltnachrichten dem Optimalcode nähert.

Die Erfahrungswissenschaften zielen bekanntlich keineswegs auf eine bloße Registrierung und Speicherung *singulärer Außenweltdaten* — wodurch die perzipierte Wirklichkeit lediglich in der semantischen Sphäre verdoppelt, also keine über die Beobachtungsgegebenheiten hinausgehende Information gewonnen würde —, sondern auf die Herausarbeitung von *allgemeinen Regelmäßigkeiten*, in denen das erlebte wie künftig erlebbare Einzelne gleichsam „eingefaltet" ist, aus welchen es gedanklich „entwickelt" werden kann. Die (sich in diesen Regelmäßigkeiten offenbarenden) Ordnungsstrukturen der Wirklichkeit werden nur sichtbar, wenn die Gesamtheit der perzipierten Außenweltnachrichten weitestgehend *auf modellhaft idealisierende „permanente Denkobjekte"* verdichtet wird, wobei es wesentlich darauf ankommt, die Mannigfaltigkeit der zumeist unscharf strukturierten Invariantensysteme von Außenweltinformationen und der ihnen zugeordneten, oft vieldeutigen umgangssprachlichen Begriffe auf ein möglichst kleines System exakt explizierter *operativer Zeichen* bzw. explizierter *Realbegriffe* zu reduzieren. Auch für die Auswahl der zu explizierenden Begriffe gilt das zum *Prinzip der Denkökonomie überhaupt* erweiterte Postulat der Ökonomie der semantischen Belegungen: man wird stets solchen Begriffen den Vorzug geben, die als wissenschaftssprachlich präzisierte Bestandteile von empirisch-hypothetischen Sätzen die *einfachste* Erklärung möglichst vieler singulärer Sachverhalte eines bestimmten Ding- und Ereignisbereichs gestatten bzw. begünstigen.

Ziel aller sich in der semantischen Sphäre vollziehenden erfahrungswissenschaftlichen Operationen sind also Theorien, deren jede nach Möglichkeit *ein Maximum von Beobachtungsdaten auf ein Minimum von Realbegriffen und allgemeinen Sätzen zurückführt*. Mit den letzteren ist die größtmögliche Distanz des Denkens vom Jetzt und Hier der unmittelbaren Perzeptionserlebnisse erreicht. Zumal in der funktionalen Verknüpfung einer kleinen Zahl von durch Meßvorschriften definierten operativen Realbegriffen innerhalb eines Systems mathematisch formulierter empirisch-hypothetischer All-Sätze verwirklicht sich *in optima*

forma das pragmatisch-denkökonomische Grundprinzip der erfahrungswissenschaftlichen Erkenntnisweise, die darin besteht, ,,*relativ Bekanntes
in relativ Unbekanntem wiederzufinden und es eindeutig einem Minimum
von Zeichen zuzuordnen*" (M. Schlick)[144].

Außer den bisher besprochenen ,,Ordnungsformen" der perzeptiven
Prozesse, den Grundpostulaten der Außenweltperzeption und den semantischen Grundpostulaten, sind weitere Bedingungen bzw. Forderungen, die
sich das operationale Denken gleichsam ,,selbstprogrammierend" stellt,
hervorzuheben, nämlich solche, welche die Gesamtheit der *folgernden
Denkoperationen* auf diejenigen Schlußweisen einschränken, für die sich
empirisch-heuristische und logische Rechtfertigungsgründe beibringen
lassen. *Vor*wissenschaftliches Schließen folgt oft nur der unreflektierten
Gewohnheit und einem aus komplexen Lernprozessen erworbenen Gefühl
dafür, was ,,vernünftigerweise" an weiterführenden Einsichten aus

Tabelle 2. *Finale Programmierung und kognitive Konditionierungen
erfahrungswissenschaftlichen Denkens*

Finale Programmierung	**A** *Vitale Programmierung*	*Biologische Bauplanmuster sowie die Dauerbefehle:* 1. Überlebenmüssen der Art 2. Überlebenmüssen des Individuums (soweit mit 1 verträglich)
	B *Motivationale Programmierung*	*Motive als Führungsgrößen* 1. Motive 1. Ordnung (verträglich und im Einklang mit der für alle erfahrungswissenschaftlichen Operationen basalen Wert- und Zielorientierung) 2. Motive 2. Ordnung
Kognitive Konditionierungen	**C** *Perzeptuelle Konditionierung*	*Ordnungsformen aller perzeptiven Prozesse* 1. Zeit 2. Raum *Grundpostulate der Außenweltperzeption* 3. Existenz einer Objektwelt 4. Eindeutigkeit der Objektwelt 5. Geordnetheit der Objektwelt
	D *Semantische Konditionierung*	*Semantische Grundpostulate* 1. Eindeutigkeit der semantischen Belegungen 2. Ökonomie der semantischen Belegungen
	E *Operative Konditionierung*	*Grundpostulate des Schließens* 1. Grundpostulate des induktiven Schließens 2. Grundpostulate des deduktiven Schließens
	F *Operative Subkonditionierungen*	*Methodisch-heuristische Konditionierungen* innerhalb 1. methodisch weitgehend homogener Gruppen von Erfahrungswissenschaften 2. einzelner Erfahrungswissenschaften 3. einzelner erfahrungswissenschaftlicher Disziplinen 4. einzelner erfahrungswissenschaftlicher (subdisziplinärer) Forschungsaufgaben

gegebenen Sachverhalten gewonnen werden kann. Im erfahrungswissenschaftlichen Denken bedarf es zusätzlicher kognitiv-operativer Konditionierungen der informationsverarbeitenden Prozesse, nämlich gewisser *Grundpostulate des Schließens*, damit die Denkbewegungen unter Vermeidung von Fehl- und Trugschlüssen in wissenschaftlich fruchtbare, also heuristisch effektive Bahnen gelenkt werden. Auf diese Grundpostulate soll im Zusammenhang mit der Erörterung des *induktiven* und des *deduktiven* Denkens in den beiden folgenden Abschnitten näher eingegangen werden.

Die diesen Überblick abschließenden, für einzelne Wissenschaftsbereiche ausgebildeten *methodisch-heuristischen* Operationsbedingungen endlich können nicht mehr Gegenstand einer *generellen* Untersuchung der *finalen Programmierung* und der *kognitiven Konditionierungen des erfahrungswissenschaftlichen Denkens bzw. der ihnen supponierten Schaltmusterkontexte des Zentralnervensystems* sein. Es mag daher die Bemerkung genügen, daß eine *Stufenfolge zunehmender Spezialisierung* von den allgemeinsten operativen Normen, die für ausgedehnte erfahrungswissenschaftliche Bereiche weitgehend anerkannte Gültigkeit besitzen, bis hin zu den für einzelne Forschungsaufgaben zu entwickelnden speziellen Denk- und Arbeitsmethoden führt. *Mit wachsender Spezialisierung der operativen Subkonditionierungen nimmt auch deren Flexibilität zu.* Die kontextstiftenden Funktionen des erfahrungswissenschaftlichen Denkens erreichen dabei ihren höchsten Beweglichkeitsgrad in neu zu erschließenden oder gerade erst sich konstituierenden und daher noch nicht speziell methodisch formierten Forschungsbereichen, in denen noch ungehemmtphantasievolle Hypothesenbildungen das Feld beherrschen.

Tabelle 2 soll den Aufbau der vorbehandelten Programmierungen bzw. Konditionierungen schematisch zusammenfassen.

7. Grundzüge des operativen Aufbaues einer erfahrungswissenschaftlichen Theorie

Die finale Programmierung und die kognitiven Konditionierungen des operationalen Denkens setzen dieses in den Stand, kraft seiner kombinatorischen Dynamik von der Perzeption singulärer Außenweltgegebenheiten bis zur Errichtung umfassender prognostizierender Theorien voranzuschreiten. Wenn im folgenden versucht wird, diesen Prozeß des Aufbaues einer erfahrungswissenschaftlichen Theorie (wiederum nur in sehr allgemeinen Zügen) zu beschreiben, so ist dies natürlich nicht so zu verstehen, als brauche man nur eine gleichsam lineare Abfolge einzelner Operationsschritte oder auch nur Operationsgesamtheiten zu durchlaufen, um einen vorgegebenen Bereich der Objektwelt zu theoretisieren. Vielmehr stellt der Aufbau einer erfahrungswissenschaftlichen Theorie von einiger Tragweite und Leistungsfähigkeit, wie schon früher betont, einen *hochkomplexen Vorgang* dar, der sich zumeist unter Beteiligung einer Fülle von Einzelleistungen vieler Forscher über lange Zeiträume hin erstreckt. Innerhalb des großen Freiheitsspielraumes, den die kognitiven Konditionierungen des Wahrnehmens und Denkens dem Theorienbildner belassen, spielen mannigfache perzeptiv-operative Teilprozesse ineinander, die nur unter besonders glücklichen Umständen in einzelnen Fällen nachträglich aufgelöst werden können. Besonders das Zusammenwirken der einzelnen Schlußweisen, deren Haupttypen oben genannt wurden, ist im konkreten Einzelfall kaum oder nur in grober Näherung im Gedankenmodell reproduzierbar. Progressions- und Regressionslinien sind in vielfacher Weise ineinander verschlungen, und wenn man für das Verständnis des Wechselwirkungsgeschehens zwischen Erfahrung und Theorie, zwischen dem „empirisch Gegebenen" und dem aus ihm logisch Erschlossenen, das seinerseits wieder weitgehend die Art und Weise der Außenweltperzeption bestimmt, ein Feedback-Modell des operationalen Denkens (gemäß dem in den Kapiteln A und B entwickelten Modellgrundriß) in Ansatz bringt, so ist damit selbstverständlich noch nicht gezeigt, *wie* die Regelkreise 2., 3. usw. Ordnung nun im einzelnen funktionieren. Viele der tatsächlichen Denkprozesse, die am Aufbau einer erfahrungswissenschaftlichen Theorie beteiligt sind, werden in der Selbstbeobachtung teils als sprunghaft-spontan, teils als fließend und oft so integrativ erlebt, daß ihre Auflösung in Teilschritte bzw. ihre Rückführung auf Elementaroperationen unmöglich scheint. Dies gilt besonders für diejenige Klasse von operativen Leistungen, denen als sogenannte *Intuition* die Rolle eines Auslösungs- und Verbindungsmechanismus miteinander interferierender schließender Denkprozesse zugesprochen werden darf. Hinzu kommt die wissenschaftsgeschichtlich erhärtete Tatsache, daß der *spekulativen Phantasie*, dem kombinatorischen „*Herumprobieren*" und dem „*Erraten*" von keineswegs durch Beobachtungsdaten unmittelbar nahegelegten allgemeinen Zusammenhängen eine gar nicht hoch genug zu veranschlagende Bedeutung für die Konstruktion leistungsfähiger Modelle und Theorien zugesprochen werden muß. Gleiches läßt sich für die Rolle des *Analogiedenkens* in seinen mannigfachen Varianten sagen, wobei gerade der *weniger wahrscheinliche Schluß „vom Besonderen auf Besonderes"* das schöpferische Denken außerordentlich verlebendigt.

Nur unter Berücksichtigung der dargelegten Umstände mag es sinnvoll scheinen, dennoch den operativen Aufbau einer erfahrungswissenschaftlichen Theorie nach einem die wirklichen Verhältnisse stark vereinfachenden Mehr-Phasen-Schema zu charakterisieren. Auf das zwischen Operationen der einzelnen Phasen bestehende komplizierte Regelkreisgeschehen wird in diesem Überblick nicht eingegangen[145].

1. Phase

Die 1. Phase des Theorienaufbaues ist die der *aufmerksamkeitszentrierenden Wahrnehmung der phänomenalen Wirklichkeit* auf Grund noch grober konzeptuell-operativer Vorstellungen und Erwartungen, wobei bereits vereinseitigend gewisse zunächst ins Auge springende Ordnungszüge des Informationsangebotes unter dem Gesichtswinkel vor allem kausaler, aber auch schon konditionaler und funktionaler Abhängigkeiten aus der Erlebnisgesamtheit herausgeschnitten werden.

Bereits in der „bloßen", nichtexperimentellen, dabei aber gezielten Wahrnehmung kommen über die (finale Programmierung und die) kognitiven Grundkonditionierungen (C, D und E von Tabelle 2) hinaus zahlreiche noch nicht methodisierte konditionierende und als solche bereits selektierende und strukturierende Faktoren in dynamischem Wechselspiel zur Geltung. Erst mit zunehmender Methodisierung dieser konditionierenden Faktoren und mit wachsender Verfestigung der sich bezüglich des jeweils anvisierten Operationszieles bewährenden Denkprozesse bzw. der diesen zugeordneten dynamischen Strukturmusterbildungen des Zentralnervensystems wird allmählich die Wahrnehmung zur systematischen *Beobachtung*.

In der 1. Phase des Aufbaues einer erfahrungswissenschaftlichen Theorie steht das *Auffinden fruchtbarer Problemstellungen* im Vordergrund. Es kommt weniger darauf an, bisherige Kombinationen signifikant scheinender Umstände und Vorgänge mit zunehmender Deutlichkeit zu erkennen, als mehr darauf, die Schwerpunkte möglichen wissenschaftlichen Fragens und Suchens nach den verschiedenen Richtungen zu verlagern, die Problemstellungen umzuzentrieren, bereits sich verfestigende, aber nicht weiterführende Vorstellungen und Erwartungen wieder aufzulösen und neu zu formieren.

2. Phase

Zu der soeben in groben Umrissen beschriebenen Tätigkeit tritt in wachsendem Umfange die sich in der sprachlich-semantischen Sphäre vollziehende, noch stark anschauungsbetonte *Abgrenzung einzelner Informationskomplexe und -einheiten*, also von *Invarianten der wissenschaftlichen Beobachtung*. Geeignet scheinende umgangssprachliche Begriffe und deren Namen werden als semantische Belegungen der vorselektierten materiellen Informationseinheiten herangezogen, jedoch durch Wort- bzw. Gebrauchsdefinitionen in erster Näherung *präzisiert*. Hierdurch wird eine im Vergleich zu vorwissenschaftlichen Ausdrucksmöglichkeiten exaktere verbale Beschreibung der Beobachtungsergebnisse in der Syntax der verwendeten Umgangssprache ermöglicht.

Mit der Herausdifferenzierung bestimmter Fragestellungen, auf die sich die Problemgesamtheit reduziert, erweisen sich gewisse der bereits registrierten Informationsbestände als irrelevant, während andere bisher vernachlässigte stärker in den Blickpunkt rücken. Die relevant scheinenden Informationsbestände werden unter Hinzunahme geeigneter *Eigenschafts-, Klassen- und Relationsbegriffe* eingeteilt und klassifiziert. Dabei gelangen vor allem das Subsumtions- und das Analogieschlußverfahren zur Wirksamkeit. Durch Vernachlässigung von Ähnlichkeitsbeziehungen werden als semantische Belegungen von Klassen zusammengehöriger Informationsbestände sowie von Oberklassen, deren Elemente selbst Klassen sind, Ordnungsbegriffe höherer Abstraktionsstufen geschaffen und mit Namen besetzt.

Gleichzeitig kommt es zur Präzisierung und nötigenfalls zur Neukonstruktion, jedenfalls aber zu verstärkter Anwendung *quantitativer*

Begriffe (Zeit, Gewicht, Temperatur, Preis usw.). Letztere eröffnen den Zugang zu messenden Verfahrensweisen und zur quantitativen Beschreibung der beobachteten Objekte und Ereignisse sowie vor allem der zwischen diesen bestehenden Beziehungen. Die genannten Begriffsarten konstituieren in den verschiedenen Allgemeinheitsgraden den semantischen Raum der sich über der Gesamtheit der problemrelevanten individuellen Außenweltnachrichten gestaltenden bedeutungstragenden Zeichen. Dieser semantische Raum, ergänzt (wo es möglich und nötig ist) durch die Zeichensprache der Mathematik, beinhaltet das *begriffliche Rohmaterial* für die Beschreibung nunmehr auch gewisser verhältnismäßig einfach erkennbarer struktureller und funktionaler Regelmäßigkeiten, aus denen sich in einzelnen Fällen bereits explizite Voraussagen ableiten lassen.

3. Phase

Derartige Regelmäßigkeiten gilt es nun in zunehmend präzisierter Gestalt unter ständiger Kontrolle am Material gezielter Beobachtungen herauszuarbeiten, wobei sich die Beschränkung auf enge, aber gut übersehbare Ereignisbereiche im allgemeinen als zweckmäßig erweist. Mehrere gedankliche Entwürfe werden in der Regel in Konkurrenz zueinander treten, bis es gelingt, ein noch stark anschauungsbetontes, molares und zumeist nur beschreibendes Modell des hinreichend eng abgegrenzten Ereignisfeldes zu entwerfen, das wenigstens partielle Ordnungszüge des selektierten Geschehens „strukturisomorph" wiederspiegelt. Dieses „*Primärmodell*" wird im einfachsten Falle eine weitgehend bildhafte Analogie des zu erforschenden Teils der Wirklichkeit sein, es kann aber auch bereits einen gewissen kausal-konditionalen Zusammenhang wiedergeben oder gar mittels der Sprache der Mathematik ein bestimmtes funktionales Wechselspiel gewisser aus quantitativen Begriffen entwickelter veränderlicher Größen — wenigstens in erster Näherung — darstellen. Die dem Primärmodell noch anhaftenden, durch den Mangel an Außenweltinformationen bedingten Lücken des Modells werden durch *fiktive Konstruktionen* geschlossen, die als *Überbrückungs-*, *Ergänzungs-* oder (üblicherweise) als *Hilfshypothesen* bezeichnet werden.

In manchen erfahrungswissenschaftlichen Disziplinen, die noch eine mehr aggregative als systematische Formation aufweisen, ist das auf einen relativ engen Geltungsbereich eingeschränkte Primärmodell die gegenwärtig erreichte Stufe der Szientifikation[136].

4. Phase

Von dem vorläufigen Entwerfen eines Primärmodells mögen diejenigen erfahrungswissenschaftlichen Denkoperationen unterschieden werden, die der *Prüfung, Korrektur und Ergänzung,* also der fortschreitenden *Vervollkommnung und damit dem Ausbau des Primärmodells zum Sekundärmodell* dienen. Bei diesen oft langwierigen und viele Zwischenstadien durchlaufenden Operationen kommen zumeist wechselseitig induktive und deduktive Schlußweisen zur Anwendung; die ersteren, wo es um die

Verallgemeinerung von hinreichend gesicherten bzw. wahrscheinlichen Sachverhalten geht, die zweiten, wenn aus induktiv erschlossenen und insoweit hypothetisch angenommenen allgemeineren Zusammenhängen spezielle Folgerungen gezogen werden sollen. Dabei werden die erschlossenen oder intuitiv gewonnenen Hypothesen *in zunehmendem Maße der empirischen Kontrolle unterworfen*, indem einzelne aus ihnen logisch deduzierte Aussagen geringerer Allgemeinheitsgrade bis hinunter zu den Beobachtungssätzen auf ihre Übereinstimmung mit den entsprechenden Erfahrungsdaten geprüft werden. Alle diese Schlüsse sind auch auf der Stufe des Sekundärmodells in vielen Fällen noch weitgehend inhaltlicher Art, wie in den meisten erfahrungswissenschaftlichen Disziplinen die Sekundärmodelle selbst mehr inhaltlich-verbalen und anschaulich-beschreibenden als formalen und kausal-konditional erklärenden Charakters sind.

Wo allerdings — wie vor allem in der Physik — Beschreibungsmodelle der Sekundärstufe zeitabhängige funktionale Abläufe darstellen, also die Beschreibung einer Folge von Zuständen leisten, läßt sich ihnen oft ein geschlossener mathematischer Formalismus zuordnen, der die Modellkonstellation zu einem beliebigen, also auch vergangenen oder künftigen Zeitpunkt zu berechnen gestattet. Ja, in Fällen, in denen die anschauliche Beschreibung von Ereignisfolgen nicht mehr als zweckmäßig erscheint oder einschlägigen Beobachtungen widerspricht, kann dieser Formalismus vollständig an die Stelle des Sekundärmodells treten, dieses gleichsam als „heuristische Hülle" abstreifend. Derart weit getriebene Formalisierungen des Sekundärmodells dürfen jedoch nicht verkennen lassen, daß die verwendete Symbolik „nur" eine *verbesserte Sprache* darstellt, mit deren Mitteln die empirischen, an Beobachtungen nachprüfbaren Sachverhalte in möglichst weitgehender formaler Einfachheit beschrieben werden können.

Weisen mathematisch-funktionale Voraussagemodelle eine sehr große Zahl von Individuenvariablen auf, so werden die letzteren zweckmäßig als Koordinaten eines Phasenraumes gedeutet, derart, daß ein bestimmter Punkt dieses Raumes einen bestimmten Modellzustand (der Variablenbelegung) und eine diskrete Raumpunktfolge bzw. stetige Raumkurve die zeitliche Veränderung des Modells charakterisiert.

Allen Sekundärmodellen in dem hier gemeinten Sinne — seien sie nun mehr inhaltlich-anschauliche oder bereits in gewissem Umfange mathematisch formalisierte Beschreibungsmodelle (mit oder ohne Voraussagefunktion) — ist gemeinsam, daß sie sich, ebenso wie die Primärmodelle, aus denen sie hervorgegangen sind, jeweils auf einen im Vergleich zu der angestrebten Theorie *nur engen Wirklichkeitsbereich* beziehen. Daher mag im Blick auf beide besprochenen Modelltypen gelegentlich auch von *partiellen* (Primär- bzw. Sekundär-) *Modellen* oder kurz von *Partialmodellen* die Rede sein.

5. Phase

Gelingt es, eine Anzahl von partiellen Sekundärmodellen derart zu einem Ordnungszusammenhang zu verallgemeinern, daß aus diesem die Partialmodelle deduktiv abgeleitet werden können, so ist die Stufe des *Erklärungsmodells* erreicht. Die *Ableitungsverfahren* sind besonders bei den Erklärungsmodellen der theoretischen Physik oft von komplizierter Struktur und setzen die Beherrschung spezieller mathematischer Beweistechniken voraus.

Selbstverständlich sind die begrifflichen Grenzen zwischen den drei Modellstufen — primäres Beschreibungsmodell, sekundäres Beschreibungsmodell, Erklärungsmodell — nicht scharf gezogen. Ob man geneigt ist, einem Modell, das zwar einen vergleichsweise nur engen Objektbereich erfaßt, jedoch in gewissem Umfange bereits Voraussagen gestattet, die Qualität eines *Erklärungs*modells zuzuschreiben, dürfte nicht zuletzt von dem Reifegrad der betreffenden erfahrungswissenschaftlichen Disziplin abhängen, der selbst wieder an dem Grad gemessen werden kann, in welchem die Sprache der Mathematik zur Darstellung der erforschten Ordnungsstrukturen der Objektwelt herangezogen wird.

Jüngere erfahrungswissenschaftliche Disziplinen, besonders solche im Umkreis der Sozial- und Wirtschaftswissenschaften, sind zumeist noch nicht in der Lage, umfassende Erklärungsmodelle als Variablenstrukturen aufzubauen, aus deren basalen Beziehungen einzelne Partialmodelle mathematisch abgeleitet werden können. Hier ist gegenwärtig die Stufe des — primären oder sekundären — Partialmodells, das in besonders günstigen Fällen die jeweils interessierende Gesamtwirkung eines Teilsystems als mathematische Funktion von Variablen zu beschreiben gestattet, noch nicht überschritten.

Dagegen weist die Physik Erklärungsmodelle von größter Reichhaltigkeit und Tragweite bei gleichzeitig höchster mathematischer Präzision bezüglich der Ableitung von Partialmodellen und der Voraussage singulärer Ereignisse auf. Die Entwicklung der physikalischen Erklärungsmodelle zeigt dabei eine fortschreitende Tendenz zur Entstofflichung und Abstraktion. Der Begriff der dynamischen Gestalt rückt immer mehr in den Vordergrund, einer Gestalt, die nicht einmal mehr notwendig an die Geometrie des anschaulichen Raumes gebunden bleibt, sondern sich im rein gedanklich-abstrakten Schema ausdrückt. Noch vor wenigen Jahrzehnten glaubte man, die „wirklichkeitsabbildenden" anschaulichen Modelle der Physik nur genügend verfeinern und von noch vorhandenen Überbrückungshypothesen und Fehlern befreien zu brauchen, um eine schrittweise Annäherung an *das* jeweils „richtige" und „vollständige" *anschauliche* Erklärungsmodell erreichen zu können. Solche Grenzmodelle existieren jedoch nicht. Die moderne physikalische Forschung hat gezeigt, daß man auf eine grobsinnlich-anschauliche und weder in sich noch zur Erfahrung widerspruchsfreie Erklärung oder auch nur Beschreibung sowohl der Feinstruktur der Wirklichkeit als auch der mit physikalischen Mitteln erfaßbaren Welt im ganzen ein für allemal wird verzichten müssen. Hier scheint der Übergang vom Provisorium des anschaulichen Modells zum mathematischen Formalismus unvermeidlich. Der notwendige Zusammenhang des letzteren mit der Wirklichkeit wird lediglich dadurch hergestellt, daß gewisse empirische Begriffe den in den Basissätzen

(Satzfunktionen) des mathematischen Systems miteinander verknüpften Variablen eindeutig zugeordnet werden.

Indes ist zu berücksichtigen, daß eine strenge Grenzziehung zwischen „*anschaulichen*" und „*unanschaulichen*" Erklärungsmodellen wegen der Unschärfe des zumeist wenig kritisch verwendeten Anschauungsbegriffs nicht möglich ist. Dieser Begriff ist psychologischer Art, tritt jedoch in der neueren Psychologie seit langem nicht mehr auf. Es scheint auch nicht ratsam, einen mathematischen Formalismus schlechthin als unanschaulich zu bezeichnen. Denn fraglos kann das erfahrungswissenschaftliche Denken im Zuge der Gewöhnung und Anpassung an formale Operationen ohne prinzipielle Beschränkung erweitert und präzisiert werden[146]. Keinesfalls ist eine wie immer verstandene Anschaulichkeit erforderlich für diejenige Art von Wirklichkeitserkenntnis, der es allein um die exakte Erschließung von Regelmäßigkeiten und um zuverlässige Prognosen geht.

Liegt das Erklärungsmodell als *empirisch verifiziertes Aussagensystem* vor (zur empirischen Verifikation s. Abschnitt 15), so wird es gewöhnlich bereits als *erfahrungswissenschaftliche Theorie* bezeichnet, sofern die Grundbegriffe und Basissätze des Erklärungsmodells in einer *Wissenschaftssprache* formuliert sind und das *Verfahren der Ableitung* der den Partialmodellen zugeordneten Aussagensysteme aus den Basissätzen sowie der Beobachtungssätze aus den letztgenannten Satzsystemen exakt beschreibbar ist. Anderenfalls bedarf es der Explikation des Erklärungsmodells in einer Wissenschaftssprache.

6. Phase

Die in der letzten Phase des Theorieaufbaues zu leistende *wissenschaftssprachliche Explikation des Erklärungsmodells* umfaßt folgende Gruppen von Leistungen:

1. Die *Elimination* solcher möglicherweise im Erklärungsmodell auftretender empirischer Begriffe, die sich bei Verwendung des Erklärungsmodells für Voraussageoperationen als entbehrlich (lediglich redundanzerhöhend) erwiesen haben.

2. Die von R. CARNAP beschriebene wissenschaftliche *Explikation* der übrigen — *klassifikatorischen, komparativen* und *quantitativen* (CARNAP) — (definierbaren) Begriffe durch

a) *Wortdefinitionen*, d. h. durch Angabe von logischen Äquivalenzen zwischen dem jeweiligen Definiendum (Explikandum) und dem zugehörigen Definiens (Explikat), das im Idealfall außer eindeutigen logischen Begriffen ausschließlich bereits explizit definierte empirische Begriffe oder (nicht explizit definierbare) empirische Grundbegriffe enthält.

b) *Realdefinitionen*, die in der Angabe von Meßvorschriften bestehen, in der Physik z. B. die Definition des Kraftbegriffs.

c) „*(Konstitutionale) Gebrauchsdefinitionen*" (CARNAP), bei denen an die Stelle von Definiendum und Definiens der Wortdefinition Satzfunktionen mit den gleichen Variablen treten und bei denen der zu definierende Name zwar im Definiendum, aber nicht im Definiens vorkommt[147].

3. Die Rückführung der explizierten empirischen Begriffe auf ein System von empirischen *Grundbegriffen*, die selbst stets durch Erlebnisse von Grundsachverhalten der Außenweltperzeption deutbar sind. Aus den Grundbegriffen der erfahrungswissenschaftlichen Theorie müssen sich alle übrigen Begriffe derselben (soweit es sich bei diesen nicht um theoretische Konstrukte wie „verborgene Parameter", „unobservels", „intervenierende Variable" u. dgl. handelt) konstituieren lassen.

4. Die möglichst exakte wissenschaftssprachliche Formulierung der *hypothetischen Sätze* (vgl. S. 93), durch welche die explizierten empirischen Begriffe miteinander zu Aussagen über die Objektwelt verknüpft sind.

5. Die Einteilung der hypothetischen Sätze in die zwei Klassen der *basalen hypothetischen (All-) Sätze und der übrigen hypothetischen Sätze* derart, daß die letzteren aus den ersteren deduktiv abgeleitet werden können. Das System der basalen hypothetischen Sätze muß die Forderung der Widerspruchsfreiheit, nach Möglichkeit auch diejenige der Vollständigkeit und der Unabhängigkeit (vgl. S. 93f.) erfüllen.

6. Die Präzisierung des Ableitungsverfahrens.

Während der letztgenannten Phasen des Theorieaufbaues gewinnt zunehmend die *kontrollierende Tätigkeit* des erfahrungswissenschaftlichen Denkens Bedeutung. Bereits die noch nicht in einen Begründungs- und Erklärungszusammenhang gebrachten Partialmodelle, besonders diejenigen der Sekundärstufe, werden häufigen Bewährungsproben unterworfen, indem man die aus ihnen gewonnenen singulären Tatsachenaussagen auf ihre Übereinstimmung mit den beobachtbaren Sachverhalten prüft. Zu systematischen Falsifikationsversuchen wird diese kontrollierende Tätigkeit beim Erklärungsmodell bzw. bei der mit ihm korrespondierenden erfahrungswissenschaftlichen Theorie erweitert. Solange sich trotz eigens hierfür erdachter und durchgeführter Experimente ergibt, daß keine Beobachtung bekannt geworden ist, die einem aus den basalen hypothetischen Sätzen der Theorie deduzierten Satz widerspricht, gilt die Theorie als „bewährt" (POPPER). Anderenfalls muß sie erneut überarbeitet werden (vgl. hierzu Abschnitt 15).

In einigen Fällen gelingt es, ein noch nicht wissenschaftssprachlich expliziertes Erklärungsmodell derart auf die Gestalt einer axiomatisch-deduktiven erfahrungswissenschaftlichen Theorie zu bringen, daß man es als „interpretierendes Modell" eines *bereits vorhandenen* formalen axiomatisch-deduktiven Relationensystems aufweist. Dies geschieht durch Zuordnung gewisser basaler empirischer Begriffe des Erklärungsmodells zu den in den Postulaten des abstrakten Relationensystems auftretenden Variablen, die als uneigentliche, semantisch inhaltsleere Begriffe vermöge jener Zuordnung empirisch interpretiert werden. Die Belegung dieser Grundbegriffe des abstrakten Relationensystems durch (eigentliche) empirische Begriffe bewirkt, daß nun auch alle in den rein formal bewiesenen Sätzen des Relationensystems auftretenden Variablen durch die entsprechenden Konstanten besetzt werden: aus dem formalen

System ist ein inhaltlicher, „mit Bedeutung versehener" Begründungs- und Ableitungszusammenhang geworden, nämlich die auf die wirkliche Welt bezogene erfahrungswissenschaftliche Theorie. Deren bestmögliche Gestalt ist die des sogenannten *interpretierten* (vollformalisierten) *Kalküls* (vgl. Abschnitt 14).

Die Geschichte der Wissenschaften zeigt, daß es möglich ist, mehrere Erklärungsmodelle bzw. erfahrungswissenschaftliche Theorien von bereits beträchtlicher Reichweite und hohem Bewährungsgrad zu einer neuen, noch umfassenderen Theorie zu „*verschmelzen*", d. h. die basalen hypothetischen Sätze jener Theorien auf ein System *noch allgemeinerer* Regelmäßigkeiten zurückzuführen.

Seien T_1, T_2 zwei erfahrungswissenschaftliche Theorien und $A(T_1) = = A_1$, $A(T_2) = A_2$ die aus basalen hypothetischen Sätzen bestehenden Axiomensysteme von T_1 und T_2, so heiße eine erfahrungswissenschaftliche Theorie $\mathfrak{T}$ *durch Verschmelzung von T_1 und T_2 entstanden*, wenn — nötigenfalls unter gewissen zusätzlichen „Spezialisierungsbedingungen" — aus dem Axiomensystem $\mathfrak{A} = \mathfrak{A}(\mathfrak{T})$ von $\mathfrak{T}$ sämtliche basalen hypothetischen Sätze von A_1 und A_2 deduziert werden können, in Zeichen: $\mathfrak{A} \to A_1 \wedge \mathfrak{A} \to A_2$. Das Verschmelzungssystem $\mathfrak{A}$ erklärt jedoch oftmals nicht nur die bereits von A_1 und A_2 erklärten Vorgänge der phänomenalen Welt, indem es die Theorien T_1 und T_2 als Spezialfälle von $\mathfrak{T}$ erweist, sondern darüber hinaus noch weitere Ordnungseigentümlichkeiten der Objektwelt, die *außerhalb* des Ableitungszusammenhanges sowohl von A_1 als auch von A_2 liegen. — Im Sinne der obigen Definition sind, um ein Beispiel anzuführen, die Theorie der elektrischen und die der magnetischen Wirkungen zur Theorie des Elektromagnetismus verschmolzen worden. Letztere hat die Maxwellschen Gleichungen zu basalen hypothetischen Sätzen. Der mathematisch formulierten Theorie MAXWELLS ging das Erklärungsmodell FARADAYS voraus, mit dem dieser das Wechselspiel zwischen Elektrizität und Magnetismus anschaulich erklärte. Auch die Bemühungen EINSTEINS um die sogenannte einheitliche Feldtheorie sind hier zu nennen: sie stellen den (allerdings nicht geglückten) Versuch der Verschmelzung von Relativitäts- und Quantentheorie dar.

Von besonderem Interesse ist weiterhin der Fall, daß zwei denselben Objektbereich betreffende, jedoch miteinander unverträgliche Theorien T_1 und T_2 in einer allgemeineren Theorie $\mathfrak{T}$ des gleichen Gegenstandsbereichs „*aufgehen*", wobei $\mathfrak{T}$ die Subtheorien T_1 und T_2 derart als Spezialfälle enthält, daß nunmehr jene Unvereinbarkeiten und mit ihnen die Widersprüche gewisser theoretischer Erklärungen zur Erfahrung aufgehoben sind. — Allgemein heißen zwei Theorien T_1, T_2 *miteinander unverträglich*, wenn es kein Erklärungsmodell gibt, das die Konjunktion derjenigen abstrakten Relationensysteme widerspruchsfrei interpretiert, für welche T_1 und T_2 ihrerseits interpretierende Modelle sind. Dabei bedeutet: *widerspruchsfreie Interpretation* eines abstrakten axiomatisch-deduktiven Relationensystems durch ein (Erklärungs-) Modell, daß es unmöglich ist, aus dem interpretierenden Modell eine Aussage *und* deren

Negation zu deduzieren. — Als Beispiel für den letztgenannten Fall der Vereinigung zweier miteinander unverträglicher Theorien zu einer neuen Theorie sei das Aufgehen der Korpuskular- und der Wellentheorie des Lichts in der Quantenmechanik genannt.

Andere Generalisierungen von erfahrungswissenschaftlichen Theorien nehmen ihren Ausgang nicht von *mehreren* Subtheorien, sondern verfolgen überwiegend die Linie der schrittweisen Verallgemeinerung der Basissätze *nur einer* Theorie durch Einführung neuer Parameter, bzw. dadurch, daß man eine oder mehrere der in den Basishypothesen auftretenden Konstanten durch eine Funktion von Variablen ersetzt. Die Subtheorie bleibt dabei *voll gültig*, sofern sie unter gewissen Parameterspezialisierungen aus der sie verallgemeinernden Theorie als Sonderfall deduzierbar ist. — So stellt die spezielle Relativitätstheorie eine Verallgemeinerung der GALILEI-NEWTONschen Mechanik dar vermöge der Ersetzung der GALILEI-Transformation durch die LORENTZ-Transformation, in der die Lichtgeschwindigkeit c explizit auftritt und daher als Parameter deutbar ist. Läßt man c insbesondere unbeschränkt große Werte annehmen, so fällt die „klassische" Mechanik als Subtheorie heraus. Ihr Geltungsbereich ist dadurch charakterisiert, daß bei den in diesen Bereich fallenden Vorgängen die Endlichkeit der Lichtgeschwindigkeit gegenüber der Eigengeschwindigkeit der betrachteten Objekte nicht merkbar ins Gewicht fällt. — In entsprechender Weise braucht man nur in gewissen Formeln der Quantentheorie das PLANCKsche Wirkungsquantum h gegen Null konvergieren zu lassen, um die klassische Theorie der sich in den mittleren Dimensionen abspielenden, als stetig objektivierbaren Vorgänge zu erhalten.

Mit dem Gewinn an Einheitlichkeit, Einfachheit und Geltungsumfang, wie er besonders die aus Verallgemeinerungen der beschriebenen Art hervorgegangenen Theorien der modernen Physik auszeichnet, verbindet sich stets auch die Notwendigkeit, gewohnte Begriffe und Vorstellungen der Subtheorien zu eliminieren. Diese Elimination weist immer in die Richtung zunehmender Abstraktion der die Ordnungseigenschaften der Wirklichkeit beschreibenden bzw. erklärenden Begriffe und Begriffsverknüpfungen. Mit dem Verlust an Anschaulichkeit verlieren mehr und mehr Bestandteile der natürlichen Sprachen ihre Eignung als Darstellungsmittel der Dinge und Vorgänge außerhalb des Bereichs der mittleren Dimensionen[148].

In der Generalisierung von erfahrungswissenschaftlichen Theorien, denen bereits ein weiter Geltungsbereich zukommt, darf fraglos die höchste Szientifikationsleistung des erfahrungswissenschaftlichen Denkens erblickt werden. Je höher die erreichte Allgemeinheitsstufe der Theorie, desto größer die Zahl bzw. Mannigfaltigkeit der aus ihr ableitbaren Subtheorien, Partialmodelle und singulären Voraussagen! Von dieser Mannigfaltigkeit aber hängt offensichtlich die Eignung der Theorie für die Zwecke der praktischen Daseinsbewältigung ebenso ab wie von der Verläßlichkeit der theoretischen Prognosen.

8. Die vier Wissenschaftshauptgruppen

Die vorangehend beschriebenen Szientifikationsleistungen sind solche des *erfahrungs*wissenschaftlichen Denkens. Die schließlich noch zu beantwortende Frage betrifft den Ort dieses Denkens und seiner Leistungen im Gesamtbereich der Wissenschaften. Unbeschadet der hier bestehenden verschiedenen Zuordnungsmöglichkeiten und mannigfacher Grenzüberschneidungen sollen die folgenden *vier Wissenschaftshauptgruppen* unterschieden und kurz charakterisiert werden[149].

I. Die formal-operationalen Wissenschaften

Zu dieser Hauptgruppe gehören die (deterministische und stochastische) *Mathematik*[150], die (induktive und deduktive) *mathematische Logik*[151] zuzüglich der *Schaltalgebra*[152], die (allgemeine) *Informationstheorie*[153], die *Theorie der Spiele* einschließlich der *Netz- und Entscheidungstheorien*[154], die *theoretische Kybernetik*[155] und die *System- und Modelltheorie*[156]. Die unter dem Namen „*Operations Research*"[157] zusammengefaßte Gruppe von operativen Verfahren scheint sich, obschon gegenwärtig noch fast ausschließlich in den Anwendungsbereich der Wirtschaftswissenschaften fallend, hinsichtlich ihrer theoretischen Grundlagen allmählich zur *allgemeinen* Verfahrensforschung zu konstituieren. Ähnliches darf vielleicht von der *Theorie der Informationsverarbeitungsanlagen*[158] gesagt werden. Auch dieses Gebiet gewinnt zunehmend Bedeutung für die erfahrungswissenschaftliche Grundlagenforschung und dürfte sich daher (über die Ansätze der Schaltalgebra hinaus) in nicht zu ferner Zeit zur selbständigen operationalen Wissenschaft innerhalb des Gesamtrahmens der *theoretischen* und *allgemeinen Kybernetik* formieren.

Den meisten und zumal den älteren der formal-operationalen Wissenschaften ist hinsichtlich ihrer wissenschaftslogischen Struktur gemeinsam, daß sie streng *axiomatisch-deduktiv* aufgebaut sind oder aber einen solchen Aufbau anstreben. Das Paradigma dieses Systemaufbaues bietet die *mathematische Disziplin.* In ihr ist der Gedanke verwirklicht, alle Sätze über einen bestimmten, wohlabgrenzbaren Gegenstandsbereich so anzuordnen, daß sich jeder Satz durch logische Deduktion aus anderen, „vorangehenden" Sätzen beweisen läßt bis auf eine Anzahl von unbewiesenen an die Spitze des Systems gestellten Sätzen, den *Postulaten* oder Axiomen, die dem ganzen, so entstandenen Begründungszusammenhang als Voraussetzungen dienen. In genauer Analogie hierzu sind auch die in der mathematischen Disziplin verwendeten Begriffe durch explizite Definitionen, deren jede die logische Form der Äquivalenz zwischen einem Definiendum und dem zugehörigen Definiens besitzt, auf eine zumeist kleine Anzahl von *Grundbegriffen* rückführbar. Diese Grundbegriffe sind inhaltlich unbestimmt und lediglich dadurch erklärt, daß sie die in Gestalt der Postulate vorgegebenen Beziehungen erfüllen.

Die formal-operationalen Wissenschaften liefern zum einen der empirischen Forschung ein reichhaltiges methodologisches Instrumentarium für den Aufbau und die Erweiterung erfahrungswissenschaftlicher Theorien, zum anderen generalisieren sie die den verschiedenen theoretischen Resultaten einzelner empirischer Wissenschaften gemeinsamen Struktureigentümlichkeiten zu neuen gedanklich-operativen Systemen, die ihrerseits geeignet sind, der erfahrungswissenschaftlichen Forschung auf einzelnen Gebieten neue Wege des konstruktiven Denkens zu eröffnen.

Die meisten der die erste Wissenschaftshauptgruppe charakterisierenden Denkleistungen fallen infolge ihres hohen Abstraktionsgrades unter den Aufbau der rein „imaginären Welten" des in den Kapiteln A und B behandelten Modellgrundrisses (vgl. Abschnitt 14).

II. Die Naturwissenschaften

Während die formal-operationalen Wissenschaften als „Strukturwissenschaften" nicht — oder wenigstens nicht primär — nach der Übereinstimmung ihrer Denkmodelle und Satzsysteme mit einer vorgegebenen und perzipierbaren Objektwelt zu fragen brauchen, sondern lediglich an die Forderung der inneren Widerspruchsfreiheit sowie an die (in unterschiedlichem Umfange formalisierten) Regeln des logischen Schließens gebunden sind, haben es die *Naturwissenschaften* mit direkt oder indirekt beobachtbaren Sachverhalten zu tun, welche Beginn und Ziel jeder ihrer Theorienbildungen sind. Sie sind Erfahrungswissenschaften in dem Sinne, daß sie aus einer Summe von Beobachtungen und insbesondere mittels des qualitativen oder quantitativ-messenden Experiments durch verallgemeindernde Schlußverfahren zu Sätzen gelangen, die infolge ihres Allgemeinheitsanspruchs über alle unmittelbare Erfahrung hinausgehen. Eine naturwissenschaftliche Theorie ist ein die Voraussage von Ereignissen ermöglichendes System derartiger Sätze, wobei für das Eintreten des prognostizierten Ereignisses eine hinreichend hohe Wahrscheinlichkeit gefordert wird[159].

Das Gesagte gilt für die Physik ebenso wie für die Biologie und Medizin mit ihren sich zunehmend verselbständigenden Unter- und Grenzgebieten, für die Geologie, die Meteorologie und die übrigen Naturwissenschaften, die im einzelnen hier nicht aufgezählt zu werden brauchen. Sie alle suchen das räumlich-zeitlich-dingliche Geschehen auf funktionale Modelle bzw. Systeme von empirisch verifizierbaren hypothetischen Sätzen abzubilden, derart, „*daß die denknotwendigen Folgen der Bilder stets wieder die Bilder sind von den naturnotwendigen Folgen der abgebildeten Gegenstände*" (H. Hertz).

Die heute innerhalb der verschiedenen Naturwissenschaften erarbeiteten Erklärungsmodelle und Theorien unterscheiden sich mehr oder weniger stark nach Geltungsumfang, Differenziertheit, wissenschaftssprachlicher Explikation und Voraussagegenauigkeit voneinander. Als vorbildlich werden die Theorien der Physik betrachtet, die, entsprechend ihrer logischen Stringenz und Geschlossenheit, den axiomatisch-deduktiven Systemen der formal-operationalen Wissenschaften am nächsten kommen.

III. Die anthropologischen Wissenschaften

Zur dritten Wissenschaftshauptgruppe, den *anthropologischen Wissenschaften*, seien außer dem Grenzgebiet der *psychosomatischen Medizin* vor allem die *empirische Psychologie* einschließlich der *Sozialpsychologie*, die *Soziologie*, die *Kulturanthropologie*, die *Sozial- und Wirtschaftswissenschaften* und die *Politologie* gezählt. Diese im Vergleich zu den meisten Naturwissenschaften, insbesondere zur Physik, zumeist noch jungen Forschungsgebiete, welche Menschen in ihrem tatsächlichen Verhalten, in den Objektivationen und Motiven ihres Denkens und Handelns sowie in ihren sozialen Beziehungen zum Gegenstande haben, nehmen, gemessen vor allem an dem Komplexitätsgrad der zu szientifizierenden Gegenstands- und Ereignisfelder, eine Art Mittelstellung im Gesamtraum der Wissenschaften ein.

Obgleich zum nicht geringen Teil noch um ihre methodologische Formation bemüht, sind die anthropologischen Wissenschaften auf dem Wege, über bereits entwickelte, oft nur locker miteinander verbundene Partialmodelle zu umfassenden Erklärungsmodellen und leistungsfähigen Theorien zu gelangen. Dies gilt etwa für die neueren Lerntheorien der empirischen Psychologie sowie für Teilbereiche der Sozialforschung, die sich zunehmend statistisch-quantifizierender Verfahrensweisen bedient, um die Aussagegenauigkeit soweit zu erhöhen, daß verbindliche Prognosen über soziale Vorgänge möglich werden. Tatsächlich gelingt es heute schon in vielen Fällen, das Verhalten von Menschengruppen unter Einschränkung auf bestimmte Fragestellungen mit hoher Wahrscheinlichkeit vorauszusagen.

Ein weiteres Beispiel für die fortschreitende Szientifikation innerhalb der anthropologischen Wissenschaften bietet die während der letzten zwanzig Jahre aufgebaute und gegenwärtig in außerordentlich rascher Entwicklung befindliche angewandte Unternehmensforschung. Unter Verwendung kybernetischer sowie modell- und spieltheoretischer Methoden werden auf diesem Forschungsgebiet Plantheorien für ökonomisches Verhalten entwickelt, die insbesondere die rationale Bewertung verschiedener möglicher Strategien bei gegebener Zielsetzung sowie vorgegebenen Anfangs- und Randbedingungen gestatten. Die Modelle der Unternehmensforschung bedienen sich mannigfacher mathematischer Techniken, durch die bei Benutzung der heute verfügbaren Rechenanlagen hohe Voraussagewahrscheinlichkeiten erreicht werden.

IV. Die Kulturwissenschaften

War es das Ziel der Naturwissenschaften und darüber hinaus aller Erfahrungswissenschaften, allgemeine Regelmäßigkeiten der Objektwelt zu erschließen, aus denen Mannigfaltigkeiten von jeweils in mehr oder weniger scharf abgrenzbare Bereiche zusammengefaßten Einzeltatsachen „erklärt" und künftige Geschehensabläufe vorausgesagt werden können, so beschäftigen sich die Wissenschaften der vierten Hauptgruppe, die *Kultur- oder Geisteswissenschaften*, mit der in je einmaligen Zeugnissen sich dokumentierenden menschlich-geschichtlichen Welt, mit Menschenwerken und ihren Sinngehalten. Auch diesen Wissenschaften geht es wesentlich um begriffliche Klarheit und logische Strenge; sie sind nicht minder um Objektbezogenheit bemüht als die Erfahrungswissenschaften und verfügen auch, wie diese, über intersubjektive Kriterien und Kontrollverfahren. Im Unterschied zu den Erfahrungswissenschaften jedoch ist ihr besonderer Zugangsweg zum Forschungsgegenstand durch den hohen Anteil intuitiver Denkprozesse gekennzeichnet, wobei die im engeren Sinne geisteswissenschaftliche Intuition von jenem *nachschöpferischen* Charakter ist, der das kongeniale *Verstehenwollen* der im menschlichen Werk ursprünglich vollzogenen Sinn- und Wertgebung einschließt. Auf W. DILTHEY zurückgehend, darf gesagt werden, daß die geisteswissenschaftliche Erkenntnis an die *Einheit von Erleben, Ausdruck und Verstehen* gebunden ist. Indem sie weitgehende innere Übereinstimmung zwischen verstehendem Subjekt und zu verstehendem Sinn-, Bedeutungs- und Wertzusammenhang voraussetzt, findet sie zugleich in dieser Übereinstimmung Erfüllung und Genüge. Sie ist mithin in gewissem Maße stets auch abhängig von dem Grad der persönlichen Affinität zu dem Stil des schöpferischen Fühlens, Denkens und Gestaltens, den das nachzuvollziehende Werk konkretisiert.

Damit aber gewinnt auf diesem Erkenntnisgebiet auch das Verhältnis zwischen dem *Besonderen* — den einmaligen Taten, menschlichen Persönlichkeiten und ihren Werken — einerseits und dem *Allgemeinen* andererseits, auf das letztlich alles Wissen zielt, neue problematische Bedeutung. Wenigstens die systematischen Geisteswissenschaften wollen ja über das Individuell-Einmalige hinausgehen und es auf signifikante Zusammenhänge und Gleichförmigkeiten beziehen. Welcher Art aber soll dieses Allgemeine sein? Ist es etwas zur logisch-kategorialen Ordnung einer aus Konkret-Einzelnem bestehenden Wirklichkeit auf dem Wege der induktiven Abstraktion Geschaffenes? Die meisten Geisteswissenschaftler scheinen dies ex hypothesi wie ex usu verneinen zu müssen. Ihnen bedeutet das Allgemeine mehr als ein bloßes Subsumtionsschema wissenschaftlicher Ordnung, da es ihnen nicht (oder nicht nur) um begriffliche Strukturierung, sondern vielmehr um die letztlich ganzheitliche *Sinnerhellung* des ins Licht zu rückenden geistigen Phänomens geht. Allgemeines und Besonderes bestehen hier in einem die weitestgehend intersubjektiv explizierbaren Methoden der Erfahrungswissenschaften transzendierenden „dialektischen" Ineinander und Miteinander geistigen Erfassens.

Eine Sonderstellung innerhalb der vierten Wissenschaftshauptgruppe kommt einerseits der *Jurisprudenz* im engeren Sinne (nämlich abzüglich der Rechtsgeschichte, Rechtssoziologie und Rechtsphilosophie als Forschungsfächern) zu, andererseits der *Theologie* als dogmatisch-apologetischer Theologie. Bei beiden handelt es sich um mehr oder weniger logisch durchstrukturierte Systeme normativen, zum Teil normativ-deduktiven Charakters, deren axiologische Basis den systematisierten Ausdruck einer aus je bestimmten geschichtlichen Kräftekonstellationen erklärbaren und jedenfalls wertsetzenden Grundhaltung und Blickweise darstellt.

Die Kulturwissenschaften sind offenbar Wissenschaften in einer *weitergreifenden* als der durch die eingangs dieses Abschnittes genannten fünf Eigenschaften charakterisierten Bedeutung. Schon das Nicht-erfülltsein der Prognostizierbarkeitseigenschaft stellt die zum Aufbau kulturwissenschaftlicher Gedankensysteme führenden Denkoperationen außerhalb des hier entwickelten Modellgrundrisses, der vor allem solche Denkoperationen zum Gegenstand hat, *die auf Grund ihrer Voraussage-funktion zielgerichtete Außenweltveränderungen ermöglichen.*

Erfahrungswissenschaften in dem instrumentalen Sinne des operationalen Denkens sind allein die Wissenschaften der zweiten und der dritten Hauptgruppe, deren allgemeinstes methodisches Instrumentarium durch diejenigen der ersten Hauptgruppe erstellt wird.

12. Induktives Denken

Als *induktives* bzw. *deduktives* Denken bezeichnet man zwei Haupt-arten des „schließenden" Denkens oder kurz: des *Schließens*, die sich dadurch voneinander unterscheiden, daß im ersten Falle, dem der Induktion, der Informationsgehalt[160] der erschlossenen Konklusion denjenigen der Prämisse überschreitet, während im zweiten Fall, dem der Deduktion, der Informationsgehalt der Konklusion höchstens gleich dem der Prämisse ist.

Ist der Informationsgehalt der Konklusion größer als derjenige der Prämisse, so wird die Konklusion mit einer der Differenz der Informations-beträge entsprechenden Unsicherheit belastet: je höher der erschlossene Informationszuwachs, desto größer die Abnahme der Wahrscheinlichkeit der Konklusion gegenüber derjenigen der Prämisse. Ist die Prämisse wahr, so kann die Konklusion nur wahrscheinlich sein; ist bereits die Prämisse nur wahrscheinlich, so wird die Konklusion noch weniger wahrscheinlich. Besteht die Konklusion aus Voraussagen von beobachtbaren Ereignissen, so wächst mit der Unwahrscheinlichkeit der Konklusion die Wahrscheinlichkeit ihrer empirischen Widerlegung und damit die Falsifizierbarkeit der Prämisse (POPPER). Im Bereich des erfahrungs-wissenschaftlichen Denkens dienen *induktive* Schlüsse vorzugsweise der Verallgemeinerung vorgegebener Beobachtungssätze zu empirisch-hypothetischen Sätzen.

Im zweiten Falle, dem des deduktiven Schließens, ist der Informations-gehalt der Konklusion höchstens gleich dem der Prämisse. Die Prämisse wird also unter vollständiger oder teilweiser Ausschöpfung ihres Betrages an Information lediglich umgeformt. Dabei ist es natürlich stets möglich, die Konklusion durch Adjunktion der nicht ausgeschöpften Prämissen-information so zu erweitern, daß der *gesamte* Prämisseninformationsbetrag bei der Umformung erhalten bleibt, also bei einwandfreiem Funktionieren des Informationsübertragungssystems (insbesondere des Zentralnerven-systems) keine Information verlustig geht[161]. Widerspricht die Konklusion eines deduktiven Schlusses einem bereits als wahr erkannten Satz (etwa einem Beobachtungssatz), so folgt hieraus die Unwahrheit (zumindest einer der Schlußvoraussetzungen) der Prämisse. *Deduktive* Schlüsse dienen vor allem dem *Beweis von Sätzen* innerhalb axiomatisch-deduktiver Systeme, d. h. der logisch strengen Ableitung von Sätzen aus anderen Sätzen.

Im besonderen Blick auf das in diesem Abschnitt zu erörternde *induktive Schließen* ist zunächst festzustellen, daß die *Induktion als solche kein logisch gültiges Prinzip* ist, sondern als wissenschaftliches Verfahren gewissen einschränkenden Bedingungen unterworfen werden muß. Es lassen sich nämlich zahlreiche Beispiele der Induktion durch sogenannte einfache Aufzählung mit nachweislich falschem Ergebnis aufweisen, und unter diesen Beispielen fallen besonders diejenigen ins Gewicht, bei denen die induktive Vorgabe, d. h. die Anzahl der untersuchten und für verallgemeinerungswürdig befundenen Einzelfälle, erheblich größer ist als bei solchen induktiven Verallgemeinerungen, die als relativ wohlbegründet gelten. Zwar ist es häufig möglich, wissenschaftlich „unerlaubte" Induktionsschlüsse gefühlsmäßig auszuschalten. Zu beantworten jedoch bleibt die Frage nach den *ausdrücklichen Bestimmungen*, die zu den jeweils vorgegebenen Ausgangssätzen der einzelnen Induktionsschlüsse hinzutreten müssen, damit die gewünschten Einschränkungen des induktiven Verfahrens gegeben sind, damit also die wissenschaftlich legitimen — die „erlaubten", „zulässigen" — Induktionsschlüsse explizit ausgliederbar werden.

Sollen jene Bestimmungen nicht nur besondere Klassen und Unterklassen von Induktionsschlüssen bzw. einzelne induktive Verallgemeinerungen rechtfertigen, sondern für alles erfahrungswissenschaftlich-induktive Schließen Gültigkeit haben, so müßten sie von einer Allgemeinheit sein, welche berechtigte, von *Prinzipien der erfahrungswissenschaftlichen Induktion überhaupt* zu sprechen. Solche Rechtfertigungsprinzipien bedürften jedoch selbst der Rechtfertigung. Die Erfahrung bietet keine Argumente für ihre Geltung. Denn diese Argumente könnten nur induktiver Art sein, und die Induktionsprinzipien, zu deren Rechtfertigung sie benötigt werden, sollen ja ihrerseits induktives Schließen erst wissenschaftlich legitimieren. Würde man schließlich ein Induktionsprinzip als empirisch-hypothetischen Satz hohen Allgemeinheitsgrades betrachten, so hätte dies keine andere Bedeutung, als daß zum Nachweis der Geltung dieses Satzes Induktionsprinzipien 2. Ordnung erforderlich wären, die, wiederum als empirisch-hypothetische Sätze aufgefaßt, Induktionsprinzipien 3. Ordnung zur Voraussetzung hätten, usf., so daß der regressus in infinitum die unausbleibliche Folge wäre. Den dargelegten Sachverhalt, der als sogenanntes *Induktionsproblem* bekannt ist, hat bereits Aristoteles mit aller Deutlichkeit gesehen.

Die kaum bestrittene Wichtigkeit des induktiven Denkens für den Aufbau des menschlichen Wissens von der wirklichen Welt war für viele Philosophen und nicht wenige Fachwissenschaftler Anlaß genug, sich um die Lösung dieses Problems zu bemühen, wobei die am ehesten Erfolg versprechenden Versuche auf eine Präzisierung und Begründung des induktiven Verfahrens mittels der von der Mathematik und mathematischen Logik zur Verfügung gestellten Begriffsbildungen und Operationsweisen hinausliefen.

In jüngerer Zeit war es besonders H. REICHENBACH[162], der die von ihm formal verbesserte *Häufigkeitstheorie* R. VON MISES'[163] auf das Induktionsproblem ansetzte. Unter der relativen Häufigkeit des Eintretens eines Ereignisses x innerhalb einer Folge von n Beobachtungen versteht man bekanntlich die Funktion $H_n(x) = n_i/n$, wo n_i die Häufigkeit ist, mit der x unter den n Beobachtungen auftritt. REICHENBACH erklärt die Wahrscheinlichkeit für das Eintreten des Ereignisses x als den Grenzwert von $H_n(x)$ für $n \to \infty$, eine Definition, deren Anwendbarkeit auf Ereignisfolgen der Objektwelt insofern problematisch ist, als tatsächlich ja immer nur endlich viele Erfahrungsdaten konstatiert werden können. Dieser Einwand ist indes weniger gravierend, als es auf den ersten Blick scheint; denn es mag, wie schon B. RUSSELL hierzu bemerkt[164], die Folge $n_1, n_2, \ldots$ mit einem hinreichend großen N enden, welches die Wahrscheinlichkeit $H_N(x)$ für das Eintreten von x nach endlich vielen Beobachtungen „nahe" der Grenzwertwahrscheinlichkeit $W(x)$ zu berechnen gestattet. — Andere, insbesondere von B. RUSSELL und K. POPPER dargelegte Einwände dagegen sind gewichtiger. Sie zeigen insgesamt, daß von der Häufigkeitstheorie her kaum eine Lösung des Induktionsproblems zu erwarten ist, und zwar aus den folgenden Gründen:

REICHENBACHS Einschränkungen der Induktion beruhen auf zwei Arten von Voraussetzungen, deren erste sich auf die dem Induktionsschluß zugrunde liegenden Beobachtungssätze und deren zweite sich auf das Schlußverfahren selbst bezieht. Die Voraussetzungen der ersten Art behaupten implicite — obwohl REICHENBACH hier von „blinden Setzungen" spricht — zwar nicht die Gewißheit, aber doch eine gewisse Wahrscheinlichkeit (Glaubwürdigkeit) der dem Induktionsschluß zugrunde liegenden Beobachtungssätze. Die zweite Voraussetzung behauptet die Transferierbarkeit eines bestimmten, aus n aufeinanderfolgenden Beobachtungssätzen $s_1, s_2, \ldots, s_n$ errechneten und dabei numerisch etwa gleichbleibenden Wahrscheinlichkeitswertes n_i/n auf alle weiteren Beobachtungssätze $s_{n+1}, s_{n+2}, \ldots$ der Folge. Die letztgenannte Voraussetzung ist jedoch offenbar identisch mit der Behauptung der *Induktion als Prinzip* des von s_n auf s_{n+m} ($m = 1, 2, \ldots$) schließenden Verfahrens. Sie beinhaltet gerade dasjenige, was es — empirisch — zu begründen gilt. In der von REICHENBACH als notwendig erachteten Allgemeinheit dürfte sie daher kaum haltbar sein. Wie groß nämlich immer die Zahl n_i der „günstigen" Fälle innerhalb der Folge aller n Beobachtungen bzw. Beobachtungssätze sein mag: unterwirft man die allgemeine Induktion keinerlei Einschränkungen, d. h. trifft man keine Zusatzannahmen hinsichtlich der beiden Klassen der Beobachtungen überhaupt und der „günstigen" Ereignisse unter ihnen, so läßt sich sogar, worauf schon B. RUSSELL hingewiesen hat[165], *stets* der Fall konstruieren, daß der Schluß von der Wahrscheinlichkeit der s_n auf die der s_{n+m} falsch ist.

Mit diesen Bemerkungen ist lediglich auf die Frage Bezug genommen, inwieweit die REICHENBACHsche Theorie etwas zur Lösung des Induktionsproblems beizutragen vermag. Sie schließen keineswegs Zweifel am Nutzen der Häufigkeitstheorie für die erfahrungswissenschaftliche

Forschung ein. Es ist daher zu ergänzen, daß der Begriff der „statistischen Wahrscheinlichkeit" — heute zumeist axiomatisch definiert — längst seinen legitimen Platz innerhalb des methodologischen Instrumentariums der empirischen Wissenschaften eingenommen und behauptet hat.

Andere Forscher, wie H. JEFFREYS und J. M. KEYNES, haben im Unterschied zur Konzeption REICHENBACHS einen *logischen* (nicht-empirischen) Wahrscheinlichkeitsbegriff ihren Bemühungen um Präzisierung des induktiven Verfahrens zugrunde gelegt. Auf die sich hieran methodisch anschließende, von R. CARNAP aufgebaute sogenannte *induktive Logik* soll im Zusammenhang mit der Besprechung des Problems der Verifikation erfahrungswissenschaftlicher Theorien in Abschnitt 15 näher eingegangen werden. Unter Vorwegnahme des Hauptergebnisses der dort angestellten Überlegungen ist hier soviel zu sagen, daß auch das formalisierte Verfahren CARNAPs auf Voraussetzungen beruht, die sich sämtlich der empirischen Begründung entziehen. Auch die induktive Logik, die sich um die quantitative Ermittlung des Glaubwürdigkeits-grades einer induktiv aus gewissen empirischen Daten erschlossenen Hypothese bemüht, gibt dem Erfahrungswissenschaftler kein Instrument zur Hand, das ihn in die Lage versetzte, die wissenschaftlich „erlaubten" Induktionsschlüsse von den übrigen induktiven Verallgemeinerungen abzusondern, sei es auch „nur" auf dem Umweg über die „nachträgliche" Errechnung des „*Bestätigungsgrades*" der zu überprüfenden Hypothese.

Das Fehlschlagen dieser formalen Versuche zur Lösung des Induktions-problems bzw. zur Präzisierung des induktiven Verfahrens läßt den auf Sicherheit und Solidität des empirischen Wissens zielenden Philosophen erneut Ausschau halten nach unverrückbaren *Prinzipien der Induktion*. Vermag nicht insbesondere und vor allem das *Prinzip der Kausalität* als allgemeinste „ordnungsstiftende Instanz" des erfahrungswissen-schaftlichen Denkens jene Begründung der wissenschaftlichen Induktion zu leisten?

Nun, man weiß, daß der Kausalitätssatz

[K] = *Jeder Veränderung der Objektwelt kommt eine Ursache zu (durch welche sie bewirkt wird),*

zuzüglich der ihn ergänzenden Bestimmung

[K'] = *Gleiche Ursachen rufen gleiche Wirkungen hervor,*

wegen seiner außerordentlichen Allgemeinheit und seiner wissenschafts-konstituierenden Bedeutung seit jeher einer der Hauptgegenstände philosophischer Reflektion war. Kaum übersehbar sind die Versuche, auch nur den Inhalt der Sätze [K] und [K'] begrifflich zu präzisieren, und die Bemühungen, Kausalität als „Realkategorie" in einer „an sich seienden" Wirklichkeit zu verankern, reichen tief in die Philosophie-geschichte zurück. Von der ontologischen Hypostasierung des Kausal-satzes als eines „Prinzips des Seienden" — der Dinge „selbst" im Unter-schied zur menschlichen Erfahrung dieser Dinge — über seine transzendentalphilosophische „Abwertung" zur notwendigen Voraussetzung der Ermöglichung von Erfahrung überhaupt bis hin zu der gegenwärtig weit verbreiteten Auffassung, in ihm drücke sich lediglich ein *heuristischer Leitfaden*, ein *Postulat* (oder auch eine Art Programm) erfahrungswissenschaftlichen Denkens und Schließens, aus, führt ein langer und kurvenreicher Weg. An etwas späterer Stelle soll versucht werden, die mit der „Enthypostasierung" des Kausalitätsbegriffs einhergehende schrittweise *Herausbildung erfahrungswissenschaftlicher Verfeinerungsformen des kausalen Denkens* darzulegen. Im vorliegenden Zusammenhang geht es allein um die Frage, in welchem Sinne die Sätze [K] und [K'] zur Begründung der erfahrungswissenschaftlichen Induktion herangezogen werden könnten.

Eines ist hierbei zunächst hervorzuheben: Die Behauptung einer *kausalen* Beziehung zwischen zwei Komplexen A und B von Außenweltinformationen soll *mehr* beinhalten als die bloße Verallgemeinerung der wiederholten Erfahrung, daß B auf A zeitlich folge. Vielmehr schließt diese Behauptung diejenige der grundsätzlichen Erkennbarkeit der *Abhängigkeit* des B von dem vorangegangenen A ein, derart, daß die *Zufälligkeit* der zeitlichen Folgebeziehung ausgeschlossen, d. h. ihre („gesetzmäßige") *Notwendigkeit* oder doch wenigstens ihre („regelmäßige") *Wahrscheinlichkeit* anerkannt wird. Die bloße Verallgemeinerung der in wiederholten Fällen empfangenen Information „Auf A folgt B" würde die Induktion *als Prinzip ihrer selbst* voraussetzen. Ist dagegen ein Abhängigkeitsverhältnis zwischen A und B als *notwendig* bzw. zumindest *wahrscheinlich* erkannt, so lieferte dieses „vorangehende Wissen" eine *Rechtfertigungsgrundlage* für die induktive Verallgemeinerung jener zeitlichen Folgebeziehung. Bei einer als notwendig oder auch nur hinreichend wahrscheinlich erkannten kausalen Abhängigkeitsbeziehung genügte unter Umständen eine einzige Beobachtung zur erfahrungswissenschaftlich gerechtfertigten Verallgemeinerung eines Sachverhalts, wo andernfalls „*Myriaden übereinstimmender Instanzen ohne eine einzige bekannte oder vermutete Ausnahme sehr wenig dazu beitragen, einen Satz von durchgängiger Allgemeinheit zu begründen*" (J. S. MILL[166]). Wie aber ist ein allen induktiven Verallgemeinerungen „*vorangehendes Wissen*" möglich, das den Sätzen [K] und [K'] wenigstens wahrscheinliche Geltung verleiht? Ebenso wie die „Überzeugung" des Erfahrungswissenschaftlers von der Kausalität der Objektweltveränderungen ist ja bereits auch seine Einsicht in einzelne sich ihm aufdrängende, unmittelbar einleuchtende Kausalabhängigkeiten fraglos das *Ergebnis* eben solcher informationsvermehrender, mithin induktiver Schlüsse, die ihrerseits erst durch Prinzipien der Induktion, hier also in Sonderheit und vor allem durch die Sätze [K] und [K'], gerechtfertigt werden sollen. Der hier vorliegende *logische Zirkel* ist als solcher sicher unvermeidlich, und vom Standpunkt einer nach den „objektiven Voraussetzungen" empirischen Wissens suchenden Erkenntnistheorie, die also mehr auf intolerante Starre des Denkens zielt als auf seine schöpferisch-adaptive Elastizität, bleibt das Induktionsproblem, wie bereits oben in allgemeinerem

Zusammenhang auseinandergesetzt, in der Tat *aus prinzipiellen Gründen unlösbar*.

Führt demnach die *logisch-erkenntnistheoretische* Frage nach den objektiven Rechtfertigungsgründen erfahrungswissenschaftlichen induktiven Schließens das philosophische Denken in die Sackgasse innerer Widersprüche, so bleibt in Ansehung der Induktion nur der Ausweg der auf die tatsächlichen Denkprozesse selbst gerichteten *erkenntnis-psychologisch-genetischen* und damit *empirischen* Betrachtungsweise, so wenig diese vielleicht ein ersichtlich übersteigertes, weil unerfüllbares (vgl. Abschnitt 15) Wahrheitsbedürfnis zu befriedigen vermag. „*Empirisch*“ kann immer nur heißen: von dem vorläufigen Charakter eines Beschreibungs- oder Erklärungsmodells, das den Versuch darstellt, gewisse Züge von Teilen der beobachtbaren Welt vereinfachend und unter Betonung bestimmter Aspekte zu erfassen.

Erkenntnis*psychologisch* betrachtet, beruhen alle erfahrungswissenschaftlichen induktiven Verallgemeinerungen auf der präzisierenden Fortsetzung von *Erwartungsgewohnheiten* der Art, wie sie sich bereits im Bereich des vorwissenschaftlichen — untrennbar mit zielgerichtetem Handeln verbundenen — Denkens infolge langfristiger Lernprozesse herausbilden. Der Aufbau solcher Gewohnheiten setzt außer der oben erörterten *finalen Programmierung* die *perzeptuelle Konditionierung* des Denkens (vgl. Tabelle 2 auf S. 116) voraus. Insbesondere stellt das die schaltmusterbildenden operationalen Prozesse des Zentralnervensystems spezifisch einschränkende bzw. gewisse zwischensymbolische Zwänge der Informationsverarbeitung stiftende *Grundpostulat der Geordnetheit der Objektwelt* (C 5 von Tabelle 2) eine notwendige Bedingung des sich von Gegebenem zu Nichtgegebenem hinbewegenden Denkens dar. Dieses Ordnungspostulat ist keineswegs von vornherein identisch mit dem Postulat der durchgängigen *Kausal*ordnung des perzipierbaren Geschehens. Damit vielmehr der Freiheitsspielraum der möglichen informationsvermehrenden Denkprozesse so eingeschränkt wird, daß diese zu Informationsbeständen führen, die glaubwürdiger als Verallgemeinerungen *beliebiger* Art sind, bedarf es des Aufbaues einer zusätzlichen, operativen Konditionierung. In der umgangssprachlichen Formulierung eines *Grundpostulats des induktiven Schließens* — das als solches sehr wohl zu unterscheiden ist von einem Kausalitätssatz, der eine vom erkennenden Subjekt unabhängige Eigenschaft der wirklichen Welt als absolut und zeitlos gültig behauptet — lautet diese Konditionierung (in Entsprechung zu den Sätzen [K] bzw. [K']) etwa:

[k] = *Für jedes als Außenweltnachricht perzipierbare Datum B der Objektwelt soll gelten (angenommen werden), daß es von einer gewissen Konstellation $\mathfrak{A}$ von Daten (Eigenschaften, Veränderungen, Ereignissen usw.) $A_1, A_2 \ldots, A_m$ der Objektwelt ursächlich abhängt;*

[k'] = *Gleiche Konstellationen $\mathfrak{A}$ von Daten $A_1, A_2, \ldots, A_m$ sollen stets auch gleiche perzipierbare Daten B der Objektwelt verursachen.*

Diese — auch als „*Annahmen*" über sehr allgemeine Eigenschaften
der wirklichen Welt ausdrückbaren — *Forderungen*, die zusammen das
Kausalitätspostulat beinhalten, bringen den in Erwartungsgewohnheiten
begründeten „vernünftigen Glauben" des Erfahrungswissenschaftlers
an die wenigstens weite Bereiche der Objektwelt beherrschende kausale
Geordnetheit des perzipierbaren Geschehens zum Ausdruck. Dabei ist
es für das produktiv-problemlösende erfahrungswissenschaftliche Denken
nicht von Belang, welche philosophische Bedeutung den Forderungen [k]
und [k'] beigemessen wird. Insbesondere mindert die sich gegenwärtig
zunehmend verbreitende Neigung, Annahmen wie diejenige des Kausal-
zusammenhanges perzipierbarer Ereignisse auf die pragmatische Funktion
lediglich heuristischer Voraussetzungen des methodischen und insbesondere
des methodisch-generalisierenden Denkens abzuschwächen, keineswegs
den *subjektiven Denkzwang der Verursachungserwartung*, dem insofern
auch höchste *Intersubjektivität* zuerkannt werden muß, als ihm wahrscheinlich *jeder* in der Forschung stehende Erfahrungswissenschaftler
unterworfen ist.

Präzisierende Erweiterungen des aus [k] und [k'] bestehenden
Kausalitätspostulats mögen zu einem *Postulatsystem* [$E\,1.1$], [$E\,1.2$], ...,
[$E\,1\cdot p$] führen, das sehr allgemeine, in [k] bzw. [k'] nicht explizit (oder
nur sehr ungenau) zum Ausdruck kommende Annahmen über Struktureigentümlichkeiten der Objektwelt beinhaltet, z. B. Annahmen über die
Art der Gruppierung von Ereignissen um gewisse „Kausalzentren", über
den räumlich-zeitlichen Zusammenhang kausal voneinander abhängiger
Veränderungen usw.[167]. Auf den besonderen Aufbau derartiger Postulat-
systeme soll jedoch im Rahmen dieser nur grundsätzlichen Betrachtungen
nicht näher eingegangen werden.

Die Forderung [k] sagt nun offenbar nur etwas aus über die *Existenz
von Ursachen* der perzipierbaren Gegebenheiten der Objektwelt. [k'] ergänzt dieses Existenzpostulat durch die Forderung, daß aus gleichen
verursachenden Datenkonstellationen immer auch gleiche „Wirkungen"
hervorgehen sollen; [k'] bezieht sich mithin auf die *Eindeutigkeit* des
Schlusses von bestimmten Ursachenkonstellationen auf die durch sie
hervorgerufenen Gegebenheiten der Objektwelt. Die „kausal-analytische"
Denkbewegung von einer bereits erfahrenen Objektweltgegebenheit
„zurück" auf deren noch unbekannte „Ursache" bleibt demnach, sofern
überhaupt im konkreten Fall vollziehbar, richtungs*un*bestimmt und auf
der heuristischen Stufe des erfahrungswissenschaftlichen Denkens un-
kontrolliert, wenn nicht als operative Konditionierung der informationsvermehrenden Denkoperationen dem Kausalitätspostulat ein weiteres
Grundpostulat des induktiven Schließens hinzugefügt wird, und zwar
ein solches, *das die analogisierende Vergleichbarkeit zweier einander zum
Teil ähnlicher Ursache-Wirkungs-Beziehungen fordert*. Dieses Postulat
mag in Anlehnung an die (allerdings allgemeinere) argumentatio analogica
der klassischen Logik das *Postulat der Analogie* genannt und umgangssprachlich etwa so formuliert werden:

[a] = *Wenn von einem (als Außenweltnachricht) perzipierten Datum B der Objektwelt mit hinreichender Wahrscheinlichkeit bekannt ist, daß es ursächlich von einer gewissen Konstellation $\mathfrak{A}$ von Objektweltdaten $A_1, A_2, \ldots, A_m$ abhängt, und wenn ferner ein Datum B' der Objektwelt in einer gewissen Anzahl von Merkmalen (Eigenschaften, Parametern usw.) mit B übereinstimmt, so soll es für wahrscheinlich gelten, daß die B' verursachende, noch unbekannte Konstellation $\mathfrak{A}'$ von Objektweltdaten $A_1', A_2', \ldots, A_n'$ mit $\mathfrak{A}$ um so mehr übereinstimmt, in je weniger Merkmalen B' von B abweicht.*

In dem Postulat *[a]* findet eine sehr allgemeine, in langfristigen Lernprozessen aufgebaute, außerordentlich wichtige Eigentümlichkeit des operationalen Denkens seinen (hier auf den Fall des Kausalschlusses bezogenen) Ausdruck. Dabei läßt das Postulat *[a]* erneut jene merkwürdige Komplementarität zwischen dem Informationszuwachs einerseits und der Abnahme der Wahrscheinlichkeit der gewonnenen Information andererseits erkennen, die dem informationsvermehrenden und damit im engeren Sinne erfahrungswissenschaftlichen Denken überhaupt anhaftet. Stimmt nämlich B' mit B vollständig überein, so ergibt sich hieraus zwar $\mathfrak{A}' = \mathfrak{A}$, aber der gewonnene Informationsbetrag ist gleich Null. Weicht B' stark von B ab, so bedeutet die Nutzbarmachung von $\mathfrak{A}$ für die ursächliche Erklärung $\mathfrak{A}'$ von B' zwar einen Zuwachs an Information, der um so größer ist, eine je größere Übereinstimmung von $\mathfrak{A}'$ mit $\mathfrak{A}$ angenommen wird; mit zunehmender Übereinstimmungserwartung nimmt jedoch die Wahrscheinlichkeit dafür ab, daß das so erschlossene $\mathfrak{A}'$ tatsächlich Ursache von B' ist. Sind z. B. zwei beobachtete Objektweltgegebenheiten B und B', jede für sich, sehr merkmalsreich und stimmen beide in nur sehr wenigen Merkmalen miteinander überein, so wird man den Analogieschluß auf ein dem $\mathfrak{A}$ sehr ähnliches oder gar gleiches $\mathfrak{A}'$ als außerordentlich *vage* und unzuverlässig bezeichnen müssen. Mit wachsender Unzuverlässigkeit des Analogieschlusses wird es jedoch zunehmend dringlicher, die in der zugehörigen Phase des kreativen Prozesses erschlossenen Ding- und Ereigniszusammenhänge der empirisch-logischen *Kontrolle und Kritik* zu unterwerfen. Der wissenschaftliche Ertrag der Denkleistungen des heuristischen Gesamtprozesses wird stets von der Fähigkeit des schließenden Menschen abhängen, einen schöpferischen Kompromiß zwischen dem selbstkritisch-kontrollierenden und dem weitgehend frei assoziierend-analogisierenden Anteil des induktiven Denkens zu finden.

Von wie großer Bedeutung das Analogiepostulat *[a]*[168] für die wissenschaftliche Induktion und damit für erfahrungswissenschaftliches Denken überhaupt sein mag: es ist jedenfalls eine offenbar schwierige und in wesentlichen Punkten operativ unbestimmte Forderung. In dieser Unbestimmtheit darf auch der tiefere Entstehungsgrund für große Klassen metaphysischer, weltanschaulicher und ideologischer Behauptungen, ja, vielleicht für die Gesamtheit *vorwissenschaftlicher Deutungen der Wirklichkeit überhaupt* gesehen werden. Wo sich mit der Neigung zum unbedenklichen Analogisieren der Hang zur spekulativen „*Über-abstraktion*" von Beobachtungsgegebenheiten verbindet, entstehen oft, oberhalb der Entwicklungsstufe der Mythenbildung, philosophierende Dichtungen ohne prüfbaren Realitätsbezug, suggestive Phantasmen, welche sich die in operationalem und insbesondere erfahrungswissenschaftlichem Denken operativ aufschließbare Wirklichkeit (z. B. als nur eine bestimmte „Seinsweise des Seienden") ein- und unterordnen. Hier verliert das Denken in Gänze seine — unter biologisierend-pragmatischem Gesichtswinkel — ursprüngliche Operationalität, seine vitale Bezogenheit auf ein je aus Motiven resultierendes Aktionsziel, das es durch Wissen und Planen im Handeln zu erreichen gilt.

ERNST TOPITSCH[169] hat gezeigt, daß es letztlich der *vage Analogieschluß* war, der als Instrument der wertsetzend-intentionalen Weltbegegnung des Menschen, unter dem Druck emotionaler Bedürfnisse zum Aufbau *soziomorpher, biomorpher und technomorpher Modellvorstellungen von der Wirklichkeit* geführt hat, die dann — im soziologischen Feedback rückwirkend — ihrerseits das Denken und Handeln des Menschen auf die Bahn der jeweils modellimmanenten Leitnormen hin orientierten, sich scheinhaft rechtfertigend aus „Gegebenheiten der Realität". Auch in den Übergangsfeldern vom vorwissenschaftlichen zum wissenschaftlichen Denken konstituiert der vage Analogieschluß induktive Verallgemeinerungen, die sich im Fortgang der zu wachsendem Methodenbewußtsein gelangenden Forschung oft nur zum geringsten Teil als tragfähig und erfahrungswissenschaftlich fruchtbar erweisen[170].

Dennoch liefert das Postulat [a] fraglos eine *unerläßliche heuristische Grundlage für induktive Verallgemeinerungen von erfahrungswissenschaftlicher Relevanz*. Ohne seinen ständigen Gebrauch käme es nicht zu der für das erfahrungswissenschaftliche Denken charakteristischen fortwährenden *Transferierung von bereits bekannten Ordnungseigenschaften der Objektwelt auf noch kausalanalytisch zu erschließende Ereignisfelder*. Das Analogiepostulat ermöglicht dabei insbesondere Schlüsse von bekannten Ursachenkonstellationen eines Objektweltdatums B auf *grundsätzlich* der direkten Beobachtung entzogene Ursachenkonstellationen eines B sehr ähnlichen Objektweltdatums B'. Wenn z. B. ein Motivationspsychologe aus gewissen Beobachtungen des Verhaltens B' eines Menschen X auf dessen selbst nicht beobachtbare Motivstruktur (als Ursachenkonstellation) $\mathfrak{A}'$ rückschließt, so bedient er sich häufig der aus der Introspektion gewonnenen Information, daß er selbst sich in sehr ähnlicher Weise wie X verhält, sofern er motiozeptive Eingangsnachrichten (vgl. S. 48) einer gewissen Konstellation $\mathfrak{A}$ als Führungsgrößen (vgl. die Abschnitte 4 und 5) und damit Verhaltensdeterminanten empfangen hat. Er wird sich von der „vernünftigen Erwartung" leiten lassen, daß die Motivstruktur $\mathfrak{A}'$ von X seiner erinnerten eigenen Motivstruktur $\mathfrak{A}$ sehr ähnlich ist.

Abschließend zu der zuletzt erörterten operativen Konditionierung des erfahrungswissenschaftlichen Denkens sei bemerkt, daß zweifellos auch das Analogiepostulat der präzisierenden Erweiterung zu einem

Postulatsystem [$E\,1\,.\,p+1$], [$E\,1\,.\,p+2$], ..., [$E\,1\,.\,p+q$] fähig ist. Ob hierdurch jedoch die wesentlichen dem Postulat [a] anhaftenden Unbestimmtheiten eliminiert werden könnten, scheint durchaus fraglich.

Hinsichtlich der Frage nach der *Entstehung*, dem *genetischen Aufbau*, der Grundpostulate des induktiven Schließens, bietet sich die bereits bei der Analyse des allgemeinen ·operationalen Denkens in Vorschlag gebrachte Methode an. Geht man nämlich davon aus, daß es gemäß dem obigen Modellgrundriß *„regelnde", sich in Schleifenstrukturen vollziehende Prozesse sind, die zur Speicherung allgemeiner Wissensbestände über Eigenschaften der Objektwelt führen*, so läßt sich der genetische Aufbau der (Block 4 von Abb. 4 zuzuordnenden) Informationen [k], [k'] und [a] bzw. ihrer präzisierenden Erweiterungen [$E\,1\,.\,1$], [$E\,1\,.\,2$], ..., [$E\,1\,.\,p+q$] ohne weiteres, wenigstens in überwiegend „molarer" Betrachtung, aus dem *Lern-Feedback* des operationalen Denkens erklären, ohne daß sich nur im geringsten die Streitfrage erhebt, ob jene Grundpostulate der erfahrungswissenschaftlichen Induktion oder diese den Grundpostulaten *„vorangehe"*, „vorangehen" natürlich im erkenntnispsychologischen, also empirisch-zeitlichen Sinne verstanden.

Um die in Frage stehende Erklärung auf der Grundlage der hier vorgelegten Modellkonzeption leisten zu können, sei zunächst daran erinnert, daß die im Zentralnervensystem gespeicherten Wissensbestände informationstheoretisch als Wahrscheinlichkeitsbindungen von Symbolen innerhalb empfangener und im operativen Zentrum (Block 3 von Abb. 4) verarbeiteter Nachrichtensequenzen (vgl. S. 72ff.) deutbar waren und diesen Wahrscheinlichkeitsbindungen gewisse dynamische Strukturmuster (Schaltmuster) des Zentralnervensystems (vgl. S. 61ff.) als (materiell-) energetische Korrelate entsprachen. Zum Aufbau des gespeicherten Wissens, das seinerseits die erfahrungswissenschaftlichen Denkoperationen ermöglicht, kommt es in der folgenden, hier nach sieben Phasen innerhalb genau *eines* modellhaft herausgehobenen „Regeldurchlaufs" unterschiedenen Weise (vgl. die allgemeinen Ausführungen des Abschnittes 9):

1. Unter einem bestimmten, etwa gleichbleibenden Motivdruck empfängt der einzelne Mensch aus seinen (sich im allgemeinen stetig ändernden) motivational bedingten Außenwelten nachrichtentragende Signale in gewissen Modi, Sequenzen usw.

2. Die empfangenen und semantisch belegten Signalsequenzen werden, nunmehr als Nachrichten, mit den bereits gespeicherten Informationen, unter denen sich besonders Operationsprogramme und allgemeine, schon (in den langen Zeitintervallen der vorwissenschaftlichen Regeldurchläufe) erlernte Regelmäßigkeiten von Symbolabhängigkeiten befinden, zum Zwecke der „Entstörung" und verbesserten Identifikation *korreliert* (vgl. S. 73f.).

3. Die Korrelationen führen in Abhängigkeit von den jeweils eingehenden Nachrichten gleichzeitig zur Veränderung des Bestandes an gespeicherten Informationen: fixierte Wahrscheinlichkeitsbindungen bzw. Strukturmuster werden korrigiert und umstrukturiert und neue Regelmäßigkeiten als „selbstprogrammierende" Operationsmuster und Zwänge

aufgebaut, wobei es oft zu *Verallgemeinerungen bereits gespeicherter zwischensymbolischer Beziehungen* kommt. „Verallgemeinerung" bedeutet hier: Ausdehnung des Geltungsumfanges bestimmter Wahrscheinlichkeitsbindungen auf eine größere (als die bisherige) Anzahl von singulären Außenweltnachrichten über Beziehungen zwischen Daten der Objektwelt bzw. Zusammenfassung bestimmter dynamischer Strukturmuster des Zentralnervensystems zu neuen, höheren Stufen der Musterhierarchie angehörenden Musterbildungen (vgl. S. 61 ff.).

4. Sich anschließende Korrelationen der in gewissem Umfange *bereits entstörten* Nachrichten mit dem korrigierten und erweiterten, insbesondere mit dem verallgemeinerten Bestand an gespeicherten Informationen führen schließlich zu (zumeist alternativen) Folgerungen und Voraussagen (vgl. S. 74 ff.).

5. Unter diesen Folgerungen und Voraussagen wird diejenige auf Grund sogenannter „*rationaler Selektion*" ausgewählt, welche entsprechend dem vorhandenen Wissen die im Sinne der maximalen Motivdruckverminderung bestmögliche Aktion antizipiert (das optimale motorische Programm entwirft).

6. Es folgt die *Aktion*. Diese verändert die (als Teil der Objektwelt) perzipierbare Außenwelt des Menschen.

7. Die der zielgerichtet veränderten Außenwelt entstammenden Nachrichten werden der *Kontrolle* der vorangegangenen Denkoperationen zugrunde gelegt und leiten einen zweiten Regeldurchlauf ein, der insbesondere die Operationen der 3. Phase fortsetzt.

Genetisch betrachtet, vollzieht sich der *Aufbau des operationalen Wissens (3. Phase)* eines Menschen auf der Grundlage einer Unsumme solcher Regeldurchgänge, von denen eine (der Intelligenz des einzelnen vermutlich proportionale) Untermenge zur sukzessiven Verallgemeinerung seiner Kenntnisse von Eigentümlichkeiten der Objektwelt führt. In dieser Weise der Generalisierung von Wahrscheinlichkeitsbindungen bzw. der zusammenfassenden Neubildung dynamischer Strukturmuster bauen sich schließlich auch *allgemeinste*, die unmittelbare Außenweltperzeption weit überschreitende *Interpretations- und Operationsschemata* (für immer größere Klassen singulärer Nachrichten) auf. Dabei ist für die Lernprozesse des *Erfahrungswissenschaftlers* ein spezifisches Wechselverhältnis zwischen dem Aufbau allgemeiner Informationen über die Objektwelt und deren gedanklicher Verarbeitung einerseits sowie der empirischen Kontrolle dieser Informationen andererseits (7. Phase des Regeldurchganges) charakteristisch. Zwar gibt es Zeiten der fast kontrollfrei-regressiv (vgl. S. 79 f.) verlaufenden generalisierenden Gedankenproduktion auf der Grundlage relativ vager Analogieschlüsse; im allgemeinen jedoch unterscheidet sich das wissenschaftliche vom vorwissenschaftlichen Denken gerade durch die hohen Bewährungsanforderungen, die das erstere an jede Verallgemeinerung zwischensymbolischer Beziehungen stellt.

Nach dem (hier nur umrißhaft) Dargelegten dürfte deutlich geworden sein, daß der „vernünftige Glaube" des Erfahrungswissenschaftlers an die in den Postulaten [*k*], [*k'*] und [*a*] geforderten Eigenschaften der Objektwelt *das Ergebnis solcher sich im Handeln bewährender induktiver Verallgemeinerungen ist, die selbst schrittweise infolge der sukzessiven Erhöhung der Glaubwürdigkeit jener Postulate durch diese in Richtung auf zunehmende Verläßlichkeit eingeschränkt werden.*

Das hier in Vorschlag gebrachte Regelkreismodell vermag eine solche Wechselwirkungsdynamik befriedigend zu erklären. Es deutet insbesondere zutreffend die Entwicklung des Kausalitätspostulats aus dem vorwissenschaftlich-alltäglichen und konkreten Kausal*erlebnis* des Menschen, der sich schon in den frühen Stadien (sowohl) seiner individuellen (als auch seiner stammesgeschichtlichen) Entwicklung primär als auf Grund eigener Willensentscheidung *Handelnder* und damit als „*Ursache*" autonomisch herbeigeführter Veränderungen der Objektwelt betrachtet, sofern es ihm vergönnt ist, sich und seine Umgebung nicht nur als Medien stets und überall gegenwärtiger okkulter Mächte begreifen zu müssen. Der Glaube an die Verursachung wahrnehmbaren Geschehens ist bereits am tierischen Verhalten zu beobachten, und dem menschlichen Nachdenken über Kausalität sind jedenfalls Kausal*erlebnisse* sowie an Verursachungs-erwartungen orientiertes *Handeln* vorausgegangen.

Im Schlußteil des vorliegenden Abschnittes soll, wie angekündigt, noch der Frage nachgegangen werden, welche *Begriffs- und Deutungswandlungen* die dem erfahrungswissenschaftlichen Denken zugrunde liegende *Kausalvorstellung* im Zuge der fortschreitenden philosophischen Besinnung erfahren hat und welche *Verfeinerungsformen kausalen Denkens* sich unter dem Zwang der Formierung *erfahrungswissenschaftlicher* Forschungsmethoden innerhalb und außerhalb der Physik ausbildeten. Dabei können hier natürlich *nur einige Hauptentwicklungslinien* angedeutet werden[171].
Eine wichtige Station auf dem Wege der „*Enthypostasierung*" des *Kausalitätsbegriffs* bzw. des *Kausalitätsprinzips* war mit D. HUME erreicht, der den empirischen Charakter der Kausalität hervorhob und die Problematik aus der bisherigen ontologischen Spekulation löste[172]. Er verlegte sie in den Bereich des subjektiven Erkennens: für ihn war Kausalität eine *aus Erfahrung und Gewöhnung resultierende Denkerwartung.* Auch KANT ließ die Frage nach der Realgeltung des Kausalitätsprinzips beiseite, bemühte sich jedoch im Gegensatz zum Empirismus HUMES um den Nachweis der *Notwendigkeit* der Kausalität als einer apriorischen Denkform, ohne die wissenschaftliches Erkennen nicht möglich wäre. MILL, der sich wesentlich an HUME anschloß, vertrat den Standpunkt lediglich *induktiver Herkunft des Kausalitätsprinzips,* und viele andere, die Linie der englischen Empiristen fortsetzende Philosophen betonten in der Folgezeit — entgegen den mannigfachen ontologischen, idealistischen, phänomenologischen usw. Auffassungen — den Umstand, daß die Gültigkeit oder Notwendigkeit eines wie immer formulierten Prinzips der Kausalität weder logisch-apodiktisch, noch auch nur aus Wahrscheinlichkeitsgründen bewiesen werden könne. E. MACH schlug schließlich im Blick auf die Theorien der Physik vor, an die Stelle des Kausalbegriffs den *Funktionsbegriff* zu setzen[173], ebenso wie andere neuere Denker Kausalität auf „*Funktionalität*" reduzierten. Kausalgesetze haben hiernach den Charakter funktionaler Abhängigkeiten, und das Prinzip der Kausalität wird zum Postulat der durchgängigen funktionalen Regelmäßigkeit des Naturgeschehens unter der Annahme der Geordnetheit der Objektwelt[174].
War die MACHsche Kritik am Kausalbegriff wesentlich an den Ergebnissen der sich in hohem Grade bewährenden physikalischen Forschung orientiert, so trugen andererseits die Fortschritte der *Biologie* dazu bei, besonders den

(auf die causa efficiens der Scholastik zurückgehenden) „klassischen"
Ursachenbegriff als wissenschaftlich fragwürdig zu erweisen. Die Situation
bot hier etwa zu Beginn des XX. Jahrhunderts allerdings ein wesentlich
komplexeres Bild als im Falle der Physik, da die — später wieder auf-
flackernde — Auseinandersetzung der Finalisten und Vitalisten mit den
Kausalisten noch voll im Gange war. Abgesehen von einigen Zweigen der
Physiologie befand sich die biologische Forschung noch im Frühstadium des
Überganges von der betont final-teleologischen und „teleokausalen" zur
kausalanalytischen und experimentellen Betrachtungsweise. Finalität und
Teleologie standen der Kausalität — die *„Saugkraft der Zukunft"* der *„Stoß-
kraft der Vergangenheit"* (K. Rietzler) — mit dem Anspruch auf *methodologische Gleichberechtigung* gegenüber: die Fragen nach dem Warum und
dem Wozu des Geschehen wurden von vielen Forschern als komplementär
betrachtet[175].

In dem Maße jedoch, wie sich das *kausale* Denken als erfahrungswissenschaftlich legitim in der Biologie durchsetzte, wurde der Begriff der „Ursache"
auch hier verfeinert, in einer Weise, die der Erforschung der komplexen
Lebensvorgänge, der nur schwer übersehbaren Wechselwirkungsstrukturen
der organischen Prozesse, angemessener schien. Hatte schon Mill erklärt:
*„Die Ursache ist die Gesamtsumme der positiven und negativen Bedingungen,
die Gesamtheit der Umstände und Möglichkeiten jeder Art, aus denen, wenn
sie einmal gegeben sind, unverändert die Wirkung folgt"*, so sah man jetzt unter
dem Zwang der konkreten Forschungsarbeiten mit zunehmender Deutlichkeit den Hauptfehler des naiven Kausalismus, der darin bestand, daß zumeist
nur zwei besonders auffällige Teilerscheinungen einer komplexen Geschehens-
abfolge ins Auge gefaßt und zur „Ursache" und „Wirkung" erklärt wurden.
Eben diesen Fehler meinte schon Mach, als er 1905 schrieb: *„Die genauere
Analyse eines solchen Vorganges zeigt aber dann fast immer, daß die notwendige
Ursache nur ein Komplement eines ganzen Komplexes von Umständen ist,
welcher die sogenannte Wirkung bestimmt. Deshalb ist auch, je nachdem man
diesen oder jenen Bestandteil betrachtet, das fragliche Komplement sehr ver-
schieden[176]."*
Besonders auch im Umkreis der *medizinischen Forschung* machten sich
schon während der ersten Jahrzehnte dieses Jahrhunderts Bestrebungen
bemerkbar, im Sinne der Machschen Kritik am Kausalismus den simplifi-
zierenden und provisorischen Begriff *der* Wirkursache durch Vorstellungen zu
ersetzen, die dem oft außerordentlich komplexen Krankheitsgeschehen und
den Erfordernissen der sich ständig verfeinernden experimentellen Analyse
tatsächlich entsprachen. F. Thöle[177] schlug vor, unter der Ursache eines
Vorganges „die Vielheit seiner *Relationen* als Vorgänge zu den Vorgängen
in der kontinuierlich zusammenhängenden Körperwelt" zu verstehen und
das Kausalitätsprinzip als „*Relationsprinzip*" aufzufassen. M. Verworn[178]
betrachtete jeden Zustand oder Vorgang als durch mehr oder weniger zahlreiche einander äquivalente *Bedingungen* bestimmt und identifizierte geradezu
diesen Vorgang oder Zustand mit der Summe seiner Bedingungen.
W. Roux[179], der Begründer der experimentellen Entwicklungslehre, ersetzte
den Begriff der Ursache eines Geschehens, ähnlich wie K. Marbe[180], durch
den Begriff der „Gesamtheit und Konfiguration aller an dem Geschehen
beteiligten *Faktoren* und *Komponenten*"[181], und andere Forscher, wie die
Mediziner D. von Hansemann[182] und O. Lubarsch[183], stellten sich auf den
Boden dieser oder einer ihr nahekommenden Auffassung. Allen gemeinsam
ist die Einsicht, daß der Begriff „Ursache" nicht nur wegen seiner inhaltlichen Unbestimmtheit, sondern auch deshalb aus der exakten wissenschaftlichen Forschung zu eliminieren sei, weil sich mit ihm die mystische Vorstellung eines außerhalb des tatsächlichen Geschehens existierenden, dieses
Geschehen aber zustande bringenden Agens verbinde. Wodurch er zu ersetzen
sei, darüber gingen im einzelnen die Meinungen auseinander. Immerhin darf
wohl dem „*Konditionalismus*" Verworns eine besondere Stellung im Rahmen
der in weite Kreise hineingetragenen Diskussion zugesprochen werden.

Die Thesen VERWORNS sind nicht unbestritten geblieben. Zunächst sind Einwände gegen seine Verwendung des Wortes „*Bedingung*" erhoben worden. Dabei ist zu bemerken, daß VERWORN selbst diesem Wort in durchaus nicht unmißverständlicher Weise unterschiedliche Bedeutungen gibt. So erklärt er einmal: „*Jeder Vorgang oder Zustand ist eindeutig bestimmt durch die Summe seiner Bedingungen*", zu anderen: „*Jeder Vorgang oder Zustand ist identisch mit der Summe seiner Bedingungen*"[184], und das Wort „*Faktor*" verwendet er gelegentlich synonym mit „*Bedingung*". Das besonders von ROUX gegen die Verwendung des Bedingungsbegriffs erhobene Bedenken zielt im wesentlichen dahin, daß Bedingungen sich auf etwas lediglich Gedachtes, in Gedanken Gesetztes, bezögen: „*Bei der Verwirklichung des Gedachten aber, also beim Wirken, gibt es nur Ursachen, Faktoren; die Bedingungen werden mit dem Beginn des Geschehens die Ursachen, Faktoren. Bedingungen und Faktoren sind also, sobald das Wirken beginnt, identisch*[185]." Bereits E. CZUBER[186] hat im Blick auf diesen Einwand mit Recht darauf hingewiesen, daß nicht deutlich sei, „*was denn unter dem ,Wirken' neben dem ,Geschehen' verstanden werden soll*", und die Meinung geäußert, mit dem Begriff des Wirkens werde erneut etwas „*Mystisches in den Kausalbegriff*" hineingetragen[187]. Abgesehen hiervon jedoch verstärkt CZUBER den ROUXschen Einwand. Zwar vertritt er nicht die Auffassung einer Art „Metamorphose" der Bedingungen, die „mit dem Beginn des Geschehens" zu Ursachen werden; wohl aber hebt auch er die Bedingungen als etwas bloß in Gedanken oder auf dem Papier Bestehendes ab von dem „wirklichen" Geschehen. Erst mit dem *Erfülltsein* der Bedingungen seien die „Umstände" gegeben, von denen das Geschehen abhängig ist. Schlägt ROUX vor, „Bedingungen" durch „Faktoren" zu ersetzen, so hält CZUBER es — seinem Sprachgefühl gemäß — für richtiger, von „*Umständen*" zu sprechen. Weitere in diesem Zusammenhang genannte Worte, um die zum Teil heftig gestritten wurde, sind: *Vorbedingungen, Koeffizienten* und andere mehr. Alle diese Begriffe jedoch entbehren auf der rein verbalen Ebene der prägnanten Explikation und stehen in dieser Hinsicht auf keiner wesentlich höheren Stufe als der vieldeutige und unscharfe Ursachenbegriff. Auch sie sind als *vorläufig* in dem Sinne zu betrachten, daß sich mit der fortschreitenden Vervollkommnung der analytisch-experimentellen und quantifizierenden Methoden auch in den heute noch stark „qualitativen" Erfahrungswissenschaften der Begriff der *funktionalen Abhängigkeit* in seiner mathematischen Bedeutung wird durchsetzen müssen, damit der an alles erfahrungswissenschaftliche Forschen zu stellenden Forderung nach exakten Szientifikationsmethoden Genüge getan wird.

Unabhängig von diesen durch den „Konditionalismus" aufgeworfenen Fragen trat jedoch die konditionale Betrachtungsweise dort, *wo der Übergang zur eigentlich funktionalen Betrachtung noch nicht gelang*, mehr und mehr an die Stelle der kausalen. Dies gilt besonders für die *Medizin*. Die Erklärungen des Krankheitsgeschehens suchten zunehmend dem Umstand Rechnung zu tragen, daß jeder zu analysierende Ereigniskomplex von einer Mehrzahl von in spezifischer Weise miteinander verknüpften Bedingungen abhängig oder, womit im wesentlichen dasselbe ausgedrückt sein soll, auf zahlreiche zusammenwirkende Faktoren zurückführbar ist. Die Annahme nur eines das Geschehen auslösenden und seinen weiteren Verlauf bestimmenden Faktors wurde bald als ein nur außerordentlich selten auftretender Grenzfall betrachtet. Insbesondere war es die Erforschung der Infektionskrankheiten, die schon frühzeitig zu der Erkenntnis führte, daß die Theorien des Krankheitsgeschehens um so vollständiger und im Sinne der Voraussagefähigkeit leistungsfähiger sind, je mehr man sich bei den ihnen vorangegangenen Einzelfalluntersuchungen darum bemüht hatte, an Stelle von isoliert betrachteten Einzelursachen jeweils Gefüge von Bedingungen und Faktoren des prozessualen Geschehens herauszuanalysieren und zu Erklärungsmodellen typischer Krankheitsverläufe induktiv zu verallgemeinern[188]. Die einzelnen Bedingungen und Faktoren des Krankheitsgeschehens sind dabei im allgemeinen von durchaus verschiedener Art: Gewisse unter ihnen sind *fundierend*, andere *auslösend*, einige *spezifisch*, wieder andere *unspezifisch*. Erklärt ist das Geschehen erst dann, wenn *Natur* (Art), *Gewicht* und *Zusammenspiel* der einzelnen Faktoren erkannt sind.

VERWORN hatte die These von der „*effektiven Äquivalenz der bedingenden Faktoren*" aufgestellt, nämlich behauptet: „*Die sämtlichen Bedingungen eines Vorganges oder Zustandes sind für sein Zustandekommen gleichwertig, insofern sie notwendig sind*"[189]. „Gleichwertigkeit" ist hier — nach VERWORN — nicht schlechthin, sondern in bezug auf „*das Zustandekommen des spezifischen Erfolges*" zu verstehen. Trotz der Versuche VERWORNs, seine Äquivalenzhypothese gegenüber den zahlreichen, gegen sie vorgebrachten Einwänden zu rechtfertigen, kann ihm der Vorwurf nicht erspart bleiben, daß er irrtümlich „*Gleichwertigkeit*" statt „*Gleichnotwendigkeit*" angenommen hat. Besonders die Medizin und in ihr die Pathologie der Infektionskrankheiten mit der Tuberkuloseforschung an der Spitze hat gezeigt, daß die zahlreichen beteiligten Bedingungen und Faktoren nicht nur verschiedener Art, sondern auch von verschiedenem Gewicht sind[190]. Eine *konditionale* oder *faktorielle Analyse* muß nach VON HANSEMANN[191] auch zeitlich ferner- bzw. näherliegende Bedingungen unterscheiden, desgleichen Bedingungen, ohne die das Ereignis niemals eintritt *(notwendige Bedingungen)*, und solche, die durch andere ersetzt werden können *(Substitutionsbedingungen)*. Innerhalb der medizinischen Praxis genüge es im allgemeinen, die für das zu untersuchende Ereignis notwendigen Bedingungen sowie eine gewisse Zahl von Substitutionsbedingungen aufzuzeigen. Hiergegen wiederum ist von anderer Seite eingewandt worden, daß *alle* Bedingungen gleich notwendig seien.

Dieser kurze Überblick über die Diskussion im Umkreis des Konditionalismus zeigt, daß die Bedingungslehre zwar in gewissem Ausmaß zur Befreiung von einem naiven und vagen Ursachenbegriff führte, daß sie aber andererseits zu einer einheitlichen und weitgehend anerkannten methodologischen Form nicht zu gelangen vermochte. Dies hat fraglos seinen Hauptgrund darin, daß es, wie bereits betont, auch den im Zuge der „konditionalistischen Bewegung" geprägten Begriffen an der nötigen Präzision mangelte.

Erst die auf der statistischen Korrelationstheorie basierende *mathematische Faktorenanalyse*, wie sie heute zunehmend in den Sozialwissenschaften, in der Psychologie, aber auch in der Biologie und der Medizin Anwendung findet, hat die durch den Konditionalismus begonnenen Verfeinerungen des Ursachenbegriffs ein erhebliches Stück weiter vorangetrieben[192]. Die modernen faktorenanalytischen Verfahren nähern die konditional-faktorielle Betrachtungsweise, wie es scheint, in gewisser Weise der mathematisch-funktionalen an, indem sie auch in Bereichen hochkomplexer Forschungsgegenstände Variablenstrukturen und damit (molare) *funktionale Erklärungsmodelle* aufzubauen gestatten. Wenngleich diese Modelle von dem optimalen Verhältnis zwischen Voraussagegenauigkeit und Reichhaltigkeit, das die *physikalischen* Theorien kennzeichnet, noch weit entfernt sind, so eröffnen sie doch der Kausalanalyse und damit der erfahrungswissenschaftlichen Szientifikation auch in diesen Bereichen der Erkenntnis neue Möglichkeiten einer exakten Beschreibung und Erklärung der Wirklichkeit.

Es schien nicht zuletzt deshalb notwendig, wenigstens abrißhaft auf die seit dem Ende des 17. Jahrhunderts im Gange befindlichen erkenntnis- und wissenschaftstheoretischen wie methodologischen Weiterentwicklungen der Kausalitätskategorie und insbesondere des Ursachenbegriffs einzugehen, weil das in diesem Abschnitt der wissenschaftlichen Induktion zugrunde gelegte Kausalitätspostulat ([k] und [k']) nicht mißverstanden werden soll: Dieses Postulat ist nämlich in jedem Falle so aufzufassen, daß es mit allen sich als wissenschaftlich zweckdienlich ergebenden Verfeinerungen des Begriffs der „ursächlichen Abhängigkeit" verträglich ist. Nichts liegt der in diesem Buch vertretenen Auffassung ferner als der Rückfall in das ontologische oder „transzendentalphilosophische" Kausalitätsdogma, das die erfahrungswissenschaftliche Forschung, wenn es sie auch nicht hemmen konnte, so doch keinen Schritt weitergebracht hat.

Die Überlegungen dieses Abschnittes gingen davon aus, daß ein „vorangehendes Wissen" notwendig ist, um Induktionsschlüsse zu „rechtfertigen". Wenn dieses „vorangehende Wissen" etwas mit „Kausalität" zu tun hat, so bedeutet dies im Sinne der pragmatisch-instrumentalen Auffassung des operationalen und insbesondere des erfahrungswissenschaftlichen Denkens, daß es letztlich sich *im Handeln bewährende Denkgewohnheiten* sind, die im Menschen den vernünftigen Glauben an die wie immer verstandene „Verursachung" des perzipierbaren Geschehens erhärten. Damit ist keine Endgültigkeitsbehauptung verbunden. Es steht immer auch der Weg offen zu neuen, sich möglicherweise besser bewährenden Rechtfertigungsgründen. Bislang allerdings scheinen sich die Postulate der Kausalität und der Analogie als die erkenntnispsychologischen Grundkonditionierungen allen erfahrungswissenschaftlichen informationsvermehrenden Schließens zu erweisen. Ihnen dürfte daher auch ein fester Platz auf der heuristischen Stufe jeder erfahrungswissenschaftlichen Methodologie gebühren.

13. Deduktives Denken

Deduktives Denken in der hier zugrunde gelegten instrumentalen Bedeutung der operationalen Prozesse ist nach der im Beginn des vorigen Abschnittes gegebenen Begriffsbestimmung schließendes Denken *ohne Informationszuwachs* der Konklusionen gegenüber den Prämissen *bei gleichbleibendem Wahrheitswert* der Konklusionen gegenüber den als wahr erkannten (oder angenommenen) Prämissen. In dem Maße, in welchem die *tatsächlichen* Denkbewegungen diese beiden Eigenschaften erfüllen, nähern sie sich dem deduktiv-*logischen* Denken an. Denn das strenge Erfülltsein jener Eigenschaften charakterisiert wesentlich jede deduktive Logik als *normativ-operatives* System, durch welche besonderen Grundannahmen immer die einzelnen deduktiven Logiken voneinander unterschieden sein mögen.

Erfüllen demnach *tatsächliche* Denkbewegungen von Gegebenem zu Nichtgegebenem die genannten beiden Eigenschaften *in Strenge*, so erreichen sie auch, obwohl selbst natürlich im Bereich des empirisch Erfahrbaren bleibend, die jeweilige *Ideal*konfiguration des auf bestimmten basalen Forderungen beruhenden deduktiv-*logischen* Schließens. Wenn hier von der *jeweiligen* Idealkonfiguration die Rede ist, also von der Möglichkeit *mehrerer* Logiken ausgegangen wird, so ist damit gemeint, daß auch unter Beschränkung auf den *formal*-logischen Bereich[193] Systeme konstruierbar (und konstruiert worden) sind, die sich in fundamentalen Eigenschaften voneinander unterscheiden, nämlich hinsichtlich (der Einbeziehung oder Nichteinbeziehung) des „*tertium non datur*" bzw. des *Prinzips der Zwei- oder Mehrwertigkeit*[194].

Im vorliegenden Zusammenhang gilt es festzustellen, daß dem genetischen wie systematischen Aufbau *aller* bislang entwickelter Logiken — seien sie in logistisch formalisierter Gestalt vorgelegt oder nicht — die zuerst von ARISTOTELES exemplarisch dargestellte „*Begriffslogik*"[195], ergänzt durch die „*Aussagenlogik*" der Stoiker[196], als gleichsam „*natürliche*"[197] Logik zugrunde liegt. Zum einen nämlich geht diese „natürliche", auf den klassischen Prinzipien der *Identität*, des *auszuschließenden Widerspruchs* und des *ausgeschlossenen Dritten* beruhende Logik in jede ihrer bekanntgewordenen weiterführenden Formalisierungen insofern ein, als sie die („oberste") Metasprache, in der die für den Aufbau der verschiedenen Logiksysteme zu treffenden Bestimmungen formuliert werden, in hierfür operational wesentlicher Weise festlegen. Dabei scheinen das Identitäts- und das Widerspruchsprinzip *notwendig* für *jede denkbare* Logik zu sein, während das Prinzip des ausgeschlossenen Dritten zumindest für die meisten tatsächlich anzutreffenden und wissenschaftlich relevanten Logiken grundlegend ist. Die „natürliche", aristotelisch-stoische *zweiwertige* Logik stellt zudem das gegenüber jeder *höherwertigen* Logik umfassendere und in diesem Sinne *allgemeinere* Logiksystem dar. Wie nämlich ŁUKASIEWICZ gezeigt hat[198], ist jeder Satz einer n-wertigen Logik ($n = 3, 4, \ldots$) auch ein Satz der zweiwertigen Logik (während das Umgekehrte natürlich nicht gilt): Jede höherwertige Logik ist also hinsichtlich des sie repräsentierenden Satzsystems ein echter Teilbereich der zweiwertigen Logik[199].

Die Erfahrung zeigt, daß im *tatsächlichen* deduktiven Denken, im ständig geübten folgerichtigen Ableiten von Sätzen aus anderen Sätzen auch und gerade innerhalb erfahrungswissenschaftlicher Theorien, jene oben erwähnte Idealkonfiguration des formal-logischen Schließens häufig erreicht wird. Dies gilt insbesondere für diejenigen erfahrungswissenschaftlichen Disziplinen, die der systematischen Mathematisierung zugänglich sind und in Gestalt der mathematischen Schlußweisen über einen explizit angebbaren Ableitungsmechanismus verfügen. Man wird mithin berechtigt sein, die schon früher (S. 116f.) als *Grundpostulate des deduktiven Schließens* bezeichneten operativen Konditionierungen mit jenen Grundgesetzen formal zu identifizieren, die basal bestimmend sind 1. für jede der *möglichen* Gestalten der (syntaktisch oder semantisch[200] aufgebauten) formalen Logik, 2. für die gemäß ihrem (wissenschaftlichen) Gebrauchswert *hochkonventionalisierten faktischen* Gestalten eben dieser Logik.

Die oben genannten drei Grundgesetze werden häufig, unbeschadet ihrer konstitutiven *metalogischen* Bedeutung, als (axiomatische oder ableitbare) *Sätze*, d. h. als immer wahre oder allgemeingültige Aussagenformen, dargestellt. Aussagenlogisch lauten diese Sätze etwa:

Identitätssatz

$[J] = $ *Ist p eine (beliebige) Aussage, so ist wahr: p genau dann, wenn p, in Zeichen:* $p \frown p$.

Satz vom auszuschließenden Widerspruch

$[W] = $ *Ist p eine (beliebige) Aussage, so ist wahr: es ist nicht wahr, daß p und die Negation von p, in Zeichen:* $\overline{p \wedge \bar{p}}$.

Satz vom ausgeschlossenen Dritten („tertium non datur")

$[T] = $ *Ist p eine (beliebige) Aussage, so ist wahr: p oder (im nicht-ausschließenden Sinne des lateinischen vel) die Negation von p, in Zeichen:* $p \vee \bar{p}$.

Der Allgemeingültigkeitsnachweis der als *logische Sätze* formulierten drei klassischen Prinzipien setzt eine *nur* metasprachlich darstellbare *Bewertung* der für p zulässigen Aussagenindividuen voraus. Ist eine Belegung der Aussagenvariablen p mit *genau zwei* Werten — den Werten „*wahr*" und „*falsch*" — festgesetzt, so sind alle drei Sätze [J], [W] und [T] *allgemeingültig*; sind *mehr als zwei* Werte zulässig, so entfällt die Allgemeingültigkeit von [T]. Das „tertium non datur" gilt insbesondere *nicht* als Satz einer dreiwertigen Logik — unbeschadet seiner bereits betonten fundierenden metasprachlichen Funktion beim Aufbau der meisten Logiksysteme einschließlich der höherwertigen Logiken[201].

Unter den gemäß der Wertebelegung der Aussagevariablen abzählbar unendlich vielen möglichen Logiksysteme nehmen diejenigen, die auf dem *Prinzip der Zweiwertigkeit* beruhen, in denen also auch das „tertium non datur" als Satz der Logik gilt, übereinstimmend mit den Ausführungen auf S. 146f., eine ausgezeichnete Stellung ein. Das Zweiwertigkeitsprinzip kann so formuliert werden:

[Z] = *Für jede Aussage a gilt: a ist genau dann wahr, wenn a nicht falsch ist, und a ist genau dann falsch, wenn a nicht wahr ist*[202].

Das Prinzip des ausgeschlossenen Dritten und das Zweiwertigkeitsprinzip sind keineswegs durcheinander ersetzbar. Während nämlich das erstere, wie man sieht, als logischer Satz (Wahrheitsbehauptung [T]) innerhalb eines (objektsprachlichen) Logiksystems darstellbar ist, konstituiert das letztere auf der metasprachlichen Ebene, auf der allein es formuliert werden kann, die Gesamtklasse der (wegen dieser konstituierenden Bedeutung) nach ihm benannten Logiksysteme.

[Z] stellt eine starke Voraussetzung für schließende Operationen dar, indem diese sich nur auf solche Denkgebilde beziehen, von denen sinnvoll gesagt werden kann, daß sie *entweder wahr oder falsch* sind. In der Gültigkeitserklärung von [Z] drückt sich ein „Platonismus" (H. Scholz) des schematisierenden, die Wirklichkeit vereinfachenden Denkens aus, der im Bereich der Mathematik und der mathematischen Logik nur vom Intuitionismus (Brouwer, Heyting) in gewissem Sinne aufgehoben, im wissenschaftlichen deduktiven Denken jedoch sonst so gut wie durchgängig als Grundbedingung der streng folgernden und beweisenden Operationen anerkannt wird.

Man sieht im übrigen: [Z] findet in dem Prinzip der digitalen, genau zweier Zustände fähigen Schaltkreise (des wichtigsten Grundtypus) der modernen Informationsverarbeitungsanlagen seine technologische Entsprechung. Es sei in diesem Zusammenhang an eine schon früher (Abschnitt 10) getroffene Feststellung erinnert, wonach sich grundsätzlich diejenigen Denkprozesse maschinell simulieren lassen, die im Sinne mathematischer Operationen in einzelne, „logisch" aufeinanderfolgende Schritte aufgegliedert werden können. Ebenso wie die operative Leistungsfähigkeit von Digitalanlagen, nach spezifizierten Programmen vorgegebene Probleme zu lösen, wesentlich auf dem digital-binären Konstruktionsprinzip beruht, so beruht die spezifische Leistung des deduktiv-schließenden Denkens primär auf dem dieses Denken operational konditionierenden Prinzip der Zweiwertigkeit. Es kann daher auch nicht verwundern, daß sich die Funktionsweise der digitalen Informationsverarbeitungsanlagen am adäquatesten durch einen (Booleschen) Kalkül beschreiben läßt, dessen Variablen genau zwei voneinander verschiedene Werte annehmen können.

Zweiwertige Logiksysteme (bzw. deren technologische Korrelate) stellen hinsichtlich der in ihnen zugelassenen dualen Besetzung der Aussagenvariablen in *dem* Sinne *Minimal*systeme dar, daß die Zahl Zwei die *Mindest*zahl der überhaupt unterscheidbaren Aussagenwerte ist. Die Beschränkung auf eine Wahr-Falsch-, Alles-Nichts-, Ja-Nein-, 1-0-, Ein-Aus-, Geschlossen-Offen-Alternative zweier Extremal-„Zustände bedeutet also die Erfüllung eines *Ökonomiepostulats*, wie es bereits bei der Besprechung der „semantischen Konditionierung" des methodischerfahrungswissenschaftlichen Denkens hervorgehoben wurde. Auch in informationstheoretischer Betrachtung der logischen Umformungen, derzufolge deduktiv erschlossene Aussagen die Prämisseninformation in Konklusionsinformation (bei höchstens gleichbleibendem Informationsbetrag) verwandeln, stellen genau zwei Zeichenelemente die *Minimalbedingung* der (gleichzeitig umformenden) Informationsübertragung dar.

Das Zweiwertigkeitsprinzip [Z], aufgefaßt als *Grundpostulat* [z] *des deduktiven Schließens*, kann also in erkenntnis*psychologischer* Betrachtung nach dem zuletzt Gesagten auf das *Grundpostulat der Ökonomie der semantischen Belegungen* in derjenigen erweiterten Fassung zurückgeführt werden, welche besagt, daß das erfahrungswissenschaftliche (wie überhaupt das methodisch-wissenschaftliche) Denken nicht nur mit einer möglichst kleinen Zahl von Bezeichnungen auszukommen, sondern sich in seinen deduktiven Operationen auch auf eine (im Sinne der Modallogik) *möglichst wenig modalisierte* Sprache (und zwar auf eine solche lediglich des „assertorisch"-zweiwertigen Modus) zu beschränken sucht.

Aber auch das Grundpostulat der *Eindeutigkeit* der semantischen Belegungen muß in die erkenntnispsychologische Basis der als Grund*postulate* des deduktiven Schließens aufgefaßten klassisch-logischen Prinzipien einbezogen werden. Schon früher wurde das Eindeutigkeitspostulat der Springpunkt des (metalogischen) *Identitätsprinzips* genannt, aus dem selbst wiederum im Sinne des inhaltlichen Denkens die (metalogischen) Prinzipien des auszuschließenden Widerspruchs und des ausgeschlossenen Dritten gewonnen werden können[203].

Für das *Identitätsprinzip* der klassischen Logik dürfte die fundierende Rolle des Eindeutigkeitspostulats unmittelbar einsichtig sein: Jede semantische Belegung, ja, jedes Zeichen, das für etwas steht, muß während aller Operationen, in die es eingeht, in allen seinen Eigenschaften mit sich selbst identisch bleiben, anderenfalls die *Ordnung* des Denkens verlorenginge, sich das Denken im Chaos der Mehrdeutigkeit seiner Gegenstände selbst aufhöbe. Die für alles schließende Denken notwendige Bedingung der Bedeutungsinvarianz der Denkgebilde impliziert aber auch die notwendige Bedingung der *Widerspruchsfreiheit* dieses Denkens, wonach von zwei zueinander kontradiktorischen Aussagen a und $\bar{a}$ *höchstens eine* wahr ist. Wären sie nämlich beide wahr, wäre also $W(a) = W(\bar{a}) = w$, so gäbe es wegen der Gültigkeit des Zweiwertigkeitsprinzips wenigstens einen Fall, für den $w = f$ ist; damit aber würde der fundamentale Begriff des Wahren seine Selbstidentität (und damit seine Eindeutigkeit) verlieren. Aus dem Identitätsprinzip ergibt sich für das „natürliche" inhaltliche Schließen weiterhin aber auch das „*tertium non datur*", wonach von zwei zueinander kontradiktorischen Aussagen a und $\bar{a}$ *mindestens eine* wahr sein muß. Wären nämlich a und $\bar{a}$ beide falsch, wäre also $W(a) = W(\bar{a}) = f$, so würde aus dem Zweiwertigkeitsprinzip, in Analogie zum oben erörterten Fall, für diesen Schluß $f = w$ folgen. Die Grundpostulate der Eindeutigkeit und der Ökonomie der semantischen Belegungen, zwei Forderungen, die das erfahrungswissenschaftliche und überhaupt das wissenschaftliche Denken basal konditionieren, erweisen sich also vom Standpunkt des hier vorgelegten Entwurfs eines „Konditionierungsmodells" aus als dem Zweiwertigkeitsprinzip sowie den drei klassischen Prinzipien der Logik *vorgeordnet*. Und da die Prinzipien der bei wissenschaftlich-deduktiven Denkoperationen tatsächlich fortwährend angewandten zweiwertigen Logik diese Denkoperationen in genereller Weise normieren, also Grundforderungen des tatsächlichen wissenschaftlich-deduktiven Schließens darstellen, dürfen in jenen beiden semantischen Grundpostulaten (D 1, 2 von Tabelle 2, S. 116) auch die nicht weiter reduzierbaren Konstituenten der Grundpostulate des tatsächlichen deduktiven Schließens (E 2 von Tabelle 2) erblickt werden.

Damit nun aber das wissenschaftlich-deduktive Schließen im Einklang mit den besprochenen Grundforderungen die Umformungen der ihm jeweils vorgegebenen Prämissen leisten kann, bedarf es einer zweiten Gruppe von Konditionierungen, die als *im engeren Sinne operativ* bezeichnet werden mögen, da sie die Ableitungen der Konklusionen *effektiv* zu gewinnen gestatten. Diese operativen Konditionierungen sind unter den Namen der *Abtrennungs-* und der *Einsetzungsregel* als *Regeln des (deduktiven) Schließens* bekannt.

Die *Abtrennungsregel*, der sogenannte modus ponens der klassischen Logik, besagt:

$[R_A] = $ *Sind a und b Aussagen (denen also auch der Wahrheitswert des Wahren zukommen kann) und ist sowohl die Aussage ‚Wenn a, so b' als auch die Aussage ‚a' als wahr erkannt, so ist auch die Aussage ‚b' wahr; als Schlußfigur*[204]:

$$\begin{array}{c} \textit{Wenn a, so b} \\ \textit{Nun a} \\ \hline \textit{Also b.} \end{array}$$

Man sagt, daß in diesem Falle ‚b' aus ‚a' und ‚*Wenn a, so b*' durch *Abtrennung gewonnen* worden ist.

Das Denkschema des modus ponens dient dem *direkten* (progressiven) Ableiten wahrer Konklusionen aus gegebenen (wahren) Prämissen. Ihm verwandt ist der *modus tollens*, der, es in gewisser Weise umkehrend, den sogenannten *indirekten* Beweis ermöglicht:

$$[R_A'] = \text{\textit{Wenn a, so b}}$$
$$\underline{\textit{Nun b nicht}}$$
$$\textit{Also a nicht.}$$

$[R_A']$ findet — in den „deduktiven Wissenschaften" kaum seltener übrigens als $[R_A]$ — immer dann Anwendung, wenn aus der Annahme des Negats einer für wahr gehaltenen Konklusion auf die Falschheit der Prämisse geschlossen wird: Ist diese jedoch als wahr bekannt bzw. vorausgesetzt, so ergibt sich aus dem aufgezeigten Widerspruch die Wahrheit der (damit bewiesenen) Konklusion. Diesem Schlußverfahren dürfte als Satz der Aussagenlogik am ehesten der *Kontrapositionssatz* $[(p \frown q) \frown (\bar{q} \frown \bar{p})]$ entsprechen.

Die *Einsetzungsregel lautet etwa*:

$[R_E] =$ *Ist a eine bei jeder Wahrheitswertebelegung wahre, also immer erfüllte oder allgemeingültige Aussagenform (kurz: ein Satz der Logik), so ist (stets) auch diejenige Aussagenform allgemeingültig bzw. diejenige Aussage wahr, die aus a dadurch hervorgeht, daß mindestens eine der in a auftretenden Aussagenvariablen überall, wo sie vorkommt, durch eine (und dieselbe feste) Aussage ersetzt wird. Ist die substituierte Aussage eine Aussagenfunktion (z. B. eine mathematische Satzfunktion), so bleibt die aus a durch Einsetzung gewonnene Aussage(nform) wahr (bzw. allgemeingültig), wenn einige oder alle der in der Aussagenfunktion vorkommenden Variablen durch Konstanten aus den jeweils für zulässig erklärten Individuenbereichen ersetzt werden.*

Derjenige Teil der Einsetzungsregel, der den Übergang von einer allgemeingültigen Aussagenform zu einer wahren Aussage ermöglicht, läßt sich genauer so formulieren: *Ist $a(p_1, \ldots, p_n)$ eine allgemeingültige Aussagenform mit den Aussagenvariablen $p_1, \ldots, p_n$, so ist $a(b_1, \ldots, b_n)$, wo $b_1, \ldots, b_n$ beliebige (feste) Aussagen sind, eine wahre Aussage; $a(b_1, \ldots, b_n)$ ist in diesem Falle aus $a(p_1, \ldots, p_n)$ durch Einsetzung (genauer: durch Einsetzen von b_ν für p_ν ; $\nu = 1, 2, \ldots, n$) gewonnen worden.*

Mit Hilfe der Schlußregeln $[R_A]$ und $[R_E]$ lassen sich nun die Begriffe der *Ableitung* und des *ableitbaren Satzes* im Sinne streng deduktivlogischen Schließens definieren, wobei jetzt ausdrücklich vorausgesetzt sei, daß die Schlußregeln $[R_A]$ und $[R_E]$ der *Erweiterung eines vorgegebenen Bestandes von axiomatischen Sätzen* (Postulaten eines axiomatisch-deduktiven Systems) dienen sollen:

1. *Sei A ein Axiomensystem. Dann heißt die Aussagenfolge $a_1, \ldots, a_n$ eine Ableitung aus A, wenn (für $\nu = 1, 2, \ldots, n$) a_ν entweder ein Satz aus A ist oder wenn a_ν durch Abtrennung aus $a_{\nu-\mu_1}$ und $a_{\nu-\mu_2}$ gewonnen wurde oder wenn a_ν durch Einsetzung aus $a_{\nu-\mu}$ gewonnen wurde*[205].

2. a_n heißt ein aus A ableitbarer Satz, wenn eine Ableitung aus A existiert, deren letztes Glied a_n ist.

Selbstverständlich wird nicht behauptet, daß die Abtrennungs- und die Einsetzungsregel zusammen mit den vorgenannten Prinzipien der klassischen Logik das *vollständige* Rüstzeug des deduktiv-logischen Schließens in allen seinen möglichen und faktischen Formen bilden, sondern nur: daß diese Schlußregeln und Prinzipien den *metalogischen Kernbestand jeder formalen deduktiven Logik* darstellen. In der Tat scheint das allen Formalisierungen vorangehende und diese erst ermöglichende „natürliche" Denken in seiner Gebundenheit an die Prinzipien der Identität, des auszuschließenden Widerspruchs und des ausgeschlossenen Dritten bzw. der Zweiwertigkeit ebenso einem inneren Zwang unterworfen zu sein, wie dieses Denken auch im Blick auf seine pragmatisch-instrumentale, problemlösende Funktion jener Prinzipien offenbar nicht entraten kann. Entsprechendes gilt für die genannten Schlußregeln (zuzüglich der dem modus ponens nahe verwandten Regel des indirekten Beweises), die als im engeren Sinne operationale Konditionierungen das Hauptinstrumentarium aller deduktiv schließenden Operationen bilden, indem sie verwickelte Denkvorgänge — und nicht etwa nur solche rein mathematischer Art — auf übersichtliche Ketten einzelner einfacher Schlüsse zu reduzieren gestatten, deren jeder durch unmittelbaren Vergleich von (gedachten, zumeist jedoch der sinnlichen Perzeption zugänglich gemachten) Zeichen auf seine Richtigkeit hin geprüft werden kann[206]. Dabei ist es für die im gegenwärtigen Zusammenhang aufgestellten Überlegungen keineswegs von Bedeutung, in welchem Ausmaß sich der deduktiv denkende Wissenschaftler selbst der Anwendung jener Schlußregeln sowie des Erfülltseins der durch die klassisch-logischen Prinzipien gegebenen Bedingungen bewußt ist. Wesentlich ist hier allein die Tatsache, daß sie mit den allgemeinen Verlaufsformen der in Frage stehenden Denkprozesse in so hohem Maße übereinstimmen, daß sie im Blick auf ihren operationalen Geltungsumfang als *Grundpostulate des deduktiven Schließens* betrachtet werden dürfen. Als Grund*postulate*: denn über ihre wie immer gedachte „ontische Verankerung", über ihre Geltung in einem „absoluten" Sinne läßt sich nichts ausmachen[207]. In ihnen hat sich das Denken vielmehr gleichsam seine eigenen Gesetze gegeben. Nicht aus freiem Entschluß freilich, sondern derselben Zwangsläufigkeit der lernenden Anpassung folgend, die sich aus der psychophysischen Konstitution des Menschen und seiner vitalen Programmierung (vgl. A 1, 2 von Tabelle 2, S. 116) für sein Dasein und seine Selbstbehauptung in der Welt ergibt.

Alles methodisierte deduktive Denken zielt, man könnte sagen: eigenevolutiv, auf den Aufbau *axiomatisch-deduktiver Systeme*. Diese Erfahrungstatsache ist vor allem bedingt durch die von ARISTOTELES entdeckte oder zumindest von ihm erstmals deutlich ausgesprochene *finitäre Struktur allen diskursiven Denkens*, d. h. letztlich durch die *Unvollziehbarkeit des unendlichen Regresses*[208]. Die einem logisch-deduktiven Begründungs- und Ableitungszusammenhang zugrunde liegenden

Axiome können daher keine andere logische Geltung beanspruchen als
bestenfalls diejenige konventionalisierter *Forderungen*. In den formal-
operationalwissenschaftlichen Disziplinen beschränkt man deren Rechtfertigung auf den Nachweis, daß gewisse systemimmanente Kriterien,
vor allem natürlich das der *inneren Widerspruchsfreiheit*, erfüllt sind.
Die Rechtfertigung der einer *erfahrungs*wissenschaftlichen Theorie
zugrunde liegenden Postulate, der basalen hypothetischen Sätze, verlangt
darüber hinaus deren „*empirische Verifikation*" (vgl. Abschnitt 15).

14. Die „rein imaginären Welten"

Nach einem Vorschlag von S. GOLDMAN sind in dem früher
(Kapitel A und B) entwickelten Modellgrundriß gewisse Verlaufsformen
des Denkens, die durch ihre *Abgelöstheit von den tatsächlich perzipierten
Außenweltinformationen und deren Verarbeitung* ausgezeichnet sind, vom
eigentlichen (als verinnerlichtes „Ersatzhandeln" aufgefaßten) operationalen Denken abgehoben worden. Die Ergebnisse dieses realitätsfreien
oder wenigstens weitestgehend realitätsentlasteten, durch die Tätigkeit des
Entwerfens *von möglichen oder fiktiven Außenwelten* bzw. Außenweltteilen
gekennzeichneten Denkens waren unter dem Namen der „*imaginären
Welten*" zusammengefaßt worden. Unter den „*rein imaginären Welten*"
sollen nun hier insonderheit bestimmte, an interpretationsfreie Symbolsysteme geknüpfte, durch „Überbeobachtung" (STEINBUCH) unter
Einschluß „unbewußter" Schaltwege im sensorischen Bereich gewonnene,
abstrakt-gedankliche Formen und Formensysteme verstanden werden,
denen gleichwohl eine *operational-instrumentale Funktion* zukommt,
indem sie nämlich *formale Struktursysteme für empirische Modelle und
Theorien* zur Verfügung stellen und hierdurch die Stringenz des methodisch-
wissenschaftlichen Denkens auf den wohl überhaupt höchstmöglichen
Grad steigern.

Die hiermit gemeinten systematischen Abstraktionsleistungen des
operationalen Denkens manifestieren sich zum einen in den zur ersten
Wissenschaftshauptgruppe (vgl. Abschnitt 11) gehörenden *formalwissen-
schaftlichen Theorien*, die zumeist durch Außerachtlassung aller nicht
rein struktureller Eigenschaften einer Klasse isomorpher interpretierter
Satzsysteme, d. h. durch eine puristische Explikation der diesen Satzsystemen gemeinsamen Struktureigentümlichkeiten, gewonnen wurden.
Beispiele liefern in großer Zahl die abstrakten algebraischen Bereiche
sowie die Geometrien der Mathematik, die abstrakte Gruppe, der abstrakte
Verband, die HILBERTsche Geometrie usw., sämtlich Systeme axiomatisch-
deduktiver Grundstruktur.

Zum anderen sind es die nach dem Vorbild mathematischer Theorien
axiomatisierten oder formal-semantisch aufgebauten *Logikkalküle*, die
zu den rein imaginären Welten des operationalen Denkens in seiner
methodisch-wissenschaftlichen Form zu rechnen sind, auf die jedoch im
Rahmen dieser Abhandlung im einzelnen nicht eingegangen werden soll.
Den meisten rein formalen Systemen der mathematischen Logik kommt
im Bereich des wissenschaftlichen Denkens die Funktion zu, das deduktive

Schließen innerhalb künstlicher, *formalisierter Wissenschaftssprachen* zu präzisieren, ja, überhaupt erst die Konstruktion formalisierter Wissenschaftssprachen zu ermöglichen.

Um diese besondere, zum Aufbau der „rein imaginären Welten" gehörende Leistung des operationalen Denkens näher zu charakterisieren, sei im folgenden kurz der Begriff einer *vollformalisierten Wissenschaftssprache* präzisiert, wobei auf die Ergebnisse der modernen Logikforschung zurückgegriffen wird[209].

Vollformalisierte Wissenschaftssprachen sind sogenannte *interpretierte Kalküle*. Ein *uninterpretierter, syntaktisch formalisierter Logikkalkül* besteht aus einer *Zeichenmenge* M als Gesamtheit seiner Bauelemente und aus den *Verwendungsregeln* für M. Die Menge M enthält außer dem fest vorgegebenen Inventar von *konstanten Zeichen* auch *Zeichen für Variablen*. Die Verwendungsregeln gestatten, aus der Menge aller überhaupt bildbaren Folgen von Zeichen aus M die Untermenge A der *M-Ausdrücke* sowie weiter aus A die Untermenge S der *M-Sätze* abzugrenzen. Diese Ausdrucks- bzw. Satzbestimmungen werden durch sogenannte *Umformungsregeln* ergänzt, die sich aus den *axiologischen Bestimmungen* und den *Schlußregeln* zusammensetzen. Die axiologischen Bestimmungen legen fest, unter welchen Bedingungen ein M-Satz ein (nicht beweisbares) *M-Postulat* sein soll, während die Schlußregeln die logischen *Deduktionen* von M-Sätzen aus gegebenen M-Sätzen, insbesondere aus den M-Postulaten, normieren. Die Formregeln des Kalküls, der auch als (vollständig) *formalisierte Sprache* bezeichnet wird, sind in einer Metasprache formuliert.

Ein in der oben nur umrißhaft dargelegten Weise konstruiertes Zeichensystem liefert natürlich *nur die formale Struktur einer Wissenschaftssprache*. Es bedarf der *Interpretation*. Die wichtigste, am Vorbild der Mathematik orientierte Methode, einen abstrakten Kalkül $\Re$ zu interpretieren, besteht in der Aufweisung eines sogenannten *interpretierenden Modells*. Ein solches liegt vor, wenn mittels einer Übersetzungsvorschrift gewissen konstanten Elementen der dem abstrakten Kalkül $\Re$ zugrunde gelegten Zeichenmenge M eindeutig bestimmte inhaltlich deutbare Ausdrücke so zugeordnet worden sind, daß jeder M-Satz von $\Re$ in einen inhaltlich interpretierbaren Satz übergeht. Handelt es sich bei den Übersetzungsbildern der M-Sätze sämtlich um Sätze einer „konkreten", „inhaltlichen", interpretierenden Theorie $\mathfrak{T}$, so wird $\Re$ eine *vollformalisierte Wissenschaftssprache* oder auch eine *vollformalisierte Theorie* genannt, wenn für je zwei beliebige Sätze t_1, t_2 von $\mathfrak{T}$, die bzw. den Sätzen s_1, s_2 von $\Re$ zugeordnet sind, gilt, daß t_2 aus t_1 im Sinne des für $\mathfrak{T}$ inhaltlich definierten Schließens ableitbar ist, falls s_2 aus s_1 im Sinne der für $\Re$ (metasprachlich) definierten Schlußregeln abgeleitet werden kann.

Die gegenwärtig erarbeiteten erfahrungswissenschaftlichen Theorien sind, abgesehen von ersten, jedoch noch kaum fortgeführten Ansätzen[210], nur *teilformalisiert*. Das mit dem Aufbau der „rein imaginären Welten" auf formalen Purismus gesteigerte Instrumentarium der abstrakten, durch bereits vorliegende Satzsysteme interpretierbaren Kalküle ist daher bislang fast nur im Raume dieses formalen Denkens selbst — dort allerdings in ständig wachsendem Umfange — zur Anwendung gelangt. Dies ändert jedoch, wissenschaftstheoretisch gesehen, nichts an der Tatsache, daß mit der vollformalisierten axiomatisch-deduktiven Theorie die *bestmögliche aller überhaupt erreichbaren Darstellungen theoretischen Wissens und wissenschaftlichen Schließens* erreicht ist. In diesem Sinne darf das im Denkbereich der rein imaginären Welten aufgebaute, auf die Herausarbeitung abstrakt-logischer Strukturen zielende Wissen als eine der hinsichtlich der Ausschöpfung menschlicher Intelligenz höchsten Leistungen des methodisch-wissenschaftlichen und damit auch des operationalen Denkens betrachtet werden. Dies gilt besonders auch für die gegenwärtigen Bemühungen um den exakten Aufbau einer formalen *induktiven Logik*, mit deren Hilfe nicht nur eine *Theorie des wissenschaftlichen Schätzens* auf allgemeiner Grundlage erarbeitet werden kann, sondern die dem methodisch-wissenschaftlichen Denken auch das Instrument liefert, den *Grad der Bestätigung eines Systems hypothetischer Sätze auf Grund von Beobachtungssätzen* zu berechnen und damit die Voraussagewahrscheinlichkeit erfahrungswissenschaftlicher Theorien numerisch zu bestimmen (vgl. Abschnitt 15).

Die „rein imaginären Welten" im Sinne des oben Gesagten erweisen sich als Gesamtheiten von Systemen, in denen die *symbolische Funktion* der im operationalen Denken erreichten intelligenten Daseinsbewältigung ihren auch in phylogenetischer Hinsicht höchsten Ausdruck findet. Schon bei Tieren sind ja Verhaltensweisen zu beobachten, die auf die Fähigkeit schließen lassen, von Teilmerkmalen perzipierter Signalkomplexe ihrer Außenwelt absehen bzw. Ähnlichkeitsbeziehungen vernachlässigen zu können. Wenn tierische Perzipienten aus der Gesamtheit der in jedem Augenblick empfangenen materiellen Information Teilstrukturen abzugrenzen, herauszuheben und mit ihnen als mit gleichsam „unbenannten" Begriffen innerhalb bestimmter Leistungsgrenzen zu operieren vermögen, so sind offensichtlich Vorformen jener symbolischen Funktionen des Denkens erreicht, und aller Wahrscheinlichkeit nach war es, phylogenetisch gesehen, kein saltus naturae, der aus dem „unbenannten" das „benannte" Denken hat entstehen lassen. Was sich bei den höheren Arten des Wirbeltierstammes nach hinreichender Ausdifferenzierung der zerebralen Rinde an Symbolleistungen andeutet, hebt schließlich den Menschen auf die Stufe eines — mit E. CASSIRER zu sprechen — „*animal symbolicum*", dessen Welt zum symbolischen Universum wird. Innerhalb dieses Universums haben sich seit dem Beginn wissenschaftlichen Denkens besondere, zunehmend rationalisierte Bereiche herausgebildet, in denen die symbolischen Strukturen bald Formen *autonomer, von der Notwendigkeit unmittelbarer Daseinsbewältigung gänzlich entlasteter Manipulierbarkeit* annahmen. In dem Aufbau der rein imaginären Welten endlich ist die bislang größte Distanz der symbolischen Funktionen des Denkens zur Realität erreicht.

Es gehört zu den besonderen Merkwürdigkeiten im Umkreis des Verhältnisses von Denken und Wirklichkeit, daß sich das Denken mit zu-

nehmenden Abstraktionsgraden seiner rationalen Symbolleistungen nicht
von der Wirklichkeit zu entfernen, sondern sich ihr vielmehr in gewisser
Weise zu nähern scheint. Jedenfalls wird dies in den Bereichen natur-
wissenschaftlicher Erfahrung deutlich, in denen in wachsendem Umfange
der unanschauliche mathematische Formalismus an die Stelle anschau-
licher Beschreibungs- und Erklärungsmodelle tritt[211].

Da verbesserte Erkenntnis der Wirklichkeit jedoch immer auch
bessere Beherrschung dieser Wirklichkeit nach sich zieht, muß dem zum
Aufbau der rein imaginären Welten führenden abstrakt-formalen Denken
auch eine *wichtige pragmatische Funktion* innerhalb des operationalen
Denkens in der Form seiner methodisch-wissenschaftlichen Verfeinerung
zuerkannt werden.

15. Zum Problem des „richtigen" Denkens

Es entspricht dem hier zugrunde gelegten *pragmatisch-funktionellen*
Begriff des operationalen Denkens, daß dieses Denken seine „*Richtigkeit*"
aus seinem Leistungsanteil an der Verwirklichung der Ziele, Strebungen,
Wünsche, Absichten usw. erweist, die sich aus den motivationalen Antriebs-
kräften des je betrachteten Menschen ergeben. Der so verstandenen
instrumental-operationalen oder funktionellen Richtigkeit des problem-
lösenden Denkens steht demzufolge auch nicht die „*Falschheit*" desselben
als die andere von genau zwei Alternativmöglichkeiten gegenüber. Vielmehr gibt es je nach der am kontrollierbaren Leistungseffekt zu messenden
Funktionstüchtigkeit des operationalen Denkens grundsätzlich *alle
möglichen Grade dieser funktionellen Richtigkeit* der informationsverarbeitenden Prozesse.

Dies gilt insonderheit auch für die Funktionen des *methodisch-wissenschaftlichen* Denkens und vornehmlich für diejenigen, die den Aufbau
erfahrungswissenschaftlicher Theorien leisten. Dieses Denken ist *letzthin*
im funktionell-operationalen Sinne „*richtig*", wenn es sich als geeignet
erweist, die Motive des Erfahrungswissenschaftlers zu erfüllen, sei es über
die eigenaktive Veränderung der Außenwelt, sei es im „reinen" — etwa
retrospektiven — Denken. Selbstverständlich sind hierbei nur diejenigen
Motive wirksam und daher zu berücksichtigen, die dem Erfahrungswissenschaftler *als solchem* zukommen (vgl. S. 104ff.). Nur diese Motive
befinden sich, wie früher ausgeführt, stets auch in Einklang mit der für
erfahrungswissenschaftliches Forschen programmatischen *Wertbasis* und
insbesondere mit der Grundforderung, wonach alles im Sinne KANTS
„synthetische" Wissen letztlich seine Rechtfertigung vor den Instanzen
der *Erfahrung und Logik* finden muß. Jenes „subjektive" Kriterium
der an der Motivdruckminderung des Erfahrungswissenschaftlers meßbaren „Richtigkeit" seines produktiven Denkens ist mithin funktionell
ersetzbar durch das „objektive" oder doch weitgehend intersubjektive
Kriterium der „*empirischen Verifiziertheit*" der durch dieses Denken
gewonnenen Wissensbestände. Nur solche Theorien, deren hypothetische
Sätze in dem „objektiven" Sinne der empirischen Bewährung als „richtig"

erwiesen sind, vermögen den Erfahrungswissenschaftler zu befriedigen — seine Motive zu erfüllen —, und was hier für die Theorie als vorläufiges Endstadium eines heuristischen Prozesses gilt, darf auch für die einzelnen Etappen desselben, die durch den Wechsel von schöpferischen zu kontrollierenden Denkfunktionen gekennzeichnet sind, behauptet werden. Die Frage nach der „Richtigkeit" des erfahrungswissenschaftlichen Denkens ist somit zurückführbar auf die Frage nach einer *verläßlichen empirischen Kontrolle* der theoretischen Ergebnisse dieses Denkens, und zwar *insonderheit der schließlich erarbeiteten Theorien*.

Wie kann diese Bewährungskontrolle des näheren geleistet werden, und welche besonderen Probleme treten hierbei auf?

Um die heute vorliegenden wissenschaftstheoretischen Versuche zur Beantwortung dieser Fragen diskutieren zu können, bedarf es zunächst einer kurzen Darstellung der Haupttypen gegenwärtig entwickelter allgemeiner Verfahren zur *Verifikation erfahrungswissenschaftlicher Theorien*.

Bereits in Abschnitt 12 ist die Struktur des induktiven Denkens charakterisiert worden. Die Resultate erfahrungswissenschaftlichen induktiven Schließens waren dadurch gekennzeichnet, daß sie kraft ihrer Aussageallgemeinheit wesentlich über die in Gestalt von Beobachtungssätzen vorliegenden Prämissen hinausgehen und daher in einem noch zu präzisierenden Sinne als nur *„wahrscheinlich"* gelten können. Insbesondere wurde das sogenannte Induktionsproblem erörtert, mit dessen grundsätzlichem Lösbarkeitsnachweis ein Weg aufgezeigt wäre, die wissenschaftlich „erlaubten" Induktionsschlüsse aus der Menge aller induktiven Verallgemeinerungen auszuwählen und damit als „richtig", weil zu „wahren" oder doch wenigstens „hinreichend wahrscheinlichen" hypothetischen Sätzen führend zu erweisen. Allerdings mußte festgestellt werden, daß das Induktionsproblem weder durch logisch-erkenntnistheoretische noch durch statistisch-häufigkeitstheoretische Überlegungen in der allgemeinen Form, in der es sich zunächst stellt, gelöst werden konnte. Auch der wahrscheinlichkeitstheoretische Ansatz REICHENBACHS bot keine Lösung des Problems, da bei REICHENBACH die Induktion als Prämisse bereits in der Wahrscheinlichkeitsdefinition enthalten ist. Von hier aus ergab sich also bislang kein Weg, die Wahrscheinlichkeit, geschweige denn die „Wahrheit" eines hypothetischen Satzes bzw. einer erfahrungswissenschaftlichen Theorie zu erweisen und damit die Theorie streng zu verifizieren. Daß jedoch für einen möglichen erfolgreichen Lösungsansatz ein wie immer zu präzisierender — mathematisch-statistischer *oder* induktiv-logischer — *Wahrscheinlichkeitsbegriff* von entscheidender Bedeutung ist, darüber bestanden (und bestehen) bei allen Forschern, die sich um eine exakte Theorie des induktiven Schließens (und nicht nur um seine verbale Beschreibung) bemüh(t)en, keinerlei Zweifel. Eine solche Theorie aber könnte vielleicht gleichzeitig einen Weg aufweisen, unter bestimmten Bedingungen hypothetische Sätze auf Grund von Beobachtungssätzen als in einem numerisch angebbaren Grade „wahrscheinlich" zu bestätigen.

Erste Versuche zur induktiv-logischen Präzisierung des Wahrscheinlichkeitsbegriffes haben, wie bereits früher bemerkt, J. M. Keynes[212] und H. Jeffreys[213] unternommen, indem sie „Wahrscheinlichkeit" — im Gegensatz zu der auf dem Häufigkeitsbegriff aufgebauten statistischen Wahrscheinlichkeitstheorie — als eine *logische Beziehung* auffaßten, nämlich als logische Beziehung zwischen einem allgemeinen (hypothetischen) Satz und den ihn stützenden, ihn in seiner Glaubhaftigkeit bekräftigenden Erfahrungsdaten. Charakteristisch für diese Auffassung ist die Beschränkung auf den *logischen Aspekt* des Verhältnisses von Theorie und Erfahrung, d. h. die Ausklammerung aller derjenigen mit der Verifikation eines hypothetischen Satzes bzw. einer erfahrungswissenschaftlichen Theorie zusammenhängenden Fragen, die nicht nach allgemeinlogischen Gesichtspunkten geklärt werden können.

Der Ansatz von Keynes und Jeffreys ist von R. Carnap weiterentwickelt und zu einer mit den Mitteln der mathematischen Logik teilformalisierten *Theorie des Bestätigungsgrades bereits erarbeiteter erfahrungswissenschaftlicher Hypothesen* ausgebaut worden[214].

„*Bestätigung*" ist bei Carnap dasjenige, wodurch der Begriff der induktiven Wahrscheinlichkeit so definiert wird, daß er eine Quantifizierung zuläßt. Da es nicht sinnvoll ist, von der Wahrscheinlichkeit einer bereits vorliegenden *Hypothese h* — hierunter sei allgemein ein hypothetischer Satz oder eine Konjunktion von hypothetischen Sätzen verstanden — *schlechthin* zu sprechen, vielmehr diese Wahrscheinlichkeit stets sowohl von h als auch von einem *empirischen Datum e* abhängt, so muß der Bestätigungsgrad eine Funktion der beiden Argumente h und e sein; Carnap schreibt $c = c(h, e)$. Für das Argument e verwendet er den Namen „Prämisse".

Die Prämisse e hat, ebenso wie die Hypothese h, die Gestalt eines *Satzes*, erforderlichenfalls einer *Satzkonjunktion*. Um zunächst Näheres über den Charakter dieser Sätze sagen zu können, ist mit Carnap die für moderne semantische Untersuchungen charakteristische Unterscheidung zwischen *Objekt- und Metasprache* zu treffen. Die Objektsprache ist diejenige Sprache, *in* der über Sachverhalte und ihre gegenseitigen Beziehungen gesprochen wird; sie stellt mithin auch die Mittel zur Formulierung sowohl der Hypothese h als auch der Prämisse e zur Verfügung. Die Metasprache dagegen ist diejenige Sprache, die Verwendung findet, wenn *über* die Objektsprache, insbesondere über die in ihr formulierten, h und e konstituierenden Sätze und die zwischen h und e bestehenden Relationen, gesprochen wird. Die Unterscheidung zwischen Objektsprache und Metasprache ist deshalb erforderlich, weil für die Aussagen der induktiven Logik die *Bedeutung* jener Sätze eine Rolle spielt, die Theorie des Bestätigungsgrades also nicht als reines, interpretationsfreies Zeichensystem aufzufassen ist.

Den Aufbau der Theorie Carnaps, von W. Stegmüller ausführlich erläutert und hinsichtlich ihrer philosophischen Grundlagen, ihrer Anwendungen und der ihr innewohnenden Problematik diskutiert, an dieser Stelle in seinen Einzelheiten darzulegen und zu besprechen, ist weder möglich noch nötig. Nur die für ihre Würdigung im Zusammenhang mit dem Verifikationsproblem wesentlichsten Gesichtspunkte sollen im folgenden hervorgehoben werden.

1. Als Metasprache wird die deutsche Umgangssprache zuzüglich neu eingeführter abkürzender Symbole verwendet. Zu diesen Symbolen gehören auch die konventionalisierten Zeichen der Mengenlehre.

2. Die der induktiven Logik zugrunde gelegten objektsprachlichen Systeme, deren Aufbau vermöge bestimmter semantischer Regeln erfolgt, beziehen sich auf endliche Gegenstandsklassen bzw. auf einen Bereich von abzählbar unendlich vielen Individuen. Die metasprachliche Bezeichnung dieser Systeme sei $\mathfrak{L}_N$ ($N = 1, 2, \ldots$) bzw. $\mathfrak{L}_\infty$. Für jedes dieser Systeme wird eine endliche Zahl von Prädikaten angenommen; als Variablen werden nur Individuenvariablen verwendet. Die Sprachsysteme der Theorie CARNAPs sind daher vergleichsweise wesentlich ärmer als etwa die Sprache der Physik. Jedoch ist zu erwarten, daß es auf der Basis der vorliegenden Theorie gelingen wird, eine induktive Logik auch für reichhaltigere objektsprachliche Systeme zu entwickeln.

3. Mit Hilfe der semantischen Regeln wird bestimmt:

a) *aus welchen Zeichen die objektsprachlichen $\mathfrak{L}$-Systeme aufgebaut werden,*

b) *welche Zeichenanordnungen als (in $\mathfrak{L}$ „sinnvolle") Ausdrücke zu betrachten sind und*

c) *unter welchen Bedingungen ein Ausdruck ein (in $\mathfrak{L}$ „wahrer") Satz sein soll.*

4. Eine wichtige Rolle (hierbei sowie) bei dem weiteren Aufbau der induktiven Logik spielt der Begriff der *Zustandsbeschreibung,* durch den in metasprachlichen Sätzen bzw. Satzkonjunktionen der *mögliche Zustand des Individuenbereichs* des $\mathfrak{L}$-Systems bezüglich aller Eigenschaften und Relationen festgelegt wird. Genauer: Jedes $\mathfrak{L}$-System enthält eine gewisse Anzahl von Grundprädikaten, die Eigenschaften von Individuen bzw. zwei- oder mehrstellige Relationen bezeichnen. Durch eine Zustandsbeschreibung wird nun — stets bezüglich des jeweiligen $\mathfrak{L}$-Systems — nach einem rekursiven Verfahren explicite festgelegt, ob ein Individuum eine bestimmte Eigenschaft besitzt oder nicht sowie ob für ein n-stelliges Individuenaggregat eine bestimmte Relation besteht oder nicht. Dies muß *für alle* Eigenschaften und Relationen des Systems angegeben werden. Die Gesamtheit der Zustandsbeschreibungen, in denen ein Satz gültig ist, heißt der *logische Spielraum* dieses Satzes. Der logische Spielraum eines Satzes kann als die *Bedeutung des Satzes* aufgefaßt werden. Die deduktive Logik, die CARNAP in die induktive einbaut (ihr andererseits jedoch auch wieder in gewisser Weise zugrunde legt), wird vom Begriff des logischen Spielraumes her (als Teil der Semantik) interpretiert. In diesem Sinne ist z. B. eine allgemeingültige Aussagenform der deduktiven Logik als ein in *allen* Zustandsbeschreibungen geltender Satz definiert, während eine kontradiktorische Aussagenform der deduktiven Logik dadurch erklärt ist, daß sie in *keiner* Zustandsbeschreibung gilt. Der logische Spielraum, der mit der Klasse *aller* Zustandsbeschreibungen,

und derjenige, der mit der *leeren Klasse* der Zustandsbeschreibungen identisch ist, erscheinen im Rahmen der Theorie CARNAPS als die für die deduktive Logik charakteristischen Grenzfälle.

Nach der Charakterisierung der semantischen $\mathfrak{L}$-Systeme ist nun das Problem zu lösen, die *Bestätigungsfunktion* $c(h, e)$ zu definieren. Diese Aufgabe führt CARNAP schrittweise darauf zurück, eine *Maßfunktion für Zustandsbeschreibungen* zu konstruieren, zunächst unter Beschränkung auf die endlichen Systeme $\mathfrak{L}_N$.

Sei $\mathfrak{Z}_i$ eine Zustandsbeschreibung von $\mathfrak{L}_N$; dann ist die *reguläre Maßfunktion* $m(\mathfrak{Z}_i)$ so definiert:

1. *Für jedes $\mathfrak{Z}_i$ ist $m(\mathfrak{Z}_i)$ eine positive reelle Zahl.*

2. *Die Summe aller Funktionswerte von m für alle $\mathfrak{Z}_i$ in $\mathfrak{L}_N$ ist gleich 1.*

Diese Definition wird durch die folgenden Bestimmungen auf *Sätze* erweitert:

3. *Ist i ein Satz von $\mathfrak{L}_N$ mit dem logischen Spielraum der leeren Klasse, so ist $m(i) = 0$.*

4. *Ist i ein Satz, dessen logischer Spielraum nicht die leere Klasse ist, so ist $m(i)$ gleich der Summe der Funktionswerte der $\mathfrak{Z}_i$ dieses Spielraumes.*

Die *reguläre Bestätigungsfunktion* des $\mathfrak{L}_N$-Systems wird jetzt mit Hilfe der obigen Festsetzungen definiert:

5. *Ist $m(e) \neq 0$, so ist $c(h, e) = \dfrac{m(e \wedge h)}{m(e)}$; ist dagegen $m(e) = 0$, so erhält $c(h, e)$ keinen Wert.*

Hieraus folgt unmittelbar, daß der Wertevorrat der Maßfunktion der Zustandsbeschreibungen $\mathfrak{Z}_i$ das Innere des Intervalls von 0 bis 1 ist, ferner, daß die eben angegebene Definitionsgleichung für $c(h, e)$ für *jedes* Satzpaar e, h mit $m(e) \neq 0$ gilt, und schließlich, daß ein Funktionswert $c(h, e)$ genau dann existiert, wenn der logische Spielraum von e nicht die leere Klasse ist. Durch entsprechende Limes-Übergänge kann man diese Definition auf das System $\mathfrak{L}_\infty$ übertragen.

Weitere Folgerungen: Das deduktiv-logische Gegenstück zum induktiv-logischen Begriff des Bestätigungsgrades ist der Begriff der logischen Wenn-So-Implikation. Die letztere erscheint jetzt als ein Sonderfall der zwischen den logischen Spielräumen von h und e bestehenden, von der induktiven Logik untersuchten Beziehungen. In der Definitionsgleichung

$$c(h, e) = \frac{m(e \wedge h)}{m(e)} = r,$$

wo r eine reelle Zahl zwischen 0 und 1 ist, bedeuten ja $m(e)$ und $m(e \wedge h)$ Maße für die logischen Spielräume $\mathfrak{R}_e$ von e sowie $\mathfrak{R}_{e \wedge h}$ von $e \wedge h$. Der Spielraum $\mathfrak{R}_{e \wedge h}$ ist aber gleich dem Durchschnitt $\mathfrak{R}_e \cap R_h$, d. h.: er besteht aus allen denjenigen Zustandsbeschreibungen, die sowohl in $\mathfrak{R}_e$ als auch in $\mathfrak{R}_h$ liegen. Die folgende Abb. 8 veranschaulicht die soeben geschilderten Verhältnisse.

Ist also etwa $c(h, e) = \dfrac{1}{2}$, so bedeutet dies, daß genau die Hälfte des logischen Spielraumes von e im logischen Spielraum von h enthalten ist. Dem Sonderfall der deduktiv-logischen Implikation entspricht im Rahmen der Theorie CARNAPs der Fall $\Re_e \cap \Re_h = \Re_e$, eine Beziehung, die stets gilt, wenn $\Re_e \subset \Re_h$ ist, d. h. wenn in Abb. 8 der doppelt schraffierte Kreis ganz in dem einfach schraffierten liegt. Schließlich ist noch der Fall zu nennen, daß $\Re_e \cap \Re_h$ die leere Klasse liefert, die beiden schraffierten Kreise von Abb. 8 also keinen Punkt gemeinsam haben. Den beiden letztgenannten Extremfällen entsprechen die Bestätigungsgrade 1 und 0, d. h.: *völlige Gesichertheit* der Hypothese bzw. ihre *erwiesene Falschheit*. Zwischen ihnen liegt das Kontinuum der induktiv-logischen Bestätigungsgrade, deren jeder sich bestimmen läßt als das Verhältnis der Größe des e und h gemeinsamen Spielraumes zur Größe des Spielraumes von e (in Abb. 8 der Flächeninhalt des Überdeckungszweiecks, dividiert durch den Flächeninhalt des doppelt schraffierten Kreises). Je nachdem, in welchem Maße sich der Wert dieses Quotienten der 1 nähert, besteht in wachsendem Grade *Grund für einen vernünftigen Glauben an die Gültigkeit von h.*

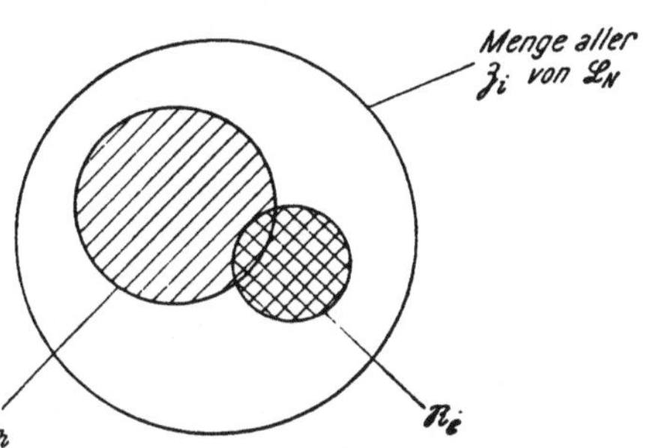

Abb. 8. Zur Theorie des Bestätigungsgrades
(nach R. CARNAP und W. STEGMÜLLER)

Die Theorie der regulären Bestätigungsfunktion, wie sie bereits auf den bisherigen (hier zum Teil nur in einer allerersten Näherung beschriebenen) Definitionen aufgebaut werden kann[215], liefert nun eine Reihe von beweisbaren Sätzen, unter denen sich auch solche befinden, die bereits aus der *klassischen Wahrscheinlichkeitslehre* bekannt sind. Aber es bleibt noch die Aufgabe, aus der Mannigfaltigkeit der die definitorischen Randbedingungen erfüllenden c-Funktionen nach Möglichkeit eine geeignete herauszufinden, die bestimmten verschärfenden Forderungen genügt und den Bestätigungsgrad einer Hypothese h in bezug auf eine Prämisse e (und ein Sprachsystem $\mathfrak{L}$) im konkreten Fall tatsächlich explizit zu berechnen gestattet.

Diese Aufgabe löst CARNAP in zwei Schritten, die hier ebenfalls nur angedeutet werden können: Der erste besteht in der *Spezialisierung der c-Funktionen auf die Unterklasse der sogenannten symmetrischen c-Funktionen* durch eine dem klassischen *Indifferenzprinzip* nahekommende Forderung der *Gleichbehandlung der Individuen*. Der zweite Schritt besteht in der *Konstruktion eines Parameters* λ, durch den bezüglich eines vorgegebenen objektsprachlichen Systems nunmehr die c-Funktion eindeutig bestimmt werden kann. Dabei geht CARNAP von einer systematischen Übersicht über die *möglichen induktiven Methoden* aus; sein Ziel ist, jede dieser Methoden durch zugeordnete Parameter hinsichtlich ihrer Stellung im System vollkommen zu charakterisieren. Es zeigt sich, daß dieses System aller möglichen Methoden ein geordnetes *eindimensionales Kontinuum* darstellt, also durch genau einen Parameter, nämlich λ, ausgeschöpft werden kann. Das Parameterintervall erstreckt sich über alle nicht negativen reellen Zahlen. Durch jeden Wert von λ ist eindeutig eine c-Funktion und damit *eine bestimmte induktive Methode* gegeben; umgekehrt kann aus einer vorgegebenen, durch eine bestimmte c-Funktion festgelegten induktiven Methode der Parameterwert λ berechnet werden.

CARNAP und STEGMÜLLER gehen in diesem Zusammenhang auf die Frage der Auswahl „einer geeigneten" induktiven Methode ein und stellen fest, daß es sinnlos ist, nach einer *absolut* richtigen bzw. *schlechthin* optimalen induktiven Methode zu suchen. Vielmehr wird man die Auswahl nach verschiedenen Gesichtspunkten zu treffen haben, nach ökonomischen, wohl auch ästhetischen usw., und vor allem danach, ob der empirische oder der logische Faktor stärker betont werden soll (kleinerer bzw. größerer Wert von λ). Auch wird es sich häufig als zweckmäßig erweisen, von *einer* induktiven Methode zu einer anderen überzugehen. Dies bedeutet kein plötzliches Fallenlassen einer bisherigen Theorie, sondern lediglich einen Wechsel des Instrumentariums, mittels dessen man prognostizierende Aussagen zu verifizieren vermag.

Im Anschluß an diese sehr knappe, nur eben umrißhafte Wiedergabe der Gedanken von CARNAP und STEGMÜLLER soll auf die erkenntnistheoretische Frage eingegangen werden, ob es auf Grund der Theorie des Bestätigungsgrades nun effektiv möglich ist, die „Richtigkeit" oder „Geltung" einer erfahrungswissenschaftlichen Theorie wenn nicht als absolut gesichert, so doch als in einem angebbaren Grade durch die Erfahrung bestätigt und damit wenigstens als wahrscheinlich zu erweisen. Die Antwort auf diese Frage würde gleichzeitig, wenn auch relativiert auf den Standpunkt der induktiven Logik CARNAPS, etwas aussagen über die Möglichkeit, den Grad der „*Richtigkeit" des methodischen Denkens*, das den Aufbau der erfahrungswissenschaftlichen Theorie geleistet hat, zu bestimmen.

Der Einwand, daß die Theorie des Bestätigungsgrades in ihrer bisher entwickelten Form nur für relativ „arme" Sprachen gilt, also etwa auf komplexe physikalische Theorien (wie z. B. die Quantenmechanik) nicht angewandt werden kann, sollte vielleicht als nicht allzu stark ins Gewicht fallend betrachtet werden, sofern hier ein *grundsätzlicher* Weg aufgezeigt ist, den Bestätigungsgrad hypothetischer Sätze auf Grund von empirischen Daten zu ermitteln. Wohl aber ist zu prüfen, ob und gegebenenfalls inwieweit die Theorie des Bestätigungsgrades auf Voraussetzungen basiert, ohne deren eigene Bestätigung und damit Legitimierung die Anwendbarkeit dieses Organons der Zuverlässigkeitskontrolle erfahrungswissenschaftlicher Theorien wohl in Frage gestellt wäre.

Festzuhalten ist zunächst, daß die induktive Logik als solche in demselben Sinne *unverifiziert und unverifizierbar ist wie die deduktive*. Als abstraktes Formgebilde möglicher oder wirklicher Objektbeziehungen ist die *deduktive* mathematische Logik eine hinsichtlich ihrer jeweiligen Axiomatik von außerlogischen Begründungen unabhängige „Mathematik der Erkenntnis" (um diesen Ausdruck A. RIEHLS hier zu verwenden), deren „Ontologie" sich auf die Anerkennung des Prinzips der Widerspruchsfreiheit beschränkt[216]. Analog hierzu sagt auch ein Theorem über *induktive Wahrscheinlichkeit*, unabhängig von empirischen Gegebenheiten, lediglich etwas aus über eine *logisch-formale Relation* zwischen Sätzen (bzw. Satzsystemen). Es steht also vermöge seines rein formal-relationalen Charakters prinzipiell nicht hinter dem „Erkenntnisgehalt" eines Satzes der deduktiven Logik zurück. Die Sätze *beider* Logiktypen sind, in der Sprache KANTS, analytisch, nicht synthetisch. Der Bestätigungsgrad einer Hypothese h bezüglich einer Prämisse e ergibt sich — vermittels der Metrik der entsprechenden logischen Spielräume — aus *rein logischer Analyse*.

Damit scheint nun jedoch keineswegs die Frage ausgeklammert, ob nicht die axiomatisch-definitorischen Festsetzungen, auf denen eine formal-instrumentale Disziplin wie die induktive Logik CARNAPS beruht, für *den* Fall einer außerlogischen Rechtfertigung bedürfen, daß diese Disziplin *auf erfahrungswissenschaftliche Sachverhalte angewandt* wird. Soll das betreffende System dazu dienen, den Grad der Glaubwürdigkeit einer erfahrungswissenschaftlichen Theorie auf Grund von Beobachtungsdaten im intersubjektiven Sinne zu ermitteln, so muß es offenbar mehr als ein tautologisches Gedankenspiel sein: in diesem Falle ist vielmehr der Nachweis der *sachlichen Adäquatheit der fundierenden Voraussetzungen* notwendig. Ein naives (unmethodisiertes) Bewährungskriterium leistet diesen Nachweis nicht, denn das Logiksystem, das ein solches Bewährungskriterium zu erfüllen hätte, soll ja erst die Bewährungskontrolle erfahrungswissenschaftlicher Theorien ermöglichen. Daß sich entsprechende Einwände auch gegen die *deduktive* Logik erheben lassen, stellt kein Argument für die induktive Logik dar.

Es muß festgestellt werden, daß CARNAP und STEGMÜLLER offensichtlich gar nicht beabsichtigen, die der Konstruktion der c-Funktion zugrunde liegenden Konventionen, Definitionen oder Axiome[217] in einem anderen Sinne als höchstens dem des *Plausibilitätsnachweises* zu rechtfertigen. So bleiben insbesondere die allgemeinen Invarianzforderungen, durch die die regulären c-Funktionen auf die Unterklasse der symmetrischen c-Funktionen eingeschränkt werden, unbegründet, wenn man nämlich zur Begründung mehr verlangt als die Erörterung von Beispielen, die zeigen, daß keine vernünftigen Gründe gegen diese Forderungen sprechen.

Fernerhin ist auf die Abhängigkeit der c-Funktionen von der mehr oder weniger willkürlichen Wahl der induktiven Methode, also des Parameters λ, hinzuweisen sowie auf den folgenden, schon von STEGMÜLLER[218] diskutierten Umstand: der Bestätigungsgrad von h bezüglich e kann immer nur für eine bestimmte, vom Umfang unseres *derzeitigen* Wissens abhängige Gesamtheit von Erfahrungsdaten berechnet werden. Auch unter Beibehaltung einer und derselben induktiven Methode gilt jeder errechnete Bestätigungsgrad stets nur so lange, wie nicht neue relevante Erfahrungsdaten hinzugekommen sind. Man wäre also genötigt,

mit der wachsenden Zahl der empirischen Einzelfeststellungen die
Bestätigungsgrade $c(h, e)$ zu korrigieren, ohne im geringsten stichhaltige
Gründe für die Erwartung anführen zu können, daß sich diese Zahlen c
einem bestimmten Wert, .etwa 1, nähern. Das Wort „*Bestätigung*"
muß also in einem durchaus „*uneigentlichen*", jedenfalls in mehrfacher
Hinsicht *relativen* Sinne verstanden werden. *Die Bestätigungsgrade von
Hypothesen sind etwas wesentlich von den immanenten Gegebenheiten der
vorgelegten induktiven Logik sowie von subjektiven Wahlmöglichkeiten
Abhängiges*, wobei hinzu kommt, wie man denn sicher sein kann, welche
Beobachtungsdaten innerhalb des jeweils verfügbaren Erfahrungswissens
für die Hypothese und ihren Bestätigungsgrad *relevant* sind und welche
nicht. Wie oft mag einen Forscher, gegen seinen Willen, die Zuneigung
zu einer von ihm erarbeiteten Hypothese dazu verleiten, gewisse mit
dieser Hypothese nicht zu vereinbarende Fakten wenn nicht als gänzlich
irrelevant beiseite zu tun, so doch als weniger ins Gewicht fallend ab-
zuwerten. Es ist jedenfalls bis heute noch nicht in befriedigender Weise
gelungen, Auswahlkriterien für *relevante Erfahrungsdaten* aufzustellen,
was im wesentlichen darauf hinausliefe, die „gesetzmäßig notwendigen"
von den „zufälligen" Ereignisfolgen klar zu unterscheiden.

Im Blick auf das *Problem der „Richtigkeit" erfahrungswissenschaftlichen Denkens* — die aus der „Richtigkeit" seiner Ergebnisse, nämlich
vor allem aus der „Richtigkeit" der mit den Mitteln dieses Denkens
aufgebauten prognostizierenden Theorien, abgeleitet werden kann — muß,
trotz der oben vorgebrachten kritischen Einwände, gesagt werden, daß
die von CARNAP und STEGMÜLLER vorgeschlagene Theorie des Bestätigungsgrades den derzeitig einzigen und wahrscheinlich bestmöglichen Weg
darstellt, mit dem Instrumentarium der formalen Logik den Grad des
„vernünftigen Glaubens" an eine hypothetische Aussage über die wirkliche
Welt festzustellen. Indes werden jedenfalls auch die künftig zu erwartenden Verbesserungen der Theorie das induktive Schließen, wie immer
man es zu präzisieren sucht, nicht von der ihm anhaftenden Unsicherheit
zu befreien vermögen. Von der induktiven Logik aus zur intersubjektiven
Einsicht in die „*objektive Richtigkeit*" auch nur eines einzigen hypothetischen Satzes im Sinne der eingangs gegebenen Definition vorzustoßen,
ist nicht möglich. Es bleibt daher die erkenntnistheoretische Frage,
ob es andere Wege zu diesem Ziel geben kann bzw. tatsächlich gibt oder
ob durch die Vorstellung der „absoluten Richtigkeit" hypothetischer
Sätze, ja, vielleicht empirischer Sätze überhaupt, ein *unerfüllbarer* Anspruch des auf möglichst vollständige Voraussagesicherheit zielenden
Menschen zum Ausdruck kommt.

Ein gegenüber der CARNAP-STEGMÜLLERschen Theorie des Bestätigungsgrades weniger formaler Versuch, erfahrungswissenschaftliche Theorien
im Sinne ihrer wahrscheinlichen Geltung empirisch zu sichern, ist von
B. JUHOS unternommen worden[219]. Seine Verifikationstheorie, die in
einem *deduktiven Prüfungsverfahren* besteht, ist wesentlich an der
Methodologie der Naturwissenschaften, besonders der Physik, orientiert.

JUHOS geht aus von der Unterscheidung zwischen *logischen* und *empirischen Sätzen*; letztere gliedert er nach dem folgenden Schema:

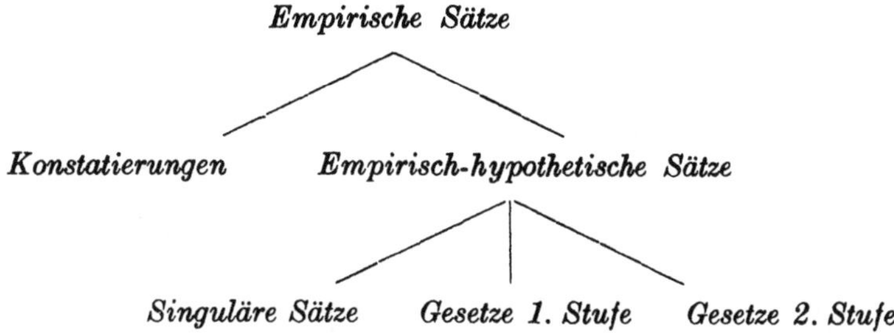

Hierbei sind die *Konstatierungen* (oder *empirisch-nichthypothetischen Sätze*) nach JUHOS die letzte Stütze aller empirischen Erkenntnis. Als bestimmten Korrespondenzregeln genügende (umgangssprachlich formulierte) semantische Belegungen von materieller Information behaupten sie das Vorliegen von unmittelbaren Erlebnissen, wie sie bei der erfahrungswissenschaftlichen Außenweltperzeption auftreten. Nach JUHOS ist ihnen ein noch elementarerer Charakter zuzusprechen als den sogenannten Protokollsätzen des „Wiener Kreises", in die außer objektiven Bestimmungen über die protokollierende Person sowie Ort und Zeit der Protokollierung hinsichtlich des Protokollierten auch konventionelle und hypothetische Momente eingehen. Das besondere Kennzeichen der Konstatierungen ist, wie JUHOS betont, daß man sie nie als Irrtum ansehen kann, daß sie vielmehr nur dann falsch sein können, wenn sie Lügen sind. Dagegen bestehe für empirisch-hypothetische Sätze immer auch die Möglichkeit des Irrtums.

Die *singulären Sätze* bezeichnen Relationen zwischen Konstatierungen. Sie behaupten das Vorliegen bestimmter Einzelereignisse. Ihre vollständige Bewahrheitung erforderte nach JUHOS im Gegensatz zu den Konstatierungen *stets* das Erfülltsein *unendlich* vieler Wahrheitsbedingungen (physiologisch-psychologischer, physikalischer usw. Art); sie enthalten daher immer auch die Möglichkeit des Irrtums.

Ein *Gesetz 1. Stufe* behauptet eine bestimmte empirische Folgebeziehung der Gestalt: Auf gleiche Ereignisse A folgen stets gleiche Ereignisse B. Es stellt also eine Relation zwischen *endlich* vielen singulären Sätzen dar, der durch die Behauptung, sie bestünde *für alle* gleichartigen Fälle, der Charakter einer *unbeschränkt* geltenden, also *allgemeinen* Regelmäßigkeit aus dem Vorrat an Ordnungseigenschaften der Objektwelt verliehen wird. Solche allgemeinen Regelmäßigkeiten können als Verallgemeinerungen bestimmter (singulärer) *Kausal*zusammenhänge betrachtet werden. Für sie ist wesentlich, daß in ihnen auf Ausdrücke der singulären Sätze, aus denen sie gewonnen wurden, explizit Bezug genommen wird.

Die sich durch ihre hohe Aussageallgemeinheit auszeichnenden *Gesetze 2. Stufe*, wie sie als hypothetische Sätze allgemeinster Art vorzugsweise in der Physik vorkommen, behaupten eine *stetige Ordnungsbeziehung zwischen Gesetzen 1. Stufe*, sagen also nicht nur die Aufeinanderfolge (bzw. kausale Abhängigkeit) von Ereignissen aus, sondern darüber hinaus die durch Änderungen von Teilereignissen bedingten Änderungen der Ereignisfolgen. Mithin darf in den Gesetzen 2. Stufe *nicht explizit* auf solche 1. Stufe Bezug genommen werden. Für *physikalische* Gesetze 2. Stufe bedeutet dies, daß die Raum-Zeit-Koordinaten nie als Konstanten, sondern nur als Variablen auftreten dürfen. Allgemein sind in Gesetzen 2. Stufe alle expliziten Meßwerte durch Variablen bzw. Funktionen von Variablen ersetzt.

Wie nun die singulären Sätze aus Konstatierungen, die Gesetze 1. Stufe aus singulären Sätzen und die Gesetze 2. Stufe aus Gesetzen 1. Stufe *gewonnen* werden, so lassen sich auch die durch die empirisch-hypothetischen Sätze jedes dieser drei Typen ermöglichten *Voraussagen* ordnen: Ein singulärer Satz s gestattet sogenannte *Voraussagen nullter Stufe* und nur diese; das sind Voraussagen der Gestalt: ,,Unter den Bedingungen $b_{s_1}, b_{s_2}, \ldots, b_{s_l}$ sind aus s die Konstatierungen $k_1, k_2, \ldots, k_i$ ableitbar''. Ein Gesetz 1. Stufe g ermöglicht außer Voraussagen nullter Stufe auch *Voraussagen 1. Stufe*, welche die Form haben: ,,Unter den Bedingungen $b_{g_1}, b_{g_2}, \ldots, b_{gm}$ sind aus g die singulären Sätze $s_1, s_2, \ldots, s_j$ ableitbar.'' Schließlich gestattet ein Gesetz 2. Stufe G außer den Voraussagen der vorangegangenen Stufen *Voraussagen 2. Stufe*, nämlich solche der Gestalt: ,,Unter den Bedingungen $b_{G_1}, b_{G_2}, \ldots, b_{Gn}$ sind aus G die Gesetze 1. Stufe $g_1, g_2, \ldots, g_k$ ableitbar.'' Gegenüber den Voraussagen der nullten und der 1. Stufe sind diejenigen der 2. Stufe dadurch ausgezeichnet, daß sie die Geltung unendlich vieler, in einer stetigen Ordnungsbeziehung stehender Gesetze der 1. Stufe behaupten können einschließlich der Beschreibung solcher Ereignisfolgen, die nicht zur Gewinnung des betreffenden Gesetzes 2. Stufe verwendet wurden.

Diese — sehr knappen — Vorbemerkungen waren notwendig, um im folgenden das von JUHOS vorgeschlagene Verifikationsverfahren im Umriß charakterisieren und kritisch würdigen zu können. Nur Grundsätzliches kann dabei hervorgehoben werden.

Der Sinn der empirischen Verifikation ist die Feststellung der Wahrheit (der ,,hinreichenden Glaubwürdigkeit'') eines empirischen Satzes, wobei nach JUHOS zwischen der Wahrheit von Konstatierungen und der Wahrheit von empirisch-hypothetischen Sätzen wohl zu unterscheiden ist; zwischen beiden Wahrheitsbegriffen besteht die asymmetrische logische Beziehung, daß die Wahrheit empirisch-hypothetischer Sätze die Wahrheit von Konstatierungen voraussetzt, das Umgekehrte aber nicht gilt.

Die Wahrheit von Konstatierungen beruht darauf, daß den Erlebnissen, die den Konstatierungen zugrunde liegen, per definitionem et conventionem gewisse Namen zugeordnet werden, daß, mit anderen Worten, die diese Erlebnisse selbst konstituierende materielle Außenweltinformation in bestimmter Weise semantisch belegt wird. Wer dies leisten oder nachvollziehen will, muß 1. die *Sprache* beherrschen, welche ihm die hierzu erforderlichen Ausdrucksmittel liefert, 2. im Besitz einer ,,*Erkenntnis nullter Stufe"* sein, welche aus unreflektierten, unmittelbaren und elementaren Gewißheiten besteht einschließlich eines vorangehenden Wissens einfacher Gleichheits-, Ähnlichkeits- und Zahlbeziehungen sowie der Fähigkeit, etwas Einfaches in etwas anderem Einfachen wiederzuerkennen. Im Gegensatz zu den „Hypothetisten"[220] glaubt JUHOS diese Erkenntnis nullter Stufe als *unbezweifelbar gewiß* betrachten zu dürfen, so daß ihm dort die Möglichkeit des Irrtums als „*logisch ausgeschlossen*" erscheint. Wahrheit und Falschheit von Konstatierungen führt er daher als *undefinierte Grundbegriffe* ein.

Anders die *Wahrheit eines empirisch-hypothetischen Satzes*: sie ist gleichbedeutend mit „*hinreichend hoher Wahrscheinlichkeit*" (auch „physikalische Wahrscheinlichkeit" genannt) oder, wie JUHOS gleichbedeutend sagt, „*hinlänglicher Verifiziertheit*". Das „*Wahrheitskriterium*" lautet dann: Ein empirisch-hypothetischer Satz ist wahr, wenn die aus ihm ableitbaren Voraussagen nullter Stufe eintreffen, d. h. mit den aus der Beobachtung gewonnenen Konstatierungen übereinstimmen. Um dieses Kriterium praktisch anwendbar zu machen, muß der Begriff der *ableitbaren* Konstatierungen auf den der *abgeleiteten* Konstatierungen zurückgeführt werden. JUHOS versucht dies so: Die Voraussagen nullter Stufe, die behaupten, daß unter bestimmten Bedingungen bestimmte Konstatierungen gewonnen werden, nennt er *abgeleitete* Konstatierungen. Mit diesen abgeleiteten Konstatierungen lassen sich die durch Verwirklichung jener Bedingungen, d. h. durch vorgeschriebene Beobachtungen, gewonnenen Konstatierungen vergleichen; letztere nennt er *verifizierende Konstatierungen*. Daher ließe sich das genannte Kriterium auch so aussprechen: „Ein empirisch-hypothetischer Satz ist wahr, wenn die aus ihm *abgeleiteten* Konstatierungen mit den *verifizierenden* Konstatierungen übereinstimmen."

Die *einzelnen Verifikationsschritte* entsprechen nun dem dargelegten hierarchischen Aufbau der empirischen Sätze sowie der auf den einzelnen Stufen möglichen Voraussagen. Die *Verifikation eines Gesetzes 2. Stufe* beginnt stets mit der Ableitung von Gesetzen 1. Stufe. Sind diese letzteren bereits als wahr bzw. falsch („wahr" immer im Sinne „hinlänglicher Verifiziertheit" verstanden) bekannt, so bricht das Verfahren bereits nach dem ersten Schritt mit positivem bzw. negativem Ergebnis ab.

Da es jedoch unendlich viele aus einem Gesetz 2. Stufe ableitbare Gesetze 1. Stufe gibt, man aber immer nur endlich viele solcher Gesetze tatsächlich ableiten kann, muß stets *unter den unendlich vielen Verifikationsverfahren eine Auswahl getroffen* werden, die sich häufig nach der verfügbaren, für die Prüfung eines abgeleiteten Satzes relevanten Außenweltinformation wird richten müssen. Ein Gesetz 2. Stufe gilt als falsifiziert, wenn mindestens eines der bereits als (hinlänglich) verifizierten Gesetze 1. Stufe mit den entsprechenden (aus dem Gesetz 2. Stufe deduktiv) abgeleiteten Gesetzen 1. Stufe *nicht* übereinstimmt. Wird nur bei einem einzigen abgeleiteten Gesetz 1. Stufe eine solche Nichtübereinstimmung festgestellt, so liegt eine *Anomalie* des Gesetzes 2. Stufe vor. Entweder gelingt es in diesem Falle, durch die Hinzunahme bestimmter, bei der

Ableitung zu berücksichtigender Bedingungen die Abweichung von der vorausgesagten Regelmäßigkeit zu beseitigen; dann ist das Gesetz 2. Stufe bestätigt (Uranos-Anomalie beim Gravitationsgesetz). Oder die festgestellte Unstetigkeit gibt den Anlaß zur Änderung des Gesetzes 2. Stufe (Merkur-Anomalie).

Gelangt das Verifikationsverfahren nicht bereits nach dem ersten Schritt zum Abschluß, so müssen nun aus den in Frage stehenden *Gesetzen 1. Stufe* singuläre Sätze abgeleitet werden. Juhos' zutreffende Auffassung geht dahin, daß man hier vor einem weniger schwierigen Auswahlproblem stehe, da die aus einem Gesetz 1. Stufe ableitbaren Sätze „infolge ihrer Gleichartigkeit für die Verifikation im wesentlichen von gleicher Bedeutung" sind. In Übereinstimmung mit dem tatsächlichen Vorgehen der Erfahrungswissenschaften schlägt er daher vor, vor allem solche singulären Sätze auszuwählen, die der empirischen Kontrolle am leichtesten zugänglich sind. Ein Gesetz 1. Stufe gilt nun als verifiziert, wenn die aus ihm abgeleiteten singulären Sätze mit solchen singulären Sätzen übereinstimmen, die schon als („hinlänglich") verifiziert vorliegen; anderenfalls ist es als falsifiziert zu betrachten. Liegen dagegen solche aus der Beobachtung gesicherten singulären Sätze nicht oder nicht im erforderlichen Umfange vor, so ist das Verifikationsverfahren fortzusetzen.

Der dritte Schritt des Verfahrens besteht dann in der Ableitung von *Konstatierungen* oder, was dasselbe besagt, von Voraussagen nullter Stufe aus den abgeleiteten singulären Sätzen. Auch hier ist es notwendig, aus den unendlich vielen möglichen Fällen bestimmte auszuwählen; dies geschieht in Analogie zu dem hinsichtlich der ersten beiden Schritte des Verfahrens Ausgeführten. Ein singulärer Satz gilt als verifiziert bzw. falsifiziert, je nachdem die schon *vorliegenden* Konstatierungen mit den *abgeleiteten* Konstatierungen übereinstimmen oder nicht. Für den Fall, daß die erforderlichen verifizierenden Konstatierungen nicht bereits vorliegen, muß das Verfahren mit dem vierten Schritt zum Abschluß gebracht werden. Dieser vierte und letzte Schritt besteht nicht mehr in einer Ableitung, vielmehr ist nun zu prüfen, ob die vorausgesagten Konstatierungen aus unvermittelten, nicht mehr sprachlich formulierbaren *Beobachtungen*, also aus irreduziblen Erkenntnisakten, gewonnen werden können oder nicht.

Das hier sehr stark gekürzt geschilderte Juhossche Verifikationsverfahren für empirische Sätze, wie sie vor allem in der Physik auftreten, ist vorzugsweise dadurch charakterisiert, daß es hinsichtlich der abgeleiteten und zu verifizierenden Sätze *Stufen der Allgemeinheit* von umfassendsten hypothetischen Aussagen bis zu den Konstatierungen und Beobachtungen durchläuft. Auf jeder der drei ersten Stufen war es notwendig, aus einer unendlichen Mannigfaltigkeit von ableitbaren Sätzen eine bestimmte Auswahl zu treffen. Das jedoch heißt: Man gelangt bestenfalls zu einer „*teilweisen*" und insofern *unvollständigen Verifikation* des zu verifizierenden empirisch-hypothetischen Satzes. Mehr zu leisten, ist mit empirisch-rationalen Mitteln nicht möglich. Ja, es gibt gewichtige Einwände, denen zufolge *nicht einmal dies* geleistet werden kann.

Während nämlich nach JUHOS jede empirische Verifikation mit dem Erreichen der Konstatierungen, also nach endlich vielen Schritten, gleichsam von selbst abbricht, geht die Auffassung anderer Forscher — zu nennen sind vor allem R. CARNAP und K. POPPER — dahin, *daß die Verifikationskette tatsächlich aus unendlich vielen Gliedern besteht* und man daher genötigt sei, *das Verifikationsverfahren an einer willkürlich zu wählenden Stelle abzubrechen.* Diese Auffassung wird von einigen dieser Forscher durch die These begründet, *jeder* empirische Satz sei ein *empirisch-hypothetischer* Satz. Auch V. KRAFT weist darauf hin, daß *jede* erfahrungswissenschaftliche Aussage mehr beinhaltet, als ein verifizierendes Erlebnis, das stets nur unter je bestimmten Umständen eintritt, zu vermitteln vermag. Auch sei zu berücksichtigen, daß in *jeder* wissenschaftlichen Feststellung allgemeine, nicht auf Erlebnisse oder Klassen von Erlebnissen zurückführbare Begriffe auftreten, so daß schon aus diesem Grunde niemals ein bestimmtes, einmaliges Erlebnisdatum eindeutig ausgedrückt werden kann[221]. JUHOS' Glaube, es gäbe empirische Sätze, die keinen Irrtum zulassen, erscheint hiernach als ein *Rest von Metaphysik.* Auch bei den sogenannten Konstatierungen und den ihnen zugrunde liegenden „Beobachtungsgegebenheiten“ kann in der Tat keineswegs von völliger Gewißheit gesprochen werden: auch hier gibt es die Möglichkeit des Irrtums. Zudem ist, was die Objektivität der Wahrnehmung betrifft, auf die erkenntnistheoretischen Folgerungen aus dem *Reafferenzprinzip* (S. 60f.) hinzuweisen, dem wahrscheinlich alles Wahrnehmungsgeschehen unterworfen ist.

Die sich aus diesen Einwänden ergebenden Konsequenzen sind weitreichend: Muß nämlich das Verifikationsverfahren mit *willkürlichen Festsetzungen* abgebrochen werden, so ist es nicht sinnvoll, *bestimmte* einzelne Sätze verifizieren oder falsifizieren zu wollen; vielmehr können im Satzsystem auftretende Unstimmigkeiten nur durch geeignete Änderungen *innerhalb des ganzen Systems,* also durch Änderung oder gegebenenfalls Streichung grundsätzlich *beliebiger* Sätze, beseitigt werden. Die an ein System wissenschaftlicher Sätze zu stellenden Forderungen zielen, von den systemimmanenten Postulaten (vor allem dem der inneren Widerspruchsfreiheit) abgesehen, auf Eigenschaften, wie hinreichenden *Aussagereichtum, Eindeutigkeit, Einfachheit u. dgl.*

Besonders die letztgenannte Forderung weist deutlich auf *konventiona-listische Tendenzen* hin. Alle diese Auswahlkriterien aber sind von der Art, daß sie *grundsätzlich eine Mehrzahl von Theorien* zur Beschreibung des gleichen Komplexes von Außenweltinformationen zulassen, ohne daß zwischen zweien dieser Theorien entschieden werden könnte, welche von ihnen einen wie immer verstandenen Wahrheitsanspruch eher erfüllt als die andere. Ganz anders liegen die Dinge, wenn es sich auf der Grundlage der JUHOSschen Verifikationstheorie erweist, daß zwei Hypothesen hinsichtlich ihrer Verifiziertheit einander äquivalent sind. Ein solcher Fall könnte ja durchaus eintreten. Aber dies hat nichts mit jenem Hypothesenpluralismus zu tun, der sich aus dem behaupteten hypothetischen Charakter der Konstatierungen ergibt.

Es ist hier nicht notwendig, die in der Auffassung des Verifikationsproblems bei den namentlich genannten Forschern aufgetretenen und auch heute noch vorhandenen Dominanzunterschiede eingehend zu diskutieren. Daß es sich tatsächlich nur um Dominanzunterschiede und nicht um unüberbrückbare Gegensätze handelt, wird deutlich, wenn man die vom „Neopositivismus" auf dem Gebiet der Verifikation erfahrungswissenschaftlicher Theorien geleistete wissenschafts- und erkenntnistheoretische Arbeit im ganzen überblickt.

Entgegen extrem konventionalistischen Auffassungen, wie sie nach den wissenschaftstheoretischen Untersuchungen H. POINCARÉS[222] aufgekommen waren, halten dabei die meisten zeitgenössischen Wissenschaftstheoretiker an der *Grundthese* fest, *daß sich eine erfahrungswissenschaftliche Theorie letztlich aus Beobachtungen rechtfertigen müsse.* Erfahrungswissenschaft ist mehr als eine wenn auch noch so hochstehende Diskussion über *mögliche* Eigenschaften der Objektwelt und in jedem Falle mehr als ein in sich widerspruchsfreies, auf willkürlichen Festsetzungen beruhendes „Gedankenspiel". Was auf der anderen Seite JUHOS' Theorie der Verifikation betrifft: in ihr scheint, wie schon oben ausgeführt, nicht überzeugend dargelegt zu sein, daß die den hypothetischen Sätzen zugrunde gelegten Konstatierungen unter allen Umständen und damit „absolut" wahr sind. Denn die Perzeptionserlebnisse, deren Vorliegen die Konstatierungen behaupten, sind ja, wie besonders POPPER eingewandt hat, eben gerade an spezifische, weder beliebig wählbare noch der Subjektivität entzogene Momente geknüpft, die selbst also der empirischen Kontrolle unterworfen werden müßten. Ferner ist wohl kaum zu bestreiten, daß jedes solche Erlebnis letztlich den Charakter eines Evidenzerlebnisses von gewissem Komplexitätsgrade besitzt; es gilt daher nicht erwiesenermaßen intersubjektiv, vielmehr bleibt es ebenso wie an den jeweiligen Menschen auch an den einmaligen Zeitpunkt gebunden, in dem es eintritt.

Die entscheidende Frage ist mithin: Wie kann der Gedanke der verifizierenden Rückführung erfahrungswissenschaftlicher Theorien auf Beobachtungen — also das *Prinzip des Empirismus* — ohne den ungerechtfertigten Glauben an die absolute Gewißheit der Konstatierungen aufrechterhalten werden? Einen viel zitierten Versuch, diese Frage mit empirisch-rationalen Mitteln zu beantworten, ist K. POPPER zu verdanken. Die in seinem wissenschaftstheoretischen Hauptwerk „*Logik der Forschung*"[223] entwickelten Gedanken sind von anderen so ausführlich diskutiert worden, daß hier einige kurze Bemerkungen genügen.

Bei POPPER treten in gewissem Sinne an die Stelle der aus erlebnisbedingten Konstatierungen konstituierten singulären Sätze der Theorie von JUHOS sogenannte *Basissätze* als hypothetische, jedoch wegen ihres vergleichsweise geringeren Allgemeinheitsgrades „hinreichend dicht an die empirische Wirklichkeit herankommende" Sätze über weitgehend intersubjektiv Beobachtbares. Sie beinhalten *keine Erlebnisaussagen*, sind auch *nicht als absolut richtig oder wahr erkennbar*, sondern stellen lediglich *denkbare und mögliche Aussagen über Tatsachen* dar. Die Richtigkeit solcher Basissätze kann nun zwar nicht im Sinne zeitloser Wahrheit erwiesen oder logisch begründet werden, vielmehr beruht ihre Anerkennung letztlich auf konventionellen Festsetzungen. Wohl aber ist es möglich, *im Zusammenhang mit der Prüfung der ganzen Theorie* durch intersubjektiv reproduzierbare Beobachtungen ihre Wahl *zu motivieren*. In diesem abschwächenden Sinne kommt den Beobachtungen eine gewisse verifizierende Funktion zu. Die POPPERsche Auffassung schließt also eine empirische *und* eine konventionelle Komponente ein. Erfahrungswissenschaftliche Theorien sind nach POPPER empirisch immer nur *falsifizierbar*, dagegen einer empirischen Verifikation unzugänglich. Aber auch eine erfolgte Falsifikation ist nicht absolut und damit unwiderruflich, da ja die falsifizierenden Basissätze weder selbst absolut wahr sind, noch sich auf absolut wahre Sätze zurückführen lassen. Grundsätzlich ist jeder empirische Satz und ist damit jede erfahrungswissenschaftliche Theorie widerrufbar. Entscheidend ist allein — entsprechend der pragmatischen Funktion des erfahrungswissenschaftlichen wie überhaupt des operationalen Denkens — die methodisch nachgewiesene *Bewährung* der in Frage stehenden theoretischen Gebilde. Man könnte, ein biomorphes Bild POPPERS aufgreifend, sagen: diejenigen Theorien, die sich im Konkurrenzkampf der wissenschaftlichen Systeme behaupten, bilden den derzeitigen Inhalt menschlichen Wissens von der wirklichen Welt.

POPPERS Auffassung wird weitgehend durch die Geschichte der Erfahrungswissenschaften, vor allem der Physik, gestützt. Ruhigere Perioden waren überwiegend dem allmählichen Ausbau anerkannter Theorien zugewandt. In solchen Zeiten bestand kaum Neigung, eine Theorie, die mit allen einschlägigen Beobachtungen übereinstimmt (oder doch wenigstens ein genügend weites Tatsachenfeld widerspruchsfrei erklärt), zu ändern oder durch eine bessere, leistungsfähigere zu ersetzen. Aber es gab daneben Zeiten der schöpferischen Unruhe, des geistigen Umbruchs, der auch vor bewährten Theorien nicht haltmachenden revolutionären Neuerung mit Freiheitsgraden, die am ehesten künstlerischer Kreativität vergleichbar sind. Solche theoretischen Neugestaltungen verliefen stets auf Linien wachsender Bewährung: Der bewährten Theorie folgte die — sie verallgemeinernde (vgl. `S. 125f.) — *besser* bewährte Theorie, wobei der Bewährungsgrad vor allem abhängig ist von dem *Strengegrad der Prüfungen*, denen die Sätze der Theorie unterworfen werden.

POPPER wendet sich insbesondere auch gegen eine Überbewertung des induktiven Schließens beim Aufbau einer erfahrungswissenschaftlichen Theorie sowie des hierbei auftretenden Induktionsproblems, das er für kein wichtiges Problem hält. Was zum einen das Zustandekommen erfahrungswissenschaftlicher Theorien betrifft: sie *entstehen*, wie schon früher betont wurde, zumeist auf eine viel verwickeltere Weise, als es der Vorstellung eines von Beobachtungsmannigfaltigkeiten ausgehenden, direkt verallgemeinernden induktiven Schließens entspricht. So hat M. Planck seine Strahlungsformel und damit die Grundlage der Quantentheorie durch intuitiv-phantasievolles, wechselseitig analogisierendes Verknüpfen möglicher Beschreibungs- und Erklärungsansätze für die ihm vorgelegten experimentellen Befunde gewonnen — gleichsam „erraten" —, keineswegs aber induktiv (aus bestimmten Gesetzmäßigkeiten und den Meßergebnissen O. Lummers und E. Pringsheims) „verallgemeinert". Und A. Einstein ist nicht zunächst, wie oft behauptet, durch das (Michelson-)Experiment zur relativistischen Änderung der klassischen Grundlagen der Mechanik veranlaßt worden; vielmehr ging es ihm primär darum, eingewurzelte Vorurteile (über die Gleichzeitigkeit von Ereignissen, über die Euklidizität des Raumes bzw. den absoluten Charakter der Zeit usw.) einer Kritik zu unterziehen, die insofern philosophisch genannt zu werden verdient, als sie die Erkenntnisschicht der Basisbegründung physikalischen Wissens überhaupt erreicht und mit einbezieht. Mit der genialen Intuition des großen Theorienschöpfers gelang es ihm, ein neues gedankliches Schema der Wirklichkeit zu konzipieren, in das sich dann *nachträglich* die bekannten Beobachtungsdaten auf rationelle und sowohl in sich als auch zur beobachtbaren Wirklichkeit widerspruchsfreie Weise einordnen ließen.

Zum anderen: Den Bemühungen um die Präzisierung des induktiven Verfahrens und um die auf induktiver Logik beruhende Verifikation von Hypothesen hält Popper entgegen, daß die diesem Vorgehen stillschweigend zugrunde gelegte Voraussetzung, es käme in erster Linie auf eine möglichst hohe Wahrscheinlichkeit der Theorie an, falsch sei. Man könne nämlich einen hohen Wahrscheinlichkeitsgrad einer erfahrungswissenschaftlichen Theorie sehr einfach dadurch erzielen, daß man den Aussagenreichtum der Theorie entsprechend einschränkt. Der Extremalfall ist eine Theorie, die zwar die größtmögliche Wahrscheinlichkeit, aber keinerlei Überraschungswert besitzt, die also nichts aussagt, was nicht schon bekannt wäre (wie bei dem „analytischen" Satz: „Alle Tische sind Tische."). Der Wissenschaft müsse es jedoch um Theorien mit einem „großen und interessanten und merkwürdigen Inhalt" gehen, weshalb die unwahrscheinlichen den wahrscheinlichen Theorien in jedem Falle vorzuziehen seien. Informationstheoretisch ausgedrückt: Es kommt auf einen möglichst hohen empirischen Informationsgehalt der Theorie an, und dieser Informationsgehalt (verstanden als die des näheren zu definierende Gesamtheit der Informationsbeträge der aus den Basishypothesen der Theorie ableitbaren singulären Informationen) ist um so größer, je kleiner die Gesamtheit der Wahrscheinlichkeiten für das Eintreten der theoretisch vorausgesagten Ereignisse *vor* dem Empfang der dazugehörigen voraussagenden Nachrichten ist.

Vermöge des Popperschen *Bewährungskriteriums* wird den erfahrungswissenschaftlichen Theorien gemäß dem in den Kapiteln A und B entwickelten Modellgrundriß des operationalen Denkens die Rolle von *gespeicherten Informationsbeständen* zugewiesen, die Voraussagen (zum Zwecke zielgerichteten Handelns) ermöglichen. Diese Informationsbestände sind *„empirisch verifiziert"* im Sinne des verifikationstheoretisch Erreichbaren (also im POPPERschen Sinne), sofern für sie das (intersubjektive) *Bewährungskriterium* POPPERS erfüllt ist. Aus dem Erfülltsein des letzteren rechtfertigen sich auch die vorangegangenen, am *Aufbau* der erfahrungswissenschaftlichen Informationsbestände beteiligten heuristisch-methodischen Denkprozesse des einzelnen Erfahrungswissenschaftlers. Ihre „Richtigkeitsbestätigung" wird dabei um so stärker die dem Erfahrungswissenschaftler als solchem zukommenden Motive befriedigen, je größer dessen Leistungsanteil am heuristischen Gesamtprozeß ist.

Die vorangegangenen Überlegungen dieses Abschnittes haben die Tatsache erneut ins Licht zu stellen versucht, daß es vom nichtspekulativen, empirisch-rationalen Standpunkt aus *„absolutes"* oder *„objektives"* — also *„endgültiges"* — empirisches Wissen nicht geben kann, welche Allgemeinheitsstufe der empirischen Sätze im Sinne der JUHOSSchen Begriffsbestimmung (vgl. das Schema auf S. 165) man auch der kritischen Kontrolle unterwirft. Wie dem einzelnen Menschen die Korrektur und Vermehrung des als gespeichertes Wissen von den Eigenschaften der wirklichen Welt vorliegenden Informationsbestandes durch ununterbrochenes „Lernen" gelingt, ohne daß diesem Prozeß fortschreitender „Realitätsanreicherung" je ein Ende gesetzt ist (es sei denn dasjenige des physischen Todes oder des altersbedingten psychosomatischen Leistungsabbaus), so erscheint auch Wissenschaft als ein (durch sogenannte Grundlagenkrisen auf immer neue Fortschrittsstufen gehobener) endloser Prozeß, für dessen einzelne Phasen es charakteristisch ist, daß die jeweils zu Theorien systematisierten Informationsbestände immer nur eine *vorläufige Sicherung* erfahren können — „Sicherung" in dem erläuterten einschränkenden Sinne verstanden. Allein in· der schrittweisen Elimination des als falsch Erwiesenen stellt sich wie im praktischen Leben des einzelnen, der durch Irrtümer zu Wissen und Weisheit gelangt, so auch im Bereich erfahrungswissenschaftlichen Denkens eine Annäherung an dasjenige dar, was man vielleicht in der vagen Bedeutung eines ebenso unbekannten wie unerkennbaren und daher durchaus fiktiven Grenzwertes als *die* wissenschaftliche „Wahrheit" bezeichnen könnte. Dabei ist es weder möglich noch nötig, diesen Begriff, dessen faktische Unbestimmbarkeit (mit den Mitteln einer natürlichen Sprache) zum Anlaß zahlreicher erkenntnistheoretischer Spekulationen geworden ist, im Bereich des erfahrungswissenschaftlichen Denkens zu präzisieren.

Die traditionelle Philosophie hat sich indes seit ARISTOTELES immer wieder um eine allgemeinverbindliche Lösung des *Wahrheits-* oder (wie man es in neuerer Zeit auch genannt hat) *Letztbegründungsproblems* bemüht, und dies gerade im besonderen Blick auf die sachbezogen-wertfreie empirische Erkenntnis. Wenn in diesem abschließenden Abschnitt einer Abhandlung über die Verlaufsformen und Funktionen des operationalen und insbesondere des methodisch-erfahrungswissenschaftlichen

Denkens in Kürze auch auf diese Bemühungen eingegangen werden soll, so deshalb, weil in ihnen das *Streben des Menschen nach absoluter Sicherheit* im Denken (und damit auch im Handeln) seinen höchsten, allerdings auf die Ebene utopischer Zielsetzungen *überhöhten* Ausdruck gefunden hat.

Der sogenannte *ontologische Wahrheitsbegriff* wird zumeist auf ARISTOTELES zurückgeführt. Danach beruht die Wahrheit eines Urteils oder, allgemeiner, des urteilenden Erkennens auf seiner *Übereinstimmung mit der Wirklichkeit.* ARISTOTELES selbst drückt dies weniger gefällig, dafür jedoch auch weniger vieldeutig aus: „*Falsch ist, von etwas, was ist, zu sagen, daß es nicht ist, oder von etwas, was nicht ist, zu sagen, daß es ist; wahr dagegen ist, von etwas, was ist, zu sagen, daß es ist, oder von etwas, was nicht ist, zu sagen, daß es nicht ist.*" Man kommt dieser Formulierung vielleicht am nächsten, wenn man (mit A. TARSKI) erklärt: „*Ein Satz ist wahr, wenn er einen bestehenden Sachverhalt bezeichnet.*"

Welche der vielen, mit den Mitteln einer natürlichen Sprache ausgedrückten Definitionen man jedoch zugrunde legt: diese Ausdrucksmittel gestatten keine unmißverständliche und nicht in wichtigen Fällen zu unauflösbaren Antinomien führende, formal korrekte Erklärung dessen, was unter „*Wahrheit*" in jenem ontologischen Sinne zu verstehen sei. Dies gilt indes nicht nur für den Wahrheitsbegriff, sondern auch bereits für die semantischen Begriffe des *Erfüllens, Definierens, Bezeichnens* usw. Auf die sprachlogischen Gründe dieser Unzulänglichkeit der natürlichen Sprachen — sie hängen vor allem mit der sogenannten *semantischen Abgeschlossenheit* (TARSKI) dieser Sprachen zusammen — kann im vorliegenden Zusammenhang nicht näher eingegangen werden.

Nun glaubt man jedoch, wenigstens ungefähr zu wissen, worauf diese Wahrheitsdefinitionen samt und sonders zielen, nämlich auf eine wie immer des näheren zu verstehende Korrespondenz zwischen zwei elementfremden Bereichen, deren einer die auf die perzipierbaren Außenwelten bezogenen empirischen Sätze und deren anderer die „hinter" diesen Außenwelten vermutete tatsächliche und reale Objektwelt selbst umfaßt. In der Sprache der Ontologie würde man sagen: jener Bereich ist der des Bewußtseins, dieser die bewußtseinstranszendente Wirklichkeit, die Welt der Dinge an sich. Und Wirklichkeits*erkenntnis* bestünde darin, zu Urteilen zu gelangen, durch welche Züge der vom erkennenden und urteilenden Subjekt unabhängigen Welt der Dinge an sich „unverzerrt" wiedergegeben, gleichsam abgespiegelt, ins Bewußtsein abgebildet werden. In diesem Abbildungsgedanken kommt nun auch die besondere Art der erwähnten Korrespondenz zum Ausdruck; sie ist zu verstehen als die — scholastisch ausgedrückt — *adaequatio rei et intellectus.* Es ist offenbar, daß dieser ontologische Wahrheitsbegriff eine Mehrzahl von ebenso starken wie unscharfen Voraussetzungen einschließt, insbesondere diejenige des subjektunabhängigen Daseins einer prinzipiell erkennbaren „Welt an sich" — in diesem Zusammenhang nicht als basale kognitive Konditionierung von Denkoperationen (vgl. S. 110ff.), sondern als *metaphysische These* verstanden. Ferner ist ersichtlich, daß „ontologische Wahrheit" auf einen *Absolutheitsanspruch* zielt, wie denn auch manche Philosophen darauf hinweisen, daß der Begriff der „relativen Wahrheit" eine contradictio in adiecto sei.

Mag einmal hier die Möglichkeit einer solchen absoluten Wahrheit zunächst vorausgesetzt und von all den Schwierigkeiten abgesehen werden, die sich schon vom logisch-semantischen Standpunkt aus dieser Annahme entgegenstellen. Dann erhebt sich jedenfalls sofort die Frage, wodurch der Mensch in die Lage geraten könne, von einem empirisch-hypothetischen Satz nachzuweisen, daß dieser in dem genannten Sinne wahr sei. Dies scheint notwendig auf die Frage nach der Existenz eines *Kriteriums der Wahrheit* hinauszugehen. Ein solches Kriterium müßte zu prüfen gestatten, ob die im ontologischen Wahrheitsbegriff implizierte Forderung der Übereinstimmung zwischen dem Sachverhalt und dem Inhalt der auf ihn bezogenen Aussage vorhanden ist oder nicht. Der Sachverhalt selbst müßte dabei jener das Bewußtsein transzendierenden Wirklichkeit angehören, da sich, gemäß der Annahme der Existenz einer *absoluten* Wahrheit, das Wahrsein erfahrungswissenschaftlicher Aussagen nicht aus den immanenten Gegebenheiten des Erkenntnisgebildes heraus erweisen lassen kann; solches Wahrsein soll sich ja auf ein außerhalb des Bewußtseins liegendes Seiendes beziehen, wie immer das letztere verstanden werden soll, wenn eben nur das Sein dieses Seienden nicht zum Inhalt des Bewußtseins gehört, es sich also beim Wahrheitsnachweis nicht um bloße Übereinstimmung im Denken handelt. Dabei braucht man nicht so anspruchsvoll zu sein, sich eine Art Maschine vorzustellen, welche die Aussagen in die Klassen „Wahr" und „Falsch" sortiert; es genügte die Fähigkeit, das Wahrsein bestimmter allgemeiner Sätze unter Einbeziehung eines, nötigenfalls komplizierten, methodologisch-erkenntnistheoretischen Gedankensystems in irgendeiner näher zu spezifizierenden Weise prüfen zu können.

Gesetzt nun auch, es gäbe jene bewußtseinstranszendente, metaphysisch-reale Wirklichkeit jenseits der perzipierten Empfindungs- und Wahrnehmungsräume und der auf ihren semantischen Belegungen aufgebauten theorienbildenden Operationen. Dann würde man allerdings über die Existenz und Beschaffenheit dieser Wirklichkeit *nur auf dem Wege eben der theoretischen Verarbeitung von Erfahrungsdaten Kenntnis erlangen können.* Um diese Tatsache kommt niemand herum, welcher zusätzlicher logischer oder außerlogischer Mittel er sich auch bedienen mag. Es wäre also die Übereinstimmung gewisser theoretischer Aussagen mit einer Wirklichkeit zu prüfen, die ganz fraglos nur und allein vermittels perzeptuell-operativer Prozesse des erkennenden Individuums aufschließbar ist: eine offenbar für jeden *unlösbare Aufgabe*, der nicht zu gedanklichen Hilfskonstruktionen greifen will. Diese Hilfskonstruktionen indes, wie immer sie beschaffen wären, müßten den Charakter von allgemeinen, in theoretischen Aussagen formulierten Erkenntnissen haben, für die der Wahrheitsnachweis, den sie erst ermöglichen sollen, selbst zu erbringen wäre. — Man kann die hieraus folgende Unmöglichkeit eines „Kriteriums der Wahrheit" im ontologischen Sinne vielleicht kürzer so

interpretieren: Es fehlt der zur Entscheidung über das Wahrsein einer
theoretischen Aussage erforderliche *absolute* Standpunkt; kein menschliches Bewußtsein, das im Streben nach sogenannter absoluter Wahrheit
den trennenden Schnitt zwischen sich und der vermeintlich isolierbaren
Realität vollzogen hat, vermag sich *über* die so konstituierte Erkenntnisrelation zu stellen, solange es sich notgedrungen als eines der beiden
Relate erleben muß[224].

Es war das unbestreitbare Verdienst KANTS, die aus der Fruchtlosigkeit der ontologisch-metaphysischen Streitigkeiten resultierende philosophische Resignation zum Anlaß genommen zu haben, die menschliche
Erkenntnisfähigkeit hinsichtlich der allgemeinen Bedingungen der
Ermöglichung von Erkenntnis überhaupt einer kritischen Prüfung zu
unterziehen. Indem er sich hierbei, ohne jedoch die Adäquationstheorie
prinzipiell aufzuheben, sowohl vom Dogmatismus der rationalistischen
Ontologie (C. WOLFF) als auch von der ihm — wegen der offenbaren
(prognostischen) Leistungsfähigkeit der Mechanik I. NEWTONS — als
unannehmbar erscheinenden skeptischen Auffassung des englischen
Empirismus (D. HUME) distanzierte, gelangte er zu seinem originären
transzendentalphilosophischen Denkansatz, demzufolge Erkenntnis nicht
ein Erfassen und Abbilden von etwas *vor* allem Erkennen und unabhängig
von ihm schon Vorhandenem ist, sondern gleichsam, in Umkehrung der
Abbildungsrelation, ein *Erzeugen und Erschaffen* des Gegenstandes
durch den erkennenden Menschen, nämlich vermöge der ihm *vor aller
Erfahrung* gegebenen Anschauungsformen des Raumes und der Zeit
sowie gewisser Erkenntniskategorien wie der Substanz und der Kausalität,
Durch die sogenannte transzendentale Deduktion sollten jene Anschauungsformen und Erkenntniskategorien als „*a priori objektiv*" und damit
absolut gültig erwiesen werden in dem Sinne, daß erst durch sie ein
Gegenstand überhaupt gedacht werden könne.

Ohne ins einzelne gehende Diskussion der von vielen Seiten gegen
die Vernunftkritik KANTS und seine Metaphysik der Erfahrung erhobenen
Einwände soll hier nur angemerkt werden, daß KANT in entscheidenden
Dingen *nicht* recht behalten hat, so klar er das klassisch-ontologische
Wahrheitsproblem als unlösbar und daher unfruchtbar erkannte. So hat
sich bekanntlich seine Auffassung vom apodiktisch-absoluten Charakter
der euklidischen Geometrie seit der Konstruktion anderer, aber nichtsdestoweniger zur exakten Naturbeschreibung geeigneter Geometrien
als unhaltbar erwiesen, und auch die Auffassung von Raum und Zeit
als der *getrennten* Ordnungsschemata aller Erfahrung wurde spätestens
dann zweifelhaft, als es sich zeigte, daß die Welt jenseits der mittleren
Dimensionen exakt und widerspruchsfrei nur durch mathematische
Formalismen beschrieben werden kann, in denen Raum und Zeit nicht
mehr als voneinander unabhängige Parameter vorkommen. Der Substanzbegriff erwies sich zwar als eine zweckmäßige, wenn nicht heuristisch
notwendige Verallgemeinerung von Alltagserfahrungen, wurde jedoch
gegenstandslos, als sich herausstellte, daß man sich in unauflösbare
Widersprüche verstrickt, wenn man etwa ein Atom als etwas Dingliches,

anders als nur strukturell und mathematisch-funktional zu beschreiben versucht (auch die als apriorisch gegeben angesehene Unterscheidung zwischen Substanz und Akzidenz wurde im Bereich physikalischen Denkens fragwürdig, als es gelang, Masse und Energie ineinander zu verwandeln). Und was die Kategorie der Kausalität betrifft, so ist es geradezu ein Gemeinplatz geworden, festzustellen, daß die Quantenmechanik der atomaren Prozesse aus prinzipiellen Gründen keine Ansatzmöglichkeiten für einen exakten Schluß von der Ursache auf die Wirkung bietet, so heuristisch bedeutungsvoll, wenn nicht erkenntnispsychologisch unerläßlich die Annahme einer Kausalordnung der Objektwelt für das erfahrungswissenschaftliche Schließen sein mag.

Aber nicht eigentlich diese aus der neueren Naturforschung hervorgegangenen gewichtigen Einwände gegen den KANTischen Versuch einer Sicherung der angeblich apriorisch-apodiktischen Grundlagen unserer Erkenntnis sind entscheidend für die Beurteilung des Beitrages, den die Transzendentalphilosophie zum Problem des „richtigen", d. h. hier: zu *notwendig wahren* Aussagen gelangenden Denkens auf der Grundlage einer „Weltweisheit der reinen bloß speculativen Vernunft" zu leisten vermochte. Entscheidend vielmehr dürfte der Umstand sein, daß wesentliche und grundlegende Teile des denkwürdigen Entwurfes KANTS mit den Mitteln von Erfahrung und Logik *weder verifizierbar noch falsifizierbar* sind. Besonders das letztere ist von schwerwiegender, ja, fataler Bedeutung, und zwar nicht nur für die transzendentalphilosophischen, sondern auch für alle übrigen philosophischen Bemühungen um die „absolute" Sicherung von Denk- und Erkenntnisprinzipien. Wenn nämlich keine Methode angebbar ist, die nachzuweisen gestattet, daß eine philosophische Behauptung einem möglichen Erfahrungssatz widerspricht, sie also unwiderlegbar ist, dann steht für diese Behauptung fest, *daß sie sich überhaupt der empirisch-rationalen Prüfbarkeit entzieht.* Denn da aus den dargelegten (im wesentlichen schon von KANT gesehenen) Gründen ein Kriterium für das absolute Wahrsein einer allgemeinen, auf Gegenstände der Erfahrung bezogenen Aussage nicht denkbar ist und es auch nach vorangegangenen Überlegungen keinen *indirekten* Weg gibt, die absolute Wahrheit oder Richtigkeit einer solchen Aussage zu beweisen (vgl. Abschnitt 12), ist ihre Überprüfung nur so möglich, daß man sie zu widerlegen sucht. (Selbstverständlich ist diesen Überlegungen mit dem POPPERschen Widerlegbarkeitsprinzip ein empirisch-logisches Prius auf Grund wertender Entscheidung gesetzt, das spekulativ zu „hintergehen" entscheidungs- und präferenzlogisch sinnlos ist. Dagegen werden von jenem Prius her selbst Versuche prüfbar, die darauf zielen, überhaupt erst die Bedingungen der Möglichkeit von Erfahrung zu analysieren.)

Den obigen Ausführungen entsprechende Einwände lassen sich auch solchen philosophischen Theorien gegenüber erheben, die die Wahrheit bestimmter allgemeiner Aussagen über die Welt aus unmittelbar einleuchtenden Gewißheiten, aus *Evidenzerlebnissen,* zu rechtfertigen suchen. „*Evidenz*" ist und bleibt — trotz aller Versuche, sie zu einer allgemeingültigen Erkenntnisquelle zu „objektivieren" — eine *psychologische Kategorie,* die schon wegen ihres — außerhalb des typographischen Strukturvergleiches ($0 = 0$; $1 \neq 0$ usw.) — unvermeidlich subjektiven Charakters keine „objektive" Beweis- oder Rechtfertigungsgrundlage für empirische und schon gar nicht für hypothetische Sätze (im Sinne der in Abschnitt 11 gegebenen Definition) bieten kann. Um ein Evidenzurteil, bildhaft gesprochen, aus dem unbestimmten Dunkel spontan erlebter In-sich-selbst-Gewißheit herausziehen, um entscheiden zu können, ob ein solches Evidenzurteil „wahr" oder „falsch" ist, ob es sich auf „scheinbare" oder „wirkliche" Evidenz (F. BRENTANO) gründet, müßte man über Evidenzurteile 2. Ordnung verfügen, also zu gleichsam tiefer liegenden Evidenzen greifen. Und um in dem gleichen Sinne über die letzteren entscheiden zu können, benötigte man Evidenzurteile 3. Ordnung usf., so daß der unendliche Regreß unvermeidlich wäre. Evidenzerlebnisse scheiden als Geltungsgrundlage für philosophische Behauptungen ebenso wie für erfahrungswissenschaftlich-hypothetische Sätze (und desgleichen für formalwissenschaftliche Axiome) selbst dann aus, wenn sie bei allen (oder doch bei der überwiegenden Mehrheit der bezüglich des betreffenden Wissensbereiches für urteilsfähig gehaltenen) Menschen auftreten und daher wenigstens die *intersubjektive* Gültigkeit des — per evidentiam — als wahr und richtig Erkannten zu gewährleisten scheinen. Es sei nur an das bereits erwähnte Parallelenaxiom EUKLIDS und an die der klassischen Mechanik zugrunde gelegten, vorrelativistischen Annahmen über Raum und Zeit erinnert. Diese Beispiele zeigen, wie wenig Sicherheit sogar die sich durch *höchste „intersubjektive Evidenz"* auszeichnenden sogenannten *„Selbstverständlichkeiten"* und *„absoluten Gewißheiten"* tatsächlich bieten.

Dies gilt nicht weniger für diejenigen Evidenzerlebnisse, durch die nach der Methode E. HUSSERLS das „schlechthin Gegebene" intuitiv soll erfaßt werden können. Auch die These von der angeblich völligen Aufhebbarkeit des Subjektiven durch eine „zu den Sachen selbst" vordringende „Wesensschau" kann mit den Mitteln von Erfahrung und Vernunft weder widerlegt noch bestätigt werden. Eine solche „Wesensschau" verbliebe jedenfalls stets innerhalb der — sich dabei kaum zur rationalen Introspektion erhebenden — Sphäre ichbezogenen Erlebens, und dieses ist, wie in den vorangehenden Abschnitten zu zeigen versucht wurde, abhängig von persönlichkeitsspezifischen Eigenschaften, von der je besonderen Motivlage, der umweltbedingten Art und dem Grade der Realitätsanreicherung usw. des einzelnen Menschen.

Ist es nach dem Dargelegten unmöglich, erfahrungswissenschaftliche Theorien oder auch nur einzelne empirische Sätze als *„objektiv gültig"* zu begründen und *gegen jeden Irrtum abzusichern*, so bleibt, wie für das allgemeine operationale so insbesondere auch für das methodisch-wissenschaftliche Denken, soweit es sich auf empirische Sachverhalte bezieht, als einzige Möglichkeit der Selbstkontrolle nur die Prüfung seiner, wie oben ausgeführt, am Leistungseffekt zu messenden *Funktionstüchtigkeit*. Die zum Aufbau einer erfahrungswissenschaftlichen Theorie geleisteten und zum logischen Schließen innerhalb der Theorie erforderlichen Denkoperationen können daher wie im Falle des allgemeinen operationalen Denkens immer nur als *„funktionell richtig“* erwiesen werden, d. h. auf der Ebene der wissenschaftstheoretischen Reflexion: allein auf Grund der sich aus dem Fehlschlagen methodisch angestellter Falsifikationsversuche ergebenden *Bewährung der Theorie.*

Soviel zum Problem des „richtigen“ Denkens im erfahrungswissenschaftlichen Bereich. Was die *formal-operationalen Wissenschaften* betrifft, so ist bereits an früherer Stelle deutlich geworden, daß die hier konstruierten Systeme, deren Errichtung in den Aufbau der *„rein imaginären Welten“* fällt, infolge ihrer „logischen Autonomie“, ihrer prinzipiellen Geltungsunabhängigkeit von empirischen Sachverhalten, nur gewisse allgemein-logische bzw. systemimmanente Grundforderungen zu erfüllen brauchen, um in einem formalen Sinne „wahr“ zu sein. Eine mathematische Theorie etwa ist ein Aussagensystem vom generellen Charakter der Implikationsbeziehung: *Wenn* die ihm zugrunde gelegten Postulate „gelten“, *so* „gelten“ auch die aus ihnen deduktiv abgeleiteten Sätze. Nach der „absoluten“ Richtigkeit oder Wahrheit der Postulate eines rein formalen Ableitungssystems zu fragen, ist mithin sinnleer; im besten Falle läßt sich ihre Wahl nach beweistechnischen, ästhetischen usw. Gesichtspunkten *motivieren* oder, pragmatisch, *aus ihrer Verwendbarkeit für erfahrungswissenschaftliche oder technische Zwecke rechtfertigen.*
Tatsächlich hat man einmal geglaubt, daß gewisse besonders einleuchtend-anschauliche mathematische Postulate ihre angeblich absolute Geltung „aus sich selbst heraus“ erweisen könnten[225], so daß sie eines logischen Beweises, dessen sie nicht fähig sind, auch gar nicht bedürftig scheinen. Dieser Glaube hat seit langem, und zwar wohl endgültig, aufgegeben werden müssen. Die Axiome mathematischer Theorien sind nach heutiger Auffassung weitgehend konventionalisierte Prämissen, die je nach Bedarf geändert, aufgegeben und durch geeignete andere ersetzt werden können. Als — aus beweistechnischen Gründen — unabdingbar gilt das metamathematische Grundpostulat der (inneren) *Widerspruchsfreiheit* der Axiomensysteme, die darüber hinaus möglichst auch *vollständig* und (voneinander) *unabhängig* sein sollen. Für die nach mathematischem Vorbild aufgebaute formalisierte Logik ist ein ähnlich starker Anteil an konventionalisierbaren Bestimmungen charakteristisch. Auch hier ist zumindest die Widerspruchsfreiheit der Kalkül-Systeme unabdingbar. Spezifischere metalogische Grundforderungen (wie z. B. bei H. Scholz und G. Hasenjaeger[226] diejenige der Überabzählbarkeit der aus abzählbaren Mengen aufgebauten Potenzmengen) hängen von den besonderen Aufbaugesichtspunkten, gewünschten Geltungsumfängen usw. ab, die je nach der für das Logik-System getroffenen Zielsetzung und operationalen Zweckbestimmung in den Vordergrund gestellt werden.

Das Problem des „richtigen“ Denkens, wie es sich schließlich in den *Geistes- oder Kulturwissenschaften* in besonders sublimer und vielgestaltiger Weise stellt, eingehender zu erörtern, ist im Zusammenhang der Überlegungen dieses Abschnittes weder möglich noch nötig. Geisteswissenschaftliches Denken ist nicht operational in dem Sinne, daß es zu prognostizierenden Theorien bzw. zu den für den Aufbau solcher Theorien notwendigen formal-instrumentalen Systemen führt oder auch nur führen sollte. Es ist nicht an den heuristischen Leitfaden der kausal-konditionalen und mathematisch-funktionalen Analyse der beobachtbaren Welt gebunden. Die empirische Wirklichkeit bietet ihm lediglich den äußeren Rahmen der sich in einmaligen Leistungen, in individuellen Schöpfungsakten offenbarenden *menschlich-geistigen Welt.* *Diese* Welt kongenial nachzuvollziehen und verstehend in ihren Sinnzusammenhängen zu erfassen, ist das Ziel aller eigentlichen, d. h. aller über die „bloß" äußere Beschreibung kultureller Objektivationen zur sinnerhellenden oder gar zur wertenden Interpretation gelangenden geisteswissenschaftlichen Erkenntnis. Deren *primäre* Quelle ist die Erlebnisgewißheit des im Erkenntnisakt letztlich auf sich selbst gestellten einzelnen Menschen.

Es kann nicht zweifelhaft sein, daß diese Erlebnisimmanenz geisteswissenschaftlichen Erkennens die Anwendbarkeit des pragmatisch-operationalen Begriffs der (auf „Bewährung" gegründeten) „*funktionellen Richtigkeit*" des Denkens von vornherein *ausschließt*. Desgleichen aber auch die Anwendbarkeit des ontologisch-transzendenten Wahrheitsbegriffs. Die Behauptung allerdings der Existenz außeralltäglicher Erkenntnisquellen, geheimnisvoll-intuitiver Kräfte, die auf dem Felde geisteswissenschaftlicher Erkenntnis wenigstens einzelnen Bevorzugten den Weg zur „*absoluten Wahrheit*" eröffnen sollen, entzieht sich jeder Nachprüfbarkeit und muß daher in den Bereich des — sich aus dem menschlichen Streben nach Sicherheit und Geborgenheit motivierenden — Wunschdenkens verwiesen werden. Gäbe es eine durch individuelle subjektive Gewißheitserlebnisse erreichbare „objektive Wahrheit", so fehlte dieser zudem das Indiz der prinzipiell *intersubjektiven* Nachvollziehbarkeit. Eine zum ausschließlichen Reden mit sich selbst (oder zur „esoterischen Kommunikation") verurteilte Erkenntnis aber, mag sie noch so sehr dem ṣo Erkennenden das hohe Gefühl der Vollendung im nacherlebend-denkenden Erfassen vermitteln, liegt außerhalb aller verifizierbaren, ja überhaupt aller Wissenschaft.

Daß insbesondere bei der *Jurisprudenz* und *Theologie* ein wie immer gemeinter zeitlos-absoluter Geltungsanspruch hinsichtlich der jeweils basalen Rechts- bzw. Glaubensnormen unerfüllbar bleibt, ergibt sich allein schon aus dem Dogma ihrer Unantastbarkeit. „Richtig" denken heißt hier vor allem: sich gewisser methodisierter Denktechniken so zu bedienen, daß die axiologischen Forderungen des betreffenden Systems sowie die sich aus ihnen ergebenden bzw. ihnen durch die normsetzende Gewalt adjungierten Bestimmungen *erfüllt*, nicht jedoch *geprüft* und damit in Frage gestellt werden.

Zwar können Zustandekommen, gesellschaftliche Auswirkungen usw. etwa eines Rechtssystems sozialgeschichtlich, soziologisch und politologisch, also mit (überwiegend) empirischen Methoden, erforscht werden. Es aber in seiner „normativen Geltung" als „wahr" oder „richtig" im

„absoluten" Sinne zu erweisen, ist nach dem Gesagten nicht möglich. Indessen mangelt es nicht an Versuchen, unter Hinweis auf den vermeintlich apriorischen Charakter gewisser Rechtsnormen oder unter Berufung auf übernatürliche Kräfte bzw. auf ein angeblich in individuellen Evidenzerlebnissen erfaßbares sogenanntes „gesundes Volksempfinden" oder schließlich durch künstliche metaphysische Konstruktionen einem Satzungssystem „objektive Rechtsqualität" zu verleihen. Tatsächlich zeigt die empirisch-rationale Analyse normativer Systeme, daß aus der Fülle des Denkmöglichen immer nur bestimmte Grundeinstellungen und Blickweisen unter dem Druck gesellschaftlich-geschichtlicher Kräfte zur systematischen Explikation gelangen.

Schlußbemerkungen

Die hier vorgelegte und zu einem gewissen Abschluß gebrachte Untersuchung hatte das *operationale* Denken und seine methodisch-wissenschaftlichen Verfeinerungen zum Gegenstande. Wichtige Bereiche psychischer Vorgänge, die gleichfalls unter den üblicherweise sehr weit gefaßten Oberbegriff des Denkens fallen, sind also unberücksichtigt geblieben. Hierzu zählen z. B. Denkweisen, die als magisches, kontemplatives, mystisches, eidetisches, autistisch-emotionales usw. Denken bezeichnet werden. Auch gewisse philosophische — etwa „scholastische" und „dialektische" — Denktechniken blieben außerhalb des Rahmens der Betrachtungen. Dennoch scheint es dem Verfasser nicht ausgeschlossen, daß der in den Kapiteln A und B entworfene Modellgrundriß auch für eine neuartige und zutreffende Beschreibung *nicht-operationaler* Formen des Denkens fruchtbar gemacht werden kann.

Des weiteren ist hervorzuheben, daß die Funktionsgesamtheit der perzeptuellen, motivationalen und operationalen Prozesse unter Ausklammerung des *entwicklungs*psychologischen Aspekts untersucht, also gleichsam ein zeitlicher Querschnitt durch das Entwicklungsgeschehen gelegt wurde. Es sollte das operationale Denken eines erwachsenen, psychisch „normalen" und dabei „rational handelnden" Menschen, der genügend „Realität angereichert" hat, in gewisser Näherung so dargestellt werden, daß sich die in Frage stehenden Vorgänge *grundsätzlich quantitativ beschreiben* und, wenigstens für gewisse, nicht zu enge Klassen von gedanklichen Operationen, *technologisch nachbilden lassen.*

Ein solches Vorgehen mußte natürlich weitere starke Vereinfachungen des Untersuchungsgegenstandes in sich schließen. Nicht nur, daß alle „pathologischen Formen" des Denkens vernachlässigt wurden. Auch den sich aus kulturell bedingten zwischenmenschlichen Wechselwirkungen ergebenden persönlichkeitsdeterminierenden Faktoren, wie sie schließlich in der je besonderen Motivstruktur des einzelnen Menschen dynamische Gestalt gewinnen, konnte im einzelnen nicht nachgegangen werden. Jedoch dürfte im Verlauf der Untersuchungen deutlich geworden sein, daß auch in dieser Beziehung der hier entworfene Modellgrundriß bzw. ein in seinem Sinne aufgebautes, verbessertes und schließlich „durchgeführtes" Modell der fortschreitenden Erweiterung und Verfeinerung ebenso fähig wie zweifellos auch bedürftig ist.

Der Verfasser hält jedenfalls die *kybernetische* wie die *informationstheoretische Betrachtungsweise* (und nicht zuletzt auch: Terminologie) für leistungsfähig genug, auch bei der Untersuchung *höchst*komplexer Vorgänge und unter weniger einengenden Voraussetzungen, als sie hier getroffen werden mußten, nicht zu versagen. Der Weg der exakten Wissenschaft war noch immer der, daß man unter zunächst stark vereinfachten und vereinfachenden Annahmen im Zusammenhang mit bereits erarbeiteten Beobachtungsresultaten aus der zu erforschenden Ereignisgesamtheit relativ gut übersehbare *Teilstrukturen herauslöste*, um dann unter schrittweiser Aufhebung jener einschränkenden Bedingungen bei gleichzeitiger Vervollkommnung der Methoden immer komplexere Zusammenhänge der empirisch-rationalen Analyse zu unterwerfen. In diesem Sinne mag der hier vorgelegte Modellgrundriß nicht nur des Ausbaus zu einem deskriptiv und vielleicht auch in gewissen Grenzen prognostisch leistungsfähigen funktionalen Modell des operationalen Denkens fähig sein, sondern auch vom zu erforschenden Gegenstande her schrittweise umfassendere theoretische Entwürfe und Modelle ermöglichen. Hierfür die allgemeinen methodischen Grundlagen unter Zusammenfassung wichtiger neuer und neuester Forschungsergebnisse zu schaffen, war das erste Hauptziel, das sich der Verfasser gesetzt hatte.

Der hier entwickelte Modellgrundriß bezieht sich zwar primär auf das operationale Denken eines *Individuums*. Er beschreibt jedoch auf der hier erreichbaren Genauigkeitsstufe auch die perzeptiv-operativen Prozesse eines als hinreichend „motivhomogen" anzunehmenden *Arbeitsteams*, dessen Mitglieder sich hinsichtlich ihrer Denkoperationen zu einem „*Gruppengehirn*" vereinigen. Auch von hier aus können sich Möglichkeiten zur Erweiterung und zum Ausbau der Modellkonzeption ergeben, und zwar, wie zu hoffen ist, nicht nur für Aufgaben der Wirtschaft (Unternehmungsforschung), sondern auch zum Zwecke weiterreichender Analysen „motiv*heterogener*" Gruppen (mit spezifizierbarer Rollenstruktur der Mitglieder), wie sie im gesellschaftlichen Interaktionsfeld auftreten.

Im Blick auf die bevorzugten *Untersuchungsmethoden* ist vor allem festzustellen, daß deren Auswahl von der Frage abhängig war, wie sich die bisherigen, fast ausschließlich verbalen denkpsychologischen Darstellungsweisen durch *quantitative* Verfahren ersetzen lassen. Wenn nun auch die Ergebnisse dieser Arbeit angesichts des nur schwer quantifizierbaren, weil eben außerordentlich komplexen Gegenstandes selbst noch in überwiegend verbal-qualitativer Gestalt niedergelegt sind, so hofft der Verfasser jedoch, wenigstens die für derartige quantitativ-empirische Analysen erforderlichen Vorarbeiten auf nicht allzu schmaler Basis geleistet, zumindest aber ein bereits genügend detailliertes *Programm für künftige Forschungen* aufgestellt zu haben. Die Zukunft wird erweisen, ob sich dieses oder ein ihm ähnliches Programm tatsächlich verwirklichen läßt. Der Verfasser zweifelt nicht daran. Das anvisierte Ziel jedenfalls ist hoher Anstrengungen und Mühen wert.

Das für den vorgelegten Modellgrundriß charakteristische Ineinandergreifen der (im engeren Sinne) kybernetischen und der informationstheoretischen Methode hat in Verbindung mit psychologischen, physiologischen, physikalischen usw. Betrachtungsweisen *wechselnd "molare"* und, wenigstens im Ansatz, *"molekulare"* Gesichtspunkte beim Aufbau des Modellgrundrisses zum Tragen gebracht. Dies mag zwar vom Standpunkt der Methodenreinheit unbefriedigend sein, dürfte sich jedoch im derzeitigen Aufbaustadium einer (quantitativ-)kybernetischen Theorie des operationalen Denkens kaum vermeiden lassen. Entsprechend den gegenwärtig noch sehr fragmentarischen Kenntnissen von der "Mikrodynamik" und den statistischen Regelmäßigkeiten der perzeptiv-operativ-motivationalen Prozesse überwiegt im ganzen natürlich noch die grob molare Beschreibung, wie sie z. B. in Blockschaltbildern und Informationsflußdiagrammen zum Ausdruck kommt. Manche Wirkungskomplexe innerhalb des Regelungsgeschehens lassen sich noch nicht faktoriell aufgliedern und in einen funktionalen Ordnungszusammenhang bringen, und wo die Isolation einzelner Wirkungsfaktoren (bzw. einzelner *Gruppen* zusammengehöriger Wirkungsfaktoren) gelungen zu sein scheint, fehlen oft noch die sie nach Richtung und Größe (als Zeitfunktion) quantifizierenden Maße. Die Herausarbeitung eines Systems exakter Begriffe, dessen man in jedem Falle zur quantitativen Beschreibung des Zusammenwirkens von perzeptiv-operativen und motivationalen Prozessen auch im *molaren* Modell zunächst bedarf, befindet sich noch in ersten Anfängen, so offensichtlich das durch die theoretische Kybernetik und Informationstheorie gelieferte begrifflich-methodische Instrumentarium bereits auf der jetzt erreichbaren Szientifikationsstufe seine Leistungsfähigkeit erweist. Auch ist festzustellen, daß die gegenseitige Angleichung und dringend notwendige Vereinheitlichung der von den beteiligten Einzeldisziplinen entwickelten Fachterminologien noch kaum in Angriff genommen ist.

Mit all diesen Schwierigkeiten hängt es natürlich zusammen, daß sich der hier in Vorschlag gebrachte Modellgrundriß zunächst noch darin erschöpft, gewisse erfahrungswissenschaftlich bereits erarbeitete Sachverhalte zum Grundriß eines funktionalen *Beschreibungs*modells zusammenzufassen, und dies in terminologisch wie methodologisch recht heterogener Weise. Von hier bis zum *Erklärungs*modell bzw. zur *prognostizierenden erfahrungswissenschaftlichen Theorie* ist noch ein langer Weg zurückzulegen. Denkt man jedoch an all die exakten und vollbewährten erfahrungswissenschaftlichen Theorien, die sich aus ähnlich unvollkommenen Beschreibungsmodellen der Primärstufe entwickelt haben, so wird man vielleicht die Zukunftschance auch dieses Modellentwurfs nicht allzu pessimistisch einschätzen. Ist es aber gelungen, das komplexe Geschehen im Sinne der dargelegten Intentionen auf Strukturen von Variablen und Parametern derart abzubilden, daß diese durch Systeme konkreter persönlichkeitsspezifischer Maßwerte belegbar sind, so dürften einerseits in mannigfaltigsten Lebensbezügen *verläßliche Wahrscheinlichkeitsvoraussagen* über Handlungsantizipationen bzw. Entscheidungen und damit auch über die zu erwartenden Verhaltensweisen von einzelnen Menschen (und Menschengruppen) möglich werden.

Zum anderen wird sich das operationale Denken derart *maschinell simulieren* lassen, daß „lernende" und sich weitgehend selbst programmierende Informationsverarbeitungsanlagen weit oberhalb der Leistungsebene heutiger, noch stark funktionsspezialisierter Rechenmaschinen rationale Denk- und Entscheidungsprozesse ausführen. „Denkmaschinen" von solchem Leistungsgrade werden den Menschen nicht nur von einer Fülle rein instrumental-operationaler Funktionen entlasten, sondern ihn vor allem auch von der *Unsicherheit* seiner oft nur sehr vagen Abschätzungen der jeweils optimalen Handlungsantizipationen befreien. Je komplizierter die Aufgaben der modernen Daseinsbewältigung werden, desto wichtiger wird es sein, gerade die *Verläßlichkeit* von Voraussagen, Handlungsantizipationen und Strategien auch in solchen Lebensbereichen zu steigern, die heute noch weitgehend vom Gefühl und vom Vorurteil beherrscht sind. Dem Menschen bleiben ja außerhalb der Sphäre der instrumental-funktionalen Operationen noch genug Aufgaben, die er zu bewältigen hat. Auch diese Aufgaben, und gerade sie, werden zunehmend schwieriger. Vor allem die *basalen Entscheidungen wertender und normsetzender Art*, zu denen auch diejenigen über die generellen *Zielrichtungen der operationalen Prozesse* gehören, lassen sich an keine Maschine delegieren.

Als eine Sonderform des operationalen Denkens erwies sich im weiteren Fortgang der Untersuchung das *erfahrungswissenschaftliche* sowie das in dessen Dienst stehende *formal-operationalwissenschaftliche* Denken. Die große Bedeutung des methodisch-wissenschaftlichen Denkens für die Daseinsbewältigung des modernen Menschen gab Anlaß, einige *erkenntnispsychologische*, *wissenschaftstheoretische* und *methodologische* Hauptsachverhalte im besonderen Blick auf die *empirischen* Wissenschaften ins Licht zu rücken. Dabei konnte der vorangehend entworfene Modellgrundriß in vollem Umfange als begrifflich-methodischer Bezugsrahmen zugrunde gelegt werden.

Resümierende, ergänzende oder rechtfertigende Bemerkungen zu diesem Teil der Untersuchung scheinen nicht erforderlich. Nur eines darf hier vielleicht gesagt werden. Daß der Verfasser einer bestimmten, oft als positivistisch oder neopositivistisch bezeichneten Wissenschaftsauffassung nahesteht, hat *nichts* mit einer verabsolutierenden *philosophischen Werteinschätzung* und einer ebensolchen *wertenden Bevorzugung* dieser oder einer anderen, von ihr abweichenden Wissenschaftsauffassung durch den Verfasser zu tun, und erst recht *nichts* mit der erklärten oder nicht erklärten „*Metaphysik*" eines wie immer des näheren verstandenen „Positivismus" oder auch „Pragmatismus" *als philosophischer* „*Weltanschauung*". Wer dies in das hier Niedergelegte hineindeutet oder aus ihm herausliest, mißversteht Zweck und Ziel der Untersuchung. Ihr ging es allein um die Beschreibung von Sachverhalten, und diese kann immer nur in dem mehrfach relativen Sinne der erfahrungswissenschaftlichen Modellkonstruktion geleistet werden.

Die dem Vorwort eines bekannten Werkes KARL POPPERS („Die offene Gesellschaft und ihre Feinde") entnommene Feststellung:

> „*Kein Buch kann jemals fertig werden: während wir daran arbeiten, lernen wir immer gerade genug, um seine Unzulänglichkeit klar zu sehen*",

gilt in besonders eklatanter Weise auch für die vorliegende Schrift, deren Veröffentlichung eine mehrfache Manuskriptüberarbeitung voranging. Der Verfasser erlebt sich mitgetragen von der aufsteigenden Woge einer neuen, immer weiter um sich greifenden und in die mannigfaltigsten Erkenntnis- und Daseinsbereiche eindringenden, bereits eigenevolutive Züge annehmenden Denkbewegung, deren literarische und technische Realisationen schon heute, im Frühstadium der Entwicklung, die intellektuelle Kapazität des einzelnen weit übersteigen.

Unbeschadet jedoch der mancherlei Mängel und Unfertigkeiten, die nicht nur der in den Kapiteln A und B dieses Buches dargelegten Modellkonzeption, sondern gerade auch den im Kapitel C am Leitfaden dieser Konzeption entwickelten heuristisch-methodologischen und wissenschaftstheoretisch-erkenntnispsychologischen Überlegungen ganz fraglos anhaften, soll hier der optimistischen Hoffnung Ausdruck gegeben werden, daß sich der im letzten Kapitel C des Buches vorgelegte Entwurf in nicht allzu ferner Zukunft *zu einer „kybernetischen Erkenntnistheorie" wird erweitern und präzisieren lassen*. Diese künftige Theorie mag geeignet sein, zahlreiche Arbeitsergebnisse der wissenschaftlich-philosophischen Grundlagenforschung in neuen, fruchtbaren Kontexten sichtbar werden zu lassen und den zeitgenössischen Erkenntnistheoretiker aus der Verlegenheit zu befreien, in welche ihn die zweitausendjährige Dichotomisierung der so genannten (Gesamt-)Wirklichkeit in die hypostasierten Superkategorien des „*Denkens*" und des „*Seins*" versetzt haben.

Wie stark sich der Verfasser in dem Bemühen, den soeben angedeuteten Übergang einzuleiten oder doch wenigstens einleiten zu helfen, jenen zahlreichen Forschern und Denkern verpflichtet fühlt, ohne deren Vorarbeit auch dieser im eigentlichen Sinne „vorläufige" Entwurf unmöglich gewesen wäre, sei dankbar betont. Das zuletzt Gesagte gilt insonderheit für die hier kurz diskutierten wichtigen Beiträge zur empirischen Verifikation erfahrungswissenschaftlicher Theorien.

Anmerkungen

[1] Vgl. J. PIAGET, Psychologie der Intelligenz, Zürich 1948.

[2] Von einer „Sonderstellung des Menschen in der Natur" zu sprechen, dürfte indes nicht unproblematisch sein. Einmal bestehen hinsichtlich aller grundlegenden biologischen Funktionen weitgehende Übereinstimmungen zwischen dem Menschen und einer großen Zahl von Tierarten, zum anderen weisen die Ergebnisse der Tierpsychologie darauf hin, daß von *prinzipiellen* Unterschieden der Intelligenzleistungen des Menschen und gewisser höherer Tiere keine Rede sein kann, so groß diese Unterschiede graduell auch sein mögen. Auch für andere Lebewesen, nicht nur für den Menschen, ließe sich, je nach Wahl der Gesichtspunkte, eine „Sonderstellung" herausarbeiten. Was den Menschen auszeichnet, ist allerdings das spezifische Verhältnis zwischen unspezialisierten und hochspezialisierten Eigenschaften. Anthropologen haben in diesem Zusammenhang besonders auf die folgenden Tatsachenzusammenhänge hingewiesen, die geeignet sind, wenigstens in erster Näherung und ohne Aufklärung des fraglos verwickelten kausal-konditionalen Zusammenhanges die Natur des Menschen begreifbar zu machen:

1. *Die organische Unspezialisiertheit.* L. BOLK hat die humanen Organprimitivismen auf endokrin bedingte Entwicklungsretardationen zurückgeführt und den fötalen Charakter der organischen Gesamtkonstitution des Menschen erkannt. Die Theorie BOLKs legt von anderen untersuchte Zusammenhänge zwischen sensomotorischer Reifung, Jugendprolongation und funktioneller Gehirnkapazität des Menschen nahe.

2. Die „*Instinktreduktion*". Gemeint ist die Tatsache, daß der Mensch nur über rudimentäre, triebähnliche, aperiodisch wirksame „Instinktresiduen" verfügt. Man kann mit GEHLEN diesen Umstand mit einem Triebüberschuß des Menschen in Verbindung bringen und in der Entdifferenziertheit der instinktgesteuerten Antriebsstruktur eine wesentliche Bedingung des Zwanges zur künstlichen Ausdifferenzierung menschlicher Tätigkeit bis hin zu bewußten kulturschöpferischen Leistungen erblicken.

3. Die *biotopische Undifferenziertheit*. Mit den schon genannten Momenten hängt aufs engste zusammen, daß der Mensch in mannigfachen Biotopen lebensfähig ist, d. h. einen sogenannten offenen Ökotypus darstellt. Man hat hieraus eine Reihe plausibler Folgerungen gezogen. So verbindet sich nach GEHLEN die behauptete menschliche „Umweltlosigkeit" oder „Weltoffenheit" (SCHELER, PLESSNER) mit einer Reizüberflutung und damit Belastung des Menschen, die dieser, um zu überleben und sein Dasein zu sichern, nur dadurch teilweise aufzuheben vermag, daß er die „Mängelbedingungen seiner Existenz eigentätig in Chancen seiner Lebensfristung" umgestaltet: hier sei der Springpunkt für das Verständnis aller menschlichen Leistungen einschließlich des Aufbaues von Kultur, der vom Menschen „ins Lebensdienliche umgewandelten Natur". Der breit angelegte Versuch GEHLENs, sein „Entlastungsprinzip" und den angeblich auf ihm ruhenden Bedingungszusammenhang zu begründen, dürfte jedoch der empirischen Kontrolle kaum standhalten. Indes kann nicht bestritten werden, daß sich in der ökologischen Nichtgebundenheit des Menschen, obgleich diese keineswegs total und uneingeschränkt ist, eine Eigenart ausdrückt, die in engen Beziehungen zur Differenziertheit und Plastizität menschlicher Kulturen steht.

4. *Die cerebrale Spezialisiertheit.* In der außerordentlichen Spezialisiertheit und der dadurch gegebenen funktionellen Kapazität des menschlichen Gehirns ist ein weiteres den Menschen determinierendes Moment zu erblicken. Erst die durch diese Kapazität ermöglichte Ersetzung der beim Tier überwiegenden „Erbmotorik" durch eine weitgehende „Erwerbmotorik" (STORCH, LORENZ und andere) gewährt dem Menschen eine im Sinne seiner Daseinssicherung hinreichende Kompensation der organischen Mängel und des Fehlens verhaltenssteuernder Instinkte. Auch für die Phylogenie des Menschen dürfte der sich an die Bipediestufe anschließende, im Spätpleistocän einsetzende Prozeß der Cerebralisation (KEITH, HEBERER) von entscheidender Bedeutung sein. Obgleich direkte Proportionalität zwischen kranialer und funktioneller Gehirnkapazität allgemein nicht angenommen werden darf, geben doch die Messungen, die an eindeutig identifizierten, dem Tier-Mensch-Übergangsfeld (HEBERER) entstammenden Schädelfunden angestellt wurden, einen anschaulichen Hinweis auf die zunehmende cerebrale Spezialisierung des Menschen.

[3] Zum Inhalt und Umfang des Begriffs *„Kybernetik"* vgl. K. STEINBUCH, Was ist Kybernetik?, in: Kybernetik — Brücke zwischen den Wissenschaften, Sonderdruck aus „Die Umschau in Wissenschaft und Technik", Frankfurt/Main, 2. Aufl. 1962, p. 7—20, ferner K. STEINBUCH, Über Kybernetik, in: Veröffentlichungen der Arbeitsgemeinschaft für Forschung des Landes Nordrhein-Westfalen, H. 118, Köln und Opladen 1963, p. 7—30, sowie L. COUFFIGNAL, Kybernetische Grundbegriffe (Les Notions de Base), übersetzt von S. W. FRANK, Baden-Baden 1962.

Kybernetische, d. h. an technischen Regelkreissystemen orientierte Modellbildungen im Bereich der biologischen, medizinischen und psychologischen, aber auch der sozial- und wirtschaftswissenschaftlichen Forschung bedürfen heute keiner besonderen Rechtfertigung mehr, obgleich man auch gegenwärtig immer wieder einmal dem Einwand begegnet, derartige Modelle träfen nicht das tatsächliche Geschehen in seiner Komplexität. Dieses Bedenken ließe sich wohl gegen alle Modell- und Theorienbildung und damit gegen alle Erfahrungswissenschaft überhaupt vorbringen. Bereits die einfachste umgangssprachliche Beschreibung gewohnter Ereignisse des Alltagslebens erfordert die Verkürzung und Verdichtung der Erlebnismannigfaltigkeiten auf vereinfachende, von den stets nur endlich vielen Ausdrucksmöglichkeiten der betreffenden Sprache abhängige Schemata.

Dagegen hat sich die *informationstheoretische Betrachtungsweise* auf den Gebieten der Erforschung psychischer und im weitesten Sinne sozial-kommunikativer Vorgänge wohl noch zu bewähren. Zwar ist auf der Grundlage vor allem der heute mehr als ein Jahrzehnt zurückliegenden bahnbrechenden Arbeit CLAUDE E. SHANNONs (The Mathematical Theory of Information, Urbana/Ill., 1949) eine mathematische Theorie der Information mit ständig wachsender Zahl einschlägiger Veröffentlichungen entstanden; Anwendungen der Theorie etwa auf Wahrnehmungs- und Denkprozesse sind jedoch noch kaum über erste, mehr oder weniger programmatische Ansätze hinausgekommen. Dies hat fraglos seinen Hauptgrund darin, daß die tatsächlichen somato-psychischen Vorgänge im allgemeinen erheblich komplizierter sind als die mittels der bisher entwickelten mathematischen Informationstheorie beschreibbaren Strukturen. Nichtsdestoweniger dürfte es möglich und von Vorteil sein, in weiterführenden Untersuchungen den methodisch-begrifflichen Apparat der Informationstheorie für diese Forschungsgebiete fruchtbar zu machen.

Obgleich die vorliegende Arbeit eine gewisse Vertrautheit des Lesers wenigstens mit den Grundlagen der Informationstheorie voraussetzt, soll an dieser Stelle in Erinnerung gebracht werden, in welchem elementaren Sinne man *„Information"* als Maß des Neuigkeitswertes von Nachrichten definieren kann. Die durch eine Nachricht vermittelte Information J ist hiernach gleich dem Logarithmus des Quotienten zweier Wahrscheinlichkeiten (relativer

Häufigkeiten) W_p und W_a. Der im Zähler des Bruches stehende Wert W_p ist die Wahrscheinlichkeit für das Eintreten eines Ereignisses *nach* dem Empfang der Nachricht, der Nenner-Wert W_a dagegen die Wahrscheinlichkeit für das Eintreten desselben Ereignisses *vor* dem Empfang der Nachricht. Je nach Wahl der Basis des Logarithmensystems erhält man die Maßeinheit der Information (bei dem üblicherweise gewählten dyadischen Logarithmus als „binary digit" = „bit"). Während in dieser Definition W_p inhaltlich als Glaubwürdigkeit der Nachricht gedeutet werden kann, stellt die Nenner-Wahrscheinlichkeit W_a den eigentlichen Informations- oder Neuigkeitswert der Nachricht für den Empfänger dar. Bei maximaler Glaubwürdigkeit, wenn also $W_p = 1$ ist, spezialisiert sich die Definitionsgleichung

$$J = {}^2\!\log \frac{W_p}{W_a} = ld\, \frac{W_p}{W_a} \qquad [1]$$

auf

$$J = - ld\, W_a. \qquad [2]$$

Das Intervall $(0, 1]$ der Wahrscheinlichkeiten W_a wird in diesem wichtigen Spezialfall umkehrbar eindeutig abgebildet auf das Intervall $(\infty, 0]$ der Informationswerte; die in der Nachricht enthaltene subjektive Information ist mithin um so größer, je kleiner die Wahrscheinlichkeit W_a ist — eine Eigenschaft, die vollständig mit der Bedeutung des Wortes „Information" im alltäglichen Sprachgebrauch übereinstimmt.

Die ursprünglich auf R. V. L. HARTLEY (1928) zurückgehende und von C. E. SHANNON präzisierte Definition der Information beruht auf dem Grundgedanken, daß Nachrichten an Signale gebunden sind, für die bestimmte Bedeutungen zwischen Sender und Empfänger vereinbart werden. Vermöge dieser Vereinbarung stellen die Signale *Zeichen für etwas* dar. Eine Nachricht besteht dann in einer bestimmten Folge von sendeseitig aus dem vorgegebenen Zeichenvorrat frei gewählten Elementen.

Um die SHANNONsche Definitionsgleichung für den endlichen (diskreten) Fall genau *einer* Zeichenfolge herzuleiten (vgl. MEYER-EPPLER, Grundlagen und Anwendungen der Informationstheorie, Berlin-Göttingen-Heidelberg 1959, p. 60) mögen m Nachrichtenelemente, nämlich das Inventar $E_1, E_2, \ldots, E_m$, als vorgegeben betrachtet werden. Kommt das Element E_μ in einem aus U gleichen oder verschiedenen Elementen dieses Inventars aufgebauten Aggregat genau P_μ-mal vor, ist also

$$\sum_{\mu=1}^{m} P_\mu = U, \qquad [3]$$

so ist die Anzahl der verschiedenen Nachrichten

$$N = N(U; P_1, P_2, \ldots, P_m) = \frac{U!}{P_1!\, P_2! \ldots P_m!}. \qquad [4]$$

Das Informationsangebot L ist dann nach HARTLEY-SHANNON durch den dyadischen Logarithmus der Nachrichtenzahl N definiert:

$$L = ld\, [N(U; P_1, P_2, \ldots, P_m)] = ld\, \frac{U!}{P_1!\, P_2! \ldots P_m!}, \qquad [5]$$

ein Ausdruck, der nach der STIRLINGschen Formel für hinreichend große U und hinreichend große P_μ zu

$$L = U\, ld\, U - \sum_{\mu=1}^{m} P_\mu\, ld\, P_\mu \qquad [6]$$

approximiert werden kann (für $P_\mu = 0$ soll $P_\mu \cdot ld\, P_\mu$ verschwinden). Führt man für $\mu = 1, 2, \ldots, m$ die relative Häufigkeit

$$p_\mu = \frac{P_\mu}{U} \qquad [7]$$

als sogenannte *Belegungsdichte* des Elementes E_μ in die Nachrichten der Länge U ein, so wird

$$L = U\left(-\sum_{\mu=1}^{m} p_\mu \, ld \, p_\mu\right) = U \cdot H =_{\text{Def}} h, \qquad [8]$$

wo

$$H = -\sum_{\mu=1}^{m} p_\mu \, ld \, p_\mu \quad [\text{bit/Nachrichtenelement}] \qquad [9]$$

der (mittlere) *Informationsgehalt* (rate of information) *je Zeichen* genannt wird, während h gemäß [8] der (mittlere) *Informationsgehalt des Zeichenaggregates* (der Zeichenserie) heißt.

Wegen der formalen Ähnlichkeit des Ausdruckes

$$-\sum_{\mu=1}^{m} p_\mu \, ld \, p_\mu \qquad [10]$$

bzw. seines μ-ten Summanden,

$$- p_\mu \, ld \, p_\mu, \qquad [11]$$

mit der für abgeschlossene thermodynamische Systeme geltenden, von L. BOLTZMANN entdeckten und von M. PLANCK auf die nachstehende Kurzform gebrachten fundamentalen Beziehung

$$S = k \cdot \log W \quad [\text{Energie/Temperatur}], \qquad [12]$$

wo W die Wahrscheinlichkeit des Systemzustandes ($k = $ BOLTZMANNsche Konstante) und S die *Entropie* dieses Zustandes darstellen, wird H nach einem Vorschlag von L. BRILLOUIN (Science and Information Theory, New York 1956) auch als *Negentropie* bezeichnet.

W ist im allgemeinen nicht auf 1 normiert, sondern eine ganze Zahl > 0. Offenbar wächst die Entropie S mit zunehmender thermodynamischer Wahrscheinlichkeit, und umgekehrt. Der II. Hauptsatz der Thermodynamik besagt nun, daß die Entropie eines „sich selbst überlassenen", nach außen abgeschlossenen thermodynamischen Systems immer nur zu-, nie abnehmen kann. Bezüglich der Größe W bedeutet dies, daß die Wahrscheinlichkeit einander folgender Zustände (etwa bei der Verteilung von Gasmolekeln innerhalb eines vorgegebenen Volumens) stets in irreversibler Weise bis auf ein Wahrscheinlichkeitsmaximum (Gleichverteilung) anwächst: sich selbst überlassen, strebt das System dem Zustand der größten Unordnung (seiner Bestandteile) entgegen. Man hat daher die Entropie zutreffend als ein Maß dieser Unordnung bezeichnet. Der hiermit verbundenen Vorstellung entspricht es vollständig, daß beim idealen Festkörper, dem *einen* Extremalzustand der Materie, die Entropie $S = 0$ ($W = 1$) ist, während beim idealen Gas als dem *anderen* Extremalzustand mit wachsender Wahrscheinlichkeit W die Entropie S sehr hohe Werte annimmt, um bei entsprechender Temperaturerhöhung (zwecks Ausschaltung der molekularen Wechselwirkungsenergie) unbeschränkt groß zu werden.

Wegen des funktionalen Zusammenhanges [12] kann natürlich W selbst als ein Maß der materiellen Unordnung betrachtet werden. Der reziproke Wert von W, nämlich $1/W$, ist dann als *Ordnungs*maß deutbar. Wird in [12] $W = 1/W'$ gesetzt, so enthält man

$$S = - k \log W' \qquad [13]$$

und mithin

$$- S =_{\text{Def}} S' = k \log W', \qquad [14]$$

wo ersichtlich jetzt S' mit wachsender Ordnung (W') — also zunehmender Unwahrscheinlichkeit — selbst wächst. S' läßt sich daher in der Tat formal mit dem als Negentropie (= „negative Entropie") bezeichneten Informationsgehalt vergleichen. Ordnung bzw. negative Entropie im Sinne der thermodynamischen Statistik einerseits und Information als Neuigkeits- oder Überraschungswert von Nachrichten andererseits entsprechen sich dann wechselseitig.

Die vorstehende elementare Definition der Information läßt sich mit Hilfe der modernen Wahrscheinlichkeitstheorie erheblich verallgemeinern und präzisieren. Hierum haben sich besonders A. N. KOLMOGOROFF, I. M. GELFAND und A. M. JAGLOM verdient gemacht (vgl. Arbeiten zur Informationstheorie II, Math. Forschungsber., VI, Berlin 1958). Mathematisch interessierte Leser seien auf den Anhang S. 224 ff. verwiesen (zum wahrscheinlichkeitstheoretischen Entropiebegriff vgl. auch die Arbeiten von A. J. CHINTSCHIN, A. N. KOLMOGOROFF, A. RENYI und J. BALASONI in: Arbeiten zur Informationstheorie I, Math. Forschungsber., IV, Berlin 1961, 2. Aufl.).

[4] Bei den Jahresangaben handelt es sich natürlich um Ungefährdaten.

[5] Vgl. E. SCHRÖDINGER, What is Life?, Cambridge 1944; deutsche Ausgabe Bern 1951 (2. Aufl.).

[6] „*Energie*" und „*Information*" sind zwei begriffliche Ordnungsschemata von außerordentlich weittragender wissenschaftlicher Bedeutung. Unter der einheitlichen Konzeption des Energiebegriffs lassen sich mechanische, thermische, elektrische usw. Beobachtungsmannigfaltigkeiten als unterschiedliche Erscheinungsweisen einer und derselben physischen Aktivität auffassen und quantitativ-funktional beschreiben; die Gesetze der Physik betreffen wesentlich Veränderungen in der Energieverteilung, und auch die (metrische) Struktur der physischen Welt als Ganzes ist bestimmt durch die Verteilung der Ruheenergie der Materie im vierdimensionalen Raum-Zeit-Kontinuum.

Von ähnlicher, ja vielleicht noch weiterreichender Allgemeinheit ist der Begriff der *Information*. Er gestattet, grundsätzlich alles quantitativ zu erfassen, was überhaupt durch „Nachrichten" übertragen wird. Dabei läßt sich jeder von einem Teil eines Kommunikationssystems („Kommunikation" im denkbar weitesten Sinne genommen) auf einen anderen Teil dieses Systems durch physikalische, chemische oder biologische Signale — auf welchem Wege und in welcher Weise immer — übertragene „Dingzusammenhang" als Nachricht auffassen, sofern dieser Dingzusammenhang nicht als etwas (Materiell-)Energetisches, sondern als „Konstellation von Zeichen" betrachtet wird, denen Bedeutungen zukommen, die also „Zeichen für etwas" sind. — Vgl. zu diesem Problemkomplex L. BRILLOUIN, Science and Information Theory, New York 1956. (Über die Arten der Information s. z. B. L. COUFFIGNAL, a. a. O., p. 21—37.)

Die übertragene Größe, die Information, stellt sich als ein von Wahrscheinlichkeitswerten abhängiger, berechenbarer Ausdruck dar (vgl. Anm. 3). Das durch diese Größe beschriebene bzw. quantifizierte Etwas gehört jedoch *weder zur Objekt- noch zur Subjektseite der sogenannten Erkenntnisrelation.* Zur Objektseite nicht; denn dieses Etwas ist inhaltlich nur verstehbar in bezug auf einen Empfänger (Perzipienten), dessen Voraussageungewißheit es vermindert. Aber auch nicht zur Subjektseite, sofern man das Subjekt als ein erkennendes Subjekt versteht und Erkenntnisfähigkeit allein Menschen zuschreibt: denn auch Maschinen (bzw. Teile von Maschinen) können Information empfangen und verarbeiten. Es scheint, daß der Informationsbegriff einer „klassischen" Erkenntnistheorie zum Problem höherer Ordnung werden muß, verglichen etwa mit dem erkenntnistheoretischen Problem der quantenmechanischen Komplementarität. — Vgl. hierzu H. FRANK, Kybernetische Grundlagen der Pädagogik, Baden-Baden 1962, sowie H. FRANK, Kausalität und Information als Problemkomplex einer Philosophie der Kybernetik (in: Grundlagenstudien aus Kybernetik und Geisteswissenschaft, Bd. 3, Quickborn b. Hamburg 1962, p. 25—32) und K. STEINBUCH, Bewußtsein und Kybernetik (ebenda, p. 1—12). Auch G. GÜNTHER, Das Bewußtsein der Maschinen, Krefeld und Baden-Baden 1957, sei hier erwähnt, wenngleich nicht ohne kritische Vorbehalte gegenüber manchen sehr weitreichenden Spekulationen dieser „Metaphysik der Kybernetik".

Die Schwierigkeiten, in die man bei jeder inhaltlichen Definition des Begriffs der Information gerät, scheinen deutlich darauf hinzuweisen, daß „Information" eine *Grundkategorie schlechthin* darstellt.

[7] Als durch Messung von Intelligenzquotienten zu ermittelnde *statistische* Norm verstanden.

[8] Der zu dieser Angepaßtheit führende Prozeß ist nach dem Modell der Psychoanalyse (S. FREUD) vor allem an den Mechanismus von *Frustration* (Versagung) und *Internalisierung* (Aufbau einer internen Instanz der Verhaltenskontrolle) geknüpft. — Neuere Untersuchungen zum Problembereich von *Persönlichkeit und Kultur*: A. KARDINER, The Psychological Frontiers of Society, New York 1945; R. LINTON, The Cultural Background of Personality, London 1947. Zu dem besonderen und zentralen Problem der Beziehungen zwischen *Kultur und Neurose* vgl. E. FROMM, Individual and Social Origins of Neurosis, Amer. Sociol. Rev., 1944/9, p. 380—384; sowie, unter quantitativ-faktorenanalytischem Aspekt, R. B. CATTELL und I. H. SCHEIRER, The Meaning and Measurement of Neuroticism and Anxiety, New York 1961, insbesondere p. 273—283. Die kulturelle Relativität des Begriffs der „normalen Persönlichkeit" läßt sich besonders eindrucksvoll an den Beispielen sogenannter *primitiver* Kulturen aufhellen. Vgl. hierzu das weitbekannte Werk von R. BENEDICT, Patterns of Culture, Boston-New York 1934 (deutsche Übersetzung unter dem Titel „Kulturen primitiver Völker", Stuttgart 1949).

[9] Die hier verwendeten Begriffe des „*Ich*" und „*Überich*" sind die des FREUDschen Persönlichkeitsmodells.

[10] Man beachte, daß dieser pragmatisch-instrumentale Außenweltbegriff nicht etwa im Widerspruch steht zu derjenigen (später zu erörternden) *Konditionierung* des operationalen Denkens, derzufolge die auf erfahrungswissenschaftliche Erkenntnis gerichteten Denkoperationen auf den *Grundpostulaten* der Existenz, der Eindeutigkeit und der Geordnetheit einer dem erkennenden Subjekt gegenüberstehenden Objektwelt als den notwendigen Bedingungen jeder Erkenntnis beruhen. In eben *diesem* Sinne nämlich hat alles *operationale* Denken letztlich die Funktion, das Operieren mit „*Wirklichem*" — mit Objekten der nullten semantischen Stufe (vgl. Anm. 142) — zu ersetzen. Es muß sich mithin in der Konfrontation zu einer Objektwelt erleben.

[11] Obwohl die kybernetische Terminologie noch keineswegs einheitlich ist, spricht man übereinstimmend gewöhnlich von *Steuerung* dann, wenn es sich um *offene*, von Regelung dagegen, wenn es sich um *geschlossene* Wirkungskreise handelt.

[12] Zur Theorie der Regelkreise vgl. H. S. TSIEN, Technische Kybernetik, Stuttgart-Berlin 1958. Das Werk enthält zahlreiche weitere Literaturhinweise, darunter den hier ausdrücklich hervorgehobenen Hinweis auf W. OPPELT, Kleines Handbuch technischer Regelvorgänge, Weinheim 1956 (2. Aufl.).

[13] Die Verwendung des Wortes „*Parameter*" innerhalb der Mathematik ist keineswegs einheitlich. Häufig wird unter einem Parameter eine veränderliche (unter bestimmten Umständen bzw. zu bestimmten Untersuchungszwecken auch konstant gehaltene) Größe verstanden, die in einem System von Funktionen neben (funktional miteinander verknüpften) Variablen auftritt und diese je nach dem in Frage stehenden besonderen Gesichtspunkt koordiniert. — Im Zusammenhang des Abschnittes 4 ist „Parameter" als gleichbedeutend mit „variabler Maßgröße" zu verstehen.

[14] In dem angeführten Beispiel ist nur eine *Ausregelung der Höhensteuerung* angenommen worden. Die normalerweise einzubeziehenden CORIOLIS-Kräfte sind nicht berücksichtigt.

[15] Vgl. TSIEN, a. a. O., p. 191.

[16] Zumal dann natürlich, wenn man die vereinfachende Beschränkung auf die Ausregelung lediglich der Höhensteuerung (Entfernungskorrektur) fallen läßt.

[17] Hinsichtlich der für das Folgende herangezogenen Begriffsbildungen, Methoden und Ergebnisse der allgemeinen Informationstheorie muß auf das bereits recht umfangreiche einschlägige Schrifttum verwiesen werden. Außer dem grundlegenden Werk von C. E. SHANNON und W. WEAVER, The Mathematical Theory of Communication, Urbana 1959, seien hier nur genannt: S. GOLDMAN, Information Theory, New York-London 1954 (2. Aufl.); A. FEINSTEIN, Foundations of Information Theory, New York-London 1957; W. MEYER-EPPLER, Grundlagen und Anwendungen der Informationstheorie, Berlin-Göttingen-Heidelberg 1959; S. KULLBACK, Information Theory and Statistics, New York-London 1959. Eine kurze Einführung bieten H. ZEMANEK, Elementare Informationstheorie, Wien-München 1959, und P. NEIDHARDT, Einführung in die Informationstheorie, Berlin-Stuttgart 1957.

[18] Dies geschieht hier nach der Darstellung von MEYER-EPPLER, Grundlagen und Anwendungen der Informationstheorie, Berlin-Göttingen-Heidelberg 1959, insbesondere p. 172ff.

[19] Mit „*Signal*" (sinnesphysiologisch: Reiz) im Unterschied zu „Nachricht" und „Information") wird auch hier lediglich ein *energetischer Zustand* bezeichnet.

[20] Die in ihrer allgemeinen Gestalt auf SHANNON zurückgehende *Strukturtheorie der Signale* (vgl. MEYER-EPPLER, a. a. O., 2. Kap., p. 5—40) gestattet, worauf hier nicht näher eingegangen werden soll, hinsichtlich jeder der vier Dimensionen zwei fundamentale Begriffe streng zu definieren: den der *effektiven Bandbreite* und den der *effektiven Signaldauer* bzw. *Signalerstreckung*. Werden die effektive Bandbreite des Signals

$$F(q_1, q_2, q_3, t) \tag{1}$$

bezüglich der Dimensionen Q_i bzw. T mit W_{q_i} bzw. W_t und die jeweils dazugehörige effektive Signalerstreckung im natürlichen Informationsraum mit Q_i bzw. T bezeichnet, so liefert

$$K = 2^4 \, W_{q_1} \, W_{q_2} \, W_{q_3} \, W_t \, Q_1 \, Q_2 \, Q_3 \, T \tag{[15]}$$

für eine *anisotrope* und

$$K = 2^4 \, W_q^3 \, W_t \, Q^3 \, T \tag{[16]}$$

für eine *isotrope Informationsverteilung* die in *Logonen* oder *Informationsquanten* gemessene, im Signal (1) potentiell enthaltene *strukturelle Information*. K wird der *maximale Strukturgehalt des Signals* (1) genannt. Er ist invariant gegenüber linearen Verzerrungen der Zeit- und Frequenzskala.

Das nach KOTELNIKOW benannte Auswahltheorem der Informationstheorie bietet für die Übertragung von Signalen endlicher Dauer und endlicher Bandbreite die Möglichkeit, die Dimensionszahl ohne Änderung des maximalen Strukturgehalts bis auf Eindimensionalität zu reduzieren; umgekehrt kann eine eindimensionale Folge von Logonen in mehrdimensionale Logonenverteilungen transformiert werden (reversible Logonentransformation). So werden z. B. beim Fernsehen zweidimensionale optische Strukturen über einen eindimensionalen Kanal übertragen und im Empfangsgerät wieder zurückdimensioniert.

Für eine eindimensionale Signalfunktion lautet die Formel für den maximalen Strukturgehalt einfacher

$$K = 2\,W\,T \quad (\text{bzw. } K = 2\,W_q\,Q), \qquad [17]$$

wo W (bzw. W_q) die Bandbreite und T die Signaldauer (bzw. Q die räumliche Erstreckung des Signals) bedeuten.

Führt man (nach MEYER-EPPLER, a. a. O., insbesondere p. 27 und 34) noch die Größe $\widehat{m}$ als den *maximalen metrischen Informationsbetrag* von (1) ein (der neben dem durch K erfaßten strukturellen nunmehr auch den quantitativ-energetischen Aspekt berücksichtigt, unter dem das Signal (1) als potentieller Informationsträger betrachtet werden kann), so liefert $M = K \cdot [ld\,\widehat{m}]$ das sogenannte *Informationsvolumen* des Signals (1); im Falle [17] ist also $M = 2\,W\,T \cdot [ld\,\widehat{m}]$. Dividiert man M durch T, so ergibt sich überdies der (potentielle) *Informationsfluß* in bit/s.

[21] A. a. O., p. 173ff.

[22] Vgl. Anm. 20.

[23] MEYER-EPPLER spricht vom „*Wahrnehmungsraum*". Die hier verwendete Bezeichnungsweise scheint der psychologischen Terminologie angemessener, da üblicherweise unter Wahrnehmung kein elementarer, sondern ein bereits gegliederter Vorgang verstanden wird. Dagegen stellen Empfindungen in der hier bevorzugten Betrachtungsweise *einfache und unmittelbare Bewußtseinsvorgänge* dar, die an *isolierte*, von einem Sinnesorgan aufgenommene Reize geknüpft sind und strukturierte Wahrnehmungen erst ermöglichen (vgl. die Ausführungen im Text, S. 35f.). — Zu der hier berührten grundsätzlichen Problematik des Verhältnisses von Reiz und Empfindung vgl. W. WEIDEL, Kybernetik und psychophysisches Grundproblem, in: Kybernetik, Bd. I, H. 4, Berlin-Göttingen-Heidelberg 1962.

[24] Vgl. MEYER-EPPLER, a. a. O., p. 138ff. und p. 255ff. Zu der im Text zitierten *Formel für das Erkennungsvermögen* des Perzipienten kann man auf folgende Weise gelangen:

Das bereits den Überlegungen in Anm. 3 zugrunde gelegte Zeicheninventar $E_1, E_2, \ldots, E_m$ stehe jetzt als Zeicheninventar für die Bezeichnung von Valenzen sowohl der Sendeseite, die in der Testsituation durch den Versuchsleiter repräsentiert ist, als auch der Empfangsseite, also dem Perzipienten, zur Verfügung. Ferner sei angenommen, daß dem externen Beobachter die folgenden Wahrscheinlichkeiten aus dem durchgeführten Test bekannt sind:

1. die Wahrscheinlichkeit oder relative Häufigkeit $p(E_\mu) = p(\mu)$, mit der ein Nachrichtenelement E_μ gesendet worden ist *(sendeseitige Zeichenwahrscheinlichkeit)*,

2. die Wahrscheinlichkeit $p(E_{\mu'}) = p(\mu')$, mit der ein Nachrichtenelement $E_{\mu'}$ empfangen worden ist *(empfangsseitige Zeichenwahrscheinlichkeit)*,

3. die Wahrscheinlichkeit $p(E_\mu, E_{\mu'}) = p(\mu, \mu')$ dafür, daß ein sendeseitiges Nachrichtenelement E_μ mit einem empfangsseitigen Nachrichtenelement $E_{\mu'}$ gemeinsam auftritt *(Verbundwahrscheinlichkeit)*, und

4. die Wahrscheinlichkeit $p(E_{\mu'}|E_\mu) = p_\mu(\mu')$ dafür, daß ein gesendetes Nachrichtenelement E_μ als $E_{\mu'}$ empfangen wird *(Übergangswahrscheinlichkeit)*.

Jeder dieser Klassen von Wahrscheinlichkeiten entspricht nun ein bestimmter Informationsgehalt, nämlich

(zu 1): die *Eingangsnegentropie*

$$H_{(\mu)} = -\sum_{\mu=1}^{m} p(\mu)\,ld\,p(\mu) \qquad [18]$$

als sendeseitige Symbolnegentropie,

(zu 2): die *Ausgangsnegentropie*

$$H_{(\mu')} = -\sum_{\mu=1}^{m} p(\mu') \, ld \, p(\mu') \qquad\qquad [19]$$

als empfangsseitige Symbolnegentropie,

(zu 3): die *Gesamtnegentropie*

$$H_{(\mu,\,\mu')} = -\sum_{\mu=1}^{m} \sum_{\mu'=1}^{m} p(\mu, \mu') \, ld \, p(\mu, \mu') \qquad\qquad [20]$$

der gesendeten und empfangenen Nachrichtenelemente und

(zu 4): die *Dissipation* („Rauschen" im weitesten Sinne)

$$\left. \begin{aligned} H_{\mu(\mu')} &= H_{(\mu,\,\mu')} - H_{(\mu)} \\ &= -\sum_{\mu=1}^{m} \sum_{\mu'=1}^{m} p(\mu, \mu') \, ld \, p(\mu, \mu') + \sum_{\mu=1}^{m} p(\mu) \, ld \, p(\mu). \end{aligned} \right\} \qquad [21]$$

Um diesen Ausdruck geeignet umzuformen, werden eine Folge von gesendeten Nachrichtenelementen E_μ mit den Belegungsdichten $p(E_\mu) = p(\mu)$ sowie die zugehörige Folge von empfangenen Nachrichten $E_{\mu'}$ betrachtet. Die Wahrscheinlichkeit für das gemeinsame Auftreten von E_μ und $E_{\mu'}$ war als Verbundwahrscheinlichkeit $p(\mu, \mu')$ definiert. Für ein bestimmtes E_μ ist nun die sendeseitige Wahrscheinlichkeit $p(\mu)$ gerade gleich der Häufigkeit des gemeinsamen Auftretens dieses E_μ mit dem $E_{\mu'}$; $p(\mu)$ ist also gleich der Summe der Verbundwahrscheinlichkeiten $p(\mu, \mu')$ für $\mu' = 1, 2, \ldots, m$. Aus

$$p(\mu) = \sum_{\mu'=1}^{m} p(\mu, \mu') \qquad\qquad [22]$$

folgt

$$\sum_{\mu=1}^{m} p(\mu) \, ld \, p(\mu) = \sum_{\mu=1}^{m} ld \, p(\mu) \sum_{\mu'=1}^{m} p(\mu, \mu'), \qquad\qquad [23]$$

mithin weiter

$$\left. \begin{aligned} H_{\mu(\mu')} &= -\sum_{\mu=1}^{m} \sum_{\mu'=1}^{m} p(\mu, \mu') \, ld \, p(\mu, \mu') \\ &\quad + \sum_{\mu=1}^{m} ld \, p(\mu) \sum_{\mu'=1}^{m} p(\mu, \mu') \\ &= -\sum_{\mu=1}^{m} \sum_{\mu'=1}^{m} p(\mu, \mu') \, ld \, p(\mu, \mu') \\ &\quad + \sum_{\mu=1}^{m} \sum_{\mu'=1}^{m} p(\mu, \mu') \, ld \, p(\mu) \\ &= -\sum_{\mu=1}^{m} \sum_{\mu'=1}^{m} p(\mu, \mu') \, ld \, \frac{p(\mu, \mu')}{p(\mu')} \\ &= -\sum_{\mu=1}^{m} p(\mu) \sum_{\mu'=1}^{m} p_\mu(\mu') \, ld \, p_\mu(\mu'), \end{aligned} \right\} \qquad [24]$$

wo zuletzt die Beziehung $p(\mu, \mu') = p(\mu) \cdot p_\mu(\mu')$ verwendet wurde.

13*

Das im Text angegebene Maß für das Wiedererkennungsvermögen des Perzipienten ergibt sich dann als

$$R = H_{(\mu')} - H_{\mu(\mu')}$$

$$= -\sum_{\mu'=1}^{m} p(\mu')\, ld\, p(\mu') + \sum_{\mu=1}^{m} p(\mu) \sum_{\mu'=1}^{m} p_\mu(\mu')\, ld\, p_\mu(\mu') \qquad [25]$$

in bit/Valenz.

25 Vgl. MEYER-EPPLER, a. a. O., p. 251f.

26 MEYER-EPPLER, a. a. O., p. 273ff., stellt dementsprechend die „*Substanz*" der Information der „*Form*" der Information gegenüber und nennt allgemeine Substanzelemente „*Taxe*", allgemeine Formelemente dagegen „*Taxeme*".

27 Vgl. MEYER-EPPLER, a. a. O., p. 274. *Minimalzeichen* sind semantische Belegungen von Valenzinterpretationsklassen, die (bei Eingriffen in die letzteren) nicht wieder in Zeichen zerlegbar sind; sie verlieren vielmehr ihre Zeichenfunktion, wenn die von ihnen semantisch belegten Trägereinheiten der materiellen Information (hinreichend starken) Veränderungen unterworfen werden.

28 Das sind die „Taxeme" in der Terminologie MEYER-EPPLERS. Semantische Belegungen lautsprachlicher Trägerelemente, sogenannter *Phone*, heißen in dieser Bezeichnungsweise entsprechend *Phoneme*, schreibsprachliche Trägerelemente *Grapheme* usw.

29 R. CARNAP teilt bekanntlich die von ihm *Semiotik* genannte *Theorie einer Objektsprache* in die drei Gebiete der *Pragmatik, Semantik* und *Syntax* ein (vgl. R. CARNAP, Symbolische Logik, Wien 1960, 2. Aufl., p. 78f.). Die Zweckmäßigkeit dieser Einteilung steht auch für den hier vorliegenden Fall statistisch untersuchter *Systeme semantischer Belegungen* im Sinne der vorangegangenen Begriffsbestimmungen außer Frage. Entsprechend der Zielsetzung des hier in Vorschlag gebrachten Modellgrundrisses wird jedoch der „*pragmatische*" Aspekt, der den Sprechenden, den Benutzer der betreffenden Sprache(n), in seinen kulturellen und sozialkommunikativen Bezügen in den Mittelpunkt der Betrachtung rückt, zumindest im vorliegenden Abschnitt *völlig ausgeklammert*. Bei der Behandlung der perzeptiven Prozesse steht hinsichtlich der vom Perzipienten benutzten Objektsprache die *semantische Zeichenfunktion* im Vordergrund, gewinnen also die zwischen Zeichen und Bezeichnetem bestehenden Beziehungen besonderes Interesse. Die Untersuchung der *syntaktischen* — die Designata unberücksichtigt lassenden, also wesentlich formal-strukturellen — Eigenschaften von Zeichensystemen leistet für diese semantischen Analysen wichtige Vorarbeit. Sie liefert die strukturtheoretische Grundlage einer quantitativen Semantik der vom menschlichen Perzipienten benutzten Sprachen, indem sie gleichsam das uninterpretierte Skelett der wirklichen (wie der überhaupt möglichen) Systeme semantischer Belegungen mit mathematischen (stochastischen wie deterministischen) und logischen Methoden bloßlegt. Dem Verhältnis der Syntax einer Sprache zu ihrer Semantik entspricht in diesem Sinne das Verhältnis der *strukturtheoretisch-symbolstatistischen* zur *semantischen Informationstheorie*. Jene zielt auf Regelmäßigkeiten der Signalübertragung auf der Grundlage der Beschreibung von Signalen durch mathematische Funktionen bzw. vermittels der Zuordnung „bedeutungsfreier" Symbole zu gewissen typisierten Signalformen. Die hierauf aufbauende *semantische* Informationstheorie untersucht darüber hinaus die (tatsächlichen und möglichen) Beziehungen zwischen materieller und semantischer Information, insbesondere die vom Menschen bei der Außenweltperzeption geleisteten Belegungskonstruktionen sowie im weiteren vor allem die Prozesse der an die jeweils benutzten Zeichensysteme gebundenen Informations*verarbeitung* innerhalb der semantischen Sphäre.

[30] Zur symbolstatistischen Theorie der Kontingenz (contingency) vgl. MEYER-EPPLER, a. a. O., p. 113ff.

[31] Z. B. innerhalb des Bereichs der auditiven Sprachen die Klasse der Trommelsprachen mit binärem Zeicheninventar.

[32] Um sprachstatistische Forschungen haben sich besonders W. FUCKS, K. KÜPFMÜLLER und B. MANDELBROT verdient gemacht. Auch ist auf Untersuchungen von M. BENSE zur Texttheorie, insbesondere zur Textästhetik, hinzuweisen.

[33] Entsprechend den in Anm. 24 getroffenen Voraussetzungen der Ableitung der Formel für das „Erkennungsvermögen" des Perzipienten. — Vgl. zu den folgenden Textausführungen des Abschnittes 7: R. GUNZENHÄUSER, Ästhetisches Maß und ästhetische Information, Quickborn bei Hamburg 1962, insbesondere p. 98ff. Dieser Abhandlung liegen in wesentlichen Gedankengängen Arbeiten von M. BENSE, H. FRANK und A. A. MOLES zur Informationsästhetik sowie die sogenannte Redundanztheorie F. VON CUBES zugrunde. In den folgenden Ausführungen werden Forschungsergebnisse der genannten Autoren verwendet.

[34] Vgl. GUNZENHÄUSER, a. a. O., p. 99. Einen Beweis der Ungleichheitsbeziehung (4) gibt H. FRANK in seiner Arbeit: Quelques Résultats Théoriques et Empiriques Concernant l'Accomodation Informationelle, in: IRE Transactions on Information Theory (A Journal Devoted to the Theoretical and Experimental Aspects of Information Transmission, Processing and Utilization), Vol. IT-8, Nr. 5, Sept. 1962 (Symposion Brüssel, 3. Juli 1962), p. 151.

[35] Vgl. GUNZENHÄUSER, a. a. O., p. 119f.

[36] R_{subj} ist zu unterscheiden von der sogenannten *Code-Redundanz*. Symbolstatistisch (vgl. Anm. 3) kann die „*relative Redundanz*" des Symbolkollektivs als

$$\varrho = 1 - r \ [\text{bit/Binärelement}] \tag{26}$$

definiert werden, wo (vgl. Anm. 3)

$$r = \frac{- \sum_{\mu=1}^{m} p_\mu \, ld \, p_\mu}{ld \, m} \ [\text{bit/Binärelement}] \tag{27}$$

den „*relativen Informationsgehalt*" der Nachricht darstellt; die Anzahl der *Binärelemente* ist dabei gleich der Anzahl der *Zellen* des (potentiellen) Informationsvolumens (Informationsquaders) M gemäß Anm. 20. Unter „*absoluter Redundanz*" wird der Ausdruck

$$\varrho_{abs} = ld \, m + \sum_{\mu=1}^{m} p_\mu \, ld \, p_\mu \ [\text{bit/Symbol}] \tag{28}$$

verstanden. Näheres s. MEYER-EPPLER, a. a. O., p. 62f.

[37] A. a. O., insbesondere p. 115ff.

[38] Der dargelegte Zusammenhang zwischen H_{kogn} und H_{obj} läßt sich etwa an dem folgenden einfachen Beispiel veranschaulichen:
Die „manipulierte objektive Außenwelt" sei durch ein quadratisches Feld Q dargestellt, das vollständig in insgesamt n kongruente Quadrate q_1, $q_2, \ldots, q_n$ aufgeteilt ist, von denen genau eines, q_ϵ, durch eine beliebige, aber den übrigen inneren Quadraten nicht zukommende Eigenschaft ε ausgezeichnet sei. Eine diese Außenwelt semantisch belegende Nachricht, welche q_ϵ in bezug auf die Gesamtstruktur des Quadratnetzes vollständig

lokalisiert, ist im einfachsten Falle aus genau zwei Nachrichtenelementen (Elementarzeichen) E_{1q_ν}, E_{2q_μ} ($\nu, \mu \in \{1, 2, \ldots, n\}$) aufgebaut und besitzt die Länge $U = n$ (vgl. Anm. 3). E_{1q_ν} bezeichne das *Nicht*vorliegen der Eigenschaft ε bei q_ν, E_{2q_μ} das Vorliegen dieser Eigenschaft bei q_μ. Die Nachricht besteht dann in dem Aggregat

$$E_{1q_1}, E_{1q_2}, \ldots, E_{2q_e}, \ldots, E_{1q_n}, \qquad [29]$$

wo offenbar E_{1q_ν} insgesamt $P_1 = (n-1)$mal und E_{2q_μ} (als E_{2q_e}) genau $P_2 = 1$ mal vorkommt. Gemäß [3] (vgl. Anm. 3) ist also in der Tat

$$P_1 + P_2 = U = n. \qquad [30]$$

Desgleichen errechnet sich nach [4] die Anzahl der überhaupt möglichen Nachrichten der Gestalt [29] als

$$N = \frac{U!}{P_1! \, P_2!} = \frac{n!}{(n-1)! \, 1!} = n. \qquad [31]$$

Nach [7] ergeben sich die Belegungsdichten der beiden Nachrichtenelemente zu

$$p_1 = \frac{n-1}{n}; \; p_2 = \frac{1}{n}, \qquad [32]$$

mithin ist der Betrag der durch die Nachricht (Zeichenserie) [29] gegebenen objektiven Information

$$H_{\text{obj}} = ld \, n. \qquad [33]$$

Die folgende Figur stellt die künstliche Modellaußenwelt für den Fall $n = 1024$ und $e = 679$ dar. Es ergibt sich daher für die diese „Außenwelt"

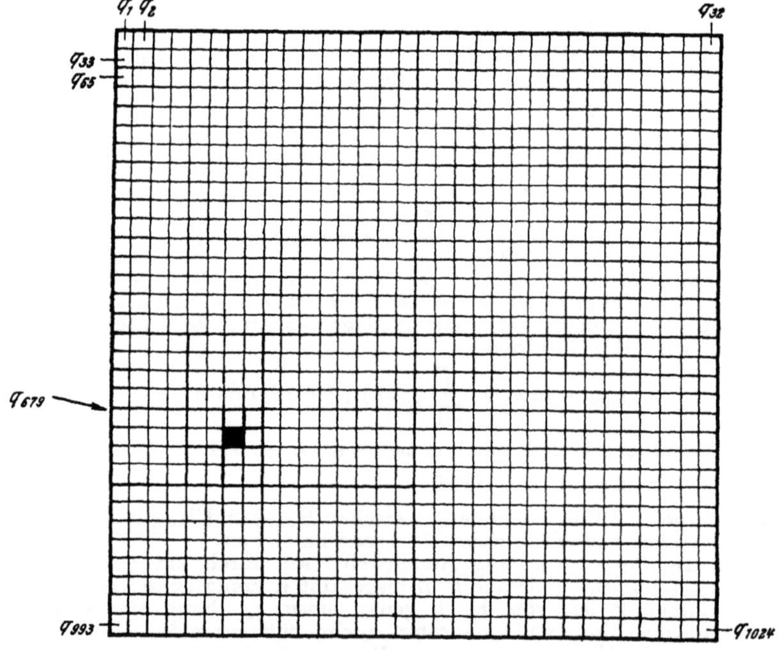

„*Künstliche Außenwelt*" *für* $(n, e) = (1024, 679)$

vollständig semantisch belegende, sie also vollständig repräsentierende Nachricht der Form [29] gemäß [33] ein objektiver Informationsgehalt von $H_{obj} = 10$ bit. Diese Bit-Zahl liefert gleichzeitig die kleinstmögliche Anzahl von mit „Ja" oder „Nein" zu beantwortenden Fragen, die zur genauen Lokalisierung von q_{679} erforderlich sind (falls man annimmt, daß der Fragende vor Beginn seines Fragens keinerlei Kenntnis darüber hat, welches innere Quadrat die Eigenschaft ε besitzt).

Für $n = 64$ ergibt sich dementsprechend $H_{obj} = 6$ bit, für $n = 4$ in der gleichen Weise $H_{obj} = 2$ bit. Betrachtet man in dem hier behandelten Beispiel n als ein *Maß der Komplexität* der objektiven „Außenwelt" bzw. der ihr zugrunde liegenden „Wirklichkeit", so nimmt mithin die objektive Information mit abnehmender Komplexität der „Außenwelt" selbst ab, was gemäß der im Text angegebenen Beziehung (6) zu einer *Zunahme der kognitiven Information* (bei einer vereinfachend als konstant und größer als Null angenommenen subjektiven Redundanz) führt. Der Grenzfall maximaler Einfachheit wäre bei $n = 1$ erreicht, dann also, wenn das Feld Q keinerlei Gebietsaufteilung aufweist, die „Außenwelt" also gänzlich strukturlos ist. In diesem Falle ist die Wahrscheinlichkeit dafür, daß das (jetzt mit Q zusammenfallende) innere Quadrat q_{ε} erraten wird, gleich 1, mithin $H_{obj} = 0$. Bei einer so „entarteten Außenwelt" ist für H_{kogn} kein numerischer Betrag mehr angebbar.

Das hier erörterte, sehr einfache Beispiel zeigt trotz seiner Künstlichkeit in einer ersten Näherung, daß die kognitive Information, also der Gewinn des Perzipienten an objektiver Ordnung bzw. die mit zunehmender Angleichung an diese Ordnung verbundene Erhöhung seiner Voraussagefähigkeit, nicht nur mit zunehmender subjektiver Redundanz wächst. Dieser Ordnungsgewinn ist auch von der Komplexität der „Außenwelt" abhängig: er ist um so größer, je „einfacher" die „Außenwelt" konfiguriert ist, je einfacher die in ihr getroffenen statistischen Verteilungen sind.

[39] Vgl. Gunzenhäuser, a. a. O., p. 129, sowie die dort angegebenen Autoren.

[40] Vgl. H. Frank, Grundlagenprobleme der Informationsästhetik und erste Anwendung auf die mime pure, Diss. 1959, p. 36.

[41] Vgl. K. Steinbuch, Automat und Mensch, Berlin-Göttingen-Heidelberg 1961, p. 153—176. Weitere Arbeiten zur „Lernmatrix": K. Steinbuch, Schaltungen mit der Lernmatrix; U. Piske, Demonstrationsversuche mit der Lernmatrix; H. J. Hönerloh und H. Kraft, Technische Verwirklichung der Lernmatrix; W. Gorke, H. Kazmierczak und S. Wagner, Anwendungen der Lernmatrix; H. Frank, Die Lernmatrix als Modell für Informationspsychologie und Semantik, sämtlich in: Lernende Automaten (Bericht über die Fachtagung der Nachrichtentechn. Ges. i. VDE am 13./14. April 1961), München 1961. Ferner sei verwiesen auf P. Müller, Klassen und Eigenschaften von Lernmatrizen, in: Nerve, Brain and Memory (hrsg. v. N. Wiener und J. P. Schadé), Amsterdam 1963.

[42] An dieser Stelle sei darauf hingewiesen, daß das Lernen nach dem Pawlowschen Modell des bedingten Reflexes eine besonders einfache, nichtsdestoweniger jedoch fundamentale Lernart darstellt. Komplexere Lernprozesse sind von überwiegend behavioristisch vorgehenden Forschern wie E. R. Guthrie (The psychology of learning, New York 1935), C. L. Hull (Principles of behavior, New York 1943), N. E. Miller und J. Dollard (Social learning and imitation, New Haven 1941) u. a. untersucht und zum Teil im quantifizierenden theoretischen Modell dargestellt worden. Zur allgemeinen mathematisch-statistischen Beschreibung des Lernens vgl. R. R. Bush und F. Mosteller, Stochastic Models for Learning, New York-London 1955 (darin zahlreiche weitere Literaturhinweise).
Die Simulation der verschiedenen Lernarten durch automatisch gesteuerte kybernetische Modelle und Digitalanlagen darf ohne Frage zu den wichtigsten

Aufgaben der künftigen Lern- und Verhaltensforschung gerechnet werden. Gegenwärtig ist man über die Konstruktion einfachster Tropismusgeräte (vgl. S. 12) sowie über die maschinelle Simulation einfachster Lernvorgänge noch kaum hinausgelangt — „Einfachheit" nicht im technologischen Sinne, sondern relativ zu den hochkomplexen Verhaltensweisen der simulierten Organismen verstanden. An der Vervollkommnung derartiger Geräte wird intensiv gearbeitet (eine Übersicht über die bereits entwickelten Geräte dieser Art gibt K. STEINBUCH, a. a. O., p. 151).

[43] K. STEINBUCH und H. FRANK, Nichtdigitale Lernmatrizen als Perzeptoren, in: Kybernetik (Ztschr. f. Nachrichtenübertragung, Nachrichtenverarbeitung, Steuerung und Regelung im Organismus und in Automaten), Bd. I, H. 3, Berlin-Göttingen-Heidelberg 1961.

[44] Zur Literatur vgl. Anm. 41.

[45] Vgl. K. STEINBUCH, Automat und Mensch (Anm. 41), p. 160ff.

[46] Vgl. A. A. MOLES, Über konstruktionelle und instrumentelle Komplexität, in: Grundlagenstudien aus Kybernetik und Geisteswissenschaft, Bd. I, H. 2, Quickborn bei Hamburg 1960.

[47] Vgl. H. FRANK, Über einen abstrakten Perzeptionsbegriff, in: Grundlagenstudien aus Kybernetik und Geisteswissenschaft, Bd. II, H. 3, Quickborn bei Hamburg 1961.

[48] Hiermit ist *nichtsemantische* Information im Sinne der Kanalkapazitätsbestimmungen natürlicher Rezeptorensysteme gemeint.

[49] Tatsächlich erfolgt (nach FRANK u. a.) bei der menschlichen Perzeption eine Einengung des Informationsflusses der empfangenen Nachrichten von etwa 10^{10} bit/s in der Peripherie bis auf schließlich etwa 16 bit/s im Kurzspeicher (sogenannter Bewußtseinsbereich) des operativen Zentrums. — Bezüglich der wichtigsten statistischen Angaben über den Informationsfluß im Rezeptorensystem des Menschen vgl. H. ZEMANEK, Elementare Informationstheorie, Wien-München 1959, p. 62ff. Ferner sei verwiesen auf H. FRANK, Über die Kapazität der menschlichen Sinnesorgane, in: Grundlagenstudien aus Kybernetik und Geisteswissenschaft, Bd. I, H. 5, Quickborn bei Hamburg 1960, p. 145—152.

[50] Vgl. die in Anm. 43 genannte Untersuchung.

[51] Näheres hierüber s. die in Anm. 43 und 47 genannten Arbeiten sowie vor allem H. FRANK, Informationspsychologie und Nachrichtentechnik, in: Nerve, Brain and Memory (hrsg. v. N. WIENER und J. P. SCHADÉ), Amsterdam 1963, p. 90ff.

[52] A. a. O. (Anm. 1), p. 92ff.

[53] Eine Übersicht gibt W. TOMAN, Dynamik der Motive, Frankfurt a. M.-Wien 1954.

[54] Vg. R. B. CATTELL, Personality and motivation, structure and measurement, New York 1957, insbesondere p. 534ff.

[55] Das CATTELLsche Stimulus-Antwort-Schema hierzu: „*Unter diesen Umständen* (Stimulus-Situation) *möchte* (Bedürfnis) *ich* (Subjekt) *mit den und den Dingen* (Objektbereich als Teil der Außenwelt) *dies und jenes tun* (Aktion bzw. Gruppe von Aktionen)."

[56] D. h. es soll für alle $\varkappa_1, \varkappa_2 \in \{1, 2, \ldots, k\}$ und $\lambda_1, \lambda_2 \in \{1, 2, \ldots, l\}$ gelten: Aus $s_{\mu\varkappa_1} < s_{\mu\varkappa_2}$ bzw. $\sigma_{\mu\lambda_1} < \sigma_{\mu\lambda_2}$ folgt stets $\Phi_\varkappa(s_{\mu\varkappa_1}, E_{i\gamma_\varkappa}) < \Phi_\varkappa(s_{\mu\varkappa_2}, E_{i\gamma_\varkappa})$ bzw. $\Psi_\lambda(\sigma_{\mu\lambda_1}, M_{i\delta_\lambda}) < \Psi_\lambda(\sigma_{\mu\lambda_2}, M_{i\delta_\lambda})$, und aus $E_{i\gamma_{\varkappa_1}} < E_{i\gamma_{\varkappa_2}}$ bzw. $M_{i\delta_{\lambda_1}} < M_{i\delta_{\lambda_2}}$ folgt ebenfalls stets $\Phi_\varkappa(s_{\mu\varkappa}, E_{i\gamma_{\varkappa_1}}) < \Phi_\varkappa(s_{\mu\varkappa}, E_{i\gamma_{\varkappa_2}})$ bzw. $\Psi_\lambda(\sigma_{\mu\lambda}, M_{i\delta_{\lambda_1}}) < \Psi_\lambda(\sigma_{\mu\lambda}, M_{i\delta_{\lambda_2}})$. Diese Monotonieforderung mag

vielleicht einschneidender scheinen, als es vom motivationspsychologischen Standpunkt aus wünschenswert ist; für ein vereinfachendes mathematisch-kybernetisches Modell dürfte sie jedoch sinnvoll sein.

[57] Von hier aus ergeben sich Möglichkeiten, Konfliktsituationen quantitativ zu analysieren und Konflikte vorauszusagen. Die vektorielle Betrachtungsweise läßt sich auch, was im folgenden Text nur angedeutet wird, auf die Untersuchung der Verhaltensweisen von Gruppen ausdehnen.

[58] Vgl. die unter 3. von Anm. 79 genannte Arbeit, p. 201.

[59] H. SCHMIDT, Bemerkungen zur Weiterentwicklung der allgemeinen Regelkreislehre, in: Grundlagenstudien aus Kybernetik und Geisteswissenschaft, Bd. 3, H. 3, Quickborn bei Hamburg 1962, p. 78ff.

[60] H. FRANK, Ordnung, Lernprozeß und Rückwirkung in perzeptiven LM-Systemen, in: Grundlagenstudien aus Kybernetik und Geisteswissenschaft, Bd. 3, H. 3, Quickborn bei Hamburg 1962.

[61] Vgl. zu diesem bereits auf S. 3 verwendeten Begriff H. FRANK, Die Lernmatrix als Modell für Informationspsychologie und Semantik (s. Anm. 41), p. 102.

[62] Davon, daß andererseits die „Bilder" der Außenwelt eine durch die Empfindungs- bzw. Wahrnehmungs*schwellen* bedingte Begrenzung gegenüber dem Signalangebot erfahren, sei hierbei abgesehen.

[63] Es darf erwartet werden, daß künftige Arbeiten im Umkreis der Medizin, der Biologie und der experimentellen Psychologie im Verein mit kybernetisch-informationstheoretischen Forschungen und mit der Technologie elektronischer Steuerungssysteme alsbald weiteres Licht in diese Zusammenhänge bringen werden. Der große Umfang, den das innerhalb dieser Disziplinen inzwischen erarbeitete Wissen besonders während der letzten eineinhalb Jahrzehnte erreicht hat, scheint jedenfalls auf wichtigen Teilgebieten die theoretische Synthese dieses Wissens zu fordern. Tatsächlich bahnen sich gegenwärtig im Zuge der immer häufigeren interdisziplinären Überschneidungen gegenständlicher wie methodischer Art Teilintegrationen an, die in absehbarer Zeit voraussichtlich auch zur Vereinheitlichung der noch stark unterschiedlichen Verfahrensweisen und nicht zuletzt der Terminologien führen dürften.
Starke *terminologische Divergenzen* bestehen besonders auch im Bereich der kybernetischen Forschung, die trotz sich herausbildender Interessenschwerpunkte einheitliche Entwicklungen noch nicht klar erkennen läßt. Vgl. hierzu eine Bemerkung von W. G. WALTER (aus einem Brief vom 20. Oktober 1959 an den Verfasser): „Unfortunately, the subject is becoming so large that it has already formed what we call Splinter Groups with subdisciplines and private jargon. The force at the moment seems to be mainly centrifugal, but since no-one can define the centre of interest, perhaps this is not a serious danger."

[64] Zur Terminologie vgl. z. B. K. KLEIST, Gehirnpathologie auf Grund der Kriegserfahrungen, Leipzig 1934. — Es scheint zweckmäßig, den propriozeptiven und enterozeptiven Nachrichten hypothetisch als dritte Kategorie von „inneren" Meldungen die motivdynamischen oder „*motiozeptiven*" (von motio = Bewegung, Gemütsbewegung) Nachrichten zuzuordnen.

[65] An dieser Stelle seien einige Beispiele erwähnt, bei denen die Anwendung des Regelkreisprinzips einen adäquaten Erklärungsansatz bietet:
1. Die Stoffwechselregelung der einzelnen Zelle, d. h. deren Anpassung an veränderliche funktionelle Beanspruchungen durch selbststeuernde Prozesse.
2. die Ausregelung etwa des Stickstoffhaushaltes, der bei veränderlicher Eiweißzufuhr im Gleichgewicht gehalten wird,

3. die Wachstumsregelung: nach bestimmten Sollwerten regelt die Zelle das Verhältnis von Assimilation und Dissimilation,

4. die Ausregelung des Muskeltonus je nach der funktionellen Soll-beanspruchung des Muskels über einen von sensiblen und motorischen Reiz-leitungen gebildeten Regelkreis,

5. die Regelung der Körperhaltung, wobei die Bewegungsabläufe bei Einwirkung äußerer Kräfte im Gleichgewicht gehalten werden.

Es wäre nicht schwer, für jedes dieser Beispiele die Regel-, Führungs- und Störgrößen zu charakterisieren. Das kybernetische Grundmodell findet auch, worauf hier nicht näher eingegangen werden soll, bei der Erklärung der Verhaltensweisen mehrerer oder vieler zusammenlebender Organismen Anwendung, beim Menschen besonders im sozial-ökonomischen Bereich (vgl. K. Steinbuch, Automat und Mensch, Berlin-Göttingen-Heidelberg 1961, p. 130ff.).

[66] Vgl. K. Pribram, Konzeption und gegenwärtiger Stand der Neuro-psychologie, Vortrag der Rias-Funk-Universität, Berlin, vom 12. Oktober 1960.

[67] Die Leistungsfähigkeit der kybernetischen Betrachtungsweise somato-psychischer Prozesse zeigt sich auch bei Untersuchungen pathologischer Funktionen des Zentralnervensystems. So konnte z. B. H. Selbach in einer Anzahl von Arbeiten den experimentell fundierten Nachweis erbringen, daß es sich bei gewissen Vorgängen im Zentralnervensystem um autonome homöostatische Regelprozesse (kausal-finale Funktionskreise) handelt, deren krankhafte Entartung (etwa im epileptischen Anfall) nach dem Kipp-schwingungsprinzip der Physik als „Regeldurchschlag", d. h. als „Ein-schwingungsprozeß aus vegetativen Grenzsituationen", deutbar ist.

Vier Kriterien für überbelastete oder krankhafte Regelkreissysteme im organisch-psychischen Bereich werden von Selbach angegeben: „1. hohe Labilität im Gesamtsystem, 2. starke Auslenkung von Regelgrößen (schlechte Sollwerthaltung), 3. auffallende endogene Sollwertinstabilität (meist mit Sollwertverstellung) und 4. Neigung zur Sollwertrückführung in (unter-kritischer oder) kritischer Drei-Phasen-Reaktion." Die letztgenannte Reaktion beschreibt Selbach in enger Anlehnung an die Arbeitsweise instabiler tech-nischer Regelkreissysteme als a) die Phase der Auslenkung von einer mittleren Sollwertlage bei wachsender Labilität des Gesamtsystems und Zunahme der inneren Systemspannung, b) die Phase der Grenzspannungsberührung mit überkompensatorischer Gesamtumschaltung nach dem Kippschwingungs-prinzip und c) die Phase des Einpendelns aus der durch Überkompensation erreichten Wiederherstellung der Homöostase. (Vgl. C. Selbach und H. Selbach, Das Regelkreis-Prinzip in der Neuropsychiatrie, Wiener Klin. Wochenschr., Nr. 38/39, 69. Jg., 1957; ferner: H. Selbach, Der generalisierte Krampfanfall als Folge einer gestörten Regelkreisfunktion, Ärztl. Wochenschr., H. 36, 9. Jg., 1954; C. Selbach und H. Selbach, Krisen-Analyse, Stud. Gen., H. 7, 9. Jg., 1956.)

[68] Eine leicht lesbare erste Einführung in die Anatomie und Physiologie des Zentralnervensystems vermittelt W. Fischel, Grundzüge des Zentral-nervensystems des Menschen, Leipzig 1960.

[69] Im folgenden Text sind Ergebnisse der nachstehend angegebenen Darstellungen verarbeitet, ohne daß bei den betreffenden Angaben aus-drücklich auf die jeweiligen Verfasser hingewiesen wird:

1. H. Meves, Die Funktion erregbarer Membranen — Neue Erkennt-nisse über die Elektrophysiologie des Nervensystems, in: Kybernetik, Brücke zwischen den Wissenschaften, Frankfurt a. M. 1962 (2. Aufl.).

2. W. D. Keidel, Codierung, Signalleitung und Decodierung in der Sinnesphysiologie, in: Aufnahme und Verarbeitung von Nachrichten durch

Organismen, hrsg. von der Nachrichtentechn. Gesellsch. i. VDE, Stuttgart 1961.
3. W. D. KEIDEL, Kybernetische Systeme des menschlichen Organismus, in: Arbeitsgemeinschaft für Forschung des Landes Nordrhein-Westfalen, H. 118, Köln und Opladen 1963.
4. M. SPRENG und W. D. KEIDEL, Neue Möglichkeiten der Untersuchung menschlicher Informationsverarbeitung, in: Kybernetik, Bd. I, H. 6, Berlin-Göttingen-Heidelberg 1961.

[70] Vgl. die in Anm. 69 unter 1. genannte Arbeit.

[71] Dargelegt in einem Vortrag der Rias-Funk-Universität, Berlin, vom 29. März 1960.

[72] Vgl. K. STEINBUCH, Über Kybernetik, in: Veröffentlichungen der Arbeitsgemeinschaft für Forschung des Landes Nordrhein-Westfalen, H. 118, Köln und Opladen 1963, p. 9, sowie die Literaturangaben p. 27.

[73] W. B. CANNON, The wisdom of the body, New York 1939.

[74] Vgl. die in Anm. 69 unter 2., 3. und 4. genannten Arbeiten.

[75] Diesen Zahlenangaben liegen experimentelle Untersuchungen von G. A. MILLER und J. POLLACK zugrunde.

[76] Zu den hier verwendeten korrelationstheoretischen Begriffen und den mit ihnen verbundenen statistischen Verfahren vgl. H. SCHLITT, Systemtheorie für regellose Vorgänge, Berlin-Göttingen-Heidelberg 1960.

[77] Zur Literatur vgl. die in Anm. 69 unter 3. genannte Arbeit KEIDELS, die auch der im Text gegebenen kurzen Beschreibung des Prinzips der Konvergenz-Divergenz-Schaltung zugrunde gelegt wird.

[78] Vgl. hierzu die in Anm. 69 genannten Arbeiten KEIDELS.

[79] Vgl. die folgenden Untersuchungen zum Prinzip der *lateralen Inhibition*:
1. W. REICHARDT, Über das optische Auflösungsvermögen der Facettenaugen von Limulus, in: Kybernetik, Bd. I, H. 2, Berlin-Göttingen-Heidelberg 1961;
2. W. REICHARDT und G. McGINITIE, Zur Theorie der lateralen Inhibition, in: Kybernetik, Bd. I, H. 4, Berlin-Göttingen-Heidelberg 1962;
3. D. VARJÚ, Vergleich zweier Modelle für laterale Inhibition, in: Kybernetik, Bd. I, H. 5, Berlin-Göttingen-Heidelberg 1962;
4. W. REICHARDT und D. VARJÚ, Autokorrelation als Funktionsprinzip des Zentralnervensystems, in: Regelungsvorgänge in lebenden Wesen, München 1961.

[80] Vgl. hierzu die in Anm. 79 unter 1. genannte Arbeit.

[81] Die in Anm. 79 unter 2. genannte Arbeit untersucht speziell diese nichtlinearen Zusammenhänge.

[82] Vgl. die in Anm. 79 unter 1. genannte Arbeit, p. 67.

[83] E. MACH, Über die Wirkung der räumlichen Verteilung des Lichtreizes auf die Netzhaut, S.-B. math.-naturwiss. Kl., 52, 303, Wien 1865 (Hinweis durch W. REICHARDT).

[84] E. VON HOLST und H. MITTELSTAEDT, Das Reafferenzprinzip, in: Die Naturwissenschaften, 37. Jg., H. 20, Berlin-Göttingen-Heidelberg 1950.

[85] Vgl. zum Vorangegangenen W. G. WALTER, The Living Brain, New York 1953, insbesondere p. 65—113.

[86] Symbolik des Hirnbaus, Berlin 1935; Das Zentralnervensystem als Symbol des Erlebens, Basel 1958. Einen Überblick über die in den beiden vorgenannten Veröffentlichungen dargelegten Gedanken gibt der Aufsatz des Verfassers: Über die Symbolik der Strukturen mit psychophysischer Funktion, in: Studium Generale, H. 4, 12. Jg., 1959.

[87] Zum Ökonomieprinzip vgl. K. STEINBUCH, a. a. O., p. 212—220.

[88] Vgl. hierzu W. WIESER, Organismen, Strukturen, Maschinen, Frankfurt a. M. 1959, p. 52 ff.

[89] W. R. ASHBY, Design for a brain, London 1954; DERS., An introduction to cybernetics, New York 1958.

[90] In Anlehnung an die mathematische Theorie selbststabilisierender Systeme von TSIEN, a. a. O. (Anm. 12), p. 251—264.

[91] Ein *System von Differentialgleichungen*

$$\frac{dy_i}{dx} = F_i(y_1, \cdots y_n)$$

heißt „*autonom*", wenn die F_i nicht explizit von der unabhängigen Variablen abhängen. Ist darüber hinaus die unabhängige Variable mit der Zeit t identisch, so spricht man auch von einem „*dynamischen*" *System*.

[92] Nach einer Berechnung von TSIEN ergeben sich für $n = 100$ nicht weniger als $N = 2^{100} \approx 10^{30}$ Schaltungen für die Erreichung des Endfeldes, das sind, wenn man 10 Schaltungen je Sekunde annimmt, $3 \cdot 10^{19}$ Jahrhunderte.

[93] Vgl. S. T. BOK, Beobachtung zentralnervöser Strukturen im Hinblick auf Gedächtnisfunktionen, in: Grundlagenstudien aus Kybernetik und Geisteswissenschaft, Bd. 2, H. 4, Quickborn bei Hamburg 1961. — In diesem Zusammenhang sei auf die von H. VON FÖRSTER entwickelte, von der EBBINGHAUSSchen Vergessenskurve ausgehende quantenbiologische Gedächtnishypothese (Trägerhypothese) hingewiesen (Das Gedächtnis, Wien 1948).

[94] Beispiele für derartige Modelle bietet die theoretische Physik in großer Zahl. Es sei etwa an das quantenmechanische Atommodell erinnert, das nicht direkt beobachtbare strukturfunktionale Systeme beschreibt, deren Bestandteile sich nach bestimmten *Struktur- oder Ordnungsgesetzlichkeiten* verhalten, wie sie nach dem im Text Dargelegten fraglos auch das Geschehen im Nervensystem beherrschen. Zwar gelingt es im Falle der Quantenmechanik nicht, die mikrophysikalischen Prozesse als solche mit beliebiger Genauigkeit zu verfolgen; dies verbieten beim atomaren System die komplementären Observablen. Wohl aber kann man aus makroskopischen Wirkungen auf bestimmte Zustände des Systems sowie auf die Häufigkeit gewisser, sich in ihm abspielender Vorgänge schließen. Auch gestattet der mathematisch-experimentelle Apparat der Quantenmechanik Voraussagen über künftige Systemzustände im Rahmen der indeterministischen Beschreibung, und daß es möglich ist, allgemeine exakte Gesetzmäßigkeiten zu finden, denen das subatomare Geschehen unterworfen ist, zeigt das nach W. PAULI benannte *Ausschließungsprinzip* (demzufolge sich zwei Elektronen niemals im gleichen Zustand befinden, d. h. niemals in allen vier Quantenzahlen übereinstimmen). — Vgl. hierzu H. STACHOWIAK, Über kausale, konditionale und strukturelle Erklärungsmodelle, in: Philosophia Naturalis, Bd. IV, H. 4, Meisenheim am Glan 1957, p. 403—433.

[95] Vgl. H. FRANK, Informationspsychologie und Nachrichtentechnik, in: Nerve, Brain and Memory (hrsg. von N. WIENER und J. P. SCHADÉ), Amsterdam 1963.

[96] Vgl. K. STEINBUCH, Automat und Mensch, a. a. O. (Anm. 41), p. 9. — Den „*Blockschaltbildern*" der Funktionsweise des Zentralnervensystems würde auf dem Felde soziographischer Untersuchungen z. B. das „*kata-*

skopische" Gesellschaftsmodell im Sinne T. GEIGERS entsprechen (vgl. T. GEIGER, Die Gesellschaft zwischen Pathos und Nüchternheit, Aarhus 1960, insbesondere p. 65—113).

[97] K. STEINBUCH, Automat und Mensch, a. a. O. (Anm. 41), p. 118.

[98] H. FRANK, Informationspsychologie und Nachrichtentechnik, a. a. O. (Anm. 95), p. 85.

[99] W. D. KEIDEL, Kybernetische Systeme des menschlichen Organismus, a. a. O. (Anm. 69), p. 58, Abb. 17b.

[100] B. HASSENSTEIN, Messung von Bewegung durch das Auge des Insekts, in: Regelungsvorgänge in lebenden Wesen, München 1961, p. 167.

[101] W. REICHARDT und D. VARJÚ, Autokorrelation als Funktionsprinzip des Zentralnervensystems, a. a. O. (Anm. 79).

In dieser Arbeit wird die optische Bewegungswahrnehmung des Rüsselkäfers Chlorophanus einschließlich des Mechanismus der Informationsverarbeitung auf der Grundlage experimenteller Ergebnisse B. HASSENSTEINS einer eingehenden und empirisch weitgehend bestätigten mathematischen Analyse unterzogen. Es zeigt sich, daß die bei einem in der Außenwelt des Käfers bewegten Helligkeitsmuster von zwei Rezeptoren (Ommatidien) A und B perzipierten Helligkeitswerte L_A und L_B nach Durchlaufen gewisser linearer Filter in Zeitfunktionen umgeformt und diese Zeitfunktionen nach weiterem Durchlaufen von Tiefpaßfiltern für jeden der beiden Informationskanäle unter Einbeziehung der Information des anderen Kanals miteinander multipliziert werden. In die so entstandenen Produkte geht die *Kreuzkorrelationsfunktion* von L_A und L_B ein. Die weitere Informationsverarbeitung besteht in der Bildung der Differenz jener Produkte (in Abhängigkeit von der Bewegungsrichtung des Helligkeitsmusters). In dieser Differenz, welche bereits die in dem Zeitintervall Δt erfolgende optomotorische Teilreaktion $r = r(\Delta t)$ des Zweirezeptorensystems liefert, erscheint nun, wie die Rechnung ergibt, an Stelle der oben genannten Kreuzkorrelationsfunktionen die *Autokorrelationsfunktion* der Außenwelthelligkeitsverteilung G, wobei G durch $L_A = C + G(t)$, $L_B = C + G(t - \Delta t)$ (C ist der Mittelwert von L_A und L_B) definiert ist. Aus der so bestimmbaren Teilreaktion r eines Zweirezeptorensystems läßt sich dann die sich aus der Erregung von n Ommatidien einer Horizontalreihe ergebende Gesamtreaktion — nach der ebenfalls bestätigten Formel $R = (2\,n - 3) \cdot r$ — berechnen.

[102] Vgl. F. JENIK, Über Neuronenmodelle, Vortrag der Rias-Funk-Universität, Berlin, vom 30. Oktober 1963.

[103] A. L. HODGKIN und A. F. HUXLEY, A quantitative description of membrane current and its application to conduction an excitation in Nerve, in: J. Physiol., 117, p. 500ff., London 1952.

[104] Vgl. K. KÜPFMÜLLER und F. JENIK, Über die Nachrichtenverarbeitung in der Nervenzelle, in: Kybernetik, Bd. I, H. 1, Berlin-Göttingen-Heidelberg 1961.

[105] W. S. MCCULLOCH und W. H. PITTS, A logical calculus of the ideas immanent in nervous activity, in: Bull. Math. Biophys., 5, p. 115ff., 1943.

[106] B. G. FARLEY und W. A. CLARK, Activity in networks of neuron-like elements (Paper presented at the 4th Lond. Symp. Inf. Theory), in: Information Theory, ed. by C. CHERRY, London 1961 (Hinweis durch F. JENIK, vgl. Anm. 102).

[107] Vgl. hierzu K. STEINBUCH, Automat und Mensch, a. a. O. (Anm. 41), p. 195: „Die ungeheuer große Anzahl verschiedener möglicher Außenweltsituationen macht es unmöglich, daß für jede Situation ein eindeutiges Verhalten gespeichert wird, hierzu reicht auch die erstaunliche Kapazität des menschlichen Gehirnes nicht aus. Nur für wichtige, typische Situationen

sind die Verhaltensformen gespeichert . . . Auf Situationen, die ungefähr einer erlernten Situation entsprechen . . ., folgt ein einigermaßen eindeutiges Verhalten. Situationen, welche zu verschiedenen erlernten Situationen etwa gleichgroße Ähnlichkeit haben . . ., führen zu Konflikten. Der Fortschritt der menschlichen Kultur besteht unter anderem darin, daß für solche Konfliktsituationen das optimale Verhalten erlernt wird." Zwar ist bei STEINBUCH von „Verhalten" die Rede; der zitierte Text gilt jedoch auch für die Partialmodell-Konstellationen als kognitive Muster (die natürlich auch unmittelbare, nicht im Gegenwärtigungsbereich operativ antizipierte Aktionen auszulösen vermögen).

[108] Nach KÜPFMÜLLER beträgt die Informationskapazität des Gesichtssinnes $3 \cdot 10^6$ bit/s gegenüber der des Gehörs mit $3{,}5 \cdot 10^4$ bit/s.

[109] Die Klassen- und die Relationstheorie der mathematischen Logik liefern eine explizite formale Beschreibung des strukturell streng übersehbaren Teils dieser besonderen Art von informationsverarbeitenden Prozessen.

[110] Es sei erneut auf H. SCHLITT, Systemtheorie für regellose Vorgänge (vgl. Anm. 76) sowie auf REICHARDT und VARJÚ, Autokorrelation als Funktionsprinzip des Zentralnervensystems (vgl. Anm. 79) verwiesen.
Wie die informationstheoretische Analyse der Signalübertragungsvorgänge, besonders unter dem Gesichtswinkel der Identifikation von Signalen bei starkem Rauschen, zeigt, eignen sich *Autokorrelationen* besonders für *stark periodische* und damit *außerordentlich redundante Signale* (vgl. das in Anm. 113 angegebene Beispiel). Wichtiger für die Trennung von Signal und Rauschen scheinen *Kreuzkorrelationen* zu sein, die als skalare Produkte der den korrelierten Signalen bzw. Signalsequenzen zugeordneten Vektoren im Signalparameterraum darstellbar sind. Bei hinreichend großer Dimensionszahl dieses Raumes ist jeder Signalvektor orthogonal zu „fast allen" übrigen, so daß die Kreuzkorrelationsfunktion in der weit überwiegenden Mehrzahl der Fälle den Wert Null annimmt. Eine (nichtverschwindende) Korrelation des betrachteten Signals findet demnach höchstens mit einem sehr kleinen Teil der Signale statt. Diese Eigentümlichkeit der Kreuzkorrelationen, soweit sie informationstheoretisch als Methode der Entstörung (allgemeiner: der Auswahl) von Signalen verwendet werden, dürfte in einer ersten Näherung der Art und Weise entsprechen, in der die sich im Zentralnervensystem abspielenden Entstörungsprozesse unter Berücksichtigung des schon vorhandenen Wissens (Block 4 von Abb. 4 auf S. 14) verlaufen. — Vgl. hierzu S. GOLDMAN, Information Theory, a. a. O. (Anm. 17), p. 284f.

[111] Man wird also von der bisher entwickelten, nur für „lineare Verhältnisse" leistungsfähigen mathematischen Theorie nicht erwarten können, daß sie bereits die quantitative Analyse der sich im Zentralnervensystem abspielenden Entstörungs- bzw. Korrelationsprozesse auch nur im Grundsätzlichen zu leisten vermag, zumal als besondere Schwierigkeit hinzukommt, daß die als gespeichertes Wissen im Besitz des Menschen befindliche Information sich infolge von Lern- und Exstinktionsprozessen dauernden Veränderungen unterworfen ist. Auch hier wird zunächst das *molare Beschreibungsmodell* oder aber ein die wirklichen Verhältnisse *äußerst vereinfachendes Funktionsmodell* die wirklichkeitsadäquate Darstellung der zu untersuchenden Entstörungsvorgänge im Zentralnervensystem ersetzen müssen.

[112] A. a. O. (Anm. 17). Eine kurze Charakterisierung des informationstheoretischen Begriffs der Voraussage bietet der Abschnitt (m) des IX. Kap. („Prediction, Smoothing, and Filtering"), p. 293, in Verbindung mit dem Abschnitt (c) des gleichen Kapitels („Intersymbol Influence"), p. 287.

[113] Der letzterwähnte *Grenzfall maximaler Zeichenabhängigkeit* liegt, um ein einfaches Beispiel anzuführen, etwa bei der Farbenfolge einer Verkehrsampel vor, deren einzelne Signale (als Träger von Bedeutungen) semantisch belegt sind. Die vermöge der vereinbarten Bedeutungen der drei verwendeten

Signalarten (Farben) durch die Signalfolge der Ampel gegebene Nachrichtenfolge weist eine eindeutige feste Relation auf, die ebenso eindeutige Voraussagen über die jeweils zu erwartenden künftigen Nachrichten gestattet.
Der durch den Wechsel von *einer* aufleuchtenden Farbe zur nächstfolgenden
gelieferte Informationsgehalt ist daher (wie auch die Rechnung ergibt) gleich
Null. Information für den Verkehrsteilnehmer liegt lediglich im Zeitpunkt
der Umschaltung. Aber auch dieser ist bei der Verkehrsampel *mit konstanten
Schaltabständen* auf Grund der vorangehenden Kenntnis der Zeitintervall-
folge exakt vorausbestimmbar.

[114] Vgl. E. PIETSCH, Dokumentation und mechanisches Gedächtnis, in:
Arbeitsgemeinschaft für Forschung des Landes Nordrhein-Westfalen, H. 38,
Köln und Opladen 1954, insbesondere p. 43 ff.

[115] Dies entspräche, um ein Beispiel aus der Theorie der Spiele anzuführen,
etwa der Situation, in der sich die Teilnehmer eines sogenannten „*Zwei-
personen-Nullsummenspiels mit vollständiger Information*" befänden, wenn
sie über eine „vollständige Theorie" des Spieles verfügten. Vgl. J. VON NEU-
MANN und O. MORGENSTERN, Spieltheorie und wirtschaftliches Verhalten
(Titel des Originalwerkes: Theory of Games and Economic Behaviour,
dessen 3. Aufl. von 1933 der Übersetzung ins Deutsche zugrunde liegt),
p. 113—129.
Ein anderes, philosophisch viel diskutiertes Beispiel ist die bekannte
Fiktion eines intelligenten Wesens, das „*für einen gegebenen Augenblick alle
in der Natur wirkenden Kräfte sowie die gegenseitige Lage der sie zusammen-
setzenden Elemente kennt und überdies umfassend genug wäre, um diese
gegebenen Größen der Analysis zu unterwerfen*" (LAPLACE), d. h. dem außer
den aktuellen Informationsdaten über Örter, Geschwindigkeiten usw. der
Elemente des „Weltsystems" alle das Verhalten des Systems determinie-
renden, in Form von Differentialgleichungen auftretenden funktionalen
Beziehungen bekannt sind und das die bei der Lösung dieser Gleichungen
auftretenden rechnerischen Schwierigkeiten zu bewältigen vermag. Dieses
intelligente Wesen sollte uneingeschränkt fähig sein, *aus dem gegenwärtigen
„Zustand der Welt" auf jeden ihrer zukünftigen (und vergangenen) Zustände
fehlerfrei zu schließen* — eine, wie man weiß, auch vom Standpunkt der
Informationstheorie aus unerfüllbare Erwartung [vgl. MEYER-EPPLER,
a. a. O. (Anm. 17), p. 31 ff.], in der sich der Triumph der mathematischen
Himmelsmechanik in der Gipfelperiode der „klassischen" Physik nieder-
geschlagen hat. Vollkommene Sicherheit der Folgerungen ist nur in dem
eigenkonstitutiven außerempirischen Gedankenraum mathematischer und
formal-logischer Strukturen erreichbar (vgl. die letzten beiden Abschnitte
dieses Buches).

[116] Das Gesagte gilt noch mehr für eine quantitative „*Theorie der Ent-
scheidung*", sofern diese als Grundlage einer Theorie der Voraussagen zweiter
Art zu betrachten ist. — Vgl. den Ansatz T. RICHARDS: Zur mathematischen
Behandlung des Entscheidungsprozesses, in: Kybernetik, Bd. I, H. 4,
Berlin-Göttingen-Heidelberg 1962.

[117] In diesem Zusammenhang soll auf Untersuchungen P. GUILFORDS
zur Frage des *faktoriellen Aufbaus der Intelligenz* hingewiesen werden, zumal
dieser Autor in gewissem Umfange sich anbietende informationstheoretische
Begriffsbildungen heranzieht. Den Aufbau der Intelligenz beschreibt GUILFORD
unter den Gesichtspunkten der Art der *Eingangsinformation* sowie der diese
verarbeitenden *Denkoperationen*. Jene wird nach vier Gruppen und sechs
Modi geordnet, diese werden nach fünf operativen Fähigkeiten unterschieden.
Das GUILFORDsche System läßt sich anschaulich etwa durch das nachstehende
Schema darstellen. Nach diesem Schema beträgt die Maximalzahl kombi-
nierter Intelligenzfaktoren 120, von denen 50 bis 60 erkannt und beschrieben
worden sind.

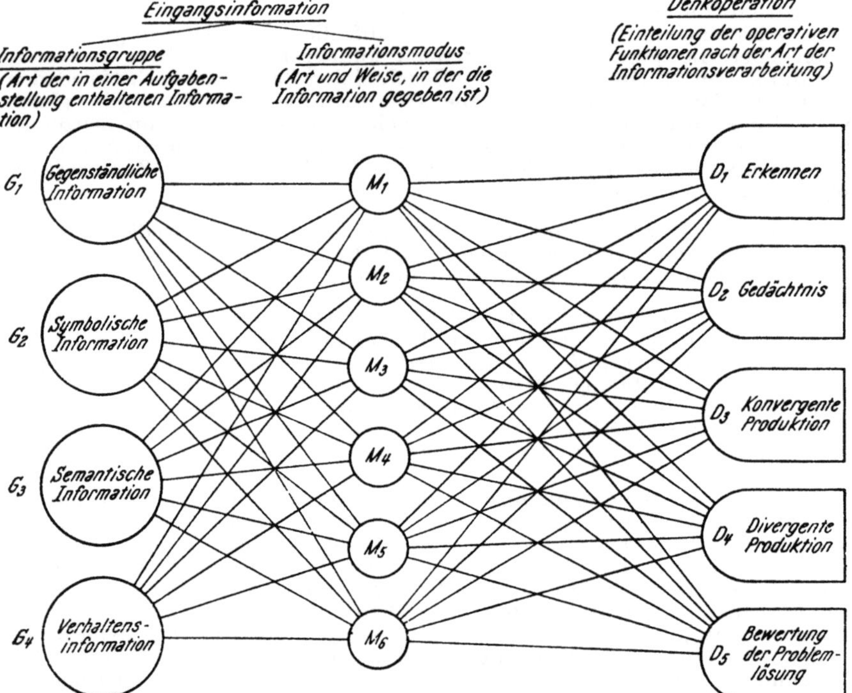

Erläuterungen:

G_1 Sinnliche Perzeption konkreter Wahrnehmungsinhalte.

G_2 Buchstaben, Wörter, Zahlen usw.

G_3 Bedeutung von Zeichen und Zeichenverknüpfungen, insbesondere Wörtern.

G_4 Pragmatische Information im Sozialbereich.

M_1 Einheiten.

M_2 Klassen (Zusammenfassungen von Einheiten).

M_3 Relationen (zwischen Einheiten und Klassen).

M_4 Systeme (organisierte Gruppen von aufeinander bezogenen Informationsteilen).

M_5 Transformationen (Umwandlung, Neudeutung von Informationen).

M_6 Folgerungen (Voraussicht von Konsequenzen gegebener Informationen).

D_1 Aufnehmen, Verstehen von Informationen.

D_2 Speichern von Informationen.

D_3 Finden eindeutiger Problemlösungen.

D_4 Finden mehrerer Antworten (bei unvollständiger Eingangsinformation).

D_5 Die Bewertung ist abhängig von der Informationsart.

Faktorieller Aufbau der Intelligenz nach P. GUILFORD

(Maximalzahl der kombinierten Intelligenzfaktoren = 120, davon derzeitig etwa die Hälfte bekannt)

[118] Vgl. die Untersuchungen von H. GRUHLE, Lehrbuch der Nerven- und Geisteskrankheiten, Halle 1952; H. HOPF, Lehrbuch der Psychiatrie, Zürich 1956; G. EWALD, Neurologie und Psychiatrie, München 1954; H. SELYE, Amer. J. Med., 10, 1951, sowie die in Anm. 67 zitierten Arbeiten von H. und C. SELBACH.

[119] S. Goldman, a. a. O. (Anm. 17), p. 300 f.

[120] K. Steinbuch, Bewußtsein und Kybernetik, in: Kybernetik — Brücke zwischen den Wissenschaften, Frankfurt a. M. 1962 (2. Aufl.), p. 118.

[121] Eine ausführliche Beschreibung gibt A. P. Speiser, Digitale Rechenanlagen, Berlin-Göttingen-Heidelberg 1961. — Vgl. ferner Bd. 4 (Elektronische Rechenmaschinen und Informationsverarbeitung) sowie Bd. 14 (Informationsverarbeitende Systeme) der Nachrichtentechnischen Fachberichte, Braunschweig 1959. Die genannten Schriften enthalten zahlreiche weitere Literaturangaben.

[122] Die Leistungsfähigkeit eines modernen Rechengerätes, gemessen an der *„Anzahl von Aufgaben, die pro Zeiteinheit bewältigt werden"*, beschreibt A. P. Speiser (a. a. O., p. 146): „Alle logischen Schaltkreise arbeiten mit Transistoren und haben eine Verzögerung von 20 ns pro logische Stufe; die Multiplikationszeit beträgt 1 bis 2 μs, die Additionszeit weniger; der Schnellspeicher (ein Magnetkernspeicher) enthält 50 000 bis 100 000 Wörter mit einer Zykluszeit von 2 μs; umfangreiche Maßnahmen bewirken eine Anpassung des Speichers, der gegenüber dem Rechenwerk zu langsam ist; an vielen Teilen der Anlagen können gleichzeitig Prozesse ablaufen, und Prioritätsregeln entscheiden über die Zuteilung der Organe; total finden gegen 200 000 Transistoren Verwendung; die Geschwindigkeit beträgt etwa 10^6 Operationen je Sekunde." [1 ns (Nasosekunde) = 10^{-9} s; 1 μs (Mikrosekunde) = 10^{-6} s.] Die angegebenen Werte sind technisch sämtlich verbesserungsfähig bis zu der Geschwindigkeitsgrenze der Signalübertragung, die durch die Lichtgeschwindigkeit c gesetzt ist.

[123] Eine leicht lesbare Einführung in die Schaltalgebra findet sich bei U. Weyh, Elemente der Schaltungsalgebra, München 1961 (2. Aufl.). — Vgl. auch H. Zemanek, Schaltalgebra, in: Nachrichtentechnische Fachberichte (Informationstheorie), Bd. 3, 1959. Diesem Zeitschriftenartikel sind zahlreiche Hinweise auf einschlägige Veröffentlichungen anderer Autoren angefügt.

[124] Nach dem englischen Logiker und Mathematiker A. M. Turing. — Eine logisch strenge Einführung in die Theorie der Algorithmen und Turing-Maschinen gibt H. Hermes, Aufzählbarkeit, Entscheidbarkeit, Berechenbarkeit, Berlin-Göttingen-Heidelberg 1961.

[125] Vgl. P. G. Neumann und H. Schappert, Komponieren mit elektronischen Rechenautomaten, in: Nachrichtentechnische Zeitschrift, 12. Jg., H. 8, 1959.

[126] Vgl. hierzu die zusammenfassende Darstellung der Resultate von K. Gödel, A. Church, S. C. Kleene und B. Rosser bei W. Stegmüller: Unvollständigkeit und Unentscheidbarkeit, Wien 1959, sowie das in Anm. 124 zitierte Buch von H. Hermes, welches in die allgemeine Theorie der rekursiven Funktionen einführt.

[127] Vgl. den Bericht über die Fachtagung der Nachrichtentechnischen Gesellschaft im VDE, Fachausschuß „Informationsverarbeitung", in Karlsruhe am 13. und 14. April 1961: Lernende Automaten, München 1961.

[128] Gespräche mit Herrn Prof. Dr. Helmar Frank, Pädagogische Hochschule Berlin, und Herrn Prof. Dr. Karl Steinbuch, Technische Hochschule Karlsruhe, haben den Verfasser davon überzeugt, daß sich diese Schaltstruktur technisch realisieren läßt. Die gemeinsam mit Herrn Prof. Frank und seinem Assistenten, Herrn Dipl.-Ing. Georg Müller, erarbeitete Schaltstruktur „Kybiak" (vom Verfasser erstmals auf dem Zweiten Nürtinger Symposion über Lehrmaschinen am 21. März 1964 vorgetragen, vgl. H. Stachowiak, Ein kybernetisches Motivationsmodell, in: Lehrmaschinen in kybernetischer und pädagogischer Sicht, Bd. II, Stuttgart-München 1964)

weist einen Weg zur Konstruktion homöostatischer Automatensysteme, die nicht nur Lernfähigkeit besitzen, sondern auch über ein adaptives Führungsgrößensystem verfügen, das der menschlichen Motivation ähnlich ist. Mit der Anwendung derartiger Schaltstrukturen für Zwecke der technischen Automation, der Unternehmensführung u. dgl. dürfte eine neue Flexibilitätsstufe der intelligenzverstärkenden Systeme erreicht sein.

Darüber hinaus kann die technisch verwirklichte, auf Gedanken dieses Buches beruhende Schaltstruktur in einer ersten Näherung auch zur Simulation des — probabilistischen — Zusammenspiels perzeptueller, operativer und motivationaler Funktionen *beim Menschen* verwendet werden, wenn man an das technische Modell zunächst keine höheren Anforderungen stellt als das Erfülltsein einiger einfacher informationspsychologischer Sachverhalte. Weiteren Untersuchungen sollte es gelingen, dieses *technische Simulationsmodell* in Richtung auf zunehmende Wirklichkeitsadäquatheit zu verfeinern und nicht zuletzt auch für Studium und Praxis *motivierten Lernens* verwendbar zu machen. Zu Forschungsvorhaben der letzterwähnten Art gehört z. B. die Inangriffnahme der immer mehr Aktualität gewinnenden Problematik, welche Zusatzinformation zwecks Aufladung bestimmter Trieb- und Antriebskräfte des Adressaten jeweils zum *maschinell* darzubietenden Lehrstoff hinzutreten muß, damit der Lehr- bzw. Lernerfolg optimalisiert oder doch wenigstens gegenüber den bisherigen Darbietungsweisen verbessert wird. Hiermit eng zusammen hängt das weitere wichtige und zweifellos schwierige Problem der *Beeinflussung der Motivstruktur des Adressaten* durch das lehrende System mit dem Ziel, die Lerndisponibilität des — natürlichen oder künstlichen — Adressaten zu erhöhen.

[129] H. L. GELERNTER und N. ROCHESTER, Intelligent behaviour in problem-solving machines, IBM Journal of Research and Development, H. 4, 1958, p. 336ff., sowie H. L. GELERNTER, Realisation of a geometry theorem proving machine, ICIP Paris 1959, in: Information processing, München 1960.

[130] H. A. SIMON, Modeling Human Mental Processes. Proc. West Joint Computer Conf. 1961, p. 111ff.

[131] In der spieltheoretischen Terminologie VON NEUMANNS und MORGENSTERNS müßte es im vorliegenden Zusammenhang statt „*Zug*" richtig „*Wahl*" heißen. Unter einem „*Zug*" verstehen die genannten Autoren die abstrakte „Gelegenheit zur Wahl zwischen verschiedenen Alternativen, die entweder von einem Spieler getroffen oder von einem Zufallsmechanismus bestimmt werden, und zwar unter Bedingungen, die durch die Spielregeln genau festgelegt sind". Dem Unterschied zwischen „Zug" und „Wahl" entspricht derjenige zwischen „*Spiel*" und „*Partie*". Das *Spiel* ist „die Gesamtheit aller Regeln, die es beschreiben". Es setzt sich „aus einer Folge von Zügen" zusammen, während die *Partie* aus einer Folge von Wahlen besteht.

[132] A. L. SAMUEL, Some studies in machine learning using the game of checkers, IBM Journal of Research and Development, H. 3, 1959.

[133] Nach einem Bericht von C. I. HOVLAND, New Haven/USA („Über die Bedeutung elektronischer Simulatoren für die Erforschung des Verhaltens und Denkens", Vortrag der Rias-Funk-Universität, Berlin, vom 23. November 1960). — Vgl. die folgenden Arbeiten des gleichen Verfassers:
1. Computer simulation of thinking, in: American Psychologist, Vol. 15, No. 11, 1960;
2. The role of memory in the acquisition of concepts, in: Journal of Experimental Psychology, Vol. 59, No. 3, 1960;
3. Reconciling conflicting results derived from experimental and survey studies of attitude change, in: The American Psychologist, Vol. 14, No. 1, 1959;

4. C. I. Hovland und E. B. Hunt, Computers in behavioral science, in: Behavioral Science, Vol. 5, No. 3, 1960;

[134] Leider erst nach Fertigstellung des Manuskripts für das vorliegende Buch ist dem Verfasser das von Walter Hoffmann, Zürich, herausgegebene Sammelwerk „Digitale Informationswandler — Probleme der Informationsverarbeitung in ausgewählten Beiträgen", Braunschweig 1962, bekannt geworden. Dieses Werk enthält außer anderen höchst instruktiven Arbeiten zwei gründliche Übersichten zu dem in Abschnitt 10 behandelten Thema, deren Studium dem Leser empfohlen wird. Es handelt sich um die Abhandlungen: H. Zemanek, Automaten und Denkprozesse, p. 1—66, und R. Tarján, Logische Maschinen, p. 110—159.

[135] K. Popper, Logik der Forschung, Schriften zur wissenschaftlichen Weltauffassung, Bd. 9, Wien 1935.

[136] Die „*Methodik der Szientifikation*" ist von K. E. Rothschuh, Theorie des Organismus, München-Berlin 1959 (I. Teil) ebenso zutreffend wie instruktiv dargestellt worden.

[137] Über wissenschaftliche Fiktionen vgl. K. E. Rothschuh, a. a. O., p. 13.

[138] Vgl. K. Steinbuch, a. a. O. (Anm. 41), p. 192 ff.

[139] Untersuchungen dieser Frage des *Motivwandels erfahrungswissenschaftlichen Denkens*, etwa in Gestalt von Repräsentativbefragungen, sind dem Verfasser nicht bekannt. Sie dürften von erheblichem kulturpsychologischen und -soziologischen Interesse sein!

[140] Dem Ordnungsschema der Zeit ist oft höhere Allgemeinheit zugesprochen worden als dem des Raumes, indem nämlich jenes nicht nur zur „äußeren", sondern auch zur sogenannten „*inneren Erfahrung*" notwendig sei. Diese Auffassung hat neuerdings, hierin offenbar unter dem direkten Einfluß Kantischer Überlegungen stehend (Kritik der reinen Vernunft, Leipzig 1838, 8. Aufl., p. 43), auch F. Austeda geäußert (Axiomatische Philosophie, Berlin 1962, p. 39). Der problematische Begriff der „inneren Erfahrung" wird indes aus der hier vorgelegten Untersuchung völlig ausgeklammert.

[141] Diese Begriffsbildung tritt auch bei B. Russell (Das menschliche Wissen, Übersetzung von Dr. W. Bloch, Holle Verlag, Darmstadt, p. 447 ff.) im Sinne einer „Erweiterung des ersten (Newtonschen) Bewegungsgesetzes" auf, und zwar im Zusammenhang mit den Postulaten des induktiven Schließens, die Russell in Vorschlag bringt.

[142] Nach der *Theorie der semantischen Stufen* wird unterschieden zwischen der Sprache, *in* der man spricht, und der Sprache, *über* die man spricht. Die *0-te semantische Stufe* ist in jedem Falle die der Gegebenheiten der materiellen Information, die *1. semantische Stufe* die der semantischen Belegungen der materiellen Information, die *2. semantische Stufe* die der Zeichenbelegung der semantischen Belegungen der 1. Stufe usf.

[143] Vgl. F. Austeda, a. a. O., p. 35 f.

[144] Vgl. M. Schlick, Allgemeine Erkenntnislehre, 2. Aufl. 1925 (Bd. 1 der naturwiss. Monogr. u. Lehrb., hrsg. von der Schriftleitung der „Naturwissenschaften"), insbesondere p. 20, 56, 58. — In entsprechender Weise hatte schon E. Mach erklärt: „Die Wissenschaft kann . . . als eine Minimumaufgabe angesehen werden, welche darin besteht, möglichst vollständig die Tatsachen mit dem geringsten Gedankenaufwand darzustellen." (Mechanik, p. 461), und auch eine Äußerung von G. Kirchhoff verdient Interesse: „. . . als ihre (Anm.: der Mechanik) Aufgabe bezeichnen wir: die in der Natur vor sich gehenden Bewegungen vollständig und auf die einfachste Weise zu beschreiben" (Vorlesungen über analytische Mechanik, Leipzig 1874, p. 1).

[145] Erst nach Fertigstellung des Buchmanuskripts ist dem Verfasser die wichtige Arbeit A. A. Moles': Heuristische Prozesse und Informationstheorie, in: Neuere Ergebnisse der Kybernetik (Bericht über die Tagung Karlsruhe 1963 der Deutschen Arbeitsgemeinschaft Kybernetik), München-Wien 1964, zugänglich geworden. Die Molessche *Semantemen-Assoziations-Theorie* ist nicht nur gut verträglich mit den im vorliegenden Buch entwickelten Vorstellungen der programmierten und konditionierten erfahrungswissenschaftlichen Manipulation interner Außenweltmodelle, sondern ergänzt diese Vorstellungen in förderlicher Weise.

[146] Einige Forscher, wie J. Jeans, M. Planck u. a., haben das „*Anschauungsvermögen*" als wesentlich von Übung und Gewohnheit abhängig gekennzeichnet. — Vgl. auch A. Fischer: „Unsere Anschauungsfähigkeit ist eben eine biologische Anpassung an unsere Umgebung. Was darin für uns biologisch von Bedeutung ist, können wir durchaus ,anschaulich' begreifen." (Die philosophischen Grundlagen der wissenschaftlichen Erkenntnis, Wien 1947.)
Ähnlich wie mit dem Begriffspaar „*Anschaulich — Unanschaulich*" verhält es sich mit dem Begriffspaar „*Konkret — Abstrakt*"; hierzu H. Cartan in einer Diskussion der „Bourbaki-Methode" in der Mathematik (Veröffentlichungen der Arbeitsgemeinschaft für Forschung des Landes Nordrhein-Westfalen, H. 76, Köln und Opladen 1959, p. 27): „Wenn ein jeder von uns sich Rechenschaft ablegt über seine eigenen Erfahrungen, so wird er erkennen, daß das ,Konkrete' genau dasjenige ist, das er gelernt hat und mit dem er sich solange beschäftigt hat, bis er eine gewisse Vertrautheit damit erlangte; das ,Abstrakte' aber sind neue Ideen, die noch nicht in seine Gedankenwelt eingedrungen sind."

[147] Eine gedrängte, jedoch leichtverständliche Erläuterung dieses auf R. Carnap (Der logische Aufbau der Welt, Berlin 1928) zurückgehenden Definitionsverfahrens gibt W. Stegmüller, Hauptströmungen der Gegenwartsphilosophie, Wien-Stuttgart, p. 414ff.

[148] Das noch stark anschauungsgebundene Rutherford-Bohrsche Atommodell beispielsweise genügte zwar noch für die Erklärung des Wasserstoffspektrums, aber bereits beim Spektrum des Heliums zeigte es seine Unzulänglichkeit. Die moderne Physik symbolisiert das Atom durch eine partielle Differentialgleichung in einem abstrakten, mathematisch formalisierten Raum. Desgleichen wird in dem relativistischen Weltmodell Einsteins, das eine von physikalischen Bedingungen abhängige nichteuklidische Raumstruktur mit Hilfe des Tensorkalküls darstellt, auf Anschaulichkeit völlig verzichtet. Nur durch eine Analogie läßt sich dieses Modell bildhaft deuten, aber diese Analogie ist unzulänglich und vermag den mathematischen Formalismus kaum in erster Näherung zu ersetzen.
Die Verallgemeinerung physikalischer Modelle und Theorien ist, wie die Erfahrung der letzten fünfzig Jahre gelehrt hat, untrennbar mit dem schrittweisen Abbau vor allem der gewohnten Substanzvorstellung verbunden. Das moderne physikalische Wissen von der Welt besteht ausschließlich in der Kenntnis von *Strukturen und deren Eigenschaften*. Es sagt auf der heute erreichten Stufe der Theorienbildung nichts mehr über „materielle Inhalte" aus, sondern beschränkt sich auf die Darstellung „*formaler Ordnungen*". In diesem Sinne sind alle modernen funktionalen Erklärungsmodelle und Theorien der Physik *rein strukturell*.

[149] Vgl. hierzu H. Stachowiak, Wissensformen und Wahrheitsanspruch, in: Schriften zur wissenschaftlichen Weltorientierung, Bd. II, Berlin 1957.

[150] In enger Verbindung mit der Technologie der modernen Informationsverarbeitungsanlagen hat die Wahrscheinlichkeitsrechnung als Teil der angewandten Mathematik in den letzten zehn bis fünfzehn Jahren einen überraschend starken Auftrieb erfahren. Vor allem in der empirischen Psychologie

und Sozialforschung gelangen in zunehmendem Umfange wahrscheinlichkeitstheoretische und korrelationsstatistische Verfahrensweisen zur Anwendung.

Unter den Verfahren der analytischen Statistik ist besonders das der
Faktorenanalyse zu verstärkter Anwendung gelangt. Diese Methode ermöglicht
es, die hypothetischen Faktoren, die der korrelationsstatistisch gewonnenen
Häufigkeitsverteilung als zugrunde liegend betrachtet werden können,
formal-quantitativ zu ermitteln. Formal: denn die *Natur* der Faktoren muß
mit Hilfe zusätzlicher Verfahren inhaltlich identifiziert werden.

Die statistisch-faktorenanalytischen Verfahrensweisen bieten heute schon
einen Zugangsweg zur Konstruktion empirisch verifizierbarer funktionaler
Modelle und Theorien auch innerhalb derjenigen Erfahrungswissenschaften,
die bis vor noch nicht langer Zeit als quantitativen Methoden überhaupt
unzugänglich angesehen wurden. Mit Hilfe des auf die Erfordernisse der
Erfahrungswissenschaften zugeschnittenen Apparats der modernen stochastischen Mathematik vollzieht sich hier gegenwärtig der Übergang von weitgehend spekulativen, oft mehr auf das persönliche Prestige einer wissenschaftlichen Autorität gestützten als durch empirische Daten belegbaren
Vorstellungen zu einer Forschungsweise, die sich in den Grenzen des tatsächlich Erfahrbaren hält, ohne auf die Errichtung theoretisch-prognosti-
zierender Erklärungsmodelle zu verzichten.

[151] Die moderne deduktive Logik in ihrer mathematisch formalisierten
Gestalt ist das Ergebnis eines, man darf sagen, im ganzen stetigen Ent-
wicklungsprozesses, der seit BOOLE und ERNST SCHRÖDER über den epochalen
Beitrag FREGES bis zur heutigen Perfektionsstufe der Logik-Kalküle geführt
hat. Deren Leistung als Instrument der mathematischen Grundlagenforschung ist seit HILBERTS höchst aufschlußreichen Bemühungen um den
Widerspruchsfreiheitsbeweis der Mathematik unbestritten. Wenn man etwas
gegen diese Logik wird „einwenden" dürfen, dann dies, daß sie einen weit
höheren formalen Vollkommenheitsgrad erreicht hat, als er in den Erfahrungswissenschaften (die theoretische Physik nicht ausgenommen), trotz aller
weithin sichtbaren Erfolge derselben, bezüglich der streng formalen
Axiomatisierbarkeit der Satzsysteme bis heute erlangt werden konnte. Siehe
im übrigen Anm. 210. Zur induktiven mathematischen Logik vgl. Abschnitt 15, S. 156 ff.

[152] Vgl. Anm. 123. — Die Schaltalgebra hat sich erst vor wenigen Jahren
aus der Verbindung der mathematischen Logik mit der Theorie der modernen
Informationsverarbeitungsanlagen konstituiert. Dieses neue Forschungsgebiet ist dadurch gekennzeichnet, daß logisch-algebraische Operationen
durch technische Kontaktschaltungen auf Relais-, Röhren- oder Transistoren-
basis geleistet werden, und zwar entweder zum Zwecke der Analyse von
im Prinzip aussagenlogisch darstellbaren Problemzusammenhängen oder der
vereinfachten Wiedergabe solcher Zusammenhänge. In ähnlicher Weise
hatten schon die Klassiker der algebraischen Logik (vor allem ERNST
SCHRÖDER) gewisse aus der Wortsprache in die logische Zeichensprache
übersetzte Probleme rechnerisch zu lösen versucht, und, sofern diese Probleme
nicht zu kompliziert waren, auch tatsächlich gelöst. Die Anwendungsbereiche
der Schaltalgebra sind gegenwärtig noch sehr beschränkt. Prognosen über
künftige Entwicklungen lassen sich noch nicht stellen.

[153] Vgl. hierzu insbesondere die Anmerkungen 3, 6 und 24. — Die allgemeine (mathematische) Informationstheorie läßt sich zwar als Teildisziplin
der Wahrscheinlichkeitsrechnung und damit der stochastischen Mathematik
auffassen, sollte jedoch wohl im besonderen Blick auf die durchaus originale
Bedeutung des Informationsbegriffs und der sich an ihn anschließenden
spezifischen Begriffsbildungen als selbständige formal-operationale Wissenschaft gelten.

[154] Die mathematische *Theorie der Spiele* ist aus ersten Anfängen Ende
der zwanziger Jahre von JOHN VON NEUMANN entwickelt und durch ihn

zusammen mit Oskar Morgenstern während des Krieges in Princeton
in geschlossener Form veröffentlicht worden (vgl. Anm. 115). Sie geht aus
vom Begriff eines rational handelnden (auf Maxima an Nutzen, Gewinn,
Befriedigung usw. zielenden) Individuums, das in Abhängigkeit von einer
vorgegebenen Situation sowie von bestimmten Randbedingungen die innerhalb gewisser Regelsysteme zum Erreichen eines gesetzten Zieles bestmöglichen
Strategien zu entwickeln sucht. Von dieser allgemeinen Problemstellung
aus ergibt sich die besondere Nähe der abstrakt-mathematischen Spiel-
und Strategietheorie zum wirtschaftlichen Verhalten, das durch zielgerichtete,
rational motivierte Entscheidungen unter dem Gesichtswinkel der Konkurrenz
bestimmt ist.

Um die Theorie der Spiele einer streng mathematischen Behandlung
zugänglich zu machen, wird der allgemeine Spielbegriff *formal-axiomatisch*
definiert, wobei die Postulate des Axiomensystems aus der Analyse konkreter
Spiele abstrahiert worden sind. Nach einleitenden definitorischen Bestimmungen und methodologischen Vorbereitungen wendet sich von Neumann zunächst dem Extremalfall der Spiele mit *„vollständiger Information"*
und daher auch vollständiger Voraussagesicherheit zu, um dann — stets unter
Verwendung mathematischer Darstellungsmittel (insbesondere der Analysis
und der Mengenlehre) — eine Theorie der sogenannten *Nullsummenspiele* aufzubauen, d. h. derjenigen Spiele, bei denen die Summe der Gewinne aller
beteiligten Spieler gleich Null ist. Die Theorie wird unter schrittweiser
Aufhebung der Nullsummenbeschränkung schließlich auf die allgemeine
Gestalt gebracht, in der sie auf reale wirtschaftliche Verhältnisse anwendbar
ist. Allerdings treten bei dieser Verallgemeinerung besondere Schwierigkeiten
auf, die noch keineswegs als in voll befriedigender Weise behoben angesehen
werden können.

Von der Theorie der Spiele sind starke Anregungen auf die sogenannten
Netz- und Entscheidungstheorien, die Methode der *linearen Programmierung*
und überhaupt auf den Forschungsbereich der *Operations Research* (vgl.
Anm. 157) ausgegangen.

[155] Die *Kybernetik* geht auf Untersuchungen zurück, die Norbert Wiener
gemeinsam mit Arturo Rosenblueth in den letzten Jahren vor dem zweiten
Weltkrieg eingeleitet hatte. Diese Untersuchungen waren von Anfang an
mit den Entwicklungsarbeiten an elektronischen Rechengeräten eng verbunden. Wegen der frühzeitigen Einbeziehung auch informationstheoretischer
Überlegungen in die Planung und Konstruktion kybernetischer Steuerungs-
und Kontrollsysteme ist man dazu übergegangen, den ganzen Forschungsbereich einschließlich der Theorie (und Technologie) der modernen Rechenautomaten und der Informationstheorie unter dem Namen der (allgemeinen)
Kybernetik zusammenzufassen. In der vorliegenden Schrift wird der Begriff
„Kybernetik" nicht so weit gefaßt. *„Wissenschaftliche Kybernetik"* ist hier
identisch mit dem mathematisch-formalen Apparat der heute bereits hoch
entwickelten *„technischen Kybernetik"*. Vgl. im übrigen Abschnitt 4.

[156] Die *Systemtheorie*, um die sich L. von Bertalanffy besonders verdient gemacht hat, zielt darauf, strukturelle Gemeinsamkeiten einzelner
methodisch verwandter Wissensgebiete, Parallelen und Isomorphien im
Gesamtraum der Erfahrungswissenschaften zu untersuchen und allgemeine
Entwürfe von Beschreibungs- und Erklärungsmodellen bereitzustellen. Diese
Arbeiten (in den USA organisatorisch zusammengefaßt in der Society for
the Advancement of General Systems Theory) stehen im Dienst der einzelwissenschaftlichen empirischen Forschung. Sie sollen dazu beitragen, die
angesichts der gegenwärtigen Spezialisierung auf allen erfahrungswissenschaftlichen Gebieten dringend notwendige interdisziplinäre Verständigung
zu fördern und unnötige Doppelarbeit zu vermeiden.

Die gegenwärtige Entwicklung in einer Reihe von Einzelwissenschaften,
zu denen besonders die Sozial- und Wirtschaftswissenschaften zählen, drängt
zum Aufbau einer die Systemtheorie ergänzenden speziellen *Modelltheorie*,

deren Aufgabe es sein wird, die aus der zusammenfassenden und vergleichenden Beschreibung leistungsfähiger Modellkonstruktionen gewonnenen allgemeinen Gesichtspunkte zu systematisieren und für künftige Anwendungen zu einer konstruktiven (nicht nur deskriptiven) *Theorie erfahrungswissenschaftlicher Modellbildungen* zu vereinigen.

[157] Unter dem Namen „*Operations Research*" hat sich, ausgehend von gewissen militärischen Aufgaben (im Zusammenhang mit der englischen Luftverteidigung) während der letzten zehn Jahre ein noch recht heterogener Komplex von interdisziplinären Verfahrensweisen formiert, für deren Gesamtheit man auch Bezeichnungen wie *Unternehmens-* oder *Verfahrensforschung, Operationsanalyse* u. dgl. vorgeschlagen hat. Die Entwicklungen sind noch zu jung, um „Trends" erkennen zu lassen. Auch befinden sich hier Theorie und Praxis in einer für bisheriges erfahrungswissenschaftliches Vorgehen ungewohnt engen Wechselwirkung.

Als entscheidend für die Forschungen im Umkreis der Operations Research erscheint wiederum der *modelltheoretische Aspekt*: man ist, besonders im Blick auf wirtschaftswissenschaftliche Anwendungen, beispielsweise bemüht, mathematisch-funktionale Modelle des tatsächlichen Marktgeschehens zu konstruieren, von denen auf Grund des bekannten Zusammenhanges der je bestimmte Ereignisreihen beschreibenden Variablen auf künftige Geschehensabfolgen geschlossen werden kann. Häufig werden modell- und spieltheoretische Gesichtspunkte miteinander verkoppelt.

Leistungsfähige Unternehmensspiele beruhen auf dem Zusammenspiel von oft hunderten von Parametern, die auf Grund der Analyse eines bestimmten Betriebes und der auf ihn bezogenen Marktlage mit Zahlenwerten besetzt werden. Das Operieren mit derartigen Modellen erfordert den Einsatz hochleistungsfähiger Datenverarbeitungsmaschinen, durch die das im Modell nachgebildete Marktgeschehen etwa eines halben Jahres innerhalb weniger Minuten „durchgerechnet" wird.

Äußerlich kennzeichnend für die als „Operations Research" bezeichnete Gesamtheit von Disziplinen ist die *Team-Methode*, die auch auf zahlreichen anderen Gebieten der gegenwärtigen Forschung zunehmend an Bedeutung gewinnt. Es stellt sich immer mehr heraus, daß die komplizierten Probleme der modernen Daseinsbewältigung bereits auf der Ebene der einzelwissenschaftlichen Forschung nur noch durch die wohlorganisierte Zusammenarbeit von Fachleuten unterschiedlicher Ausbildung erfolgreich angegriffen und bewältigt werden können. Techniker, Physiker, Mathematiker, Psychologen und Wirtschaftswissenschaftler vereinigen ihre Fachkenntnisse zu einer Art „Gruppengehirn", dessen Funktionstüchtigkeit wesentlich von dem geordneten Zusammenspiel der Einzelfunktionen abhängt.

Auch *auf zahlreichen anderen Forschungsgebieten* wird die fortschreitende Spezialisierung des Wissens bei gleichzeitigem Bedürfnis nach zunehmender Integration der Forschungsmethoden zwangsläufig zum *Auf- und Ausbau organisierter Arbeitsgruppen* führen. Ein Beispiel für *wissenschaftlich-literarische Gruppentätigkeit* bietet die unter dem personifizierenden „Gruppenpseudonym" NICOLAS BOURBAKI bereits Mitte der dreißiger Jahre in Frankreich konstituierte Mathematikergruppe, die sich (in bisher mehr als 20 Bänden eines „Elemente der Mathematik" genannten Gesamtwerkes) erfolgreich um eine ebenso umfassende wie streng systematische (nämlich axiomatisch-deduktive) Darstellung der modernen Mathematik bemüht. Das Hauptcharakteristikum dieser Darstellung darf in der konzeptionellen, stilistischen und logisch-systematischen *Einheit* des Werkes gesehen werden, dessen anonym gebliebene Verfasser sich, wie auch die Arbeitsmethodik deutlich erkennen läßt, in der Tat zu einem „Gruppengehirn" vereinigt haben (vgl. H. CARTAN, Nicolas Bourbaki und die heutige Mathematik, in: Veröffentlichungen der Arbeitsgemeinschaft des Landes Nordrhein-Westfalen, H. 76, Köln und Opladen 1959).

[158] Vgl. den in Abschnitt 10 gegebenen Überblick.

[159] Diese Wahrscheinlichkeit kann unter bestimmten idealisierenden Voraussetzungen — wie in der Physik bei der Vorhersage sogenannter dynamischer (makroskopischer) Vorgänge (z. B. bei Folgerungen aus dem Satz von der Erhaltung der Energie) — der Gewißheit beliebig nahekommen.

[160] Der in den Abschnitten 12 und 13 verwendete Informationsbegriff wird hier zunächst als *Grundbegriff* aufgefaßt. Vielleicht empfiehlt es sich, diese Informationsart als „*derivative*" (oder „*konklusive*") *Information* den übrigen Informationsarten gegenüberzustellen. Ob und gegebenenfalls in welcher Weise ein erkenntnispsychologisch relevanter Zusammenhang zwischen „derivativer" und kognitiver (vgl. Abschnitt 7) Information besteht, bedarf noch eingehender Untersuchung.

[161] Informationsverlust kann, von Dissipationsvorgängen des Übertragungssystems abgesehen, durch Fehlinterpretationen von Symbolabhängigkeiten u. dgl. eintreten (vgl. z. B. J. F. Schouten, Ignorance, Knowledge and Information, in: Information Theory, London 1956, hrsg. von C. Cherry).

[162] Schon die Dissertation Reichenbachs hatte die wahrscheinlichkeitstheoretische Analyse der Wirklichkeitserkenntnis zum Gegenstand (Der Begriff der Wahrscheinlichkeit für die mathematische Darstellung der Wirklichkeit, Erlangen 1915). Vgl. ferner H. Reichenbach, Die physikalischen Voraussetzungen der Wahrscheinlichkeitsrechnung, in: Naturwissenschaften, Bd. 8, p. 46ff. und 349ff., 1920; Zeitschr. f. Physik, Bd. 2, p. 150—171, 1920; Bd. 4, p. 448—450, 1921; Ders., Philosophische Kritik der Wahrscheinlichkeitsrechnung, in: Naturwissenschaften, Bd. 8, p. 146ff., 1920; Ders., Stetige Wahrscheinlichkeitsfolgen, Zeitschr. f. Physik, Bd. 53, p. 274 bis 307, 1929. Ders., Wahrscheinlichkeitsgesetze und Kausalgesetze, in: Umschau, Bd. 29, p. 789—792, 1925. Ders., Wahrscheinlichkeitslehre, Leiden 1935. Ders., The Theory of Probability, Berkeley 1949.

[163] Vgl. R. von Mises, Fundamentalsätze der Wahrscheinlichkeitsrechnung, in Math. Zeitschr., Bd. 4, H. 1/2, p. 1—97, 1919. Ders., Grundlagen der Wahrscheinlichkeitsrechnung, in: Math. Zeitschr., Bd. 5, p. 52—99, 1919. Ders., Über das Gesetz der großen Zahlen und die Häufigkeitstheorie der Wahrscheinlichkeit, in: Naturwissenschaften, Bd. 15, p. 497—502, 1927. Ders., Wahrscheinlichkeitsrechnung, Leipzig-Wien 1931. Ders., Wahrscheinlichkeit, Statistik und Wahrheit, Schriften zur wissenschaftlichen Weltauffassung, Istambul 1929, 3. Aufl., Wien 1951.

[164] Vgl. B. Russell, Human Knowledge, London 1948, deutsche Übersetzung (Das menschliche Wissen) im Holle-Verlag, Darmstadt, p. 358.

[165] Vgl. B. Russell, a. a. O., p. 405.

[166] System of logic ratiocinative and inductive, 1841, zitiert nach der Übersetzung von H. Gomperz (2. Aufl., Bd. 1, p. 367).

[167] Vgl. die Postulate II bis IV des Systems der von B. Russell in Vorschlag gebrachten Postulate des induktiven Schließens (Das menschliche Wissen, Kap. IX).

[168] Auch B. Russell, dem sich bezüglich der Rechtfertigung der wissenschaftlichen Induktion die Überlegungen des Abschnitts 12 *im Grundsätzlichen* anschließen, schlägt ein *Analogiepostulat* vor, welches in der Übersetzung von Dr. W. Bloch so lautet (S. 480): „Es seien zwei Klassen von Ereignissen *A* und *B* vorgegeben, und es sei ferner gegeben, daß, so oft *A* und *B* beobachtet werden können, es einen Grund für die Annahme gibt, daß *A* das *B* verursacht. Wenn nun in einem gegebenen Fall *A* beobachtet wird, aber keine Möglichkeit besteht zu beobachten, ob auch *B* auftritt oder nicht, ist es doch wahrscheinlich, daß das *B* auftritt, und ähnlich liegt der Fall, wenn *B* beobachtet wird, aber das Auftreten oder Nichtauftreten von *A* nicht beobachtet werden kann."

Das Russellsche Analogiepostulat fordert hiernach die Transferierbarkeit einer bereits bekannten Kausalrelation „A verursacht B" auf solche Fälle, bei denen nur A bzw. nur B bekannt ist und das jeweils komplementäre Relat — also B bzw. A — als wahrscheinlich auftretend erschlossen werden kann. Das in der hier vorliegenden Schrift vorgeschlagene Postulat dagegen fordert die Nutzbarmachung der bekannten Ursache(nkonstellation) $\mathfrak{A}$ einer ebenfalls bekannten Wirkung B für das Erkennen der noch unbekannten Ursache(nkonstellation) $\mathfrak{A}'$ einer B *ähnlichen* bekannten Wirkung B'. Beide Postulate sagen also wesentlich Verschiedenes aus.

[169] Vgl. E. Topitsch, Vom Ursprung und Ende der Metaphysik, Wien 1958.

[170] Vgl. hierzu H. Peters, Soziomorphe Modelle in der Biologie, in: Ratio, Jg. 1960, p. 22ff.

[171] Auf den folgenden Seiten dieses Abschnittes und in den dazugehörigen Anmerkungen ist zum Teil auf Ergebnisse der in Anm. 94 zitierten Untersuchung des Verfassers zurückgegriffen worden.

[172] „Die einzige Verknüpfung oder Beziehung von Gegenständen nun, welche uns in unserer Erkenntnis über die unmittelbaren Eindrücke der Erinnerung und der Sinne hinausführen kann, ist die kausale, da sie die einzige ist, auf Grund deren wir einen richtigen Schluß von einem Gegenstande auf einen anderen ziehen können. Die Vorstellung der Ursache und Wirkung stammt aus der Erfahrung, sofern diese uns lehrt, daß bestimmte Gegenstände in allen früheren Fällen beständig miteinander verbunden gewesen sind." (Über den Verstand, Übersetzt von Lipps, Leipzig 1904, p. 120.)

[173] „In den höher entwickelten Naturwissenschaften wird der Gebrauch der Begriffe Ursache und Wirkung immer mehr eingeschränkt, immer seltener. Es hat dies seinen guten Grund darin, daß diese Begriffe nur sehr vorläufig und unvollständig einen Sachverhalt bezeichnen, daß ihnen die Schärfe mangelt, wie dies schon angedeutet wurde. Sobald es gelingt, die Elemente der Ereignisse durch meßbare Größen zu charakterisieren, was bei Räumlichem und Zeitlichem sich unmittelbar, bei anderen sinnlichen Elementen aber doch auf Umwegen ergibt, läßt sich die Abhängigkeit der Elemente voneinander durch den *Funktionsbegriff* viel vollständiger und präziser darstellen, als durch so wenig bestimmte Begriffe wie Ursache und Wirkung." (Erkenntnis und Irrtum, Leipzig 1920; 4. Aufl., p. 278.)

[174] Die philosophische Diskussion des Kausalitätsbegriffs hat auf die seit Galilei im Gange befindliche physikalische Forschung nennenswerten Einfluß nicht ausgeübt. Für sie war kausales Denken eine Art selbstverständlicher methodischer Grundorientierung, über die viele Worte zu machen nicht für nötig befunden wurde. Mit wachsendem Erfolg gelang es der Physik, beschreibende und zusammenfassend-erklärende Modelle des beobachtbaren Geschehens von außerordentlich hoher Voraussagegenauigkeit zu konstruieren. Das methodische Vorgehen war im wesentlichen stets das gleiche: am Leitfaden vor allem des Kausalitätspostulats wurden die jeweils einmaligen Geschehensreihen in einfache, wiederkehrende und dabei der Messung zugängliche Elemente zerlegt, diese Elemente in funktionale Abhängigkeit zueinander gebracht (vgl. H. Weyl, Philosophie der Mathematik und Naturwissenschaften, München-Berlin 1927) und die funktionalen Abhängigkeiten (Partialmodelle der Sekundärstufe) zu (Erklärungsmodellen bzw.) hypothetisch-deduktiven Theorien erweitert.

Es ist im besonderen Blick auf die Theorien der *Physik* hervorzuheben, daß in diesen selbst der Begriff der Ursache nicht auftritt. Für den theoretischen Begründungszusammenhang *als solchen* ist er — unbeschadet seiner *heuristischen* Bedeutung — völlig entbehrlich und überdies mit einer Vieldeutigkeit belastet, die seine Verwendung innerhalb des Systems der überwiegend durch Meßvorschriften definierten exakten Begriffe verbietet. So sagt beispielsweise die Newtonsche Gravitationstheorie nichts über die

„Ursache" der Gravitation aus: „*Es genügt*", stellt NEWTON am Ende seiner Principia fest, „*daß die Schwere existiert, daß sie nach den von uns dargelegten Gesetzen wirkt und daß sie alle Bewegungen der Himmelskörper und des Meeres zu erklären imstande ist.*"

Entsprechendes gilt für alle übrigen funktionalen Erklärungsmodelle und Theorien der Mechanik. Die sich an NEWTONS System anschließende, vor allem von LAGRANGE und HAMILTON ausgebaute sogenannte klassische Mechanik darf als ein umfassendes, in der Sprache der Mathematik expliziertes Erklärungsmodell mit einigen wenigen funktionalen Beziehungen als Basishypothesen betrachtet werden. Solche funktionalen Beziehungen, die keine Kausalaussagen sind, stellen bereits die die klassische Mechanik tragenden NEWTONschen Axiome dar. Aber auch das sogenannte „Prinzip der virtuellen Arbeit" sowie das Prinzip von D'ALEMBERT (aus dem sich die LAGRANGEschen Gleichungen erster Art ableiten lassen) sind vom gleichen Charakter. Entsprechendes gilt für das GAUSSsche Differentialprinzip „des kleinsten Zwanges" und seinen Spezialfall, das HERTZsche Prinzip „der geradesten Bahn". Ihnen allen ist gemeinsam, daß sie *nichts über eine „Ursache"* des Geschehens oder der dieses Geschehen beschreibenden und erklärenden Regelmäßigkeiten aussagen, sondern lediglich die Deduktion von Gleichungen ermöglichen, die ihrerseits das Verhalten gedanklich idealisierter mechanischer Systeme zu beschreiben und vorauszusagen gestatten. Dies ist bei den Integralprinzipien der Mechanik, denen man mitunter teleologischen Charakter zugesprochen hat, keineswegs anders. Sie sind rein funktionaler Art. In ihnen kommen *weder „Ursachen" noch „Zwecke"* zum Ausdruck. Etwas anderes ist es natürlich, die basalen hypothetischen Sätze der Mechanik *außer*wissenschaftlich begründen zu wollen, wie es z. B. MAUPERTUIS dadurch tat, daß er sein Prinzip der kleinsten Wirkung als am besten der Weisheit Gottes entsprechend erklärte.

[175] Auch heute noch findet man Anzeichen der *final-teleologischen Betrachtungsweise* in zahlreichen biologischen und naturphilosophischen Modellvorstellungen. Sie hat mit der kausalen dies gemeinsam, daß auch sie in der Natur des Menschen tief verwurzelt ist. Sie entstammt, mehr noch als die kausale, dem Bereich eines im Dienste vorausschauender, planender und handelnder Daseinsbewältigung stehenden *vor*wissenschaftlichen Denkens. In diesem Denken hat sich nicht nur die aus dem Grunderlebnis der Wechselwirkung von Mensch und Natur herrührende Überzeugung von der Verursachung allen Geschehens erhärtet, sondern mit kaum geringerem Gewicht auch der Glaube an eine innere Zweckmäßigkeit, Zielstrebigkeit und Sinnhaftigkeit der mannigfaltigsten natürlichen Abläufe. In dem ihm eigenen Hang zur anthropomorphen Dramatisierung der Wirklichkeit neigt der Mensch dazu, die Ziel- und Zweckbezogenheit des vom eigenen Willen gesteuerten menschlichen Handelns zu übertragen vor allem auf die unübersichtlichen, in ihrem Wirkungs- und Strukturzusammenhang nur schwer erschließbaren Geschehensabläufe der lebendigen Welt. Wie im Falle der Kausalität wurden auch Finalität und Teleologie hypostasiert und als notwendige Grundeigenschaften der wirklichen Welt betrachtet. So hat etwa E. BECHER, Vertreter einer sich als induktiv ausweisenden Metaphysik, aus der „Fremdzweckdienlichkeit der Pflanzengallen" geistförmige Gestaltungskräfte in der Natur nachweisen zu können geglaubt, und bei einigen Philosophen bestimmen auch heute noch dunkle Mächte die Entwicklung der Organismen, bevölkern Zwitterwesen aus Materie und Entelechie die Welt, und für manchen Wissenschaftler gar gibt der Wille höherer Geistesmächte den Anstoß zur Organisation einer Natur, in der seit der Erfindung der Quantenmechanik nun auch „Freiheit" gesichert sein soll.

Viele Begriffsbildungen und Vorstellungen auf der Präzisionsstufe des *Primärmodells* (vgl. S. 120) auch innerhalb der gegenwärtigen (qualitativen) Biologie sind auf dem Boden der Analogisierung des natürlichen Geschehens mit intentionalen Willenshandlungen entstanden, und die final-teleologische bzw. „teleokausale" Betrachtungsweise mag auch heute noch in gewissem Umfange ihren Nutzen als heuristischer Leitfaden des biologischen Denkens erweisen. Hierzu M. Hartmann (Die philosophischen Grundlagen der Naturwissenschaften, Jena 1948, p. 223): „Die Aufzeigung einer Zweckmäßigkeit, eines Ganzheitscharakters zeigt überall nur ein Problem an, gibt aber noch keine Problemlösung. Die Zweckmäßigkeit erklärt nicht, sie bedarf der Erklärung."

[176] Erkenntnis und Irrtum, Leipzig 1920, 4. Aufl., p. 227.

[177] Das vitalistisch-teleologische Denken in der heutigen Medizin, Stuttgart 1909.

[178] Die Frage nach den Grenzen der Erkenntnis, Jena 1908. Ferner vor allem: Kausale und konditionale Weltanschauung, Jena 1912, 3. Aufl. 1928.

[179] Über kausale und konditionale Weltanschauung und deren Stellung zur Entwicklungsmechanik, Leipzig 1913. S. auch: Über Ursache und Bedingung, Naturgesetz und Regel, in: Deutsche med. Wschr. 1922, p. 1232 bis 1233.

[180] Die Gleichförmigkeit in der Welt (Untersuchungen zur Philosophie und positiven Wissenschaft), München 1916.

[181] Hervorhebungen in Kursivschrift in den vorangehenden Zitierungen dieses Textabsatzes vom Zitierenden!

[182] Über das konditionale Denken in der Medizin und seine Bedeutung für die Praxis, Berlin 1912.

[183] Ursachenforschung, Ursachenbegriff und Bedingungslehre, in: Deutsche med. Wschr. 1919, p. 1—4 und p. 33—36.

[184] Kausale und konditionale Weltanschauung, Jena 1928, 3. Aufl., p. 52. Die beiden zitierten Sätze nennt Verworn den Satz von der eindeutigen Gesetzlichkeit bzw. den Identitätssatz.

[185] Über kausale und konditionale Weltanschauung usw., Leipzig 1913, p. 21 f.

[186] Die philosophischen Grundlagen der Wahrscheinlichkeitsrechnung, Leipzig-Berlin 1923, V. Kap.

[187] A. a. O., p. 164.

[188] Die Entdeckung des Tuberkelbazillus durch R. Koch im Jahre 1882 schien zunächst jener naiven Kausalvorstellung neue Argumente zu liefern, da man glaubte, nun *die* Ursache zahlreicher, wenn nicht aller tuberkulösen Erkrankungen gefunden zu haben. Erst verhältnismäßig spät erkannte man, daß die „Erreger" eine zwar notwendige, keinesfalls aber hinreichende Bedingung für die Entstehung und Ausweitung der Infektion sind, daß vielmehr erst viele weitere Faktoren und Bedingungen darüber „entscheiden", ob es zur Erkrankung kommt und welchen Verlauf sie nimmt. Zu diesen Faktoren gehören: augenblickliche Disposition, Immunitätslage, Lebensverhältnisse, Konstitution u. a. m. Die genannten Faktoren bedürfen, jeder für sich sowie in ihrem Bedingungs- und Wirkungszusammenhang, einer detaillierten Analyse.

[189] A. a. O. (Anm. 184), p. 52.

[190] Von Hansemann stellt der Verwornschen Äquivalenzhypothese seinen „Satz der Inäquivalenz der Faktoren" gegenüber: „Jeder irgendwie in Qualität, Größe, Richtung, Ort usw. anders beschaffene Faktor eines Geschehens übt eine dieser Verschiedenheit entsprechende andere Wirkung aus und hat einen dementsprechend anderen Anteil an dem Geschehen"

(a. a. O., p. 33). — Vgl. auch B. Fischer, der die „verschiedene Wertigkeit der zu einem Geschehen notwendigen Bedingungen" betont: „Gerade die Wertung dieser Bedingungen ist eine der wesentlichsten Aufgaben der naturwissenschaftlichen Forschung" (Sitzungsber. d. Gesellschaft für Naturwissenschaften in Marburg, November 1918).

[191] A. a. O. (Anm. 182), p. 183f.

[192] Vgl. die Anm. 150. — An Literatur ist zu nennen: L. L. Thurstone, Multiple Factor Analysis, Chicago 1947; R. A. Fischer, Statistical Methods for Research Workers, London 1950; J. P. Guilford, Fundamental Statistical Methods in Psychology and Education, New York 1956 (3. Aufl.); als deutschsprachiges Werk: P. R. Hofstätter, Einführung in die quantitativen Methoden der Psychologie, München 1953. Besondere Beachtung verdient in diesem Zusammenhang das unlängst erschienene Werk von G. A. Lienert, das — im Anschluß an E. S. Pearson und R. A. Fischer — die „nichtklassischen", verteilungs*freien* Methoden der Statistik ausführlich behandelt (Verteilungsfreie Methoden der Biostatistik, dargestellt an Beispielen aus der psychologischen, medizinischen und biologischen Forschung, Meisenheim am Glan 1962).

[193] Eine *formale* Logik ist bekanntlich eine Logik der *Formen*, d. h. solcher Ausdrücke, in denen außer logischen Konstanten (bei Aristoteles Wörter der Umgangssprache) Variablen (bei Aristoteles Buchstaben) enthalten sind und die sich bei Besetzung der Variablen durch geeignete Konstanten (für Subjekte, Prädikate oder ganze Aussagen) in Aussagen eines bestimmten „Wertes" (z. B. eines der beiden Wahrheitswerte des Wahren oder des Falschen) spezialisieren.

[194] Nichtzweiwertige Logiken sind z. B. von J. Łukasiewicz (O logice trójwartościowej, in: Ruch filoz., 5, Lwów 1920; Philosophische Bemerkungen zu mehrwertigen Systemen des Aussagenkalküls, in: Comptes rend. séances Soc. d. Sciences et d. Lettres de Varsovie, III, 23, 1930) und E. L. Post (Introduction to a general theory of elementary propositions, in: The Amer. Journ. of Math. 43, 1921) entwickelt worden (vgl. hierzu J. M. Bocheński, Formale Logik, Freiburg-München 1956, p. 469ff. nebst zugehörigen bibliographischen Angaben). In diesen Zusammenhang gehören auch H. Reichenbach (Philosophische Grundlagen der Quantenmechanik, Basel 1949) sowie die Arbeit von J. B. Rosser und A. R. Turquette (Manyvalued Logics, Studies 1952). Endlich ist auf die den Grundsatz des tertium non datur ausschließende dreiwertige Logik A. Heytings (Die formalen Regeln der intuitionistischen Logik, Sitzungsber. d. Preuß. Akad. d. Wiss., Berlin 1930) hinzuweisen.

[195] Vgl. die ausgezeichnet zusammengestellte und kommentierte Textauswahl in: J. M. Bocheński, Formale Logik, Freiburg-München 1956, p. 47—120, sowie H. Scholz, Geschichte der Logik, Berlin 1931, § 2.

[196] Vgl. J. M. Bocheński, a. a. O., p. 121—153.

[197] Dieses Adjektiv selbstverständlich in einem anderen Sinne als demjenigen der „natürlichen" Logiken von G. Gentzen und S. Jaśkowski.

[198] Vgl. den in J. M. Bocheński, a. a. O., p. 470f., abgedruckten Text.

[199] Die zweiwertige formale Logik ist in den Gestalten der zweiwertigen *mathematischen Logik* bekanntlich auf eine Perfektionsstufe gehoben worden, die sie in vielfachem Bezuge zu einem hochleistungsfähigen Instrument der Methodologie der Mathematik hat werden lassen. Bezüglich der Anwendbarkeit der zweiwertigen mathematischen Logik und ihrer mehrwertigen Weiterentwicklungen auf die Erfahrungswissenschaften kann bisher nur auf einige wenige interessante Versuche hingewiesen werden. Jedoch ist es fraglos von Vorteil, im Besitz exakter Logiksysteme zu sein, die methodologisch

zum Tragen kommen, sobald die eine oder andere erfahrungswissenschaftliche Disziplin bzw. Theorie den für die Darstellung ihres Satzbestandes sowie ihrer Schlußverfahren in einer vollformalisierten Wissenschaftssprache (vgl. Abschnitt 14) erforderlichen Reifegrad erreicht hat. Diesen Leistungen des in den Aufbau der „rein imaginären Welten" (Abschnitt 14) gehörenden methodisch-wissenschaftlichen Denkens soll jedoch im vorliegenden Zusammenhang nicht weiter nachgegangen werden.

[200] „*Semantisch*" hier natürlich in einem engeren Sinne als demjenigen, in welchem vorangehend der Begriff der „semantischen Belegung" verwendet wurde. Vgl. z. B. die semantisch „axiomatisierte" Logik von H. Scholz und G. Hasenjäger: Grundzüge der mathematischen Logik, Berlin-Göttingen-Heidelberg 1961.

[201] Hierzu die aufschlußreiche Bemerkung von H. Scholz (Geschichte der Logik, Berlin 1931, § 2) zur Brouwer-Heytingschen intuitionistischen Logik: „Denn Brouwer hat nie daran gedacht, den Satz vom ausgeschlossenen Dritten für *falsch* zu erklären. Er hat also auch nie behauptet, daß es Aussagen gibt, die weder wahr noch falsch sind, sondern er behauptet nur, daß dieser Satz in einem einwandfreien mathematischen Beweise nicht angewendet werden darf. Er fordert mit anderen Worten eine Logik, in die dieser Satz nicht eingeht, und denkt nicht daran, eine Logik zu fordern, die mit der *Verneinung* des ausgeschlossenen Dritten operiert."

[202] Wörtlich nach H. Scholz und G. Hasenjäger, a. a. O. (Anm. 200), p. 32.

[203] Vgl. S. 114 und Anm. 143.

[204] Zur Rechtfertigung der Abtrennungsregel kann die Bewertungstabelle für die Implikation benutzt werden:

$$
\begin{array}{cc|c}
p & q & p \curvearrowright q \\
\hline
w & w & w \\
w & f & f \\
f & w & w \\
f & f & w \\
\end{array}
$$

Das Implikat q ist hiernach sicher wahr, wenn Implikans p und Implikation $p \curvearrowright q$ wahr sind. — Die Abtrennungsregel ist dem Schlußverfahren der stoischen Schule entnommen („*Wenn das Erste, dann das Zweite. Nun das Erste, also das Zweite*"). Der Begriff „*Abtrennungsregel*" stammt indes erst aus der polnischen Logik-Schule um Łukasiewicz.

[205] Voraussetzung ist hierbei natürlich, daß es unter den Folgengliedern vor a_ν ein $a_{\nu-\mu_1}$ (= ‚a') und ein $a_{\nu-\mu_2}$ (= ‚Wenn a, so b') bzw. ein $a_{\nu-\mu}$ gibt.

[206] Vgl. hierzu die Bemerkung Carnaps zum *formalisierten* deduktiven Schließen: „Es würde jedenfalls praktisch unmöglich sein, jeder Deduktion die Form einer vollständigen Ableitung im logischen Kalkül zu geben, das ist sie in einzelne Schritte von der Art aufzulösen, daß jeder Schritt die Anwendung einer der Umformungsregeln des Kalküls einschließlich der Definition ist. Eine gewöhnliche Überlegung von ein paar Sekunden würde dann Tage in Anspruch nehmen. Aber es ist wesentlich, daß diese Auflösung theoretisch möglich und für einen kleineren Teil des Prozesses auch praktisch möglich ist. Irgendein kritischer Punkt kann so unter die Lupe genommen werden." (Foundations of Logic and Mathematics, Encyclopedia of Unified Science, Vol. I, No. 3, Chicago 1950.) — Vgl. auch E. von Hartmann: „Eben weil bei sprunghaften Schlüssen leicht Irrthümer unterlaufen, ist es dringend erforderlich, in wichtigen Fragen die einzelnen Glieder durch discursives Denken klar zu stellen, und bis auf so kleine Denkschritte herabzusteigen,

daß man vor Irrthümern in den Schlüssen sich möglichst geschützt weiß." (Philosophie des Unbewußten, Bd. I, Leipzig 1923, 12. Aufl., p. 280.)

[207] Vgl. hierzu Abschnitt 15, S. 173 ff.

[208] Vgl. hierzu H. Stachowiak, Geschichte der Axiomatik, I. Teil (Von den Anfängen deduktiven Denkens bis zur Ausbildung des axiomatisch-deduktiven Wissenschaftstypus durch Aristoteles), Berlin 1955, p. 106 ff.

[209] Um die Präzisierung der Begriffe „*Kalkül*", „*Wissenschaftssprache*" und „*formalisierte Theorie*" hat sich besonders H. Scholz, das leider viel zu früh verstorbene ehemalige Haupt der Logik-Schule zu Münster/Westf., verdient gemacht.

[210] Noch immer bilden, von fragmentarischen Ansätzen abgesehen, H. Hermes' Formalisierung der „allgemeinen Mechanik" und J. Woodgers Anwendung der mathematischen Logik auf die „theoretische Biologie" Singularitäten im Bereich der Nutzbarmachung kalkülisierter Wissenschaftssprachen für die exakte Darstellung *erfahrungs*wissenschaftlicher Theorien, und auch H. Reichenbachs Formulierung der Quantenmechanik in der „neutralen Sprache" einer dreiwertigen Logik hat, soweit bekannt, keine Fortsetzung erfahren. In gewissem Sinne gehört auch C. L. Hulls formalisierte Darstellung seiner Lerntheorie (Mathematico-deductive theory of rote learning, 1940) in den Umkreis dieser Bemühungen.
Der Anwendung der mathematischen Logik auf die empirischen Wissenschaften sind offenbar immer noch enge Grenzen gesetzt, nicht nur durch den relativen Merkmalsreichtum der erfahrungswissenschaftlichen Forschungsobjekte, sondern auch dadurch, daß der Formalismus der mathematischen Logik sehr bald zu kompliziert wird, um im erfahrungswissenschaftlichen Bereich (bei den heute bestehenden Möglichkeiten, verwickelte deduktive Operationen maschinell zu simulieren) noch leistungsfähig zu bleiben.

[211] Vgl. H. Stachowiak, Über kausale, konditionale und strukturelle Erklärungsmodelle (s. Anm. 94), insbesondere p. 406—408 und 424—429.

[212] J. M. Keynes, A Treatise on Probability, London-New York 1921, 3. Aufl. 1950; Ders., Über Wahrscheinlichkeit (Übersetzung von F. M. Urban), Leipzig 1926.

[213] H. Jeffreys, Theory of Probability, Oxford 1939, 2. Aufl. 1948.

[214] R. Carnap und W. Stegmüller, Induktive Logik und Wahrscheinlichkeit, Wien 1959.

[215] Ihnen gehen gewisse plausible Konventionen über Eigenschaften der c-Funktionen voran.

[216] Vgl. hierzu S. 179.

[217] Ein Axiomensystem für die c-Funktionen findet sich im Anhang B zum zweiten Teil des in Anm. 214 genannten Werkes.

[218] Vgl. p. 83 des in Anm. 214 genannten Werkes.

[219] B. Juhos, Die Erkenntnis und ihre Leistung, Wien 1950.

[220] Diese Bezeichnung wird von B. Juhos verwendet.

[221] Vgl. V. Kraft, Der Wiener Kreis, Wien 1950, insbesondere p. 113 ff.

[222] Vor allem: Wissenschaft und Hypothese, Leipzig 1904.

[223] Vgl. Anm. 135.

[224] In diesem Zusammenhang soll im Blick auf die traditionalen Bemühungen um das Wahrheitsproblem an den scharfsinnigen Gründer der „Dritten Akademie", Karneades, erinnert werden, den „Skeptiker", der die Möglichkeiten der wissenschaftlichen Verifikation (vor mehr als zwei-

tausend Jahren!) zutreffend einschätzte. Er bestritt die *Gewißheit* wissenschaftlichen Erkennens. Aber er hielt für richtig, daß das Erfülltsein zweier Forderungen einem Erkenntnisgebilde *größtmögliche Wahrscheinlichkeit* verleiht: der Forderung nach dessen *innerer Widerspruchsfreiheit* und der Forderung nach erfolgreicher Prüfung der Übereinstimmung des Erkenntnisgebildes mit dem korrespondierenden Teil der Wirklichkeit, wobei diese Prüfung durch *fortgesetzte Einzeluntersuchungen* zu erfolgen habe. — Vgl. zu der im Text behandelten Problematik im übrigen E. MAY, Am Abgrund des Relativismus, Berlin 1941.

[225] Diesem Glauben verdankt das Wort „*Axiom*" seine Herkunft: Vom Verbum $\mathring{\alpha}\xi\iota o\tilde{\upsilon}\nu$ = für würdig halten, das auf $\mathring{\alpha}\xi\iota o\varsigma$ = würdig ($<$ * $\mathring{\alpha}\gamma\text{-}\tau\iota o\varsigma$ zu $\mathring{\alpha}\gamma\omega$ = wägen) zurückgeht, ist das Substantiv $\tau\grave{o}\ \mathring{\alpha}\xi\iota\omega\mu\alpha$ = die Würde, Geltung abgeleitet, ein Terminus, der bei ARISTOTELES (vgl. Anal. post., Buch I, Kap. 2) auftritt, und zwar in der genauen Bedeutung des aus ihm hervorgegangenen Wortes „Axiom". Vgl. H. STACHOWIAK, op. cit. Anm. 208, p. 77.

[226] Grundzüge der mathematischen Logik, Berlin-Göttingen-Heidelberg 1961, § 1.

Zur wahrscheinlichkeitstheoretischen Verallgemeinerung der Shannonschen Definition der Information

I. M. GELFAND, A. M. JAGLOM und A. N. KOLMOGOROFF haben die Definition der Information nach C. E. SHANNON unter Benutzung des Begriffsapparates der modernen Wahrscheinlichkeitstheorie[1] in Verbindung mit maßtheoretischen, funktionalanalytischen, algebraischen und topologischen Überlegungen erheblich verallgemeinert („Arbeiten zur Informationstheorie II", Mathematische Forschungsberichte, Berlin 1958). Die Bedeutung dieser Arbeiten ist einmal in der methodischen Fundierung und Präzisierung der Informationstheorie überhaupt zu sehen, zum anderen darin, daß ein Informationsbegriff geschaffen worden ist, der eine möglichst große Klasse wahrscheinlichkeitstheoretischer Objekte umfaßt und damit größtmögliche Anwendbarkeit gewährt.

Die in der oben genannten Veröffentlichung enthaltenen Arbeiten der drei Autoren[2] sind, wie bei Forschungsberichten üblich, vergleichsweise „dicht" geschrieben; es werden erhebliche mathematische Vorkenntnisse vorausgesetzt. Daher sollen nachstehend einige wesentliche der auf GELFAND, JAGLOM und KOLMOGOROFF zurückgehenden Gedankengänge so zur Darstellung gelangen, daß sie, wie zu hoffen ist, einem größeren Kreis der an der Informationstheorie Interessierten zugänglich werden[3].

Der schrittweise Aufbau der auf einen möglichst umfassenden und mathematisch präzisen Informationsbegriff zielenden Definitionen ist in folgender Weise gegliedert:

---

[1] Eine Einführung bietet das Lehrbuch von M. FISZ, Wahrscheinlichkeitsrechnung und mathematische Statistik, Warschau (Berlin) 1958 (1962). Mit Rücksicht auf die im Text erklärten und bei der Definition der Information verwendeten maßtheoretischen Begriffe ist weiter die Darstellung von P. R. HALMOS, Measure Theory, Princeton, N. J., 1964 (9. Aufl.), hervorzuheben. Schließlich sei noch M. LOÈVE, Probability Theory, Princeton, N. J., 1963 (3. Aufl.) genannt, der eine ausführliche Gesamtorientierung über den gegenwärtigen Stand der Wahrscheinlichkeitstheorie gibt.

[2] 1. Über die Berechnung der Menge an Information über eine zufällige Funktion, die in einer anderen zufälligen Funktion enthalten ist (GELFAND und JAGLOM), 2. Zur allgemeinen Definition der Information (GELFAND, KOLMOGOROFF und JAGLOM).

[3] Aus Gründen möglichst allgemeiner Verständlichkeit wird dabei auf logistische Darstellungsmittel verzichtet.

Teil I: *Definition der Information über einen Zufallsvektor, die in einem anderen Zufallsvektor enthalten ist.*

1. Maß- und Wahrscheinlichkeitsraum;
2. Zufallsvariable und Zufallsvektor;
3. Definition der Information für Zufallsvariablen und Zufallsvektoren.

Teil II: *Definition der Information über einen verallgemeinerten zufälligen Prozeß, die in einem anderen verallgemeinerten zufälligen Prozeß enthalten ist.*

4. Zufallsfunktion;
5. zufälliger Prozeß und verallgemeinerter zufälliger Prozeß;
6. Definition der Information für verallgemeinerte zufällige Prozesse.

Hiervon wird der zwar nicht eigentlich elementare, aber verhältnismäßig geläufige mathematische Begriffsbildungen voraussetzende Teil I *wesentlich ausführlicher* abgehandelt als der Teil II. Die im Teil II entwickelten Verallgemeinerungen setzen auch in der hier vorgelegten Darstellung noch recht weitreichende mathematische Vorkenntnisse voraus, auf die nicht näher eingegangen wird. Teil II ist daher speziell für Mathematiker geschrieben. Die Ausführungen des Teiles I dürften indes die an SHANNONs Definition anknüpfenden wahrscheinlichkeitstheoretischen Verallgemeinerungsmöglichkeiten des Informationsbegriffs bereits weitgehend erkennen lassen.

I. Definition der Information über einen Zufallsvektor, die in einem anderen Zufallsvektor enthalten ist

1. Maß- und Wahrscheinlichkeitsraum

Es sei eine Menge X vorgelegt und mit $\mathfrak{P}(X)$ die Potenzmenge[1] von X bezeichnet.

Eine nicht leere Teilmenge $\mathfrak{S}$ von $\mathfrak{P}(X)$ heiße ein *σ-Ring*, wenn gilt: $\mathfrak{S}$ ist abgeschlossen gegenüber der Differenzbildung, d. h.:

$$\text{Aus } E \in \mathfrak{S} \text{ und } F \in \mathfrak{S} \text{ folgt stets } E\backslash F \in \mathfrak{S}\,;\qquad [1]$$

$\mathfrak{S}$ ist abgeschlossen gegenüber der Vereinigung abzählbar vieler Elemente aus $\mathfrak{S}$, d. h.:

$$\text{Aus } E_\nu \in \mathfrak{S} \text{ für } \nu = 1, 2, \ldots \text{ folgt stets}$$

$$\overset{\infty}{\underset{\nu=1}{\mathsf{U}}}\, E_\nu \in \mathfrak{S}.\qquad [2]$$

---

[1] Die Potenzmenge einer Menge M ist bekanntlich die Menge aller Teilmengen von M.

[2] Da $E = F$ sein kann, ergibt sich aus [1] sofort, daß auch die leere Menge $\emptyset$ Element von $\mathfrak{S}$ ist.

Auf einem σ-Ring $\mathfrak{S} \subseteq \mathfrak{P}(X)$ sei nun eine Funktion μ mit den folgenden Eigenschaften definiert:

$$\text{Für jedes } E \in \mathfrak{S} \text{ gilt: } 0 \leqslant \mu(E) \leqslant +\infty\,^1;\ \mu(\emptyset) = 0; \qquad [3]$$

$\mu(\cdot)^2$ ist „totaladditiv", d. h.:

$$\text{Für jedes System } \{E_1, E_2, \ldots\} \text{ paarweise}$$
$$\text{disjunkter}^3 \text{ Elemente } E_\nu \in \mathfrak{S} \text{ gilt:} \qquad [4]$$

$$\mu\!\left(\bigcup_{\nu=1}^{\infty} E_\nu\right) = \sum_{\nu=1}^{\infty} \mu(E_\nu)\,^4.$$

$\mu(\cdot)$ heißt dann ein *Maß auf* $\mathfrak{S}$; das geordnete Tripel $[X, \mathfrak{S}, \mu]$ wird *Maßraum* genannt.

Ist für $\mathfrak{S}$ über [1] und [2] hinaus noch die Bedingung

$$X \in \mathfrak{S} \qquad [5]$$

erfüllt, so heißt $\mathfrak{S}$ eine *σ-Algebra*. Es wird weiter

$$\mu(X) < +\infty \qquad [6]$$

verlangt. Aus [6] folgt dann wegen der Monotonie von μ auf $\mathfrak{S}$ (gemäß [3] und [4]):

$$\text{Für jedes } E \in \mathfrak{S} \text{ ist } \mu(E) \leqslant \mu(X) < +\infty. \qquad (1)$$

$\mu(\cdot)$ soll jetzt ein *totalfinites*[4] *Maß auf* $\mathfrak{S}$ und entsprechend der so eingeschränkte Maßraum $[X, \mathfrak{S}, \mu]$ ein *totalfiniter*[4] *Maßraum* genannt werden.

Ist schließlich noch die Bedingung

$$\mu(X) = 1 \qquad [7]$$

erfüllt, so wird $\mu(\cdot)$ als *Wahrscheinlichkeitsmaß* und der durch [7] normierte totalfinite Maßraum als *Wahrscheinlichkeitsraum* bezeichnet.

Das Ergebnis der bisherigen Begriffsbestimmungen läßt sich kurz dahin zusammenfassen, daß das geordnete Tripel $[X, \mathfrak{S}, \mu]$ genau dann einen Wahrscheinlichkeitsraum darstellt, wenn $\mathfrak{S} \subseteq \mathfrak{P}(X)$ ist und die Bedingungen [1], [2] und [5] bezüglich $\mathfrak{S}$ sowie die Bedingungen [3], [4], [6] und [7] bezüglich $\mu(\cdot)$ erfüllt sind.

Es sei noch erwähnt, daß man die Elemente von X *Elementarereignisse* und die Elemente von $\mathfrak{S}$ *zufällige Ereignisse* nennt. Diese Wortwahl entspricht der inhaltlichen Deutbarkeit der oben entwickelten abstrakten Begriffe.

---

^{1} $+\infty$ wird also als „Wert" von μ zugelassen.

^{2} Mit $\mu(\cdot)$ bezeichnet man häufig die Funktion als solche im Unterschied zu $\mu(E)$ als dem Wert der Funktion an der Stelle E.

^{3} Zwei Mengen M und N heißen bekanntlich disjunkt, wenn $M \cap N = \emptyset$ ist.

^{4} Nach HALMOS (vgl. Fußnote 1 auf S. 224), § 8 bzw. § 17.

Als ein einfaches (endliches, diskretes) Beispiel eines Wahrscheinlichkeitsraumes werde das Würfeln mit genau einem (als völlig symmetrisch und homogen angefertigt zu denkenden) Würfel betrachtet.

Die Grundmenge X ist hier die Menge der Wurfergebnisse 1, 2, ..., 6. Elementarereignis x_i ist das Auftreten der Zahl i für $i = 1, 2, \ldots, 6$, so daß also $X = \{x_1, x_2, \ldots, x_6\} = \{1, 2, \ldots, 6\}$ ist.

$\mathfrak{S}$ sei das aus allen ein-, zwei-, drei-, vier- und fünfelementigen Teilmengen von X, der leeren Menge $\emptyset$ und der Menge X selbst bestehende, also insgesamt 64 Elemente umfassende System:

$$\mathfrak{S} = \{\emptyset; \{x_1\}, \ldots, \{x_6\}; \{x_1, x_2\}, \ldots, \{x_5, x_6\}; \{x_1, x_2, x_3\}, \ldots, \{x_4, x_5, x_6\};$$
$$\{x_1, x_2, x_3, x_4\}, \ldots, \{x_3, x_4, x_5, x_6\}; \{x_1, x_2, x_3, x_4, x_5\}, \ldots, \{x_2, x_3,$$
$$x_4, x_5, x_6\}; \{x_1, x_2, x_3, x_4, x_5, x_6\}\}.$$

Dabei ist beispielsweise mit $\{x_1, x_2\}$ dasjenige zufällige Ereignis gemeint, das vorliegt, wenn (mindestens) eines der Elementarereignisse x_1 oder x_2 eintritt; entsprechend bedeutet $\{x_2, x_4, x_5, x_6\}$ dasjenige zufällige Ereignis, welches vorliegt, wenn eines der Elementarereignisse x_2, x_4, x_5 oder x_6 eintritt.

Eigentliche zufällige Ereignisse sind alle Elemente von $\mathfrak{S}$ außer $\emptyset$ und X. Der leeren Menge entspricht das unmögliche Ereignis, daß keine der Zahlen 1, 2, ..., 6 gewürfelt wird. Der Menge X aller Elementarereignisse dagegen entspricht das mit Sicherheit eintretende Ereignis, daß (bei jedem Wurf) eine der Zahlen 1, 2, ..., 6 auftritt. Im Blick auf die maßtheoretische Behandlung der hier in Frage stehenden Wahrscheinlichkeitsprobleme ist es jedoch sinnvoll, sowohl das unmögliche als auch das mit Sicherheit eintretende Ereignis als zufälliges Ereignis, und zwar als uneigentliches zufälliges Ereignis, anzusehen.

Wie man unmittelbar sieht, erfüllt $\mathfrak{S}$ die Bedingungen [1], [2] und [5]; $\mathfrak{S}$ ist mithin eine σ-Algebra und damit gewiß ein σ-Ring.

Das Maß $\mu(\cdot)$ sei auf X folgendermaßen erklärt:

$$\mu(\emptyset) = 0,$$
$$\mu(\{x_1\}) = \ldots = \mu(\{x_6\}) = \frac{1}{6},$$
$$\mu(\{x_1, x_2\}) = \ldots = \mu(\{x_5, x_6\}) = \frac{1}{3},$$
$$\mu(\{x_1, x_2, x_3\}) = \ldots = \mu(\{x_4, x_5, x_6\}) = \frac{1}{2},$$
$$\mu(\{x_1, x_2, x_3, x_4\}) = \ldots = \mu(\{x_3, x_4, x_5, x_6\}) = \frac{2}{3},$$
$$\mu(\{x_1, x_2, x_3, x_4, x_5\}) = \ldots = \mu(\{x_2, x_3, x_4, x_5, x_6\}) = \frac{5}{6},$$
$$\mu(\{x_1, x_2, x_3, x_4, x_5, x_6\}) = 1.$$

$\mu(\,\cdot\,)$ ist mithin identisch mit der sogenannten relativen Häufigkeit[1] ϱ für das Würfeln einer bestimmten Augenzahl.

Offensichtlich sind in dem vorliegenden Beispiel weiterhin die Bedingungen [3], [6] und [7] erfüllt. Für den Nachweis des Erfülltseins der Bedingung [4] sei zunächst bemerkt, daß $\mathfrak{S}$ in diesem Beispiel nur aus endlich vielen Teilmengen (von X) besteht und daher [4] ersetzt werden kann durch die folgende Bedingung:

Für jedes System $\{E_1, E_2, \ldots, E_n\}$ paarweise
disjunkter Elemente $E_\nu \in \mathfrak{S}$ gilt:

$$\mu\left(\bigcup_{\nu=1}^{n} E_\nu\right) = \sum_{\nu=1}^{n} \mu(E_\nu). \qquad [4']$$

Daß jedoch [4'] erfüllt ist, kann leicht durch Nachrechnen gezeigt werden. Für (die offenbar disjunkten Elemente) $E_1 = \{x_3, x_4\}$ und $E_2 = \{x_1, x_2, x_5\}$ beispielsweise ergibt sich einerseits $\mu(E_1 \cup E_2) =$
$= \mu(\{x_3, x_4\} \cup \{x_1, x_2, x_5\}) = \mu(\{x_1, x_2, x_3, x_4, x_5\}) = \dfrac{5}{6}$
und andererseits

$$\mu(E_1) + \mu(E_2) = \mu(x_3, x_4) + \mu(x_1, x_2, x_5) = \frac{2}{6} + \frac{3}{6} = \frac{5}{6}.$$

Mithin ist das Maß $\mu(\,\cdot\,)$ ein *Wahrscheinlichkeitsmaß* und $[X, \mathfrak{S}, \mu]$ ein *Wahrscheinlichkeitsraum*.

2. Zufallsvariable und Zufallsvektor

Auf vorbereitender heuristischer Stufe der folgenden Betrachtungen ist eine Zufallsvariable definierbar als eine „veränderliche Größe“, deren „Werte durch Zufall bestimmt“ sind; genauer: als eine mit einem Experiment dergestalt verknüpfte Funktion, daß der Wert der Funktion erst genau dann bekannt wird, wenn das Experiment ausgeführt worden ist. Dem Maßraum $[X, \mathfrak{S}, \mu]$ kommt hierbei die Rolle eines umfassenden mathematischen Bezugssystems zu, das einer wohlabgrenzbaren Klasse von Experimenten zugrunde gelegt wird. Die vom Ergebnis des jeweiligen Experiments abhängige Funktion ist daher eine Funktion der Elemente (Punkte) x aus X. Eine Zufallsvariable kann also vorläufig als eine (reellwertige) Funktion auf dem Maßraum $[X, \mathfrak{S}, \mu]$ betrachtet werden.

Um diese Überlegungen zu präzisieren, sind jedoch noch gewisse wahrscheinlichkeitstheoretische Fragen zu beantworten, die sich auf die Werte der Funktion beziehen. Eine solche Frage lautet z. B.: Wie groß ist die Wahrscheinlichkeit dafür, daß die Werte der Funktion zwischen zwei reellen Zahlen α und β liegen?, bzw. in maßtheoretischer Formulierung: wie groß ist das Maß derjenigen Punkte $x \in X$, deren zugehörige Funktionswerte zwischen α und β liegen? Damit Fragen dieser Art beantwortet werden können, ist es notwendig, daß die jeweils betrachteten

---

[1] Verhältnis der Anzahl der „günstigen“ zur Anzahl der überhaupt möglichen Fälle.

Punktmengen sämtlich einer σ-Algebra angehören, die Zufallsvariable also eine „meßbare" Funktion ist.

Sei im Sinne dieser Vorbemerkung nun $\xi(\cdot)$ — die im folgenden streng zu definierende *Zufallsvariable* — eine Abbildung *von X in* $R^{(1)}$ (d. h. in die Menge der reellen Zahlen). Ist $M^{(1)}$ eine beliebige Teilmenge von $R^{(1)}$, also $M^{(1)} \subseteq R^{(1)}$, so werde zunächst das *Urbild* von $M^{(1)}$ bezüglich $\xi(\cdot)$, in Zeichen: $\xi^{-1}(M^{(1)})$, durch die Bestimmung erklärt:

$$\xi^{-1}(M^{(1)}) =_{\text{Def}} \{x \mid x \in X \wedge \xi(x) \in M^{(1)}\}\,^1. \tag{8}$$

Sei nun weiter für eine beliebige reelle Zahl $\varkappa$

$$I_\varkappa^{(1)} =_{\text{Def}} \{\tau \mid \varkappa < \tau < \infty\}, \tag{9}$$

so wird im Einklang mit der obigen Vorbemerkung gefordert:

$$\text{Für beliebiges reelles } \varkappa \text{ soll stets } \xi^{-1}(I_\varkappa^{(1)}) \in \mathfrak{S} \text{ sein.} \tag{10}$$

Die Forderung der „*Meßbarkeit*" von $\xi(\cdot)$ wird dann gerade durch [10] ausgedrückt.

Ist ferner

$$\mathfrak{M}_\xi =_{\text{Def}} \{\xi^{-1}(I_\varkappa^{(1)}) \mid -\infty < \varkappa < +\infty\}, \tag{11}$$

so gilt unter Berücksichtigung von [10] offenbar

$$\mathfrak{M}_\xi \subseteq \mathfrak{S} \subseteq \mathfrak{P}(X). \tag{2}$$

Um das obige Beispiel fortzusetzen, werde definiert: $\xi(x_i) = i$ (für $i = 1, 2, \ldots, 6$). Offensichtlich ergibt sich dann:

$$\xi^{-1}(I_\varkappa^{(1)}) = \{x_1, x_2, x_3, x_4, x_5, x_6\} \text{ für } -\infty < \varkappa < 1,$$
$$\xi^{-1}(I_\varkappa^{(1)}) = \{x_2, x_3, x_4, x_5, x_6\} \qquad \text{,,} \qquad 1 < \varkappa < 2,$$
$$\xi^{-1}(I_\varkappa^{(1)}) = \{x_3, x_4, x_5, x_6\} \qquad \text{,,} \qquad 2 < \varkappa < 3,$$
$$\xi^{-1}(I_\varkappa^{(1)}) = \{x_4, x_5, x_6\} \qquad \text{,,} \qquad 3 < \varkappa < 4,$$
$$\xi^{-1}(I_\varkappa^{(1)}) = \{x_5, x_6\} \qquad \text{,,} \qquad 4 < \varkappa < 5,$$
$$\xi^{-1}(I_\varkappa^{(1)}) = \{x_6\} \qquad \text{,,} \qquad 5 < \varkappa < 6,$$
$$\xi^{-1}(I_\varkappa^{(1)}) = \emptyset \qquad \text{,,} \qquad 6 < \varkappa.$$

[10] ist mithin voll erfüllt, d. h. $\xi(\cdot)$ ist eine *Zufallsvariable*.

Nächstes Ziel dieser Überlegungen ist es, zu dem System der bezüglich der Zufallsvariablen $\xi(\cdot)$ überhaupt beobachtbaren zufälligen Ereignisse zu gelangen. Dabei ist es sinnvoll, den kleinsten σ-Ring über $\mathfrak{M}_\xi$ zu

---

[1] Die rechte Seite dieser Definitionsgleichung bezeichnet die Menge aller x mit $x \in X$ und $\xi(x) \in M^{(1)}$. Entsprechend sind die im Text folgenden Definitionsgleichungen dieser Art zu verstehen.

betrachten. Da $\mathfrak{P}(X)$ ein σ-Ring ist, existiert ein solcher kleinster σ-Ring sicherlich. Er werde mit $\mathfrak{S}_\xi$ bezeichnet. Dann ist:

$$\mathfrak{S}_\xi =_{\mathrm{Def}} \bigcap \tilde{\mathfrak{S}}\,^1.$$
$$\left[\begin{array}{l} \tilde{\mathfrak{S}}\ \sigma\text{-Ring,} \\ \mathfrak{M}_\xi \subseteq \tilde{\mathfrak{S}} \end{array} \right] \tag{12}$$

Aus dem oben entwickelten System $\mathfrak{M}_\xi$ für die sieben $\varkappa$-Intervalle erkennt man in Verbindung mit [1], daß die $\{x_1\}, \{x_2\}, \ldots, \{x_6\}$ sämtlich zu $\mathfrak{S}_\xi$ gehören müssen. Nach [2] ist sogar $\mathfrak{S}_\xi$ gleich dem System $\mathfrak{S}$ der bezüglich der Zufallsvariablen überhaupt „beobachtbaren" zufälligen Ereignisse.

Für den Fall eines beliebigen Wahrscheinlichkeitsraumes $[X, \mathfrak{S}, \mu]$ und einer beliebigen Zufallsvariablen $\xi(\cdot)$ läßt sich $\mathfrak{S}_\xi$ auch auf die folgende Weise gewinnen, wodurch gleichzeitig die Möglichkeit geboten wird, den Begriff der Zufallsvariablen zu verallgemeinern.

Sei nämlich $\mathfrak{J}^{(1)}$ das System aller halboffenen (eindimensionalen) Intervalle $I_{\sigma_1^{(1)}\sigma_2^{(1)}}$ mit

$$I_{\sigma_1^{(1)}\sigma_2^{(1)}} =_{\mathrm{Def}} \{\tau^{(1)} \,|\, \sigma_1^{(1)} < \tau^{(1)} < \sigma_2^{(1)}\}, \tag{13}$$

wo $\sigma_1^{(1)}$ und $\sigma_2^{(1)}$ beliebige reelle Zahlen sind. Dann werde der (sicher existierende) kleinste σ-Ring über $\mathfrak{J}^{(1)}$, der das *System der* BOREL-*Mengen über* $\mathbf{R}^{(1)}$ genannt und mit $\mathfrak{B}(\mathbf{R}^{(1)})$ bezeichnet wird, gebildet. Unter Verwendung von [8] ergibt sich sofort

$$\mathfrak{S}_\xi = \{\xi^{-1}(\mathbf{B}^{(1)}) \,|\, \mathbf{B}^{(1)} \in \mathfrak{B}(\mathbf{R}^{(1)})\}. \tag{3}$$

$\mathfrak{S}_\xi$ heiße in diesem Zusammenhang auch *das zur Zufallsvariablen* $\xi(\cdot)$ *gehörende* BOREL-*System über* X.

Das erläuterte Verfahren kann jetzt ohne weiteres auf den n-dimensionalen Fall übertragen werden:

X werde dazu durch eine („vektorwertige") Funktion

$$\vec{\xi}(x) =_{\mathrm{Def}} [\xi_1(x), \xi_2(x), \ldots, \xi_n(x)], \tag{14}$$

deren einzelne Komponenten Zufallsvariablen und damit meßbare Funktionen der $x \in X$ sind, punktweise in den $\mathbf{R}^{(n)}$ abgebildet. $\vec{\xi}(\cdot)$ heißt *Zufallsvektor*.

In Verallgemeinerung von $\mathfrak{J}^{(1)}$ werden dann $\mathfrak{J}^{(n)}$ als System aller halboffenen (n-dimensionalen) Intervalle der Form

$$I_{\sigma_1^{(1)}\ldots\sigma_1^{(n)},\,\sigma_2^{(1)}\ldots\sigma_2^{(n)}} =_{\mathrm{Def}}$$
$$\{[\tau^{(1)}, \ldots, \tau^{(n)}] \,|\, \sigma_1^{(\nu)} < \tau^{(\nu)} < \sigma_2^{(\nu)};\ \nu = 1, \ldots, n\} \tag{15}$$

---

^{1} Die explizite Gewinnung von $\mathfrak{S}_\xi$ ist für nichtendliche Systeme $\mathfrak{M}_\xi$ nur mittels eines transfiniten Prozesses möglich.

und hierzu $\mathfrak{B}(R^{(n)})$ als kleinster σ-Ring über $\mathfrak{J}^{(n)}$ eingeführt, und schließlich werde in Anlehnung an (3) *das zum Zufallsvektor $\xi(\,\cdot\,)$ gehörende* Borel-*System (über X)*, in Zeichen: $\mathfrak{S}_{\vec{\xi}}$, durch die Bestimmung

$$\mathfrak{S}_{\vec{\xi}} =_{\text{Def}} \{\xi^{-1}(B^{(n)}) \mid B^{(n)} \in \mathfrak{B}(R^{(n)})\}\,[1] \qquad [16]$$

erklärt.

Zur Verdeutlichung der zuletzt entwickelten Begriffe werde erneut auf das vorangehend behandelte Beispiel zurückgegriffen: X, $\mathfrak{S}$ und μ seien wie oben erklärt. Dagegen werde jetzt ein zweidimensionaler Zufallsvektor

$$\vec{\xi}(\,\cdot\,) = [\xi_1(\,\cdot\,), \xi_2(\,\cdot\,)]$$

durch

$$\xi_1(x_i) =_{\text{Def}} \begin{cases} 1, & \text{falls } 2 \nmid i \\ 2, & \text{,, } \quad 2 \mid i, \end{cases}$$

$$\xi_2(x_i) =_{\text{Def}} \begin{cases} 1, & \text{falls } 3 \nmid i \\ 2, & \text{,, } \quad 3 \mid i, \end{cases}$$

definiert[2], wo natürlich $i = 1, 2, \ldots, 6$ ist. Die Zahlen $1, 2, \ldots, 6$ werden also im Hinblick auf die beiden Merkmale „Teilbarkeit durch 2" und „Teilbarkeit durch 3" untersucht. Wegen der Endlichkeit des Gesamtsystems empfiehlt es sich zur einfacheren Berechnung der Urbilder, zunächst $\mathfrak{M}_{\vec{\xi}}$ zu ermitteln und anschließend den kleinsten σ-Ring über $\mathfrak{M}_{\vec{\xi}}$ zu bilden[1].

Die dem Aufbau von $\mathfrak{M}_{\vec{\xi}}$ zugrunde gelegten Intervalle haben im vorliegenden Falle die allgemeine Gestalt

$$I^{(2)}_{\varkappa_1 \varkappa_2} = \left\{ [\tau^{(1)}, \tau^{(2)}] \,\middle|\, \begin{matrix} \varkappa_1 \leqslant \tau^{(1)} < +\infty \\ \varkappa_2 \leqslant \tau^{(2)} < +\infty \end{matrix} \right\}.$$

Unter Benutzung der obigen Definition des zweidimensionalen Vektors $\vec{\xi}(\,\cdot\,)$ erhält man mithin

$$\xi^{-1}(I^{(2)}_{\varkappa_1 \varkappa_2}) = \{x_1, x_2, x_3, x_4, x_5, x_6\} \quad \text{für} \quad \begin{cases} -\infty < \varkappa_1 \leqslant 1 \\ -\infty < \varkappa_2 \leqslant 1, \end{cases}$$

$$\xi^{-1}(I^{(2)}_{\varkappa_1 \varkappa_2}) = \{x_3, x_6\} \qquad\qquad \text{,,} \quad \begin{cases} -\infty < \varkappa_1 \leqslant 1 \\ \quad 1 < \varkappa_2 \leqslant 2, \end{cases}$$

$$\xi^{-1}(I^{(2)}_{\varkappa_1 \varkappa_2}) = \emptyset \qquad\qquad\quad \text{,,} \quad \begin{cases} -\infty < \varkappa_1 \leqslant 1 \\ \quad 2 < \varkappa_2 < +\infty, \end{cases}$$

---

[1] Anstelle des zuletzt dargestellten Verfahrens hätte man natürlich auch zunächst das zum *Vektor $\vec{\xi}$* gehörende Analogon $\mathfrak{M}_{\vec{\xi}}$ von $\mathfrak{M}_{\xi}$ bilden können. Genauer: man hätte zunächst das System $\mathfrak{M}_{\vec{\xi}}$ der Urbilder der n-dimensionalen Analoga der Intervalle von [9] aufstellen und im Anschluß hieran den kleinsten σ-Ring über $\mathfrak{M}_{\vec{\xi}}$ bilden können.

[2] Dabei bedeute $a \mid b$: a ist Teiler von b, und $a \nmid b$: a ist nicht Teiler von b.

$$\xi^{-1}(\mathrm{I}^{(2)}_{\varkappa_1 \varkappa_2}) = \{x_2,\ x_4,\ x_6\} \qquad \text{für} \quad \left\{ \begin{array}{l} 1 < \varkappa_1 \leqslant 2 \\ -\infty < \varkappa_2 \leqslant 1, \end{array} \right.$$

$$\xi^{-1}(\mathrm{I}^{(2)}_{\varkappa_1 \varkappa_2}) = \{x_6\} \qquad\qquad \text{,,} \quad \left\{ \begin{array}{l} 1 < \varkappa_1 \leqslant 2 \\ 1 < \varkappa_2 \leqslant 2, \end{array} \right.$$

$$\xi^{-1}(\mathrm{I}^{(2)}_{\varkappa_1 \varkappa_2}) = \emptyset \qquad\qquad \text{,,} \quad \left\{ \begin{array}{l} 1 < \varkappa_1 \leqslant 2 \\ 2 < \varkappa_2 < +\infty, \end{array} \right.$$

$$\xi^{-1}(\mathrm{I}^{(2)}_{\varkappa_1 \varkappa_2}) = \emptyset \qquad\qquad \text{,,} \quad \left\{ \begin{array}{l} 2 < \varkappa_1 < +\infty \\ -\infty < \varkappa_2 \leqslant 1, \end{array} \right.$$

$$\xi^{-1}(\mathrm{I}^{(2)}_{\varkappa_1 \varkappa_2}) = \emptyset \qquad\qquad \text{,,} \quad \left\{ \begin{array}{l} 2 < \varkappa_1 < +\infty \\ 1 < \varkappa_2 \leqslant 2, \end{array} \right.$$

$$\xi^{-1}(\mathrm{I}^{(2)}_{\varkappa_1 \varkappa_2}) = \emptyset \qquad\qquad \text{,,} \quad \left\{ \begin{array}{l} 2 < \varkappa_1 < +\infty \\ 2 < \varkappa_2 < +\infty. \end{array} \right.$$

Folglich ist

$$\mathfrak{M}_{\vec{\xi}} = \big\{\emptyset;\ \{x_6\};\ \{x_3,\ x_6\};\ \{x_2,\ x_4,\ x_6\};\ \{x_1,\ x_2,\ x_3,\ x_4,\ x_5,\ x_6\}\big\}.$$

Um nun den kleinsten σ-Ring über $\mathfrak{M}_{\vec{\xi}}$ zu bilden, genügt es offenbar, alle überhaupt möglichen Differenzen und Vereinigungen der Elemente von $\mathfrak{M}_{\vec{\xi}}$ unter Einschluß der jeweils schon erzeugten Differenzen und Vereinigungen zu ermitteln. Es ergibt sich

$$\mathfrak{S}_{\vec{\xi}} = \big\{\emptyset;\ \{x_3\},\ \{x_6\};\ \{x_1,\ x_5\},\ \{x_2,\ x_4\},\ \{x_3,\ x_6\};\ \{x_1,\ x_3,\ x_5\},\ \{x_1,\ x_5,\ x_6\},$$
$$\{x_2,\ x_3,\ x_4\},\ \{x_2,\ x_4,\ x_6\};\ \{x_1,\ x_2,\ x_4,\ x_5\},\ \{x_1,\ x_3,\ x_5,\ x_6\},\ \{x_2,\ x_3,\ x_4,$$
$$x_6\};\ \{x_1,\ x_2,\ x_3,\ x_4,\ x_5\},\ \{x_1,\ x_2,\ x_4,\ x_5,\ x_6\};\ \{x_1,\ x_2,\ x_3,\ x_4,\ x_5,\ x_6\}\big\}.$$

3. Definition der Information für Zufallsvariablen und Zufallsvektoren

Sei für das Folgende wieder $[X,\ \mathfrak{S},\ \mu]$ ein beliebiger Wahrscheinlichkeitsraum, also $\mathfrak{S}$ eine σ-Algebra[1] über dem System X, die alle „zufälligen Ereignisse" bezüglich X umfaßt. In konkreter Deutung bildet eine *Unteralgebra von* $\mathfrak{S}$ die Gesamtheit derjenigen „*zufälligen Ereignisse*", deren Ausgang nach der Ausführung eines Experiments bekanntgeworden ist. Die Unteralgebra von $\mathfrak{S}$ kann also der Menge der Einzelversuche des Experiments umkehrbar eindeutig zugeordnet, ja geradezu dem Experiment gleichgesetzt werden.

$\mathfrak{S}_1$ und $\mathfrak{S}_2$ seien jetzt zwei endliche Unteralgebren von $\mathfrak{S}$. Dann wird die *Information, die in den Ergebnissen des Experiments* $\mathfrak{S}_2$ *hinsichtlich der Ergebnisse des Experiments* $\mathfrak{S}_1$ *enthalten ist*, oder: die *Information über die zufälligen Ereignisse der Unteralgebra* $\mathfrak{S}_1$*, die in den (zufälligen) Ereignissen der Unteralgebra* $\mathfrak{S}_2$ *enthalten ist*, durch die folgende Bestimmung definiert:

---

[1] Diese σ-Algebra bildet einen *vollständigen distributiven komplementären (Mengen-)Verband*, also eine Boolesche Algebra.

Sind die Unteralgebren $\mathfrak{S}_1$ und $\mathfrak{S}_2$ von $\mathfrak{S}$ durch

$$\mathfrak{S}_1 =_{\text{Def}} \{E^{(1)}_1, \ldots, E^{(1)}_m\},$$

$$\mathfrak{S}_2 =_{\text{Def}} \{E^{(2)}_1, \ldots, E^{(2)}_n\}$$

gegeben, so ist die oben genannte Information

$$I(\mathfrak{S}_1, \mathfrak{S}_2) =_{\text{Def}} \sum_{i,k} \mu\big(E^{(1)}_i \cap E^{(2)}_k\big) \cdot \log \frac{\mu\big(E^{(1)}_i \cap E^{(2)}_k\big)}{\mu\big(E^{(1)}_i\big) \cdot \mu\big(E^{(2)}_k\big)},$$

wobei jeder Summand, für den $E^{(1)}_i \cap E^{(2)}_k = \emptyset$ ist, verschwinden soll.

$$[17]$$

Läßt man die Voraussetzung der Endlichkeit von $\mathfrak{S}_1$ und $\mathfrak{S}_2$ fallen, so ist per definitionem

$$I(\mathfrak{S}_1, \mathfrak{S}_2) =_{\text{Def}} \sup I(\tilde{\mathfrak{S}}_1, \tilde{\mathfrak{S}}_2)$$

$$\tilde{\mathfrak{S}}_j \text{ Unteralgebra von } \mathfrak{S}_j,$$

$$\tilde{\mathfrak{S}}_j \text{ endlich } (j = 1, 2)$$

$$[18]$$

Die Definition [18] läßt sich auf die zwei beliebig vorgegebenen Zufallsvariablen $\xi(\,\cdot\,)$ und $\eta(\,\cdot\,)$ zugehörenden BOREL-Systeme $\mathfrak{S}_\xi$ und $\mathfrak{S}_\eta$ anwenden, da auch $\mathfrak{S}_\xi$ und $\mathfrak{S}_\eta$ σ-Algebren sind. Es sei daher

$$J(\xi, \eta) =_{\text{Def}} I(\mathfrak{S}_\xi, \mathfrak{S}_\eta). \qquad [19]$$

$J(\xi, \eta)$ heißt die *Information über die Zufallsvariable* $\xi(\,\cdot\,)$, *die in der Zufallsvariablen* $\eta(\,\cdot\,)$ *enthalten ist.*

Die Definition [17] ist direkt orientiert an der SHANNONschen *Definition der Information*[1] (für den Fall, daß die in der letzteren auftretenden Variablen nur endlich viele Werte annehmen). Um die weitgehende Übereinstimmung aufzuzeigen, werde die Definition SHANNONs in der hier entwickelten allgemeineren Terminologie rekonstruiert.

Seien $\xi(\,\cdot\,)$ und $\eta(\,\cdot\,)$ zwei Zufallsvariablen. $\xi(\,\cdot\,)$ nehme die Werte $\alpha_1, \alpha_2, \ldots, \alpha_m$ mit den „Wahrscheinlichkeiten" $P_\xi(\alpha_1), \ldots, P_\xi(\alpha_m)$ und $\eta(\,\cdot\,)$ die Werte $\beta_1, \beta_2, \ldots, \beta_n$ mit den „Wahrscheinlichkeiten $P_\eta(\beta_1), \ldots,$ $P_\eta(\beta_n)$ an. Die „Wahrscheinlichkeit" dafür, daß $\xi(\,\cdot\,)$ den Wert α_i und „gleichzeitig" $\eta(\,\cdot\,)$ den Wert β_k annimmt, sei mit $P_{\xi\eta}(\alpha_i, \beta_k)$ bezeichnet. Für die Menge der in $\eta(\,\cdot\,)$ enthaltenen Information über $\xi(\,\cdot\,)$, in Zeichen: $J(\xi, \eta)$, ergibt sich dann nach SHANNON:

$$J(\xi, \eta) =_{\text{Def}} \sum_{i=1}^m \sum_{k=1}^n P_{\xi\eta}(\alpha_i, \beta_k) \log \frac{P_{\xi\eta}(\alpha_i, \beta_k)}{P_\xi(\alpha_i) \cdot P_\eta(\beta_k)}{}^2. \qquad [S]$$

---

[1] Vgl. C. E. SHANNON und W. WEAVER, The Mathematical Theory of Communication, Urbana, Ill., 1959 (8. Aufl.), Appendix 7, p. 89 ff.

[2] Für $P_{\xi\eta}(\alpha_i, \beta_k) = 0$ soll stets wieder der entsprechende Summand verschwinden.

Es ist leicht zu sehen, daß Definition [19] in Verbindung mit der Definition [17] auf den Shannonschen Ausdruck, die rechte Seite von [S], führt, wenn man

$$P_\xi(\alpha_i) =_{\text{Def}} \mu(\xi^{-1}(\{\alpha_i\})),$$

$$P_\eta(\beta_k) =_{\text{Def}} \mu(\eta^{-1}(\{\beta_k\})),$$

$$P_{\xi\eta}(\alpha_i, \beta_k) =_{\text{Def}} \mu(\xi^{-1}(\{\alpha_i\}) \cap \eta^{-1}(\{\beta_k\}))$$

mit $i = 1, 2, \ldots, m$ und $k = 1, 2, \ldots, n$ setzt.

Zur Exemplifikation des soeben präzisierten Informationsbegriffs werde wieder der in dem mehrfach herangezogenen Beispiel festgesetzte Maßraum $[X, \mathfrak{S}, \mu]$ zugrunde gelegt und dann in vier unterschiedlichen Fällen die Information über eine Zufallsvariable $\xi(\cdot)$, die in einer anderen Zufallsvariablen $\eta(\cdot)$ enthalten ist, rechnerisch bestimmt.

B 1.

Es sei

$$\xi(x_i) =_{\text{Def}} i\,^1,$$

$$\eta(x_k) =_{\text{Def}} \begin{cases} 1, \text{ falls } 2 \nmid k\,^2 \\ 2, \quad ,, \quad 2 \mid k \end{cases}$$

$$i, k = 1, 2, \ldots, 6.$$

Dann ist

$$\mu(\xi^{-1}(\{\alpha_i\})) = \mu(\{x_i\}) = P_\xi(\alpha_i) = \frac{1}{6}$$

$$\text{für } i = 1, 2, \ldots, 6.$$

Wegen

$$\eta^{-1}(\{\beta_k\}) = \begin{cases} \{x_1, x_3, x_5\} \text{ für } k = 1 \\ \{x_2, x_4, x_6\} \quad ,, \quad k = 2 \end{cases}$$

folgt

$$\mu(\eta^{-1}(\{\beta_k\})) =$$

$$P_\eta(\beta_k) = \begin{cases} \mu(\{x_1, x_3, x_5\}) = \dfrac{1}{2} \text{ für } k = 1 \\ \mu(\{x_2, x_4, x_6\}) = \dfrac{1}{2} \quad ,, \quad k = 2, \end{cases}$$

so daß sich

$$\xi^{-1}(\{\alpha_i\}) \cap \eta^{-1}(\{\beta_k\}) = \begin{cases} \{x_i\} \text{ für } \begin{cases} i = 1, 3, 5 \\ k = 1 \end{cases} \\ \varnothing \quad ,, \quad \begin{cases} i = 2, 4, 6 \\ k = 1 \end{cases} \\ \varnothing \quad ,, \quad \begin{cases} i = 1, 3, 5 \\ k = 2 \end{cases} \\ \{x_i\} \quad ,, \quad \begin{cases} i = 2, 4, 6 \\ k = 2 \end{cases} \end{cases}$$

---

[1] Entsprechend der Definition auf S. 229.

[2] Entsprechend der Definition der ersten Komponente von $\vec{\xi}(\cdot)$ auf S. 231.

und somit

$$\mu(\xi^{-1}(\{\alpha_i\}) \cap \eta^{-1}(\{\beta_k\})) = P_{\xi\eta}(\alpha_i, \beta_k)$$

$$= \begin{cases} \dfrac{1}{6} \text{ für} \begin{cases} i \text{ gerade und } k \text{ gerade} \\ i \text{ ungerade und } k \text{ ungerade} \end{cases} \\ 0 \text{ für alle übrigen } (i, k)\text{-Kombinationen} \end{cases}$$

ergibt. Die in $\eta(\,\cdot\,)$ enthaltene Information über $\xi(\,\cdot\,)$ ist also gemäß [17] und [19] (in der hier bequemeren Schreibweise von [S]):

$$J(\xi, \eta) = P_{\xi\eta}(\alpha_1, \beta_1) \log \frac{P_{\xi\eta}(\alpha_1, \beta_1)}{P_{\xi}(\alpha_1)\, P_{\eta}(\beta_1)}$$

$$+ P_{\xi\eta}(\alpha_3, \beta_1) \log \frac{P_{\xi\eta}(\alpha_3, \beta_1)}{P_{\xi}(\alpha_3)\, P_{\eta}(\beta_1)}$$

$$+ P_{\xi\eta}(\alpha_5, \beta_1) \log \frac{P_{\xi\eta}(\alpha_5, \beta_1)}{P_{\xi}(\alpha_5)\, P_{\eta}(\beta_1)}$$

$$+ P_{\xi\eta}(\alpha_2, \beta_2) \log \frac{P_{\xi\eta}(\alpha_2, \beta_2)}{P_{\xi}(\alpha_2)\, P_{\eta}(\beta_2)}$$

$$+ P_{\xi\eta}(\alpha_4, \beta_2) \log \frac{P_{\xi\eta}(\alpha_4, \beta_2)}{P_{\xi}(\alpha_4)\, P_{\eta}(\beta_2)}$$

$$+ P_{\xi\eta}(\alpha_6, \beta_2) \log \frac{P_{\xi\eta}(\alpha_6, \beta_2)}{P_{\xi}(\alpha_6)\, P_{\eta}(\beta_2)}$$

$$= 6 \cdot \frac{1}{6} \cdot \log \frac{\dfrac{1}{6}}{\dfrac{1}{6} \cdot \dfrac{1}{2}} = \log 2.$$

Wählt man, wie üblich, den dyadischen Logarithmus, so ist der gesuchte Betrag an Information gleich 1.

$B\ 2.$

Jetzt sei

$$\xi(x_i) =_{\text{Def}} \begin{cases} 1, \text{ falls } 3 \nmid i \\ 2, \quad ,, \quad 3 \mid i \end{cases}$$

$$\eta(x_k) =_{\text{Def}} \begin{cases} 1, \text{ falls } 2 \nmid k \\ 2, \quad ,, \quad 2 \mid k; \end{cases}$$

$$i, k = 1, 2, \ldots, 6.$$

Man erhält

$$\xi^{-1}(\alpha_1) = \{x_1, x_2, x_4, x_5\},$$

$$\xi^{-1}(\alpha_2) = \{x_3, x_6\},$$

mithin

$$\mu(\xi^{-1}(\{\alpha_i\})) = P_{\xi}(\alpha_i) =$$

$$\begin{cases} \mu(\{x_1, x_2, x_4, x_5\}) = \dfrac{2}{3} \text{ für } i = 1 \\ \mu(\{x_3, x_6\}) \qquad = \dfrac{1}{3} \text{ für } i = 2. \end{cases}$$

Andererseits war (vgl. B 1):

$$\mu(\eta^{-1}(\{\beta_k\})) = P_\eta(\beta_k) = \frac{1}{2} \text{ für } k = 1,2.$$

Folglich ergibt sich

$$P_{\xi\eta}(\alpha_1, \beta_1) = \mu(\xi^{-1}(\{\alpha_1\}) \cap \eta^{-1}(\{\beta_1\})) =$$
$$\mu(\{x_1, x_2, x_4, x_5\} \cap \{x_1, x_3, x_5\}) = \mu(\{x_1, x_5\}) = \frac{1}{3}$$

und entsprechend, wie man sich leicht überzeugt,

$$P_{\xi\eta}(\alpha_1, \beta_2) = P_{\xi\eta}(\{x_2, x_4\}) = \frac{1}{3},$$

$$P_{\xi\eta}(\alpha_2, \beta_1) = P_{\xi\eta}(\{x_3\}) = \frac{1}{6},$$

$$P_{\xi\eta}(\alpha_2, \beta_2) = P_{\xi\eta}(\{x_6\}) = \frac{1}{6},$$

Die in $\eta(\cdot)$ über $\xi(\cdot)$ enthaltene Information ist daher

$$J(\xi, \eta) = P_{\xi\eta}(\alpha_1, \beta_1) \log \frac{P_{\xi\eta}(\alpha_1, \beta_1)}{P_\xi(\alpha_1)\, P_\eta(\beta_1)}$$
$$+ P_{\xi\eta}(\alpha_1, \beta_2) \log \frac{P_{\xi\eta}(\alpha_1, \beta_2)}{P_\xi(\alpha_1)\, P_\eta(\beta_2)}$$
$$+ P_{\xi\eta}(\alpha_2, \beta_1) \log \frac{P_{\xi\eta}(\alpha_2, \beta_1)}{P_\xi(\alpha_2)\, P_\eta(\beta_1)}$$
$$+ P_{\xi\eta}(\alpha_2, \beta_2) \log \frac{P_{\xi\eta}(\alpha_2, \beta_2)}{P_\xi(\alpha_2)\, P_\eta(\beta_2)}$$

$$= \frac{1}{3} \cdot \log \frac{\frac{1}{3}}{\frac{2}{3} \cdot \frac{1}{2}} + \frac{1}{3} \cdot \log \frac{\frac{1}{3}}{\frac{2}{3} \cdot \frac{1}{2}}$$

$$+ \frac{1}{6} \cdot \log \frac{\frac{1}{6}}{\frac{1}{3} \cdot \frac{1}{2}} + \frac{1}{6} \cdot \log \frac{\frac{1}{6}}{\frac{1}{3} \cdot \frac{1}{2}}$$
$$= 0.$$

Keines der beiden „Experimente" $\mathfrak{S}_\xi$ und $\mathfrak{S}_\eta$ gibt also irgendeine Information über den Ausgang des anderen; die Zufallsvariablen $\xi(\cdot)$ und $\eta(\cdot)$ sind, wie man auch sagt, *voneinander unabhängig*.

B 3.

In diesem Beispiel soll die Information bestimmt werden, die eine Zufallsvariable über sich selbst zu geben vermag. Es sei etwa

$$\xi(x_k) = \eta(x_k) =_{\text{Def}} \begin{cases} 1, \text{ falls } 2 \nmid k \\ 2, \ \ ,, \ \ 2 \mid k; \end{cases}$$
$$i, k = 1, 2, \ldots, 6.$$

Offenbar ist hier

$$P_{\xi\eta}(\alpha_1, \beta_1) = P_{\xi\eta}(\alpha_2, \beta_2) = \frac{1}{2},$$

$$P_{\xi\eta}(\alpha_1, \beta_2) = P_{\xi\eta}(\alpha_2, \beta_1) = 0,$$

so daß folgt:

$$J(\xi, \eta) = 2 \cdot \frac{1}{2} \cdot \log \frac{\frac{1}{2}}{\frac{1}{2} \cdot \frac{1}{2}} = \log 2.$$

B 4.

Um jetzt ein Beispiel für einen zwischen 0 und $\log 2$ liegenden Informationsbetrag anzuführen, werde festgesetzt:

$$\xi(x_i) =_{\mathrm{Def}} \begin{cases} 1, & \text{falls } 4 \nmid i \\ 2, & \text{,,} \quad 4 \mid i \end{cases}$$

$$\eta(x_k) =_{\mathrm{Def}} \begin{cases} 1, & \text{falls } 2 \nmid k \\ 2, & \text{,,} \quad 2 \mid k; \end{cases}$$

$$i, k = 1, 2, \ldots, 6.$$

Wegen

$$\xi^{-1}(\{\alpha_1\}) = \{x_1, x_2, x_3, x_5, x_6\},$$

$$\xi^{-1}(\{\alpha_2\}) = \{x_4\}$$

ist

$$P_{\xi}(\alpha_1) = \frac{5}{6}, \quad P_{\xi}(\alpha_2) = \frac{1}{6},$$

folglich, unter Verwendung der oben (B 1) errechneten

$$P_{\eta}(\beta_1) = P_{\eta}(\beta_2) = \frac{1}{2}:$$

$$P_{\xi\eta}(\alpha_1, \beta_1) = \frac{1}{2},$$

$$P_{\xi\eta}(\alpha_1, \beta_2) = \frac{1}{3},$$

$$P_{\xi\eta}(\alpha_2, \beta_1) = 0,$$

$$P_{\xi\eta}(\alpha_2, \beta_2) = \frac{1}{6}$$

und mithin

$$J(\xi, \eta) = \frac{1}{2} \cdot \log \frac{\frac{1}{2}}{\frac{5}{6} \cdot \frac{1}{2}} + \frac{1}{3} \cdot \log \frac{\frac{1}{3}}{\frac{5}{6} \cdot \frac{1}{2}} + 0 + \frac{1}{6} \cdot \log \frac{\frac{1}{6}}{\frac{1}{6} \cdot \frac{1}{2}}$$

$$= \frac{1}{2} \cdot \log \frac{6}{5} + \frac{1}{3} \cdot \log \frac{4}{5} + \frac{1}{6} \cdot \log 2$$

$$= \log \sqrt[6]{\frac{2^8 \cdot 3^8}{5^5}}$$

$$= \log 2 + \log \sqrt[6]{\frac{2^2 \cdot 3^3}{5^5}}$$

$$< \log 2 + \log \sqrt[6]{\frac{3^2 \cdot 3^3}{5^5}}$$

$$= \log 2 + \log \sqrt[6]{\left(\frac{3}{5}\right)^5} < \log 2.$$

Die Definition der Information für Zufallsvariablen gemäß [19] kann nun ohne weiteres auf den Fall erweitert werden, daß an die Stelle der Zufallsvariablen *Zufallsvektoren* treten:

Seien $\vec{\xi}(\cdot)$ und $\vec{\eta}(\cdot)$ Zufallsvektoren, so werde — unter Beachtung von [16] — entsprechend [19] nunmehr definiert:

$$J(\vec{\xi}, \vec{\eta}) =_{\text{Def}} I(\mathfrak{S}_{\vec{\xi}}, \mathfrak{S}_{\vec{\eta}}). \qquad [20]$$

$\vec{\xi}$ und $\vec{\eta}$ brauchen dabei nicht dieselbe Dimension zu besitzen.

B 5.

Sei $\vec{\xi}(\cdot)$ wie auf S. 231 erklärt und $\vec{\eta}(\cdot)$ eindimensional, nämlich

$$\eta(x_k) =_{\text{Def}} \begin{cases} 1, & \text{falls } 5 \nmid k \\ 2, & \text{,, } \quad 5 \mid k. \end{cases}$$

Dann folgt

$$\vec{\xi}(x_1) = [1, 1] = \vec{\alpha}_1,$$

$$\vec{\xi}(x_2) = [2, 1] = \vec{\alpha}_2,$$

$$\vec{\xi}(x_3) = [1, 2] = \vec{\alpha}_3,$$

$$\vec{\xi}(x_4) = [2, 1] = \vec{\alpha}_2,$$

$$\vec{\xi}(x_5) = [1, 1] = \vec{\alpha}_1,$$

$$\vec{\xi}(x_6) = [2, 2] = \vec{\alpha}_4$$

und weiter

$$\xi^{-1}(\alpha_1) = \{x_1, x_5\},$$

$$\xi^{-1}(\alpha_2) = \{x_2, x_4\},$$

$$\xi^{-1}(\alpha_3) = \{x_3\},$$

$$\xi^{-1}(\alpha_4) = \{x_6\},$$

mithin

$$P_{\vec{\xi}}(\vec{\alpha}_1) = P_{\vec{\xi}}(\vec{\alpha}_2) = \frac{1}{3},$$

$$P_{\vec{\xi}}(\vec{\alpha}_3) = P_{\vec{\xi}}(\vec{\alpha}_4) = \frac{1}{6}.$$

Nach der Definition von $\eta(\,\cdot\,)$ ist nun offenbar

$$\eta^{-1}(\beta_1) = \{x_1,\, x_2,\, x_3,\, x_4,\, x_6\},$$
$$\eta^{-1}(\beta_2) = \{x_5\}$$

und daher

$$P_\eta(\beta_1) = \frac{5}{6},$$
$$P_\eta(\beta_2) = \frac{1}{6}.$$

Es ist also der Reihe nach

$$P_{\vec{\xi}\eta}(\alpha_1,\,\beta_1) = \mu(\{x_1,\,x_5\} \cap \{x_1,\,x_2,\,x_3,\,x_4,\,x_6\}) = \mu(\{x_1\}) = \frac{1}{6},$$

$$P_{\vec{\xi}\eta}(\alpha_1,\,\beta_2) = \mu(\{x_1,\,x_5\} \cap \{x_5\}) = \mu(\{x_5\}) = \frac{1}{6},$$

$$P_{\vec{\xi}\eta}(\alpha_2,\,\beta_1) = \mu(\{x_2,\,x_4\} \cap \{x_1,\,x_2,\,x_3,\,x_4,\,x_6\}) = \mu(\{x_2,\,x_4\}) = \frac{1}{3},$$

$$P_{\vec{\xi}\eta}(\alpha_2,\,\beta_2) = \mu(\{x_2,\,x_4\} \cap \{x_5\}) = \mu(\emptyset) = 0,$$

$$P_{\vec{\xi}\eta}(\alpha_3,\,\beta_1) = \mu(\{x_3\} \cap \{x_1,\,x_2,\,x_3,\,x_4,\,x_6\}) = \mu(\{x_3\}) = \frac{1}{6},$$

$$P_{\vec{\xi}\eta}(\alpha_3,\,\beta_2) = \mu(\{x_3\} \cap \{x_5\}) = \mu(\emptyset) = 0,$$

$$P_{\vec{\xi}\eta}(\alpha_4,\,\beta_1) = \mu(\{x_6\} \cap \{x_1,\,x_2,\,x_3,\,x_4,\,x_6\}) = \mu(\{x_6\}) = \frac{1}{6},$$

$$P_{\vec{\xi}\eta}(\alpha_4,\,\beta_2) = \mu(\{x_6\} \cap \{x_5\}) = \mu(\emptyset) = 0.$$

Für die Information über $\vec{\xi}(\,\cdot\,)$, die in $\eta(\,\cdot\,)$ enthalten ist, ergibt sich mithin

$$J(\vec{\xi},\,\eta) = \frac{1}{6}\cdot\log\frac{\frac{1}{6}}{\frac{1}{3}\cdot\frac{5}{6}} + \frac{1}{6}\cdot\log\frac{\frac{1}{6}}{\frac{1}{3}\cdot\frac{1}{6}}$$

$$+ \frac{1}{3}\cdot\log\frac{\frac{1}{3}}{\frac{1}{3}\cdot\frac{5}{6}} + 0$$

$$+ \frac{1}{6}\cdot\log\frac{\frac{1}{6}}{\frac{1}{6}\cdot\frac{5}{6}} + 0$$

$$+ \frac{1}{6}\cdot\log\frac{\frac{1}{6}}{\frac{1}{6}\cdot\frac{5}{6}} + 0$$

$$= \frac{1}{6}\cdot\log\frac{3}{5} + \frac{1}{6}\cdot\log 3 + \frac{2}{3}\cdot\log\frac{6}{5}$$

$$= \log\left(3\cdot\sqrt[6]{\frac{2^4}{5^5}}\right).$$

II. Definition der Information
über einen verallgemeinerten zufälligen Prozeß, die in einem anderen verallgemeinerten zufälligen Prozeß enthalten ist

4. Zufallsfunktion

Sei T ein nicht leerer, sonst aber beliebiger Parameterbereich. Jedem t aus T werde eine Zufallsvariable $\xi(\,\cdot\mid t)$ zugeordnet. Die durch

$$\xi^{\mathsf{T}}(\,\cdot\,) =_{\mathrm{Def}} \{\xi(\,\cdot\mid t)\mid t \in \mathsf{T}\} \tag{21}$$

definierte Familie $\xi^{\mathsf{T}}(\,\cdot\,)$ meßbarer Funktionen $\xi(\,\cdot\mid t)$ heißt *Zufallsfunktion*.

Offenbar stellt $\xi^{\mathsf{T}}(\,\cdot\,)$ eine Abbildung von X in R^{T} dar, wo

$$\mathsf{R}^{\mathsf{T}} =_{\mathrm{Def}} \prod_{t\in\mathsf{T}} \mathsf{R}_t$$

mit $\mathsf{R}_t = \mathsf{R}^{(1)}$ für $t \in \mathsf{T}$ das sogenannte T-fache cartesische Produkt von $\mathsf{R}^{(1)}$ ist. Man sieht, daß der Zufallsvektor hiernach ein Spezialfall der Zufallsfunktion ist.

Es mögen nun als „halboffene Intervalle" in R^{T} solche Mengen erklärt werden, deren Punkte $[\tau^{(t)}]_{t\in\mathsf{T}}$ Bedingungen der Form

$$\left.\begin{aligned} \sigma_1^{(t)} &< \tau^{(t)} < \sigma_2^{(t)} && \text{für } t = t_1, t_2, \ldots, t_k; \\ -\infty &< \tau^{(t)} < +\infty && \text{für } t \in \mathsf{T}\backslash\{t_1, t_2, \ldots, t_k\} \end{aligned}\right\} \tag{22}$$

erfüllen. Dann läßt sich wieder über diesem Intervallsystem der kleinste σ-Ring, d. h. das System der Borel-Mengen über R^{T}, bilden, nämlich das System $\mathfrak{B}(\mathsf{R}^{\mathsf{T}})$. In Analogie zu [16] werde *das zur Zufallsfunktion* $\xi^{\mathsf{T}}(\,\cdot\,)$ *gehörende* Borel-*System (über X)*, in Zeichen: $\mathfrak{S}_{\xi^{\mathsf{T}}}$, durch:

$$\mathfrak{S}_{\xi^{\mathsf{T}}} =_{\mathrm{Def}} \{(\xi^{\mathsf{T}})^{-1}(\mathsf{B}^{\mathsf{T}})\mid \mathsf{B}^{\mathsf{T}} \in \mathfrak{B}(\mathsf{R}^{\mathsf{T}})\} \tag{23}$$

definiert.

$$J(\xi^{\mathsf{T}'}, \eta^{\mathsf{T}''}) =_{\mathrm{Def}} I(\mathfrak{S}_{\xi^{\mathsf{T}'}}, \mathfrak{S}_{\eta^{\mathsf{T}''}}), \tag{24}$$

wo $\xi^{\mathsf{T}'}$ und $\eta^{\mathsf{T}''}$ nicht denselben Parameterbereich zu besitzen brauchen, heiße die *Information über die Zufallsfunktion* $\xi^{\mathsf{T}'}(\,\cdot\,)$, *die in der Zufallsfunktion* $\eta^{\mathsf{T}''}(\,\cdot\,)$ *enthalten ist.*

5. Zufälliger Prozeß und verallgemeinerter zufälliger Prozeß[1]

Sei $\vec{\xi}(\,\cdot\,)$ ein n-dimensionaler Zufallsvektor. Es sei

$$\mu_{\vec{\xi}}(\mathsf{B}^{(n)}) =_{\mathrm{Def}} \mu(\vec{\xi}^{-1}(\mathsf{B}^{(n)})) \quad \text{für } \mathsf{B}^{(n)} \in \mathfrak{B}(\mathsf{R}^{(n)}). \tag{25}$$

$\mu_{\vec{\xi}}(\,\cdot\,)$ heißt *Wahrscheinlichkeitsverteilung von* $\vec{\xi}(\,\cdot\,)$.
Durch

$$\left.\begin{aligned} \mathsf{F}_{\vec{\xi}}(\tau^{(1)}, \ldots, \tau^{(n)}) &=_{\mathrm{Def}} \\ \mu_{\vec{\xi}}(\{[\sigma^{(1)}, \ldots, \sigma^{(n)}]\mid &\sigma^{(1)} < \tau^{(1)} \wedge \ldots \wedge \sigma^{(n)} < \tau^{(n)}\}) \end{aligned}\right\} \tag{26}$$

---

[1] Vgl. hierzu die Vorbemerkung von Gelfand und Jaglom zum § 2 ihrer oben zitierten Arbeit, p. 18f.

werde nun eine auf $R^{(n)}$ definierte Punktfunktion, die sogenannte *Distributionsfunktion von* $\vec{\xi}(\,\cdot\,)$, erzeugt.

$F_k(\ldots)$ für $k = 1, 2, \ldots$ sowie $F_0(\ldots)$ seien Distributionsfunktionen von $\vec{\xi}_k(\,\cdot\,)$. Für die Folge der $F_k(\ldots)$ soll dann eine schwache Konvergenz erklärt werden:

Die Folge $((F_k(\ldots)))$ heiße *schwach konvergent gegen* $F_0(\ldots)$, in Zeichen:

$$F_k(\ldots) \xrightarrow[k \to \infty]{} F_0(\ldots), \qquad [27]$$

genau dann, wenn in jedem Stetigkeitspunkt $[\tau^{(1)}, \ldots, \tau^{(n)}]$ von $F_0(\ldots)$ gilt:

$$\lim_{k \to \infty} F_k(\tau^{(1)}, \ldots, \tau^{(n)}) = F_0(\tau^{(1)}, \ldots, \tau^{(n)}). \qquad [28]$$

Es werde ferner eine Menge $\Phi(R^{(r)})$ von auf $R^{(r)}$ erklärten Funktionen $\varphi(\,\cdot\,)$ definiert:

Es sei $\varphi(\,\cdot\,) \in \Phi(R^{(r)})$ genau dann, wenn $\varphi(\,\cdot\,)$
1. reellwertig auf $R^{(r)}$ ist,
2. unendlich oft (stetig) differenzierbar auf $R^{(r)}$ ist, $\qquad [29]$
3. außerhalb eines Kompaktums verschwindet.

Offenbar kann in $\Phi(R^{(r)})$ in üblicher Weise eine Vektorraum-Struktur eingeführt werden. $\Phi(R^{(r)})$ werde zusätzlich mit einer in der Vektorraum-Struktur kompatiblen Topologie versehen, durch welche $\Phi(R^{(r)})$ zu einem lokalkonvexen Vektorraum wird. Hierzu sei die folgende $\Theta(\,\cdot\,)$-Umgebungsbasis[1] angegeben:

Ist $\alpha = (\alpha_1, \ldots, \alpha_r)$ mit $\alpha_\varrho > 0$ und α_ϱ ganzzahlig für $\varrho = 1, \ldots, r$, so sei für beliebige Funktionen $\varphi(\,\cdot\,)$ aus $\Phi(R^{(r)})$:

$$\partial^\alpha \varphi(\tau) =_{\text{Def}} \frac{\partial^{\alpha_1 + \ldots + \alpha_r}}{\partial x_1 \ldots \partial x_r}\, \varphi(\tau) \\ \text{für } \tau = (\tau^{(1)}, \ldots, \tau^{(r)}) \in R^{(r)}. \qquad [30]$$

$((O_\nu))$, $((m_\varkappa))$, $((\varepsilon_\varkappa))$ mögen jetzt drei Folgen mit den Eigenschaften
1. O_ν ist für $\nu = 1, 2, \ldots$ eine offene Menge in $R^{(r)}$;
2. die abgeschlossene Hülle von $O_\varkappa$ ist eine Untermenge von $O_{\varkappa+1}$;
3. jedes Kompaktum aus $K \subseteq R^{(r)}$ ist in mindestens einem O_ν enthalten;
4. für die Folge der $m_\varkappa$, die aus natürlichen Zahlen besteht, gilt: $\qquad [31]$

$$m_0 < m_1 < m_2 < \ldots (\to \infty);$$

5. für die Folge der $\varepsilon_\varkappa$ gilt:

$$\varepsilon_0 > \varepsilon_1 > \varepsilon_2 > \ldots \text{ mit } \lim_{\varkappa \to \infty} \varepsilon_\varkappa = 0,$$

---

[1] $\Theta(\,\cdot\,)$ ist Nullvektor.

bezeichnen. Dann sei $V((({O}_\varkappa)), (({m}_\varkappa)), (({\varepsilon}_\varkappa)))$ eine Teilmenge von $\Phi(R^{(r)})$, wenn gilt:

$\varphi(\,\cdot\,) \in V((({O}_\varkappa)), (({m}_\varkappa)), (({\varepsilon}_\varkappa)))$ genau dann, wenn für alle natürlichen Zahlen sowie für alle $\alpha = (\alpha_1, \ldots, \alpha_r)$ mit ganzzahligen positiven α_ϱ und $\alpha_1 + \ldots + \alpha_r < m_\varkappa$ sowie schließlich für alle τ, die nicht in $O_\varkappa$ enthalten sind, die Beziehung

$$|\,\partial^\alpha \varphi(\tau)\,| < \varepsilon_\varkappa$$

erfüllt ist. $\qquad\qquad\qquad\qquad\qquad\qquad\qquad\qquad$ [32]

Das System aller $V((({O}_\varkappa)), (({m}_\varkappa)), ({\varepsilon}_\varkappa)))$ liefert eine (überabzählbare) Umgebungsbasis einer lokalkonvexen Topologie auf $\Phi(R^{(r)})$.

Um nun den Begriff des *zufälligen Prozesses* zu definieren, werde mit $\xi^\mathsf{T}(\,\cdot\,)$ eine Zufallsfunktion vorgelegt, für die speziell

$$\mathsf{T} = \{t\,|\,-\infty < t < +\infty\}$$

gelte. Ferner sei $\varphi(\,\cdot\,) \in \Phi(R^{(1)})$. Es sei weiterhin

$$\widehat{\xi}(x\,|\,\varphi) =_{\mathrm{Def}} \int\limits_{-\infty}^{+\infty} \xi(x\,|\,t) \cdot \varphi(t) \cdot dt \qquad\qquad [33]$$

für $x \in X$, wobei angenommen werde, daß $\xi(x\,|\,\cdot\,)$ auf $R^{(1)}$ für beliebige x aus X lokal-summabel sei, damit die Existenz der rechten Seite von [33] für beliebige $x \in X$ gewährleistet ist. Die so definierte Funktion $\widehat{\xi}(\,\cdot\,|\,\varphi)$ stellt eine meßbare Abbildung von $[X, \mathfrak{S}, \mu]$ in $R^{(1)}$ und mithin eine Zufallsvariable dar.

Unter einem *zufälligen Prozeß*[1] werde dann die Familie

$$\left\{\widehat{\xi}(\,\cdot\,|\,\varphi)\,|\,\varphi(\,\cdot\,) \in \Phi(R^{(1)})\right\} \qquad\qquad [34]$$

dieser Zufallsvariablen $\widehat{\xi}(\,\cdot\,|\,\varphi)$ verstanden.

Da wegen [33] offenbar

$$\begin{aligned} \widehat{\xi}(\,\cdot\,|\,\varphi_1 + \varphi_2) &= \widehat{\xi}(\,\cdot\,|\,\varphi_1) + \widehat{\xi}(\,\cdot\,|\,\varphi_2) \\ \widehat{\xi}(\,\cdot\,|\,\lambda\,\varphi) &= \lambda\,\widehat{\xi}(\,\cdot\,|\,\varphi) \end{aligned} \right\} \qquad [35]$$

gilt, stellt die durch

$$\widetilde{\xi}(\varphi) =_{\mathrm{Def}} \widehat{\xi}(\,\cdot\,|\,\varphi) \ \text{für}\ \varphi(\,\cdot\,) \in \Phi(R^{(1)}) \qquad\qquad [36]$$

definierte Funktion ein lineares Funktional auf $\Phi(R^{(1)})$ mit Werten in der Menge aller Zufallsvariablen dar.

Um nun weiterhin zum Begriff des *verallgemeinerten* zufälligen Prozesses zu gelangen, werde eine Abbildung $\widetilde{\xi}(\,\cdot\,)$ von $\Phi(R^{(r)})$ in die Menge aller Zufallsvariablen betrachtet, denen die folgenden Eigenschaften zukommen:

---

[1] Random distribution. — Vgl. K. Itô, Stationary random distributions, Mem. College Sci. Univ. Kyoto, A 28, Nr. 3, 1954, p. 209—223.

1. Linearität

Es sei nämlich

$$\tilde{\xi}(\varphi_1 + \varphi_2) = \tilde{\xi}(\varphi_1) + \tilde{\xi}(\varphi_2) \text{ für } \varphi_i(\,\cdot\,) \in \Phi(\mathsf{R}^{(r)}) \left.\right\}$$
$$\tilde{\xi}(\lambda\,\varphi) = \lambda\,\tilde{\xi}(\varphi) \text{ mit } \lambda \text{ reell und } \varphi(\,\cdot\,) \in \Phi(\mathsf{R}^{(r)}). \left.\right\}$$

[37]

$$i = 1, 2$$

2. Stetigkeit

Diese wird jetzt folgendermaßen erklärt. Seien

$$[\varphi_1(\,\cdot\,), \ldots, \varphi_n(\,\cdot\,)]$$

[38]

ein festes n-Tupel von Elementen $\varphi_\nu(\,\cdot\,)$ aus $\Phi(\mathsf{R}^{(r)})$ und

$$\big(\big(\,[\varphi_1^{(k)}(\,\cdot\,), \ldots, \varphi_n^{(k)}(\,\cdot\,)]\,\big)\big)$$

[39]

eine Folge von n-Tupeln, die komponentenweise gegen [38] im Sinne der oben in $\Phi(\mathsf{R}^{(r)})$ eingeführten lokalkonvexen Topologie konvergiert. Da die $\tilde{\xi}(\varphi_1), \ldots, \tilde{\xi}(\varphi_n)$; $\tilde{\xi}(\varphi_1^{(k)}), \ldots, \tilde{\xi}(\varphi_n^{(k)})$ sämtlich Zufallsvariablen sind, werden durch

$$\vec{\tilde{\xi}}(x \mid [\varphi_1, \ldots, \varphi_n]) =_{\text{Def}} [\tilde{\xi}(\varphi_1)\,(x), \ldots, \tilde{\xi}(\varphi_n)\,(x)] \left.\right\}$$
$$\vec{\tilde{\xi}}(x \mid [\varphi_1^{(k)}, \ldots, \varphi_n^{(k)}]) =_{\text{Def}} [\tilde{\xi}(\varphi_1^{(k)})\,(x), \ldots, \tilde{\xi}(\varphi_n^{(k)})\,(x)] \left.\right\}$$

[40]

$$\text{für } x \in X$$

Zufallsvektoren $\vec{\tilde{\xi}}(\,\cdot\, \mid [\varphi_1, \ldots, \varphi_n])$ und $\vec{\tilde{\xi}}(\,\cdot\, \mid [\varphi_1^{(k)}, \ldots, \varphi_n^{(k)}])$ für $k = 1, 2, \ldots$ definiert.

Gemäß [25] und [26] entsprechen diesen Zufallsvektoren gewisse Distributionsfunktionen, in Zeichen:

$$\mathsf{F}(\ldots \mid [\varphi_1, \ldots, \varphi_n]); \left.\right\}$$
$$\mathsf{F}(\ldots \mid [\varphi_1^{(k)}, \ldots, \varphi_n^{(k)}]) \left.\right\}$$

[41]

$$\text{für } k = 1, 2, \ldots \,.$$

Die obige Stetigkeitsforderung wird dann durch

$$\mathsf{F}(\ldots \mid [\varphi_1^{(k)}, \ldots, \varphi_n^{(k)}]) \xrightarrow[k \to \infty]{} \mathsf{F}(\ldots \mid [\varphi_1, \ldots, \varphi_n])$$

[42]

(n beliebig) ausgedrückt.

Wird schließlich

$$\hat{\tilde{\xi}}(\,\cdot\, \mid \varphi) =_{\text{Def}} \tilde{\xi}(\varphi)\,(\,\cdot\,) \text{ für } \varphi \in \Phi(\mathsf{R}^{(r)}),$$

[43]

gesetzt, so läßt sich ausführlicher schreiben:

$$\{\hat{\tilde{\xi}}(\,\cdot\, \mid \varphi) \mid \varphi(\,\cdot\,) \in \Phi(\mathsf{R}^{(r)})\}.$$

[44]

Die so definierte Familie [44] wird als ein *verallgemeinerter zufälliger Prozeß* bezeichnet.

6. Definition der Information für verallgemeinerte zufällige Prozesse

Seien nun schließlich zwei verallgemeinerte zufällige Prozesse, nämlich [44] sowie

$$\{\widehat{\eta}(\,\cdot\,|\,\psi)\,|\,\psi(\,\cdot\,)\in\Psi(\mathrm{R}^{(s)})\} \tag{45}$$

auf den „testing spaces" $\Phi(\mathrm{R}^{(r)})$ und $\Psi(\mathrm{R}^{(s)})$ vorgegeben. Dann werde die *Information über den verallgemeinerten zufälligen Prozeß* [44], *die in dem verallgemeinerten zufälligen Prozeß* [45] *enthalten ist*, definiert als

$$\left.\begin{aligned}
&J(\widetilde{\widetilde{\xi}},\widetilde{\widetilde{\eta}})=_{\mathrm{Def}}\\
&\sup\{J(\vec{\xi}(\,\cdot\,|\,[\varphi_1,\ldots,\varphi_m]),\vec{\eta}(\,\cdot\,|\,[\psi_1,\ldots,\psi_n]))\}\\
&\qquad\varphi_\mu\in\Phi(\mathrm{R}^{(r)})\wedge\psi_\nu\in\Psi(\mathrm{R}^{(s)}),
\end{aligned}\right\} \tag{46}$$

$$(\mu,\ \nu,\ m,\ n\ \text{natürliche Zahlen})$$

wobei für die Ausdrücke [44] und [45] abkürzend $\widetilde{\widetilde{\xi}}$ und $\widetilde{\widetilde{\eta}}$ geschrieben wurde.

Bibliographie

Die erstmals in der vorliegenden zweiten Buch-Auflage veröffentlichte
Bibliographie wurde auf 400 Positionen beschränkt, von denen auf die
Hauptabschnitte A und C je 100 und auf den Hauptabschnitt B 200 ent-
fallen. Dies bedeutet eine rigorose Auswahl aus der großen Zahl der für die
Thematik des Buches relevanten Veröffentlichungen, die sich über ein breites
Spektrum wissenschaftlicher Disziplinen verteilen. Einige der bereits in den
Anmerkungen S. 187 bis 223 angeführten Publikationen sind in das Ver-
zeichnis aufgenommen worden. Selbstverständlich findet der Leser in fast
allen Schriften der Bibliographie weitere einschlägige Literaturhinweise.

Zur besseren Übersicht wurden die Veröffentlichungen nach Sachgebieten
innerhalb der drei Hauptabschnitte klassifiziert. Keine bibliographische
Position erscheint dabei in mehr als einer Klasse. Arbeiten, die gegenständlich
und/oder methodisch für mehrere Klassen von Bedeutung sind, wurden
bezüglich dieses Zusammenhanges nicht besonders gekennzeichnet. Der Leser
wird daher gebeten, selbst den ihn jeweils interessierenden Kontextlinien
zwischen Publikationen verschiedener bibliographischer Abteilungen nachzugehen.

Zum Hauptabschnitt A

Dieser erste Teil der Bibliographie verweist auf einige Untersuchungen
zum allgemeinen begrifflichen und methodologischen Instrumentarium, mit
dessen Hilfe der im Hauptabschnitt A vorentworfene Modellgrundriß im
Hauptabschnitt B näher ausgeführt wird.

Anthropologische Grundfragen

BIDNEY, D.: Human nature and the cultural process. *Amer. Anthropologist* **49**,
1947, 375—396.

BOLK, L.: *Das Problem der Menschwerdung.* Jena 1926.

COUNT, E. W.: The biological basis of human sociality. *Amer. Anthropologist* **60**,
1958, 1049—1085.

GEHLEN, A.: *Der Mensch.* Seine Natur und seine Stellung in der Welt. Bonn
⁶1958.

HALLOWELL, A. I.: Personality, culture, and society in behavioral evolution.
In: KOCH, S. (Hrsg.), *Psychology: A study of a science, Vol. 6;* New York,
N. Y.-San Francisco, Calif.-Toronto-London 1963, 429—509.

HERRICK, C. J.: *The evolution of human nature.* Austin, Tex. 1956.

KATZ, D.: *Animals and men.* New York, N. Y. 1937.

KEITH, A.: *A new theory of human evolution.* London 1948.

KLUCKHOHN, C., MURRAY, H. A. (Hrsg.): *Personality in nature, society, and
culture.* New York, N. Y. 1948.

KOENIGSWALD, G. H. R.: *Die Geschichte des Menschen.* Berlin-Heidelberg-
New York ²1968.

KROEBER, A. L.: Sub-human cultural beginnings. *Qu. Rev. Biol.* **3**, 1928,
325—342.

KROEBER, A. L.: *The nature of culture.* Chicago, Ill. 1952.
— On human nature. *S. W. J. Anthropol.* **11**, 1955, 195—204.
LENNEBERG, E. H.: Language, evolution and purposive behavior. In:
   DIAMOND, S. (Hrsg.), *Culture in history;* New York, N. Y. 1960, 869—893.
OAKLEY, K. P.: *Man the tool-maker.* London 1950.
SAHLINS, M. D., SERVICE, E. R.: *Evolution and culture.* Ann Arbor, Mich. 1960.
SCHWIDEFSKY, L.: *Das Menschenbild der Biologie.* Stuttgart 1959.
SPUHLER, J. H. (Hrsg.): *The evolution of man's capacity for culture.* Detroit,
   Mich. 1959.
WASHBURN, S. L., HOWELL, F. C.: Human evolution and culture. In: TAX, S.
   (Hrsg.): The evolution of man. 2: *Evolution after Darwin;* Chicago 1960.
WHITE, L. A.: *The evolution of culture.* New York, N. Y. 1959.

Allgemeine Kybernetik (mit Informationstheorie)

ASHBY, W. R.: *Introduction to cybernetics.* New York, N. Y. 1958.
CHERRY, E. C.: *Kybernetik: Die Beziehung zwischen Mensch und Maschine.*
   Köln-Opladen 1954.
DOBRUSCHIN, R. L.: *Arbeiten zur Informationstheorie, IV.* Berlin 1963.
FEINSTEIN, A.: *Foundations of information theory.* New York, N. Y.-Toronto-
   London 1958.
FEY, P.: *Informationstheorie.* Berlin ³1968.
FLECHTNER, H. J.: *Grundbegriffe der Kybernetik.* Eine Einführung. Stutt-
   gart ³1968.
FRANK, H.: *Kybernetik und Philosophie.* Berlin 1966.
GRELL, H. (Hrsg.): *Arbeiten zur Informationstheorie, II.* Berlin 1958.
— (Hrsg.): *Arbeiten zur Informationstheorie, III.* Berlin 1960.
— (Hrsg.): *Arbeiten zur Informationstheorie, I.* Berlin ²1961.
HENZE, E.: *Einführung in die Informationstheorie.* Braunschweig 1963.
KLAUS, G. (Hrsg.): *Wörterbuch der Kybernetik.* Berlin 1967.
— *Kybernetik in philosophischer Sicht.* Berlin ²1962.
KULLBACK, S.: *Information theory and statistics.* New York, N. Y.-London 1959.
MEYER-EPPLER, W.: *Grundlagen und Anwendungen der Informationstheorie.*
   Berlin-Göttingen-Heidelberg 1959.
PASK, G.: *An approach to cybernetics.* London 1961.
PETERS, J.: *Einführung in die allgemeine Informationstheorie.* Berlin-Heidel-
   berg-New York 1967.
SCHNEIDER, P. K.: *Die Begründung der Wissenschaften durch Philosophie
   und Kybernetik.* Stuttgart 1966.
STEINBUCH, K.: *Automat und Mensch.* Berlin-Göttingen-Heidelberg ³1965.
TEPLOW, L. P.: *Grundriß der Kybernetik.* Berlin 1966.

Informationsphysik und Systemtheorie

(Unter Informationsphysik wird hier vor allem derjenige Teil der Nachrichtentechnik verstanden, für den die Einbeziehung informationstheoretischer Betrachtungs- und Verfahrensweisen bestimmend ist. Systemtheorie ist im vorliegenden Zusammenhang die Theorie der elektrischen Systeme.)

BELL, D. A.: *Information theory and its engineering applications.* London 1962.
CHARKEWITSCH, A. A.: *Signale und Störungen.* München 1968.
DAVENPORT, W. B., ROOT, W. L.: *An introduction to the theory of random
   signals and noise.* New York, N. Y. 1958.
FANNO, R. M.: *Informationsübertragung. Eine statistische Theorie der Nach-
   richtenübertragung.* München-Wien 1966.
FELDTKELLER, R., BOSSE, G.: *Einführung in die Nachrichtentechnik.* Stutt-
   gart 1950.
KAUFMANN, H.: *Informationsverarbeitung und Automatisierung.* München 1966.

Krauch, H.: *Wege und Ziele der Systemforschung.* Dortmund 1963.

Küpfmüller, K.: *Die Systemtheorie der elektrischen Nachrichtenübertragung.* Stuttgart 1949.

Lange, F. H.: *Korrelationselektronik. Grundlagen und Anwendung der Korrelationsanalyse in der modernen Nachrichten-, Meß- und Regelungstechnik.* Berlin 1962.

Meyer-Eppler, W.: Korrelation und Autokorrelation in der Nachrichtentechnik. *Arch. Elektr. Übertr.* 7, 1953, 501—504, 531—536.

Naslin, P.: *Die Dynamik linearer und nichtlinearer Systeme.* München 1967.

Neidhardt, P.: *Informationstheorie und automatische Informationsverarbeitung.* Berlin 1964.

Neiman, M. S.: Über eine allgemeine Signaltheorie und eine allgemeine Theorie automatischer Vorgänge. *Radiotechnika* 10, 1955, Nr. 5, 13—16.

Peterson, W. W.: *Prüfbare und korrigierbare Codes.* München 1967.

Schlitt, H.: *Systemtheorie für regellose Vorgänge. Statistische Verfahren für die Nachrichten- und Regelungstechnik.* Berlin-Göttingen-Heidelberg 1960.

Steinbuch, K. (Hrsg.): *Taschenbuch der Nachrichtenverarbeitung.* Berlin-Heidelberg-New York ²1967.

Stewart, J. L.: *Fundamentals of signal theory.* New York, N. Y. 1960.

Weber, E. (Hrsg.): *Symposium on information networks.* New York, N. Y. 1954.

Wunsch, G.: *Moderne Systemtheorie.* Leipzig 1962.

Zadeh, L. A., Desoer, C. A.: *Linear system theory. The state space approach.* New York, N. Y.-San Francisco, Calif.-Toronto-London 1963.

Physikokybernetik (ohne Informationsphysik)

(Unter Physikokybernetik sind hier zusammengefaßt: Regelungs- und Automatentechnik sowie Theorie der Automaten-Programmierung einschließlich Programm- und Prozeßsprachen.)

Adler, H.: *Elektronische Analogrechner.* Berlin ²1968.

Arkadjew, A. G., Brawerman, E. M.: *Zeichenerkennung und maschinelles Lernen.* München 1966.

Borko, H. (Hrsg.): *Computer applications in the behavioral sciences.* Englewood Cliffs, N. J. 1962.

Chorafas, D. N.: *Programmierungssysteme für elektronische Rechenanlagen.* München 1967.

Dersin, R.: *Digitale Rechenautomaten.* Berlin 1967.

Effertz, F. H., Kolberg, F.: *Einführung in die Dynamik selbsttätiger Regelungssysteme.* Düsseldorf 1963.

Feller, R.: *Automatische Regelsysteme.* Bern 1966.

Fraunberger, F.: *Regelungstechnik.* Grundlagen und Anwendungen. Stuttgart 1967.

Fuchs, H., Weller, W.: *Mehrfachregelungen.* Berlin 1967.

Güntsch, F. R.: *Einführung in die Programmierung digitaler Rechenautomaten.* Berlin 1963.

Iwachnenko, A. G.: *Technische Kybernetik. Einführung in die Grundlagen automatischer adaptiver Systeme.* Berlin 1964.

Kent, A.: *Einführung in die Informationswiedergewinnung.* München 1966.

Müller, P.: Eigenschaften und Aufbau von Lernmatrizen für nichtbinäre Signale. *Kybernetik* 2, 1964, 102—114.

Nemes, T.: *Kybernetische Maschinen.* Stuttgart 1967.

Pask, G.: Physical and linguistic evolution in a self-organising system. In: *IFAC Symposium on self-adaptive machines;* Rom 1962.

Piske, U.: Lernende Automaten. Realisierungs- und Anwendungsmöglichkeiten lernender Automaten unter besonderer Berücksichtigung der Lernmatrizen nach K. Steinbuch. In: *Über wissenschaftliche Grundlagen der modernen Technik, Bd. 5;* Berlin 1963, 184—216.

SCHNEIDER, H.-J., JURKSCH, D.: *Programmierung von Datenverarbeitungs-anlagen*. Berlin 1967.
TSIEN, H. S.: *Technische Kybernetik*. Stuttgart-Berlin 1958.
WOLF, F., SCHMITT, A.: *Modelle lernender Automaten*. H. K. SCHUFF (Hrsg.), Braunschweig 1966.
ZYPKIN, J. S.: *Adaption und Lernen in automatischen Systemen*. Ergebnisse, Probleme, Perspektiven. München 1966.

Analogiemodelle und Simulationstheorie

(Analogiemodelle sind Modelle, welche die durch die Modellierung erfaßten Original-Attribute *umkodieren*, mit neuen Bedeutungen versehen.)

ACHINSTEIN, P.: Models, analogies, and theories. *Phil. Sci.* 81, 1964, 328—350.
BLACK, M.: *Models and metaphors*. Ithaca, N. Y. [3]1966.
BLAKE, K., GORDON, G.: Systems simulation with digital computers. *IBM Syst. J.* 1964, 15.
CONWAY, R. W., JOHNSON, B. M., MAXWELL, W. L.: Some problems of digital systems simulation. *Managem. Sci.* 6, 1959, 92—110.
DEACON, A. R. L.: A selected bibliography—books, articles, and papers on simulation, gaming and related topics. In: *Simulation and Gaming: A symposium. Management Report Nr. 55 Amer. Managem. Assoc.* New York, N. Y., 1961, 113.
Elektrodynamische Modellierung energetischer Systeme. Moskau 1959.
FARLEY, B. G., CLARKE, W. A.: Simulation of self-organizing systems by digital computers. *Proc. IRE* 4, 1954, 76.
GILOI, W.: *Simulation und Analyse stochastischer Vorgänge*. München 1967.
HESSE, M.: *Models and analogies in science*. London 1963.
HOGGATT, A. C., BALDERSTON, F. E. (Hrsg.): *Symposium on simulation models*. Cincinnati, Ohio 1963.
KLÍR, J., VALACH, M.: *Cybernetic modeling*. London 1966.
LOCKER, A.: The epistemological significance of models in science. Noch unveröffentl. Manuskr., erscheint demnächst i. d. *Helgoländer Wiss. Meeresunters*.
NOVIK, J. B.: Über die Modellierung komplizierter Systeme. Moskau 1965.
SAWINOW, G. W.: Elektrische Modellierung homöostatischer Systeme. In: *Probleme der Kybernetik, Bd. 4;* Berlin 1964.
TOCHER, K. D.: *The art of simulation*. Princeton, N. J. 1963.
STACHOWIAK, H.: Gedanken zu einer allgemeinen Theorie der Modelle. *Studium Generale* 18, 1965, 432—463.
SWANSON, J. W.: On models. *Brit. J. Philos. Sci.* 17, 1966—1967, 297—311.
UEMOV, A. I.: Analogie und Modell. *Vopr. Filos.* 3, 1962, 138—146.
VON BERTALANFFY, L.: Theoretical models in biology and psychology. *J. Person.* 20, 1951, 24—38.
WÜSTNECK, K. D.: Einige Gesetzmäßigkeiten und Kategorien der wissenschaftlichen Modellmethode. *Dt. Zs. Philos.* 14, 1966, 1452—1467.

Zum Hauptabschnitt B

Ein erster Teil der zu diesem Hauptabschnitt gehörenden bibliographischen Positionen soll dazu beitragen, Verfeinerungs- und Ausbaumöglichkeiten des in den Abschnitten 7 bis 10 (S. 14 bis 80) entwickelten Modellgrundrisses aufzuzeigen. Hierbei wurden jedoch Untersuchungen unberücksichtigt gelassen, die Hinweise auf einen möglichen Ausbau des Modellgrundrisses zu geben scheinen in der Richtung 1. der entwicklungsdynamischen Erweiterung des zeitlichen Querschnittsmodells, 2. des Überganges vom operationalen Individuum zur operationalen Gruppe, 3. der Betrachtung von Interaktions- und Kommunikationssystemen mit kybiak-strukturierten

Individuen. Auf hiermit verbundene neue Überlegungen und die sie stützenden bibliographischen Referenzen wird an anderer Stelle* eingegangen.

Ein zweiter Teil der Veröffentlichungen hat die Methodik und Problematik der auf den theoretisch entwickelten Modellgrundriß bezogenen technischen Simulation zum Gegenstand.

Neurokybernetik

1. Allgemeine Neurobiologie

a) Theoretisch

BRAINES, S. N., NAPALKOW, A. W., SWETSCHINSKI, W. B.: *Neurokybernetik*. Berlin 1964.

GRINKER, R. R., BUCY, P. C., SAHS, A. L.: *Neurology*. Springfield, Ill. 1960.

McCULLOCH, W. S., PITTS, W.: A logical calculus of the ideas immanent in nervous activity. *Bull. Math. Biophys.* 5, 1943, 115—133.

SPRENG, M., KEIDEL, W. D.: Neue Möglichkeiten der Untersuchung menschlicher Informationsverarbeitung. *Kybernetik* 1, 1963, 243—249.

TOKIZANE, T., SCHADÉ, J. P. (Hrsg.): *Correlative neurosciences*. 2 Bde. Amsterdam 1966.

b) Simulationstechnisch

BORKO, H.: Computer simulation of neurophysiological and social systems. *Behav. Sci.* 7, 1962, 407.

FELDTKELLER, R.: Wechselbeziehungen zwischen Psychologie, Physiologie und Nachrichtentechnik. In: *Aufnahme und Verarbeitung von Nachrichten durch Organismen;* Stuttgart 1961, 9—16.

HILTZ, F. F.: Analog computer simulation of a neural element. *IRE Trans. Biomed. Electr. BME* 9, 1962, 12—20.

REISS, R. F.: The digital simulation of neuro-muscular organisms. *Behav. Sci.* 5, 1960, 343—358.

TAYLOR, W. K.: Computers and the nervous system. In: BEAMENT, J. W. L. (Hrsg.), *Models and analogues in biology;* Cambridge 1960, 152—168.

2. Neuronale Integrationssysteme (Neuron; Erregung und Leitung, synaptische Übertragung)

a) Theoretisch

DE LUCA, A., RICCIARDI, L. M.: Formalized neuron: Probabilistic description and asymptotic theorems. *J. Theor. Biol.* 14, 1967, 206—217.

ECCLES, J. C.: *The physiology of synapses*. Berlin-Heidelberg-New York 1964.

JENIK, F., HOEHNE, H.: Über die Impulsverarbeitung eines mathematischen Neuronenmodelles. *Kybernetik* 3, 1966, 109—128.

KÜPFMÜLLER, K., JENIK, F.: Über die Nachrichtenverarbeitung in der Nervenzelle. *Kybernetik* 1, 1961, 1—6.

ZERBST, E., DITTBERNER, K.-H., WILLIAM, E.: Ansätze zur quantitativen Analyse der Nachrichtenaufnahme und verarbeitung in biologischen Rezeptoren. *Helgoländer Wiss. Meeresunters.* 14, 1966, 51—71.

b) Simulationstechnisch

DIAMANTIDES, A.: Artificial neurons through simulation. *Proc. 3rd Intern. Conf. on Analog Computation.* Brüssel 1962.

FUKUTOME, H., TAMURA, H., SUGATA, K.: An electric analogue of the neuron. *Kybernetik* 2, 1963, 28—32.

---

* H. STACHOWIAK, Allgemeine Modelltheorie. Wien-New York 1973.

HARMON, L. D.: *An artificial synapse*. Bell Telephone Lab., Research Report. 1957.

HILTZ, F. F.: Artificial neuron. *Kybernetik* **1**, 1963, 231—236.

WILLIS, D. G.: Plastic neurons as memory elements. In: *Information processing*. Proc. Internat. Conf. UNESCO, Paris 1959; Paris 1960, 290—298.

3. Zentralnervensystem (Nervennetze und Nervenzentren; Lernen, Gedächtnis)

a) Theoretisch

BELLMAN, R.: Mathematical models of the mind. *Math. Biosci.* **1**, 1967, 287—304.

McCULLOCH, W. S.: Brain, a computer with negative feedback. *IRE Trans. Electr. Comp. EC* **5**, 1956, 240—241.

PESSARD, A.: *The role of neuronal networks in sensory communications within the brain*. New York, N. Y.-London 1961.

UTTLEY, A. M.: A theory of the mechanism of learning based on the computation of conditional probabilities. In: *Proceedings of the 1st international congress of cybernetics, Namur;* Namur 1956, 830—861.

WILKINS, B. R.: A theory of position memory. *J. Theor. Biol.* **7**, 1964, 374—387.

b) Simulationstechnisch

ASHBY, W. R.: Simulation of a brain. In: BORKO, H. (Hrsg.), *Computer applications in the behavioral sciences;* Englewood Cliffs, N. J. 1962, 452—467.

CULBERTSON, J. T.: Nerve net theory. In: BORKO, H. (Hrsg.), *Computer applications in the behavioral sciences;* Englewood Cliffs, N. J. 1962, 468—489.

RAPOPORT, A.: Contribution to the probabilistic theory of neural nets. I—IV. *Bull. Math. Biophys.* **12**, 1950, 109—121 (I), 187—197 (II), 317—325 (III), 327—337 (IV).

REICHARDT, W.: Umwandlung und Verarbeitung von Informationen im Zentralnervensystem und im Automaten. *Dt. Med. Wschr.* 85.23, 1960.

WAGNER, S. W.: Eine digitale Modelldarstellung des Bedingten Reflexes. *Grundlagenstud. Kyb. Geisteswiss.* **3**, 1962, 17—23.

4. Sinnesorgane (Perzeption)

a) Theoretisch

BARLOW, H. B.: *Three points about lateral inhibition*. Sensory communication. New York, N. Y. 1961.

KEIDEL, W. D.: Grundprinzipien der akustischen und taktilen Informationsverarbeitung. *Ergebn. Biol.* **24**, 1961, 213—246.

ROSENBLITH, W. A. (Hrsg.): *Sensory communication*. New York, N. Y. 1961.

WEINBAUM, S.: A mathematical model for the elastic and fluid mechanical behavior of the human eye. *Bull. Math. Biophys.* **27**, 1965, 325—354.

ZERBST, E., DITTBERNER, K.-H., WILLIAM, E.: Über die Nachrichtenaufnahme durch biologische Receptoren. I. Theoretische Untersuchungen zur Ursache der Erregungsbilder. *Kybernetik* **2**, 1964, 160—168.

b) Simulationstechnisch

KETTEL, F.: *Modellvorstellungen für die Kontraststeigerung von Erregungsverteilungen*. Telefunken GmbH, Technischer Bericht FIT Nr. 14/59. 1959.

ROSENBLATT, F.: Perceptron simulation experiments. *Proc. IRE* **48**, 1960, 301—309.

STEINBUCH, K., FRANK, H.: Nichtdigitale Lernmatrizen als Perzeptoren. *Kybernetik* **1**, 1961, 117—124.
TAYLOR, W. K.: Pattern recognition by means of automatic analogue apparatus. *Proc. IEE* **106** *B*, 1959, Nr. 26, 198—209.
WILLIAM, E., ZERBST, E.: Ein Vierpol als Analogmodell biologischer Rezeptoren. *Int. Elektr. Rs.* **18**, 1964, 264—266.

Neuropsychologie

BRAZIER, M. A. B. (Hrsg.): *The central nervous system and behavior.* Transactions of the first conference. New York, N. Y. 1959.
BRUNER, J. S.: Neural mechanism in perception. *Psychol. Rev.* **64**, 1957, 340—358.
DELAFRESNAYE, J. F. (Hrsg.): *Brain mechanism and consciousness.* Oxford 1954.
— (Hrsg.): *Brain mechanisms and learning.* Oxford 1961.
GASTAUT, H.: Neurophysiological basis of conditioned reflexes and behaviour. In: *Neurological basis of behaviour. CIBA Symp.;* London 1957.
HEBB, D. O.: *The organization of behavior.* New York, N. Y. 1949.
— Drives and the C.N.S. *Psychol. Rev.* **62**, 1955, 243—254.
JUNG, R., KORNHUBER, H.: *Neurophysiologie und Psychophysik des visuellen Systems.* Berlin-Göttingen-Heidelberg 1961.
KUHLENBECK, H.: *Brain and consciousness.* New York, N. Y. 1957.
MORGAN, C. T.: Physiological theory of drive. In: KOCH, S. (Hrsg.), *Psychology: A study of a science, Vol. 1;* New York, N. Y.-Toronto-London 1959, 644—671.
PENFIELD, W.: Consciousness and centrencephalic organization. In: *1er congrès international science neurologique. Bruxelles;* London 1957, 7—18.
— ROBERTS, L.: *Speech and brain mechanisms.* Princeton, N. J. 1959.
PITTS, W., McCULLOCH, W. S.: How we know universals. The perception of auditory and visual forms. *Bull. Math. Biophys.* **9**, 1947, 127.
PLATT, J. R.: How we see straight lines. *Sci. American* **202**.6, 1960, 121—129.
PRIBRAM, K.: On the neurology of thinking. *Behav. Sci.* **4**, 1959, 265—287.
— Neocortical function in behavior. In: HARLOW, H. F., WOOLSEY, C. N. (Hrsg.), *Biological and biochemical bases of behavior;* Madison, Wisc. 1958, 151—172.
ROHRACHER, H.: *Die Arbeitsweise des Gehirns und die psychischen Vorgänge.* München 1953.
SCHAEFER, H.: Über die physiologische Grundbedingung des Bewußtseins. *Universitas* **14**, 1959, 1079—1090.
STELLAR, E.: The physiology of motivation. *Psychol. Rev.* **61**, 1954, 5—22.
VON BONIN, G.: Brain and mind. In: KOCH, S. (Hrsg.), *Psychology: A study of a science, Vol. 4;* New York, N. Y. - San Francisco, Calif. - Toronto-London 1962, 100—118.

Psychokybernetik (mit Informationspsychologie)

(Psychokybernetik im engeren Sinne wird hier aufgefaßt als Theorie der psychischen Regelungsprozesse zuzüglich der auf ebendiese Prozesse bezogenen Simulations- und Automatentechnik. Informationspsychologie ist der Gesamtanwendungsbereich der Informationstheorie(n) auf die Psychologie.)

ATTNEAVE, F.: *Applications of information theory to psychology: A summary of basic concepts, methods, and results.* New York, N. Y. 1959.
ERISMANN, T. H.: *Zwischen Technik und Psychologie.* Grundprobleme der Kybernetik. Berlin-Heidelberg-New York 1968.

FRANK, H.: Über grundlegende Sätze der Informationspsychologie. *Grundlagenstud. Kyb. Geisteswiss.* **1**, 1960, 25—32.
— Die Lernmatrix als Modell für Informationspsychologie und Semantik. In: BILLING, H. (Hrsg.), *Lernende Automaten.* München 1961, 101—108.
HORST, P., DVORAK, A., WRIGHT, C.: *Computer application to psychological problems.* Paper read at a symposium on computer applications. Seattle, Wash., Nov. 4, 1960.
KLIX, F.: Über einige mathematisch-kybernetische Probleme in der psychologischen Forschung. In: *Über wissenschaftliche Grundlagen der modernen Technik,* Bd. 5; Berlin 1963, 332—351.
KÜPFMÜLLER, K.: Informationsverarbeitung durch den Menschen. *Nachr. techn. Zs.* **12**, 1959, 68—74.
LANGER, D.: *Informdtionstheorie und Psychologie.* Göttingen 1962.
MARKO, H.: Physikalische und biologische Grenzen der Informationsübermittlung. *Kybernetik* **2**, 1965, 274—284.
— Die Theorie der bidirektionalen Kommunikation und ihre Anwendung auf die Nachrichtenübermittlung zwischen Menschen (Subjektive Information). *Kybernetik* **3**, 1966, 128—136.
McGILL, W. J.: Multivariate information transmission. *Psychometrika* **19**, 1954, 97—116. Nachgedr. in: LUCE, R. D., BUSH, R. R., GALANTER, E. (Hrsg.), *Readings in mathematical psychology, Vol. I;* New York, N. Y.-London 1963, 84—103.
NEISSER, U.: Imitation of man by machine. *Science* **139**, 1963, 193—197.
NEWELL, A., SIMON, H. A.: Computers in psychology. In: LUCE, R. D., BUSH, R. R., GALANTER, E. (Hrsg.), *Handbook of mathematical psychology;* New York, N. Y. 1963.
QUASTLER, H. (Hrsg.): *Information theory in psychology.* Glencoe, Ill. 1955.
— Studies of human channel capacity. In: CHERRY, C. (Hrsg.), *Third London symposium on information theory;* London 1956, 361—371.
RAPOPORT, A.: Homeostasis reconsidered. In: GRINKER, R. R. (Hrsg.), *Toward a unified theory of human behavior;* 1956, 225—246.
ROHRACHER, H.: *Regelprozesse im psychischen Geschehen.* Graz-Wien-Köln 1961.
RUSSELL, L.: *Characteristics of the human as a linear servo element.* Master's thesis, Electrical Engineering Department, MIT. Cambridge, Mass. 1951.
WALSTON, C. E., WARREN, C. E.: *A mathematical analysis of the human operator in a closed-loop control system.* U.S. Air Force Person. Train. Res. Cent. Res. Bull. 54—96, 1954.
WASON, P. C.: The processing of positive and negative information. *Qu. J. Exp. Psychol.* **11**, 1959, 92—107.

Allgemeine kognitive Prozesse

ARIETI, S.: Toward a unifying theory of cognition. *General Systems* **10**, 1965, 109—115.
BRUNER, J. S., BRUNSWIK, E., FESTINGER, L., HEIDER, F., MUENZINGER, K. F., OSGOOD, C. E., RAPAPORT, D.: *Contemporary approaches to cognition.* Cambridge, Mass. 1957.
BRUNSWIK, E.: "Ratiomorphic" models in perception and thinking. In: *Proceedings of the fourteenth international congress for psychology;* Amsterdam 1955, 108—110.
BUSH, R. R., MOSTELLER, F.: A model for stimulus generalization and discrimination. *Psychol. Rev.* **58**, 1951, 413—423.
FEIGENBAUM, E. F.: An experimental course in simulation of cognitive processes. *Behav. Sci.* **7**, 1962, 244—245.
FELDMAN, J.: Computer simulation of cognitive processes. In: BORKO, H. (Hrsg.), *Computer applications in the behavioral sciences;* Englewood Cliffs, N. J. 1962, 336—359.
FITTS, P. M., SWITZER, G.: Cognitive aspects of information processing: I. Familiarity of S-R sets and subsets. *J. Exp. Psychol.* **63**, 1962, 321—329.

GARDNER, R. W., HOLZMAN, P. S., KLEIN, G. S., et al.: Cognitive control. A study of individual consistencies in cognitive behavior. *Psychol. Issues* 1.4, 1959, 1—186.

GREENE, P. H.: A suggested model for information representation in a computer that perceives, learns, and reasons. *Proc. West. Joint Comp. Conf.* 1959, 151—164, 181—186.

HEIDER, F.: Trends in cognitive theory. In: BRUNER, J. S., et al., *Contemporary approaches to cognition;* Cambridge, Mass. 1957, 201—210.

HENLE, M.: Some effects of motivational processes on cognition. *Psychol. Rev.* 62, 1955, 423—432.

HERRMANN, T.: Informationstheoretische Modelle zur Darstellung der kognitiven Ordnung. In: *Handbuch der Psychologie, Bd. I/2;* Göttingen 1964, 641.

MATHEWS, R., HARDYCK, C., SARBIN, T. H. R.: Self-organization as a factor in the performance of selected cognitive tasks. *J. Abnorm. Soc. Psychol.* 48, 1953, 500—502.

PIERCE, J. R., KARLIN, J. E.: Reading rates and the information rate of a human channel. *Bell Syst. Techn. J.* 36, 1957, 497—516.

POLLACK, I.: The assimilation of sequentially encoded information. *Amer. J. Psychol.* 66, 1953, 421—435.

POSTMAN, L.: Towards a general theory of cognition. In: ROHRER, J. A., SHERIF, M. (Hrsg.), *Social psychology at the crossroads;* New York, N. Y. 1951, 242—272.

— CRUTCHFIELD, R. S.: The interaction of need, set, and stimulus-structure in a cognitive task. *Amer. J. Psychol.* 65, 1952, 196—217.

REITMAN, W. R.: *Cognition and thought.* An information-processing approach. New York, N. Y.-London-Sydney 1965.

VERHAAR, J. W. M.: *Some relations between perception, speech and thought.* Assen 1963.

WEIDEL, W.: Kybernetik und psychophysisches Grundproblem. *Kybernetik* 1, 1962, 165—170.

Perzeption

a) Theoretisch

BINDER, A.: A statistical model for the process of visual recognition. *Psychol. Rev.* 62, 1955, 119—129.

DEMBER, W. N.: *The psychology of perception.* New York, N. Y. 1960.

FELDTKELLER, R.: Informationsverarbeitung beim Hören. *Elektrotechn. Zs.* 83, 1962, 837—843.

FRANK, H.: Zur Mathematisierbarkeit des Ordnungsbegriffs. *Grundlagenstud. Kyb. Geisteswiss.* 2, 1961, 33—42.

— Über einen abstrakten Perzeptionsbegriff. *Grundlagenstud. Kyb. Geisteswiss.* 2, 1961, 86—96.

GARDNER, R. W.: Cognitive control principles and perceptual behavior. *Bull. Menninger Clin.* 23, 1959, 241—248.

JACOBSON, H.: The informational capacity of the human eye. *Science* 113, 1951, 292—293.

JONES, N. F., JONES, M. H.: Modern theories of olfaction: A critical review. *J. Psychol.* 36, 1953, 207—241.

NOVIKOFF, A. B. J.: Integral geometry as a tool in pattern perception. In: VON FOERSTER, H., ZOPF, G. W. (Hrsg.), *Principles of self-organization;* Oxford-London-New York, N. Y.-Paris 1962, 347—368.

PEARSON, D. E.: A realistic model for visual communication systems. *Proc. IEEE* 55, 1967, 380—389.

b) Simulationstechnisch

CLARK, W. A., FARLEY, B. G.: Generalization of pattern recognition in a
self-organizing system. *Proc. West. Joint Computer Conf.* 1955, 86—91.
GOODALL, M. C.: A basic model of cognition. Unpubl. report, Cornell Computing Center, Cornell Univ. Ithaca, N. Y. 1960.
GREEN, B. F.: The use of high-speed digital computers in studies of form
perception. In: WULFECK, J. W., TAYLOR, J. H. (Hrsg.), *Form discrimi-
nation*. National Academy of Sciences National Research Council Publi-
cation 561; 1957, 65—75.
GREENE, P. H.: Networks which realize a model for information representation.
In: VON FOERSTER, H., ZOPF, G. W. (Hrsg.), *Principles of self-organization;* Oxford-London-New York, N. Y.-Paris 1962, 485—509.
MARILL, T.: *Detection theory and psychophysics.* Techn. Report Nr. 319, MIT
Research Lab. Electronics. Cambridge, Mass. 1956.
ROSENBLATT, F.: *Principles of neurodynamics: Perceptrons and the theory
of brain mechanisms.* Cornell Aeron. Labor. Rep. VG-1196-G-8. Buffalo,
N. Y. 1961.
SHIMBEL, A.: A logical program for the simulation of visual pattern recog-
nition. In: VON FOERSTER, H., ZOPF, G. W. (Hrsg.), *Principles of self-
organization;* Oxford-London-New York, N. Y.-Paris 1962, 521—526.
UHR, L.: "Pattern recognition" computers as models for form perception.
Psychol. Bull. **60**, 1963, 40—73.
WHITE, W. B.: Studies of perception. In: BORKO, H. (Hrsg.), *Computer
applications in the behavioral sciences;* Englewood Cliffs, N. J. 1962,
280—307.
— Computer applications to psychological research: Studies in perception.
Behav. Sci. **7**, 1962, 396—401.

Motivation

BROWN, J. S.: Pleasure-seeking behavior and the drive-reduction hypothesis.
Psychol. Rev. **62**, 1955, 169—180.
— *The motivation of behavior.* New York, N. Y. 1961.
CATTELL, R. B.: *The personality and motivation structure and measurement.*
New York, N. Y. 1957.
COFER, C. N., APPLEY, M. H.: *Motivation: Theory and research.* New York,
N. Y.-London-Sydney 1964.
EYSENCK, H. J. (Hrsg.): *Experiments in motivation.* Oxford 1964.
FESHBACH, S.: The drive-reducing function of fantasy behavior. *J. Abnorm.
Soc. Psychol.* **50**, 1955, 3—11.
FRENCH, E. G.: Effects of the interaction of motivation and feedback on
performance. In: ATKINSON, J. W. (Hrsg.), *Motives in fantasy, action,
and society;* New York, N. Y. 1958, 400—408.
HALL, J. F.: *Psychology of motivation.* Chicago, Ill. 1961.
HINDE, R. A.: Energy models of motivation. In: BEAMENT, J. W. L. (Hrsg.),
Models and analogues in biology; Cambridge 1960, 199—213.
JONES, A., WILKINSON, H. J., BRADEN, I.: Information deprivation as a
motivational variable. *J. Exp. Psychol.* **62**, 1961, 126—137.
KOCH, S.: The logical character of the motivation concept. Psychol. Rev. **48**,
1941, 15—38, 127—154.
MASLOW, A. H.: *Motivation and personality.* New York, N. Y. 1954.
MCCLELLAND, D. C., ATKINSON, J. W., LOWELL, E. L.: *The achievement
motive.* New York, N. Y. 1953.
MILLER, N. E.: Comments on theoretical models, illustrated by the develop-
ment of a theory of conflict behavior. *J. Personal.* **21**, 1956, 82—100.

NISSEN, H. W.: The nature of drive as innate determinant of behavioral organization. In: JONES, M. R. (Hrsg.), *Nebraska symposium on motivation, 1954;* Lincoln, Nebr. 1954, 281—320.

NUTTIN, J. R.: The future time perspective in human motivation and learning. In: *Seventeenth international congress of psychology 1963;* Amsterdam 1964, 60—82.

PETERS, R. S.: *The concept of motivation.* London 1958.

ROSENBAUM, G.: Temporal gradients of response strength with two levels of motivation. *J. Exp. Psychol.* **41,** 1951, 261—267.

SEWARD, P. J.: How are motives learned? *Psychol. Rev.* **60,** 1953, 99—110.

STACHOWIAK, H.: Ein kybernetisches Motivationsmodell. In: *Lehrmaschinen in kybernetischer und pädagogischer Sicht, 2*; Stuttgart-München 1964, 119—134.

Denken, Gedächtnis

a) Theoretisch

FRANK, H.: Über einen Ansatz zu einem probabilistischen Gedächtnismodell. *Grundlagenstud. Kyb. Geisteswiss.* **5,** 1964, 43—50.

HERRMANN, T.: Informationstheoretische Modelle des Denkens. In: *Handbuch der Psychologie, Bd. I/2*; Göttingen 1964, 641—669.

JOHN, E. R.: *Mechanisms of memory.* New York, N. Y. 1967.

KIRCHHOFF, R.: Zur Psychologie des induktiven Denkens. *Ber. Kongr. Dtsch. Ges. Psychol.* **19,** 1953, 163—168.

NADIRASCHWILI, S.: Über die Modellierung von Verallgemeinerungsprozessen. *Zs. Psychol. Zs. angew. Psychol.* **171,** 1965, 196—203.

REITMAN, W. R., GROVE, R. B., SHOUP, R. G.: Argus: An information-processing model of thinking. *Behav. Sci.* **9,** 1964, 270—281.

SCHER, J. M. (Hrsg.): *Theories of the mind.* New York, N. Y.-London 1962.

TACK, W. H.: Möglichkeiten der Anwendung von Lernmodellen auf Fragen der Begriffsbildung. *Zs. Psychol. Zs. angew. Psychol.* **171,** 1965, 218—231.

THOMPSON, J. W.: Psychological methodology and biological theories of thinking. *Human Relations* **17,** 1964, 251—257.

VON NEUMANN, J.: Die Erfassung von Denkleistungen mit Hilfe von Markoffketten. *Zs. Psychol. Zs. angew. Psychol.* **171,** 1965, 421—430.

b) Simulationstechnisch

CAIANIELLO, E. R.: Outline of a theory of thought-processes and thinking machines. *J. Theor. Biol.* **2,** 1961, 204—235.

CRANE, D. B.: *An information-processing model of concept formation.* Carnegie Inst. Techn. Pittsburgh, Pa. 1961.

FEIGENBAUM, A. E., FELDMAN, J. (Hrsg.): *Computers and thought.* New York, N. Y. 1963.

HOVLAND, C. I.: Computer simulation of thinking. *Amer. Psychol.* **15,** 1960, 687—693.

HUNT, E. B.: Simulation and analytic models of memory. *J. Verb. Learn. Verb. Behav.* **2,** 1963, 49—59.

KULP, H.: *Menschliches und maschinelles Denken.* Göttingen 1968.

MARON, M.: *Artificial intelligence and brain mechanism.* RAND Memo RM 3522 PR. Santa Monica, Calif. 1963.

NEWELL, A., SIMON, H. A.: Computer simulation of human thinking. *Science* **134,** 1964, 2011—2017.

SOMENZI, V.: Can induction be mechanized? In: CHERRY, C. (Hrsg.), *Information theory;* New York, N. Y. 1956, 226—230.

STEVENS, M. E.: A machine model of recall. In: *Information processing.* Proc. Internat. Conf. UNESCO, Paris 1959; München 1960, 309—315.

Intelligentes und problemlösendes Verhalten

a) Theoretisch

BIRCH, H. G.: The role of motivational factors in insightful problem-solving. *J. Comp. Psychol.* **88**, 1945, 295—317.
BRUSH,' F. R.: Stimulus uncertainty, response uncertainty, and problem solving. *Canad. J. Psychol.* **10**, 1956, 239—247.
BUSWELL, G. T.: Patterns of thinking in solving problems. *Univ. Calif. Publ. Educ.* **12** (2), 1956, 63—148.
COWEN, E. L., THOMPSON, G. G.: Problem solving rigidity and personality structure. *J. Abnorm. Soc. Psychol.* **46**, 1951, 165—176.
GRUBER, H. E., TERREL, G., WERTHEIMER, M. (Hrsg.): *Contemporary approaches to creative thinking.* A symposium held at the University of Colorado. New York, N. Y. 1964.
GUETZKOW, H.: An analysis of the operation of set in problem solving behavior. *J. Gen. Psychol.* **45**, 1951, 219—244.
JÄGER, A. O.: *Dimensionen der Intelligenz.* Göttingen 1967.
NEWELL, A., SHAW, J. C., SIMON, H. A.: Elements of a theory of human problem solving. *Psychol. Rev.* **65**, 1958, 151—166.
SÜLLWOLD, F.: Bedingungen und Gesetzmäßigkeiten des Problemlösungsverhaltens. *Ber. Kongr. Dtsch. Ges. Psychol.* **22**, 1959, 96—115.
WILSON, R. C., GUILFORD, J. P., CHRISTENSEN, P. R., LEWIS, D. J.: A factor-analytic study of creative-thinking-abilities. *Psychometrika* **19**, 1954, 297—311.

b) Simulationstechnisch

DUNHAM, B., FRIDSHAL, R., SWARD, G. L.: A non-heuristic program for proving elementary logical theorems. In: *Information processing.* Proc. Internat. Conf. UNESCO, Paris 1959; München 1960, 282—285.
GELERNTER, H. L.: Realization of a geometry theorem proving machine. In: *Information processing.* Proc. Internat. Conf. UNESCO, Paris 1959; München 1960, 273—282.
— ROCHESTER, N.: Intelligent behavior in problem-solving machines. *IBM J. Res. Developm.* **2**, 1958, 336—345.
GILMORE, P. C.: A program for the production from axioms, of proofs for theorems derivable within the first order predicate calculus. In: *Information processing.* Proc. Internat. Conf. UNESCO, Paris 1959; München 1960, 265—273.
MINSKY, M. L.: Artificial intelligence. *Sci. American* **215**, 1966. Nr. 3, 247—260.
NEWELL, A., SHAW, J. C.: A general problem-solving program for a computer. *Computers Automation.* 8. 1, 1959, 10—17.
— — SIMON, H. A.: The processes of creative thinking. In: GRUBER, H. E. TERRELL, G., WERTHEIMER, H. (Hrsg.), *Contemporary approaches to creative thinking.* New York, N. Y. 1964, 63—119.
SOLOMONOFF, R. J.: Some recent work in artificial intelligence. *Proc. IEEE* **54**, 1966, 1687—1697.
STEEL, T. B.: Artificial intelligence research. Retrospect and prospects. *Comp. Automation* 16.1, 1967, 22—24.
TURING, A. M.: Computing machinery and intelligence. *Mind* **59**, 1950, Nr. 236, 433—460.

Lernen

a) Theoretisch

ATKINSON, R. C., BOWER, G. H., CROTHERS, E. J.: *An introduction to the mathematical learning theory.* New York, N. Y. 1965.
BELIS, M.: Informationstheoretisches Lernmodell. *Kybernetik* **8**, 1967, 238—240.

Bush, R. R., Mosteller, F.: *Stochastic models for learning.* New York, N. Y. 1955.

Foppa, K.: Probabilistische Lernmodelle. In: Bergius, R. (Hrsg.), *Handbuch der Psychologie, Bd. I/2;* Göttingen 1964.

Houston, J. P.: Ease of verbal S-R-learning as a function of the number of mediating associations. *J. Verb. Learn. Verb. Behav.* **3,** 1964, 326—329.

Hunt, E. B.: *Concept learning: An information processing problem.* New York, N. Y. 1962.

Kemeny, J. G., Snell, J. L.: Markov processes in learning theory. *Psychometrika* **22,** 1957, 221—230.

Lawson, R.: *Learning and behavior.* New York, N. Y. 1960.

Smedslund, J.: *Multiple-probability learning.* Oslo 1955.

Suppes, P., Atkinson, R. C.: *Markov learning models for multiperson interactions.* Stanford, Calif. 1960.

b) Simulationstechnisch

Barthel, D.: Contributions to stochastic learning theory. *General Systems* **10,** 1965, 117—129.

Eier, R.: Ein Labyrinthmodell. In: Billing, H. (Hrsg.), *Lernende Automaten.* München 1961, 206—224.

Feigenbaum, E. A.: The simulation of verbal learning behavior. *Proc. West. Joint Comp. Conf.* **19,** 1961, 121—132.

George, F. H.: Programming a computer to learn. *Times Rev. Sci.* 1957.
— Inductive machines and the problem of learning. *Cybernetica* **2,** 1959, 109—126.

Gorn, S.: Über die mechanische Modellierung der Bildung von Gewohnheiten und des Lernens. In: *Kybernetischer Sammelband, Nr. 8;* Moskau 1964.

Kilburn, T., Grimsdale, R. L., Sumner, F. H.: Experiments in machine learning and thinking. In: *Information processing.* Proc. Internat. Conf. UNESCO, Paris 1959; München 1960, 303—309.

Selfridge, O. G.: Pandemonium: A paradigm for learning. In: Blake, D. V., Uttley, A. M. (Hrsg.), *Proceedings of the symposium on mechanisation of thought processes;* London 1959, 511—531.

Uttley, A. M.: A theory of the mechanism of learning based on the computation of conditional probabilities. In: *International congress on cybernetics.* Proceedings; Paris 1960, 830—856.

Wyckoff, L. B.: A mathematical model and an electronic model for learning. *Psychol. Rev.* **61,** 1954, 89—97.

Zum Hauptteil C

Wissenschaft und Wissenschaftler in operationaler Betrachtung

a) Pragmatisch-operationale Auffassung der Wissenschaft

Berlyne, D. E.: Motivational problems raised by exploratory and epistemic behavior. In: Koch, S. (Hrsg.), *Psychology: A study of a science, Vol. 5;* New York, N. Y.-San Francisco, Calif.-Toronto-London 1963, 284—364.

Bronowski, J.: *Science and human values.* London 1958.

Caude, R., Moles, A.: *Méthodologie — vers une sciences de l'action.* Paris 1964.

Feigl, H.: Operationism and scientific method. *Psychol. Rev.* **52,** 1945, 250—259.

Poincaré, H.: Der Wert der Wissenschaft (übers. v. E. u. H. Weber). Leipzig—Berlin 1921.

Rapoport, A.: *Science and the goals of man.* New York, N. Y. 1950.
— *Operational philosophy, integrating knowledge and action.* New York, N. Y. 1953, 1965.

Rosenblueth, A., Wiener, N.: Purposeful and non-purposeful behavior. *Philos. Sci.* 17, 1950, 318—326.
Vaihinger, H.: *Die Philosophie des Als-ob.* Berlin 1911.
White, M.: *Toward reunion in philosophy.* Cambridge, Mass. 1956.

b) Der Wissenschaftler als Forschungsgegenstand

Anderson, H. H. (Hrsg.): *Creativity and its cultivation.* New York, N. Y. 1959.
Knapp, R. H.: Demographic, cultural and personality attributes of scientists. In: Taylor, C. W. (Hrsg.), *Research conference on the identification of creative scientific talent;* Salt Lake City, Utah 1956, 204—212.
Kubie, L. S.: Problems of the scientific career. *Amer. Scientist* 41, 1953, 596—613.
McClelland, D. C.: The calculated risk: An aspect of scientific performance. In: Taylor, C. W. (Hrsg.), *Research conference on the identification of creative scientific talent;* Salt Lake City, Utah 1956, 96—110.
Roe, A.: *The making of a scientist.* New York, N. Y. 1953.
Super, D. E.: *The psychology of careers.* New York, N. Y. 1957.
Taylor, D. W. (Hrsg.): *Research conference on the identification of creative scientific talent.* Salt Lake City, Utah 1956.
Terman, L. M.: Scientists and nonscientists in a group of 800 gifted men. *Psychol. Monogr.* 68.7, 1954.
Wilson, L.: *The academic man.* New York, N. Y. 1942.
Znaniecki, F.: *The social role of the man of knowledge.* New York, N. Y. 1940.

Heuristisch-kreatives Denken und Verhalten

a) Theoretisch

Bruner, J. S.: The conditions of creativity. In: Gruber, H. E., Terrell, G., Wertheimer, M. (Hrsg.), *Contemporary approaches to creative thinking.* A symposium held at the University of Colorado; New York, N. Y. 1964, 1—30.
Bunge, M.: *Intuition and science.* Englewood Cliffs, N. J. 1962.
Cannon, W. B.: *The way of an investigator.* New York, N. Y. 1945.
Ghiselin, B.: *The creative process.* Berkeley, Calif.-Los Angeles, Calif. 1952.
Hadamard, J.: *Psychology of invention in mathematical field.* Princeton, N. J. 1945.
Hanson, N. R.: *Patterns of discovery.* Cambridge 1958.
Kelm, H.-J.: Analogie, Analogieschluß und wissenschaftliches Denken. *Wiss. Zs. TH Dresden,* Gesellschaftswiss. Reihe 6.3, 1956—1957.
Leinfellner, W.: *Die Entstehung der Theorie.* München 1966.
McClelland, D. C.: On the psychodynamics of creative physical scientists. In: Gruber, H. E., Terrell, G., Wertheimer, M. (Hrsg.), *Contemporary approaches to creative thinking.* A symposium held at the University of Colorado; New York, N. Y. 1964, 141—174.
Moles, A.: *La création scientifique.* Genf 1958.
— Heuristische Prozesse und Informationstheorie. In: Steinbuch, K., Wagner, S. W. (Hrsg.), *Neuere Ergebnisse der Kybernetik;* München-Wien 1964, 40—52.
Polya, G.: *Mathematics and plausible reasoning.* Oxford 1954.
Taylor, C. W.: *Information and scientific creativity.* Utah Univ., Grant AF AFOSR 144 63. Salt Lake City, Utah 1964.
Wagner, F.: Analogie als Methode kritischen Verstehens. *Studium Generale* 8, 1955, 703—712.
Woodger, J. H.: *The technique of theory construction.* International encyclopedia of unified science, Vol. II, 5. Chicago, Ill. ⁴1956.

b) Simulationstechnisch

AMAREL, S.: An approach to automatic theory formation. In: VON FOERSTER, H., ZOPF, G. W. (Hrsg.), *Principles of self-organization;* Oxford-London-New York, N. Y.-Paris 1962, 443—482.

EICHHORN, G.: Zur Theorie der heuristischen Denkmethoden (unter besonderer Berücksichtigung des Denkens mit Maschinen). *Grundlagenstud. Kyb. Geisteswiss.* 2, 1961, 25—32.

KENT, A.: The heuristic information retrieval game. *Amer. Doc.* 15, 1964, 150—151.

REITMAN, W. R.: Heuristic programs, computer simulation and higher mental processes. *Behav. Sci.* 4, 1959, 330—335.

TICHOMIROV, O. K.: Die Heuristiken des Menschen und der Maschine. *Vopr. Filos.* 4, 1966, 99—109.

Erkenntnis- und Wissenschaftstheorie (allgemein)

BAR-HILLEL, Y.: *Logic, methodology and philosophy of science.* Proceedings of the 1964 international conference. Amsterdam 1965.

FEYERABEND, P. K.: *Knowledge without foundations.* Oberlin, Ohio 1961.

— Realism and instrumentalism: Comments on the logic of factual support. In: BUNGE, M. (Hrsg.), *The critical approach to science and philosophy.* In honor of Karl R. Popper; New York, N. Y.-London 1964, 280—308.

— On the improvement of the sciences and arts, and the possible identity of the two. In: COHEN, R. S., WARTOFSKY, M. W.: *Boston studies for the philosophy of science, Proc. Boston Coll. Philos. Sci. 1964/66;* Dordrecht 1967, 3.

GOODMAN, N.: *The structure of appearance.* Cambridge, Mass. 1951.

HEMPEL, C. G.: Deductive-nomological versus statistical explanation. In: FEIGL, H., MAXWELL, G. (Hrsg.), *Minnesota studies in the philosophy of sciences, Vol. 3;* Minneapolis, Minn. 1962, 98—169.

— *Aspects of scientific explanation.* New York, N. Y. 1965.

KOSING, A.: Wissenschaftstheorie in der Sicht der marxistischen Philosophie. *Dt. Zs. Philos.* 15, 1967, 759—771.

KRAFT, V.: *Erkenntnislehre.* Wien 1960.

KRÖBER, G.: Prognose, Hypothese, Gesetz — Logisch-methodologische Bemerkungen. *Dt. Zs. Philos.* 15, 1967, 772—784.

LEINFELLNER, W.: *Einführung in die Erkenntnis- und Wissenschaftstheorie.* Mannheim 1965.

LORENZ, K.: Die angeborenen Formen möglicher Erfahrung. *Zs. Tierpsychol.* 5, 1943, 235—409.

MANNHEIM, K.: *Die Strukturanalyse der Erkenntnistheorie.* Berlin 1922.

MOTROSCHWILA, N.: Zur Wertproblematik in der Erkenntnistheorie. *Dt. Zs. Philos.* 14, 1966, 223—234.

NAGEL, E.: *The structure of science.* Problems in logic of scientific explanation. London 1961.

PAP, A.: *An introduction to the philosophy of science.* London 1963.

QUINE, W. V.: Two dogmas of empiricism. *Philos. Rev.* 40, 1951, 20—43.

SCHNEIDER, P. K.: *Die Begründung der Wissenschaften durch Philosophie und Kybernetik.* Stuttgart-Berlin-Köln-Mainz 1966.

SUPPES, P.: Logics appropriate to empirical theories. In: ADDISON, J. W., HENKIN, L., TARSKI, A. (Hrsg.), *The theory of models.* Proceedings of the 1963 international symposium at Berkeley; Amsterdam 1965, 364—375.

TARSKI, A.: *Introduction to logic and to the methodology of the deductive sciences.* New York, N. Y. 1965.

Induktion und Hypothesenauswahl

ALEXANDER, H. G.: The paradox of confirmation. *Brit. J. Philos. Sci.* **9**, 1958—1959, 227—233.

BAR-HILLEL, Y., CARNAP, R.: Semantic information. *Brit. J. Philos. Sci.* **4**, 1953, 147—157.

BARKER, S. F.: *Induction and hypothesis. A study in the logic of confirmation.* Ithaca N. Y. 1957.

BAUMER, W. H.: Confirmation without paradoxes. *Brit. J. Philos. Sci.* **15**, 1964—1965, 117—195.

CARNAP, R.: *Logical foundations of probability.* Chicago, Ill. 1950.

— Probability and induction. In: SCHILPP, E. P. A. (Hrsg.), *The philosophy of Rudolf Carnap;* London 1963, 966—998.

— STEGMÜLLER, W.: *Induktive Logik und Wahrscheinlichkeit.* Wien 1959.

FOSTER, M. H., MARTIN, M. L. (Hrsg.): *Probability, confirmation and simplicity.* New York, N. Y. 1966.

HELMER, O., OPPENHEIM, P.: A syntactical definition of probability and of degree of confirmation. *J. Symb. Logic* **10**, 1945, 25—60.

HESSE, M.: Analogy and confirmation theory. *Philos. Sci.* **31**, 1964, 319—327.

HINTIKKA, J.: Towards a theory of inductive generalization. In: BAR-HILLEL, Y. (Hrsg.), *Proceedings of the 1964 international congress for logic, methodology and philosophy of science;* Amsterdam 1965, 274—288.

— *A two-dimensional continuum of inductive methods.* 1966 (hektogr. Manuskr.).

— Induction by enumeration and induction by elimination. In: LAKATOS, I. (Hrsg.), *Proceedings of the international congress for logic, methodology and philosophy of science;* Amsterdam 1967.

KNEALE, W.: *Probability and induction.* Oxford 1952.

KYBURG, H. E., JR.: *Probability and the logic of rational belief.* Middletown, Conn. 1961.

LEVI, I.: Decision theory and confirmation. *J. Philos.* **58**, 1961, 614—624.

POPPER, K.: *The logic of scientific discovery.* London 1959. Dt.: *Logik der Forschung.* Tübingen 1966.

REICHENBACH, H.: *Wahrscheinlichkeitslehre.* Leiden 1935. Engl.: *The theory of probability.* Berkeley, Calif. 1949.

VETTER, H.: *Wahrscheinlichkeit und logischer Spielraum.* Eine Untersuchung zur induktiven Logik. Tübingen 1968.

WRIGHT, G. H.: *The logical problem of induction.* Oxford ²1957.

Logik, Axiomatik und Strukturtheorie

ADDISON, J. W., HENKIN, L., TARSKI, A. (Hrsg.): *The theory of models.* Proceedings of the 1963 international symposium at Berkeley. Amsterdam 1965.

BOURBAKI, N.: *Eléments de mathématiques, Bd. 1.* Paris 1951.

BRINKMANN, H.-B., PUPPE, D.: *Kategorien und Funktoren.* Berlin-Heidelberg-New York 1966.

CARNAP, R.: *Einführung in die symbolische Logik mit besonderer Berücksichtigung ihrer Anwendungen.* Wien 1954.

HALMOS, P. R.: *Algebraic logic.* New York, N. Y. 1962.

HARBECK, G.: *Einführung in die formale Logik.* Braunschweig ²1966.

HENKIN, L.: *La structure algébrique des théories mathématiques.* Collection de logique mathématique. Paris-Louvain 1956.

— SUPPES, P., TARSKI, A. (Hrsg.): *The axiomatic method.* With special reference to geometry and physics. Proceedings of an international symposium, Berkeley, 1958; Amsterdam 1959.

HERMES, H.: *Einführung in die mathematische Logik.* Klassische Prädikatenlogik. Stuttgart 1963.

KOLMOGOROFF, A. N.: *Strukturtypologische Abhandlungen.* Moskau 1962.

LORENZEN, P.: *Einführung in die operative Logik und Mathematik.* Berlin-Göttingen-Heidelberg 1955.

QUINE, W. V.: *Mathematical logic.* New York, N. Y. 1962.

ROBINSON, A.: *Introduction to model theory and to the meta-mathematics of algebra.* Amsterdam 1963.

SCHOLZ, H., HASENJAEGER, G.: *Grundzüge der mathematischen Logik.* Berlin-Göttingen-Heidelberg 1961.

SCHRÖTER, K.: *Ein allgemeiner Kalkülbegriff.* Leipzig 1941.

— Methoden zur Axiomatisierung beliebiger Aussagen- und Prädikatenkalküle. *Zs. Math. Log. Grundl. Math.* 1, 1955, 241—251.

SIMON, H. A.: Definable terms and primitives in axiom systems. In: HENKIN, L., SUPPES, P., TARSKI, A. (Hrsg.), *The axiomatic method;* Amsterdam 1959, 443—453.

SMULLYAN, R. M.: *Theory of formal systems.* Princeton, N. J. 1961.

SUPPES, P.: *Introduction to logic.* Princeton, N. J. 1957.

WANG, H.: *A survey of mathematical logic.* Peking-Amsterdam 1963.

Sachverzeichnis